U0175342

想象另一种可能

理
想
国
imaginist

Physics and Technology
for Future Presidents

$$T_C = (T_F - 32)(5/9)$$

$$E = 1/2mv^2$$

头条物理学

Richard A. Muller

［美］理查德 · A. 穆勒　著

李　盼　译

山西出版传媒集团　山西教育出版社

目　录

单位换算表

1 英里≈1.61 千米

1 磅≈0.45 千克

1 美制盎司≈29.6 毫升，12 美制盎司≈355 毫升

1 英尺 =12 英寸≈30.48 厘米

1 美制加仑≈3.79 升

1 平方英寸≈6.45 平方厘米

1 千立方英尺≈28.32 立方米

1 英寸 = 2.54 厘米

1 英里 / 时≈1.61 千米 / 时

1 开氏度 (开尔文)=−272.15 摄氏度，300 开氏度≈27 摄氏度

※ 本书中出现的英制 / 美制单位和公制单位换算关系如上，正文中不再一一注释

前　言

物理是高科技范儿的人文教育

能源、全球变暖、反恐、健康、互联网、卫星和遥感、导弹和反弹道导弹、DVD 和高清电视——现在，全球政治经济新闻中的高科技内容越来越多，但很多关心现实的人却没学过多少物理，不了解相关的科学和技术。甚至，在我工作的学校加州大学伯克利分校（UCB），物理学也不是一门必修课。如果误解了科学，我们将来就会做出错误决策，本书想解决的就是这一问题。物理学是高科技范儿的人文教育，理解了物理，你就不会再被科技的飞速进步吓倒。本书的主旨，就是引起年轻读者的兴趣，帮你们掌握必要的物理与技术知识。

科学太难了？不，只是教学方法不对。我来举个类似的例子：查理曼大帝是个半文盲——他会读，但不会写。对古人来说，写作曾经也是一件难事，就像今天的物理学一样。但是如今世界上的大部分人都有读写能力，很多孩子在上幼儿园之前就会阅读了。在中国，有 84% 的人口拥有读写能力（据经济合作与发展组织的报告）。其他国家也必须在科学素养方面达到同样的水平。

学物理的时候能绕过数学吗？当然！数学是一种计算工具，但它并不是物理的精髓。我们经常会劝导优秀的学生："用物理学思考，而不是用数学思考！"不必研究音乐理论，你就能理解音乐甚至作曲；不了解麦克斯韦方程，你也能理解光是什么。这门课的目的并不是制造小小物理学家。

每学期当我上第一节课时，都会给学生们讲一个小故事，让他们知道这门课要教的内容，接下来，我把这个故事告诉你，你也会了解我的目的。

理想的学生是什么样

利兹是我以前的学生，有一天，她来到我的办公室，迫切地想要分享她几天前的一次奇妙经历。她们家邀请了一位物理学家来共进晚餐，这位物理学家在劳伦斯利弗莫尔国家实验室工作。

晚餐时，他给大家分享了工作上的故事，介绍了受控热核聚变以及该技术在满足能源需求方面的广阔前景。利兹说，当这位科学家讲述自己的丰功伟绩时，她的家人都惊呆了。利兹对核聚变的了解比她的父母多，因为我在课堂上讲过这方面内容。

晚餐的最后，家人们都静静地沉浸在敬仰之情当中。但利兹终于忍不住开口了："太阳能也是很有前景的。"

"呵！"物理学家笑道。（他并不是故意盛气凌人，但是物理学家的语气经常会产生这样的效果。）"如果你想给加州供应足够的电力，"他说，"你就得把整个国家都铺上太阳能电池板！"利兹马上做出了回应。"你说得不对，"她说，"1平方千米的光照，就能产生1吉瓦的电力，核电站的产能大致也是这样。"

物理学家惊愕得说不出话来。他皱了皱眉，最后回答道："嗯，你的数据听起来没错。当然，现在的太阳能电池只能达到15%的效率……但这并不重要。嗯，我得再回去查一下数据。"

没错！我希望读者获得的正是这种敢于质疑的能力。不是微积分，不是花式计算，不是对科学方法夸夸其谈，也不是阐述角动量守恒的深层含义，而是能让一个没做好作业的高傲物理学家闭嘴！利兹不仅记住了事实，也掌握了关于能源的足够的知识，在面对所谓"专家"时，她能自信地展示她的证据。倘若你知道太阳能只是这门课的一小部分，她的表现就会更让人钦佩了。之所以能记住重要数据，是因为她觉得这些知识既有趣又重要。她不只记住了数字，也思考过这些信息并和同学们一起讨论，这些知识融入了她的身体，可以在需要时回想起来并加以运用。

▌写给未来人的物理学

本书不是速成的物理学，而是一种高级的物理学。本书覆盖了一些最有趣、最重要的科学主题。在认识了自己所学知识的价值后，人们自然有动力去深入学习。在每一章中，读者都能找到想要与人分享的内容。我没有把学生们放在数学的琉璃穹顶下仰望它，而是让他们置身于其上。"你没有时间，也没有意愿学数学，"我告诉他们，"所以我们跳过这部分，直接学习重要的东西。"接下来，我会教给他们一些连物理学专业学生在读到博士之前都可能忽略的知识。

一般的物理学专业学生，甚至有的物理学博士都不太清楚本书要讲的内容。他们对以下事物知之甚少：核武器、光学、流体、电池、镭射、红外线、紫外线、X射线、伽马射线、MRI（磁共振成像）、CAT（X射线计算机辅助断层成像）以及PET（正电子发射计算机断层扫描）扫描。你可以问一个物理学专业的学生：核弹的工作原理是什么？他只会告诉你他在高中学过的知识。

正因如此，我们在伯克利分校也向物理学专业的学生开设了这门课程。这里的大部分内容对他们来说都是崭新的。这不是什么"少儿物理学"，而是一门高级的物理学。

我必须承认，我对伯克利分校的学生做了一个重大让步。他们特别想了解相对论和宇宙学，这两个主题有些深邃，但对喜欢思考的学生来说则特别有吸引力。所以，我在本书结尾多加了两章，其中的话题是受过良好教育的人都应该了解的。

这种新的教学方法在伯克利分校引起了出乎意料的反响。通过学生们口口相传，这门课的选课人数从最开始的 34 人（2001 年春季）增长到了 500 多人（2006 年秋季），已经让伯克利分校最大的物理教室人满为患。我的很多学生以前都讨厌物理，并且发誓高考完以后再不学它了。但是，如今他们就像被火光吸引的飞蛾一样扑了过来：他们发现，这门课不仅引人入胜，而且还和当下的国际实事紧密相关。我的任务就是满足他们对知识的渴求。这里必须再次说明，学生们之所以选这门课，并不是因为它简单。它一点也不简单。这门课包含了大量的知识，显而易见，每一章都充满了重要信息。学生们报这门课，不是为了找乐子，而是想好好学一门有用的课程，借此了解重要的信息，并且获得运用这些信息的能力。选择这门课，让他们感到自豪，但更让他们自豪的是，这门课让他们乐在其中。

第 1 章

能量、功率以及爆炸

白垩纪末期正值恐龙生活的黄金时代，但当时一颗直径约为 10 英里的小行星或彗星以每秒 20 英里左右（比现在最快的子弹还要快 10 倍以上）的速度冲向了地球。很多这样的大型天体都曾经和地球擦肩而过，但是这一颗却真的击中了地球。这个天体几乎没有遇到空气的阻力，它在瞬间穿过了大气层，并在身后短暂地留下了一条真空通道。它撞击地球时的力量如此之巨，以至于它和周围的岩石瞬间升温至 1000000℃以上，这比太阳表面的温度还要热一两百倍。小行星、岩石以及水（如果击中了海洋）全部瞬间汽化。爆炸释放的能量比 1 亿兆吨 TNT 爆炸所产生的能量还要大，这比美国和苏联的核武器能量总和还大 1 万倍……不到 1 分钟的时间，不断扩大的陨石坑就达到了 60 英里宽、20 英里深。这个坑还会变得更大。撞击产生的炽热的汽化物质已经喷射到大部分大气层中，高达 15 英里。1 分钟前仍然是发光等离子体的物质，现在开始冷却，凝结成尘埃和岩石。它们会散布到世界各地。

——理查德·A. 穆勒，《涅墨西斯星》

　　假如一颗像珠穆朗玛峰那么大体积的小行星撞击地球，没人会怀疑它能造成多么巨大的破坏。同样，我们也不会怀疑这样的天体是否存在（图 1.1）。这种威胁是很多灾难电影的主题，包括《彗星撞地球》（Deep Impact）、《地球浩劫》（Meteor）、《天地雄心》（Armageddon）等。小行星和彗星经常会从地球旁边飞过。每隔几年，我们就会看到报纸头条上"侥幸脱险"的标题，报道中会出现一个"只差几百万英里"就撞上地球的天体。这还远远称不上侥幸。地球的半径大概为 4000 英里，所以，相距 400 万英里的擦肩而过就相当于从千倍于地球半径的地方掠过，这样击中地球的概率之低堪比在标靶上击中一只蚂蚁。

　　虽然在你的一生中遭遇小行星撞击事件的概率非常低，但一旦遇上，后果就不堪设想了，几百万甚至数十亿的人会因此而丧命。正因如此，美国政府一方面持续资助小行星搜索，借以识别潜在的撞击天体；一方面资助可以移动或摧毁类似天体的研究。

图 1.1

苏梅克－列维 9 号彗星撞击了木星。相比于 6500 万年前那颗小行星或彗星击中地球时引发的爆炸，这次的规模要小得多。该图片由彼得·麦格雷格摄于澳大利亚国立大学（ANU），所用设备为天文与天体物理研究院赛丁泉天文台的 2.3 米望远镜。图片来源：澳大利亚国立大学

　　但是，小行星是岩石而非炸药构成的，那为什么小行星撞击会导致爆炸呢？而且，为什么爆炸规模如此之大？说到底，爆炸是怎么回事？

▍ 爆炸和能量

　　当处于存储状态的大量能量，突然在有限的空间中转化为热时，爆炸就发生了，对手榴弹、原子弹，或者撞击地球的小行星来说都是如此。爆炸释放的热使物质汽化，成为温度极高的气体。这样的气体具有巨大的压力——也就是说，它给周围所有物质都施加了很大的力。没有东西能抵御如此强大的力，所以气体能迅速膨胀并把所有邻近的物体都推开。在爆炸中真正带来伤害的是飞散的碎片。在这里，能量的最初形式并没有严格的限制，它可以是动能（由运动产生），就像小行星携带的能量，或者化学能，就像三硝基甲苯（TNT）所蕴含的能量。从能量到热的快速转化，才是大部分爆炸的真正原理。

　　你可能已经注意到了，我在上一段使用了很多术语，但是我并没有解释它们。诸如"**能量**"和"**热**"这样有其日常的含义的词，在物理学中，它们也有各自确切的含义。物理学可以像几何学那样，借助演绎推理获得知识，但是用这种方法学习会有点困难。所以我们先从最直观的定义开始，随着对物理的逐步深入，再让这些定义变得更准确。下面有一些你可能会觉得很有用的初始定义，它们的确切含义会在接下来的三章中逐渐清晰。

定义（不必记住）

- **能量**是一种做功的能力。**功**（work）的大小有明确的计算方法，即力的大小乘力在其作用方向上移动的距离。能量的另一种定义：任何能被转化成热的东西。[1]

- **热**是一种能够令物质温度升高的东西，这个变化可以被温度计测量到。（事实上，在微观层面热是由分子振动产生的动能。）

这些定义对专业物理学家来说挺适用的，但是在你看来可能有些神秘，而且帮助不大，因为它们含有你可能无法准确理解的其他概念（功、力、动能）。我会在接下来解释这些概念。事实上，单凭定义理解能量的概念非常难，就像通过背字典来学一门外语。所以，耐心一点，我会告诉你很多例子，帮助你慢慢切入主题。

我的建议是，与其慢慢阅读，不如快速浏览本章。你要通过重复浏览来学习物理，也就是反复重温相同的内容。每次回顾，你对这些内容的理解都会更进一步。这也是学外语的最佳方法——完全沉浸法。所以，不要急于理解所有东西，只要保持阅读就好。

能量的大小

猜一猜：1 磅爆炸物（比如黑色炸药或 TNT）和 1 磅巧克力薄片曲奇相比，谁含有的能量更大呢？先别往下读，猜猜看。

答案是：巧克力薄片曲奇的能量更大。不仅如此，两者的差距还很大——曲奇饼干中含有的能量是 TNT 的 8 倍！这个事实让绝大多数人都感到震惊，甚至包括很多物理学教授。你可以试试向你学物理的朋友提出这个问题。

怎么会这样呢？ TNT 炸药之所以这么出名，不就是因为它能释放很多能量吗？我们稍后再来解释。首先，我们要列出几种物质的能量，还有很多惊喜等着我们。

为了方便对比，我们来看看就几种不同的物质来说，1 克物质蕴含着多少能量。（1 克是 1 立方厘米水的重量，1 便士硬币的重量是 3 克，1 磅是 454 克。）我会用几种不同的单位来衡量能量：大卡、卡路里、瓦·时以及千瓦·时。

---

[1] 随着宇宙的演化，很有可能**所有**能量都会被转换为热。围绕这个概念，哲学家和神学家写出了大量文章。该理论有时被称为宇宙的"热寂"，因为热能并不总能被转换化回到其他形式。

卡路里 　　　上面提到的单位，你最熟悉的可能就是**大卡**（Cal）了。它就是节食减肥中著名的"食物卡路里"，出现在食品包装袋上。一片巧克力薄片（只是薄片，不是整块饼干）约含有 3 大卡能量。一听可口可乐大约含有 150 大卡的能量。

　　　注意：如果你学过物理化学，就可能接触过卡路里（calorie）这个单位。它又叫**"小卡"**，和大卡可是不同的！食物中的 1 大卡等于物理中的 1000 个卡路里。这是个很糟糕的惯例用法，但不能赖我。物理学家喜欢把衡量食物热量的卡路里称为"千卡"。欧洲、亚洲的食品标签上经常标有千卡，但是美国不一样。所以 1 大卡 =1000 卡 =1 千卡。[1]

千瓦·时 　　　另一个著名的能量单位就是千瓦·时，缩写为 kW·h。W 之所以要大写，有人说是因为它代表詹姆斯·瓦特的姓，但这无法解释我们为什么不在"千瓦"（kilowatt）中大写 W。这个单位之所以耳熟能详，是因为我们从电力公司买电的单位就是 kW·h（也叫度）。这就是你家电表测量的单位。美国电价 1 千瓦·时的价格是 5—25 美分 [2]，根据你居住地点的不同而上下浮动。（电价的差异要比油价大得多。）这里我们假设平均价格为每千瓦·时等于 10 美分。

　　　你可能不感到意外的是，还有一个更小的单位叫作"瓦·时"，缩写为 W·h。1 千瓦·时 =1000 瓦·时。这个单位并不常用，因为它实在太小了，我的笔记本电池标注的容量是 60 瓦·时。这个单位的主要价值在于，1 瓦·时约等于 1 大卡。[3] 所以为了方便学习，我们必须知道：

$$1 瓦·时（W·h）\approx 1 大卡$$
$$1 千瓦·时（kW·h）\approx 1000 大卡$$

[1]　有我一次在一个蛋糕的配方上遇到了麻烦，因为我不知道 1 汤匙（Tsp）和 1 茶匙（tsp）发酵粉之间的区别。事实上，1 汤匙 =3 茶匙。问问西餐厨师就知道了！（Tsp 是汤匙的标准缩写；tsp 是茶匙的缩写。）
[2]　按作者书写时（2009 年）的汇率为每度电 0.34—1.7 元人民币。——编者注
[3]　准确地说，1 大卡约是 1 瓦·时的 84%。

焦耳

物理学家喜欢使用**焦耳**（J，简称焦）这个能量单位（以詹姆斯·焦耳命名），因为这会让他们的等式看起来更简单。1 大卡约有 4200 焦耳，1 瓦·时约有 3600 焦耳，1 千瓦·时中约有 360 万焦耳。

表 1.1 显示了各种不同物质的近似能量值。你可能会发现这张表是整本书中最有意思的表之一。里面到处是惊喜，而最有趣的是最右侧的一列。

表 1.1 每克物品所含能量

物体	大卡（瓦·时）	焦耳	和 TNT 相比
子弹（1000 英尺/秒全速前进）	0.01	40	0.015
电池（汽车）	0.03	125	0.05
电池（计算机用蓄电池）	0.1	400	0.15
飞轮（1 千米/秒）	0.125	500	0.2
电池（手电用碱性电池）	0.15	600	0.23
TNT（爆炸性三硝基甲苯）	0.65	2700	1
现代烈性炸药（PETN）	1	4200	1.6
巧克力薄片曲奇	5	21000	8
煤	6	27000	10
黄油	7	29000	11
酒精（乙醇）	6	27000	10
汽油	10	42000	15
天然气（甲烷，CH_4）	13	54000	20
氢气或液态氢（H_2）	26	110000	40
小行星或流星（30 千米/秒）	100	450000	165
铀-235	2000 万	820 亿	3000 万

* 表中的很多数据都取近似值

仔细思考一下这张能量表，集中注意力观察最右边一列。寻找一下让你吃惊的数据。你能找到多少？把它们划出来。我认为以下事实都很令人震惊：

巧克力薄片曲奇含有超多的能量

电池所含的能量非常少（和汽油相比）

流星的能量很高（和子弹或 TNT 相比）

铀-235 中含有非常巨大的能量（和表中所有其他物质相比）

　　试着考考你的朋友，看看他们知道多少。就连大多数物理学专业的学生都会大跌眼镜。这些惊人之处和表中的其他特征值得我们好好讨论一下，对于人类能源的未来而言，这些结论将会影响深远。

关于能量表的讨论

　　我们先来看看能量表中那些更重要，也更令人感到吃惊的事实，仔细地讨论一下。

TNT VS 巧克力薄片曲奇

　　TNT 和巧克力薄片曲奇的能量都储存在原子之间的力中，这就像把能量储存在压缩弹簧中一样——很快我们就会更详细地讨论原子。一些人愿意把这种能量称为**化学能**，但是这样的区分并不十分重要。当 TNT 爆炸时，力会以非常大的速度把原子彼此推离，就像松开后的弹簧会突然伸长一样。

　　能量表中最惊人的事实之一就是巧克力薄片曲奇拥有相同重量 TNT 炸药 8 倍的能量。这怎么可能呢？如果要炸掉一栋大楼，我们为什么不能用巧克力薄片曲奇来取代 TNT？所有没研究过这个课题的人几乎都（错误地）认为 TNT 释放的能量要比曲奇大得多，其中也包括大部分物理学专业人士。

　　在以破坏为目的的活动中，TNT 之所以如此有效，是因为它能以极快的速度释放能量（把能量转化为热）。由此而来的热量如此之大，以至于 TNT 变成了迅速扩张的气体，推动并粉碎了其周围的物体。（我们将在下一章详细讨论关于**力**和**压力**的概念。）1 克 TNT 释放其所有能量的时长一般大约为百万分之一秒。如此突然的能量释放可以打碎很坚固的物质。[1] 这就是**功率**问题了。巧克力薄片曲奇含有的能量很多，而 TNT 发挥作用时的功率很高。**功率**就是能量释放的速率，我们稍后将详细讨论。

虽然巧克力薄片曲奇含有的能量比相同重量的 TNT 要多，但它的能量通常释放得更加缓慢，需要借助一系列我们称为**新陈代谢**（metabolism）的化学过程。这种过程需要人体消化作用中不同的化学变化来完成，比如把食物和胃里的酸混合，再和肠道中的酶混合。最后，被消化的食物和肺带来的氧气发生反应产生能量，并存储在红细胞中。与之相比，TNT 包含了爆炸所需的所有分子；它不需要混合，只要有一部分 TNT 开始爆炸，剩下的也会被触发。如果你想要毁掉一座建筑，你可以用 TNT。或者你还可以雇来一帮半大孩子，给他们几把大锤子，并且喂他们吃曲奇。鉴于巧克力薄片曲奇中的能量超过了同等重量的 TNT，每 1 克巧克力薄片曲奇造成的破坏合起来，最终会超过 TNT。

注意到了吗？我在这里耍了个小花招。当我们说每 1 克巧克力薄片曲奇中含有 5 大卡能量时，忽略了与它混合的空气的重量。TNT 中含有爆炸所需的所有化学物质，而巧克力薄片曲奇却要与空气混合。虽然空气是"免费"的（你买曲奇的时候不需要买空气），但是每克巧克力薄片曲奇之所以包含了如此大的能量，就是因为我们没把空气的重量算进去。如果要加入空气的重量，每克巧克力薄片曲奇产生的能量将会降低到只有 2.5 大卡 / 克，但这仍然是 TNT 炸药的能量的 4 倍。

汽油的能量意外地高

如表 1.1 所示，每克汽油所含的能量明显高于曲奇、黄油、酒精或煤炭。这也是汽油能成为宝贵燃料的原因。当我们为汽车寻找替代燃料时，这个事实尤为重要。

汽油通过与氧气结合来释放能量（转化为热），所以它必须与空气充分混合。在一辆汽车中，这一过程是由一个名为**喷油器**的特殊装置完成的；老一点的车用的是**化油器**。燃烧发生在一个筒形腔中，它被恰当地称为**汽缸**。燃烧释放的能量把活塞沿着中心线向下推，这就是推动汽车

---

[1] 你将在第 3 章看到，如果要计算力的大小，你可以用一种物质（如 TNT）的能量除以它释放的距离（根据化学能计算动能）。

车轮的动力。内"燃"机也可以被看成一台内"爆"机。[1] 车内的**消声器**的作用就是确保车里的爆炸声能够减弱，不至于危害人体。有些人喜欢把消声器拿掉——特别是一些摩托车手——让完整的爆炸声漏出来，这会让人产生动力更强劲的错觉。去掉消声器，也会降低发动机外部的压力，所以施加在车轮上的动力实际上增加了，但是并没有增加多少。在下一章中我们将详细讨论汽油发动机（汽油机）。

汽油之所以如此受欢迎，最根本的物理上的原因就在于它每克重量中所蕴含的高能量。另外一个原因在于，汽油燃烧后的残留物都是气体（大部分是二氧化碳和水蒸气），所以没有需要清除的残留物。相比之下，包括煤在内的大部分燃料都会留下灰碴。

电池的能量低得让人意外

电池也是以化学形式储存能量的。它可以利用自己的能量把电子从原子中释放出来。电子能沿着金属线把能量传递到其他地方；你可以把电线看做电子的"管线"。电能的最大好处是它可以轻松地通过电线运输，并通过电动机转化成动能。

一块汽车电池承载的能量是同等重量汽油的1/340！甚至，一块昂贵的计算机电池也只有汽油1/100的能量。大多数汽车之所以选择汽油而非电池作为能量来源，就是出于这些物理上的原因。电池之所以能用来启动发动机，是因为它工作起来既稳定又快捷。

电动汽车

一般的汽车电池又称为**铅酸电池**，因为它利用了铅和硫酸的化学反应来产生电。表 1.1 显示，这类电池所容纳的能量是汽油的1/340。但是，电池提供的电能是非常方便的。电能转化为车轮能量的效率高达85%，换句话说，只有15% 的能量耗费在运行电动机上。汽油机则糟糕得多，汽油的能量只有20% 用在了车轮上，剩下的80% 则以发热的形式浪费掉了。如果考虑所有这些因素，汽油的优势因数就从340 下降到了80。所

---

[1] 工程师喜欢把"爆炸"和"爆燃"区分开来，爆炸会突然产生一个被称作"冲击波"的前奏，冲击波穿过其余物质并将其点燃，而在爆燃中并没有冲击波。汽车中的汽油引爆没有冲击波。所以根据以上定义，汽车发动机中不存在爆炸。不过，媒体和公众并不做如此精细的区分，在本书中我也不会。

以对于汽车来说，电池的能量相当于汽油的1/80。这个数字足以说明电池动力汽车是可行的。事实上，你会时不时地在新闻上看到有人已经造出了这样的汽车。一般的汽车油箱能承载大约100磅汽油。（1加仑汽油重约6磅。）要想造出一块铅酸电池，使其带有相当于100磅汽油所含的能量，那么这块电池的重量会是汽油的80倍，也就是8000磅。但是如果你愿意把车的续航里程减半，从300英里降到150英里，那么铅酸电池的重量可以缩减至4000磅。如果你通勤只需要75英里的续航里程，那么铅酸电池就只需要2000磅的重量了。（我们随后将讨论更轻的锂离子电池。）

你为什么要把汽油车换成只能跑75英里的车呢？常见的动机就是为了省钱。给电池充电的电力来自电力公司，每千瓦·时只需要10美分。而汽油的价格（2008年）是2.5美元1加仑。如果把这个数字转换成传递到车轮上的能量，就是约40美分每千瓦·时。所以，电的开销只有汽油的1/4！事实上，情况并没有这么乐观。大多数人在计算这个数字时，都忘了标准盐酸汽车电池是需要更换的，一般只能充电700次。如果加上电池开销，每千瓦·时的花费就成了20美分，仅相当于汽油开销的一半。但是由于电池所占空间很大，所以对于重视后备箱空间的人来说，这并不是一个好的选择。

电池在某些环境下具有另一些优势。在第二次世界大战期间，当潜水艇下潜并且无法获得氧气时，潜水艇的能源就是储藏在甲板下的大量电池。上浮到海平面或者"浮潜深度"之后，潜水艇就开始用柴油（一种汽油）驱动。柴油还可以驱动发电机给电池充电。所以大战期间，大多数潜水艇在大部分时间都待在海面上给电池充电。当你观看关于"二战"的电影时，这点表现得并不明显，你会误以为潜水艇是一直待在水下的。现代核潜艇不需要氧气，而且它们能在水下待几个月。这点极大地提高了潜水艇在侦察环境下的安全性。

电动车风潮　　　　　假设我们用了更好的电池，每克能容纳更多的能量，比如特斯拉Roadster，这款电动跑车续航里程为250英里，由1000磅重的可充电锂离子电池提供动力，和笔记本的电池类似。特斯拉公司宣称，如果你用家用电源插头给这种电池充电，那么这辆车每英里的花费为1—2美分，

它能达到的最高时速为 130 英里 / 时。是不是很想马上来一台？这种车在英格兰的工厂里制造，售价约为 10 万美元。

玄机就藏在电池的成本中。我们在之前的计算中提到过，电动车用的是铅酸电池，零售价约为每磅 1 美元，50 磅重的电池就要 50 美元。一块不错的计算机电池零售价格约为每磅 100 美元，10 万美元能买来特斯拉跑车的 1000 磅重的电池。（大体量电池价格减半，所以特斯拉跑车电池的价格只有 5 万美元。）如果把重置成本算进来，铅酸电池每千瓦·时会花费 10 美分；类似的计算表明，计算机电池每千瓦·时要花费 4 美元。这可是汽油花费的 10 倍！所以，当你把更换新电池的成本考虑进来后，电动车运行起来可比标准汽油车贵得多。很多研究都把目光投向了电池的优化，所以电池的成本很有可能会降下来，而且在未来，电池在被换下来之前也很可能拥有更长的寿命。

"谁阻碍了电动车"曾是一个被过度渲染的话题。有人说是石油工业的从业者，因为他们不想看到更便宜的替代品。但是电动车依然并不便宜，除非你愿意忍受续航里程超短又笨重的铅酸电池车。

混合动力　　虽然电池的限制众多，但是汽车行业还是出现了一种很不错的技术——**混合动力汽车（混动车）**。在混合动力车中有一台不大的汽油机，可以给电池充能，然后汽车再从电池中获得能量。这种做法可能比你想象的更有价值：汽油机可以在理想环境下以稳定的速率工作，所以它的效率可以达到普通汽车发动机的 2—3 倍。另外，混合动力发动机还能把汽车的某些机械运动（比如，下坡时获得的额外加速度）转化为化学能，存储在可充电电池中。这样做可以让你少踩刹车——刹车只会把动能转化为热。混合动力发动机正在变得越来越受欢迎，几年后，这种车可能会成为最普遍的汽车类型，如果汽油价格回到 2008 年的高点，那更是如此了。混合动力汽车每消耗 1 美制加仑汽油可以跑 50 英里（这个数据来自我开的丰田普锐斯，如果我加速不多的话），相比非混动汽车每加仑 30 英里的成绩已经不错了。

很多人抱怨他们的混动车没有配套设施，无法用墙上的插座充电。第一款普锐斯美国版的混动车只能从自身的汽油机获得能量。在日本，人们可以通过电网给汽车电池充电，而且你可以在网上找到通过改装使老版普锐斯也能用电网充电的教程。很多这么做的人都误以为自己省了钱。其实没有，正如我在讨论电动车时所说的，混动车的电池只能充电500—1000次，之后必须换新电池，这样每英里的平均成本就会变得很高。以2009年产的丰田普锐斯来说，电池只有在汽油机效率低时才会投入使用，比如在快速加速时。如果采用这种有节制的使用方式，电池的寿命将大幅度提高。虽然能延长的时间并不确定，但毫无疑问，这会对比较老的车造成影响。

氢 VS 汽油 VS 燃料电池

还记得吗？表 1.1 中每克氢气的化学能比汽油高 1.6 倍。关于未来的"氢经济"的热门报道就建立在这样的事实上。2003 年，时任美国总统乔治·W.布什宣布了一个重要计划，目的是让氢气作为燃料被更广泛地使用。但是两年后，大部分氢经济的项目都被取消了，稍后我们就会讨论一下其中的物理原因。

氢气另外一个吸引人的特征在于，它产生的废产物就是水，氢气与空气中的氧气发生化学反应就可以产生 H_2O（水）。一种叫作**燃料电池**的先进科技成果可以完成这种反应，让氢气的化学能直接被高效地转化为电能。

燃料电池看起来很像普通电池，但是具有一个很明显的优势。在普通电池中，一旦化学品被用尽了，你就要用别处产生的电来为其充电，不然就只能把它扔掉。而面对燃料电池，你要做的仅仅是提供更多的燃料（比如氢气和氧气）。图 1.2 是一个电解装置，两个电极通过水接通之后，分别析出了氢气和氧气。

燃料电池和电解装置十分类似，只是原理是反向的。氢气和氧气被压缩到了电极处，它们结合后产生了水，这个过程使得电流通过电线从一个电极流向另一个电极。所以图 1.2 也相当于一个燃料电池。

氢经济的主要技术难题在于氢气的密度很小。即使在液化之后，它的密度也只有 0.071 克 / 平方厘米，是汽油密度的 1/10。另外，正如你在表 1.1 中看到的，氢气的能量相当于汽油的 2.6 倍，约等于 3 倍。把这些都考虑进来，我们就会发现，液态氢只能存储同等体积汽油所含能量的 0.071×2.6=0.18 倍，大概是 1/5。但很多专家认为，这个差距只有 3 倍很好了，因为氢燃料的使用效率比汽油要高。记住以下近似值非常重要，

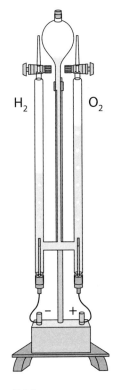

图 1.2

电解。电流会把水分解成氧气和氢气

这些数据在你和别人讨论氢经济时很有用。

> **记住**：液态氢的能量约为：
>
> 同等重量汽油的 3 倍
>
> 同等体积汽油的 1/5

以下是另一个很好记的近似法，以能传递到车上的能量来衡量：

1 千克氢燃料 ≈ 1 美制加仑汽油

液态氢的储存是十分危险的，因为在加热情况下它的体积能扩大 1000 倍。即使你用一个厚壁液体仓来储存氢，氢仍有可能成为高压气体。在每平方英寸 1 万磅的压力下（大气压的 66 倍），气态氢的密度大致是液态氢的一半。但是 1:2 的密度比，会让氢燃料更难找到合理的储存空间。

压缩氢气的能量只有同等体积的汽油的 1/6

液体仓的自重，通常是它所装载的氢燃料的 10—20 倍。看着重量不大的氢燃料其实非常占空间，所以它可能会被先应用在公共汽车和卡车上，而在小轿车上的应用则会相对滞后。同时，氢还有可能是一种适用于飞机的宝贵燃料，因为对大型飞机来说，氢燃料在重量上的优势（比汽油轻）可能比它体积上的劣势（比汽油大）更重要。燃料电池首先在太空项目中取得了突出成就，氢成为宇航员存储能量的重要手段（图 1.3）。就登陆月球任务所需要的能源来说，重量轻比体积小更重要，因为人们不必为巨大的太空舱节省这些空间。此外，由此产生的水还能给宇航员使用，而且没必要排出废弃的二氧化碳。

液态氢应用的一个技术难点在于，它的沸点是 −423 ℉（−253℃）。这就意味着它必须用特制的保温瓶（准确名称是**杜瓦瓶**）来运输。如若不然，就得让氢气和别的物质产生物理或化学反应，结合成室温下便于运输的产物，但是这种方法极大地增加了每大卡的重量。还有一个更实际的选择，你可以用压缩气体的形式运输氢燃料，但是这样一来压力箱的重量事实上会超过其所运输的氢气。

图 1.3

由 NASA（美国国家航天航空局）
开发的燃料电池。氢气从顶部的入
口进入，空气从某些圆形气孔进入，
而二氧化碳则从剩余的气孔离开
（图片来源：NASA）

你在地下根本挖不到氢气！事实上氢气或液态氢并不存在于自然环境。水和化石燃料（碳氢化合物）中有很多氢，但是没有"自由"的氢，也就是氢分子 H_2。氢经济需要的就是它。我们需要的氢气可以从哪里获得呢？答案是：我们得自己造，也就是从水或碳氢化合物中人为释放出氢。氢气只有两种获取方式，一种是电解水，另一种是让化石燃料（甲烷或煤）和水发生反应，从而产生氢气和一氧化碳。无论哪种方式都需要能量。

一家标准的未来制氢厂，首先需要一座由煤、汽油、核燃料或太阳能来供能的发电厂的能量支持。这家制氢厂可能需要能量来把普通水转化成氢气和氧气（通过电解，或者通过一系列被称为"蒸汽重组"的化学反应）。然后，举例来说，氢气可能会被冷却直到变为液态，然后再运输给消费者。如果通过这种方法获取氢，那你从氢中得到的能量还没有你制造氢花费的能量多。一种合理的估计是，原始能量（用来制造氢的能量）中能成功作用在车轮上的只有 20%。所以：

氢本身不是能量源，只是一种运输能量的手段。

很多青睐氢经济的人相信甲烷将会是氢的来源。甲烷的化学式是 CH_4，它的分子中含有 1 个碳原子和 4 个氢原子。把甲烷和水加热到高温时，甲烷中的氢就释放出来，同时还会产生二氧化碳。因为二氧化碳是一种污染物（见第 11 章），所以这种生产方法不是最好的，但十有八九是最省钱的。

虽然燃料电池不生产污染物（只生产水），但我们不能说以氢为基础的经济是无污染的，除非制氢厂也是无污染的。尽管如此，相比汽油，氢燃料按理来说仍然对环境更好，原因有两条：第一，一般而言，一座发电厂可以比一台汽车的效率更高（所以释放的二氧化碳更少）；第二，发电厂相对于汽车有更加精密的污染控制装置。如果我们用核能或者太阳能来制氢，就不会产生和释放二氧化碳——导致全球变暖的头号麻烦气体。

氢还可以作为一种"清洁煤"转化的副产品被生产出来。在一些现代燃煤电厂中，煤和水发生反应会生成一氧化碳和氢气，它们随后即被燃烧。在这样的发电厂中，氢气可以被运到别处作为燃料使用，但是其中的能量依然是来自煤的。

其他人之所以喜欢把氢作为燃料，是因为这样可以把污染源从城市搬走，在城市里，高度集中的污染物会对人类健康造成更大的威胁。当然，要想预测所有环境影响是很难的。一些环保人士表示，大量的氢气可能会渗入大气层并飘到更高的地方，在那里和氧气生成水汽，而这些水汽会影响地球的温度和脆弱的大气结构，比如臭氧层（见第 9 章）。

美国拥有巨大的煤炭储量。"已知"的煤炭储量达到 2 万亿吨，但是如果更广泛地勘探，地质学家很可能会发现相当于现在储量 2 倍的煤矿。煤可以用来生产未来几百年需要的所有能量（以现在的消耗速度预估）。当然，随之而来的露天采矿和二氧化碳生成量会造成相当大的环境问题。煤可以通过一种名为**费-托法**（Fisher-Tropsch process）的技术转化为极易抽取的液体燃料，并应用在汽车上，我们将在第 11 章详细讨论它。

汽油 VS TNT

在大部分电影中，汽车一旦撞毁就会发生爆炸。在现实生活中也是这样吗？答案是：通常不会。除非汽油和空气以适当的比例混合（在汽车内通过喷油器或化油器完成），汽油只会燃烧，而不会爆炸。

在 20 世纪 30 年代西班牙内战期间，西班牙国民军发明了一种后来被称为"莫洛托夫鸡尾酒"的燃烧装置。这是一个装满汽油的酒瓶，瓶口塞着一块破布。人们把这块布用汽油浸透并点燃，再扔到敌军阵营里。

受到冲击后，瓶子就会打碎。它通常不会爆炸，但是点燃的汽油会溅得到处都是，对攻击目标来说，这可不是什么有趣的体验。这种武器很快作为革命者的理想武器而声名远播。

在新闻中，美军经常投放一种"油气爆炸物"。你大概能猜到这是一种类似汽油的液体燃料。15000 磅燃料装在一个大集装箱中（像炸弹一样），绑着降落伞，从飞机上缓缓下落。当它达到地面附近时，少量烈性炸药（可能只有几磅重）在中心爆炸，炸毁集装箱，并把燃料散播开来使其和空气混合——但不点燃。一旦燃料被铺开并和空气充分混合就会引发第二次爆炸。这次爆炸波及的范围很大，所以不会释放出足以打破混凝土墙的强大力量，但它足以杀死人类和其他"软目标"。这种爆炸物具有如此巨大的毁灭性，正是由于这 15000 磅的燃料（比如汽油）所蕴含的等同于 225000 磅 TNT 的能量。这些数字听起来很可怕，但事实比听起来还要恐怖。如果有士兵在一定距离外看到过油气爆炸物，那么他以后只要看到接近中的降落伞都会产生阴影。

铀 VS TNT

表 1.1 中最引人注意的条目就是以铀（也称铀-235）的形式所蕴含的巨大能量了。铀-235 中的能量是 TNT 的 3000 万倍。在第 4、第 5 章中我们将对此详细讨论。现在，我们只要了解几个事实就可以了。铀原子的原子核所蕴含的巨大力量就是这种能量的来源。对大多数原子来说，这种能量无法轻易被释放出来，但是铀-235（一种特殊的铀，只占天然铀的 0.7%）的能量可以通过一种名为链式反应（chain reaction）的过程释放出来。这种巨大能量的释放，就是核电站和原子弹的基本工作原理。钚原子（与铀-235 类似的放射元素钚-239）是另一种能释放如此巨大能量的原子。

每 1 克铀-235 可以释放出相当于等量汽油 200 万倍的能量，相当于巧克力薄片曲奇 400 万倍的能量。下面的近似值很有用，值得一记：

对同等重量的燃料来说，核反应能释放出约为化学反应（食物反应）几百万倍的能量。

煤炭真是太便宜了

关于燃料的花费也有几个令人惊叹不已的地方。假设你想要买 1 大卡的能量来为房子供热。哪种能源最便宜呢？我们先把其他顾虑——比如方便——都抛在脑后，现在只关注燃料的成本。消费者很难进行对比，价格一直在变动，所以我们先借用 21 世纪头几年的平均价格：每吨煤约为 40 美元，每加仑汽油约为 2.5 美元，每千立方英尺天然气（甲烷）约为 3 美元，而每千瓦·时电约为 10 美分。花费 1 美元，哪种燃料能提供最多的大卡？答案并不明显，因为不同燃料是用不同单位计量的。但是如果把所有数据放到一起，我们就得到了表 1.2。这张表还列出了各种能量转化为电之后的花销。对于化石燃料来说，这会使成本变为原来的 3 倍，因为发动机只能把约 1/3 的热转化为电。

这些成本的差别之大，真让人印象深刻。注意表 1.2 的第 3 列，每千瓦·时的价格。看到了吗？用电供热比用煤贵 24 倍！汽油的成本则比天然气高 7 倍不止。一些机械师为此改装了自己的汽车，让它们不再用汽油而是用压缩天然气。

请注意，当为家庭供热时，**没转化为电的天然气**的价格仅为电的 1/3。早在 20 世纪 50 年代，很多人就认为"全电气化家庭"是最理想的，因为电很方便、清洁，而且安全。但是，很多这样的家庭现在都使用煤或天然气了，就因为这些能量要便宜得多。

这张表中最引人注目的就是煤的低价了。如果 1 美元能换来的能量大小是唯一的衡量标准，我们就应该用煤来满足所有能量需求。此外，对于很多有庞大能量需求的国家，包括美国、中国、俄罗斯以及印度来说，它们的煤炭资源都是极为丰富的——足以持续使用几百年。我们在接下来的几百年里可能会把石油耗尽，但是这不意味着我们会把所有便宜的化石燃料用光。

表 1.2 能量成本

燃料	市场价格	每千瓦·时（1000 大卡）价格	转化为电后的价格
煤	40 美元 / 吨	0.4 美分	1.2 美分
天然气	3 美元 / 千立方英尺	0.9 美分	2.7 美分
汽油	2.50 美元 / 加仑	7 美分	21 美分
电	0.10 美元 / 千瓦·时	10 美分	10 美分
车用蓄电池	50 美元	21 美分	21 美分
计算机电池	100 美元	4 美元	4 美元
7 号电池	1.50 美元 / 节	1000 美元	1000 美元

那么，我们为什么还要在汽车上用汽油，而不烧煤呢？答案与物理无关，所以我只能猜测。但是有一部分原因是汽油非常方便使用。汽油是一种液体，可以轻松地抽入油箱，再轻松地从油箱流入发动机。过去，汽油的价格比现在便宜得多，所以价格这个因素并没有方便那么重要，而且一旦我们为汽油优化了汽车设计和燃料输送系统之后，就很难改变了。每克汽油所蕴含的能量确实比煤要多，所以你不必搬运太大的重量；但是汽油的密度却比较低，所以油箱占据的空间更大。此外，煤炭还会留下煤灰等残渣，需要清除。

对那些认为我们需要减少燃烧化石燃料的人来说，煤的低价造成了一个很严重的后果。拥有大量贫困人口的国家，可能自认无力转而使用更贵的燃料。所以煤的超低价格对替代燃料（包括太阳能、生物燃料及风能）来说是一个真正的挑战。除非这些燃料的价格能和煤构成竞争，否则发展中国家很难承担这个转换成本。

能量价格和来源之间的紧密关系是很奇怪的。如果市场是"高效"的，就像经济学家假设的那样，那么所有燃料都会达到一个成本相同的价格。然而，这种情况并没有发生，因为市场并不是"高效"的。能源基础设施吸纳了大量的投资，而且运输能量的方式也很重要。相比墙上插座里的能量，我们更愿意为手电筒电池的能量花钱，因为手电筒便携、易用。过去的机车靠煤工作，但是同等重量的汽油能带来更多的能量，而且不会留下煤灰，所以蒸汽机车就变成柴油机车。我们的汽车是在石油便宜的时代设计的，而且我们习惯了使用这种燃料，觉得它的价格永远不会升高。在世界上汽油价格较高的地区（比如欧洲）通常都有较发达的公共交通，美国也有地铁。当汽油还便宜时，它还是一种还算能负担的享受。关乎我们生活方式的诸多方面都是围绕低油价设计的。我们愿在燃料上花多少钱，不仅取决于它传递的能量多少，也取决于它的便利。

替代能源所面临的挑战在于，它们需要比煤在经济上更可行。后面我们谈到全球变暖时，会探讨煤怎样成为我们使用的最糟糕的二氧化碳排放源之一。为了减少对煤的使用，我们当然可以征税。但是只在发达国家这样做不会收到很大成效，因为根本问题在于印度这样的国家的能源使用状况。这些国家的领导者可能会选择尽可能便宜的能源，这样他们就能把资源投入到提高人民的营养、健康、教育，以及整体的生活水平上。

能量的形式

我们谈到过食物能量和化学能量。飞行的子弹或小行星的能量被称为运动能量或**动能**。存储在被压缩的弹簧中的能量，被称为**储能**或**势能**。（名称虽如此，但是势能的意思不是说它只有转化成能量的"势头"，势能是一种被储藏起来的能量，就像被储藏起来的食物仍是食物。）**核能**也是一种被储藏起来的能量，它把原子核的各个部分融为一体，当原子核破裂时，这种能量就会被释放出来。当物体处于较高的高度时就会具有**引力能**（gravitational energy）；当物体下落时，这种能量就会转化为动能。物体中的热也是能量的一种形式。所有这些能量都可以用大卡或焦耳来度量。

很多物理课本喜欢把化学能、核能和引力能归为不同形式的势能。这种定义把基于形状和位置——比如弹簧是否压缩了，或者化学物质中的原子是如何排列的——的所有能量都混为一谈。这样做的目的是为了简化等式，但是在本书中我没必要这么做，你只需要理解所有能量都是能量，无论名字叫什么。

能量（energy）这个词还有很多用法。有些沮丧的人会说自己"没能量"（no energy）了。鼓舞人心的演讲者会谈到"精神能量"（energy of the spirit）。这里我要声明一下：他们有权在这些非技术性的用法中谈论能量。物理学家从英语中提取了能量这个词，然后把它以一种更准确的方式重新定义了。从没人赋予物理学家这种权利。但是了解这个词的准确用法并且以物理学家的方式使用这个词是很有必要的。你可以把这种做法理解为"作为第二语言的物理学"。在讨论物理时，更准确的定义是很有用的。

在准确的物理语言中，**功率**（power）的定义是每秒使用的能量。它是指能量释放的**速率**，正如我在前面提到过的。这个定义用等式表示即：

$$功率 = \frac{能量}{时间}$$

注意到了吗？在日常用法中，功率和能量这两个词经常可以相互替换。如果你认真阅读报纸上的文章，就会发现这样的例子。但是当准确地使用这些词时，我们可以说，TNT 的价值就在于，虽然每克的能量比巧克力薄片曲奇小，但是它具有更大的功率（因为它能把有限的能量在几百万分之一秒的时间内转化成热）。当然，TNT 不能长时间地输出这样的功率，因为它的能量会用尽。

如前所述，功率最常见的单位是瓦特（W，简称瓦），以詹姆斯·瓦特命名，他就是研制出实用蒸汽机的人。蒸汽机是他所在时代最有力的发动机，也是 18 世纪末至 19 世纪初的"高科技"。瓦特的定义是每秒 1 焦耳：

$$1W=1 瓦特 =1 焦耳 / 秒$$
$$1kW=1 千瓦 =1000 焦耳 / 秒$$

正如我前面说的，**千瓦**（kilowatt）经常被缩写为 kW，W 之所以大写是因为瓦特是一个人的名字，但是**瓦特**（watt）通常都不用大写首字母。同样的逻辑也被应用在了**千焦**（kilojoule）

上，它的缩写为 kJ。

关于瓦特还有一个物理学笑话，灵感来自阿伯特和科斯特洛的经典段子"谁先上"？这个"谐音梗"段子原本讲的是棒球运动员的名字。我把这个故事放到了脚注中。[1] "谁先上"的原视频可以在网上找到。

能量是守恒的

当 TNT 或火药中的化学能突然转化为热能时，产生的气体温度极高，这些气体迅速膨胀并把子弹推出枪管。接着，气体失去了一部分能量（冷却了下来），这部分能量成为子弹的动能。值得一提的是，把所有这些能量加起来，总量是相同的。化学能虽然被转化为热能和动能，但是开枪产生的大卡（或焦耳）与储存在火药中的能量是等量的。这就是物理中"能量守恒"的含义。

能量守恒定律是最有用的科学发现之一。它因此赢得了一个别致的名字：**热力学第一定律**。热力学是研究热的科学，我们将在下一章讨论热。热力学第一定律指出，任何看似消失的能量都没有真的消失，通常只是转化成了热。

当一颗子弹击中目标并停下后，一部分动能转移到了被击中的物体上（将其撕裂），余下的则转化成热能。（目标和子弹在彼此碰撞时都会变得更热一些。）总能量永远是不变的，这是**能量守恒**的另一个例子。这是物理学中最有用的定律之一[2]，对需要进行物理和工程计算的人来说尤为宝贵。使用这个原理，物理学家可以计算出子弹离枪时的速度，我们则能够计算出物体跌落时的速度。

但是，如果能量守恒是物理学的一条定律，那么为什么我们的老师和国家宣传经常会告诫我们要节约能源呢？能量不是自动守恒的吗？

没错，但不是所有形式的能量都有同等的经济价值。把化学能变成热很简单，可是要把它转化回来就很难了。当有人告诉你要节约能源时，他所说的意思其实是"节约有用的能源"。最有用的能量是化学能（比如汽油的能量）以及势能（比如即将经过水坝并用来发电的水携带的能量）。最没用的能量形式就是热能，尽管有一些（但不是全部）热能可以被转化为有用的形式。

---

[1] 科斯特洛和阿伯特两个人在讨论物理。科斯特洛问："什么是功率单位？"阿伯特说："瓦特（Watt）。"科斯特洛说："我说，'什么是功率单位？'"阿伯特说："我说，'瓦特'。"科斯特洛说："我再大点声。什么（What）！是功率单位？"阿伯特说："没错。"科斯特洛说："'没错'是什么意思，我问了你一个问题。"阿伯特说："瓦特是功率单位。"科斯特洛说："我就是这么问的。"阿伯特说："这就是答案。"你可以无限延长这个对话。

[2] 当爱因斯坦的相对论（见第 12 章）预测质量可以被转化为能量时，此定律被修改成：质量和能量的总和是守恒的。

如何度量能量

度量能量最简单的方法就是把能量转化成热，然后看这部分热能把水温升高几度。其实，大卡的原始定义就是这么来的：1 大卡是 1 千克水升高 1℃所需要的能量。1 卡路里是 1 克水升高 1℃所需的能量。1 大卡中约有 4200 焦耳。另外一种被广为使用的能量单位是千瓦·时。当你从电力公司购买电能时，用的就是这种单位。如果你在 1 小时内持续获得 1000 瓦特，这过程中传递的能量就是 1 千瓦·时，也就是在 3600 秒（1 小时）中每秒获得 1000 焦耳，即 360 万焦耳 =860 大卡。你可以把 1 瓦·时记成约 1 大卡。记忆这些单位转换既枯燥，又没有必要，你可能不必为此劳神（除非是我特别推荐的例子）。表 1.3 显示了这些转换。

虽然你不需要费力记忆这张表，但是经常参考这些数据还是很有必要的，这样你就能大概把握不同问题中所涉及的能量大小了。比如，如果你对各个国家的能量使用状况开始感兴趣，就会读到很多关于**库德**[1]（quads）的内容，然后发现它是个很有用的单位。美国的能量使用量大约是每年 100 库德。（请注意，库德／年实际上是一种功率单位。）

表 1.3 常见能量单位

能量单位	定义和换算关系
卡路里	把 1 克水升高 1℃所需的能量
大卡（食物卡路里，也被称为千卡）	把 1 千克水升高 1℃所需的能量，1 大卡 =4182 焦耳 ≈ 4 千焦
焦耳	1/4 182 大卡≈把 1 千克物体提高 10 厘米所需的能量≈把 1 磅物体提高 9 英寸所需的能量
千焦	1000 焦耳 =1/4 大卡，电力公司标价 5 美分
兆焦	1000 千焦 =10^6 焦耳
千瓦·时	861 大卡 ≈ 1000 大卡 =3.6 兆焦，电力公司标价 10 美分
英国热量单位（BTU）	1BTU=1055 焦耳 ≈ 1 千焦 =1/4 大卡
库德	1000 万亿 BTU=10^{15}BTU ≈ 10^{18} 焦耳；美国能量使用总量 ≈ 100 库德／年；世界能量使用总量 ≈ 400 库德／年

---

[1] 库德（quad）在美式英语中表示能量单位，1 库德约等于 2.4 亿吨石油所含的能量。——编者注

头条物理学

功率

正如我们前面所说，**功率**是能量转移的速率。某事发生的速率等于"某事"除以时间，比如，英里 / 时 = 英里每小时，出生人数 / 年 = 每年出生人数。所以，当 1 克 TNT 在百万分之一秒内释放了 0.651 大卡时，其功率记为 651000 大卡 / 秒。

虽然功率可以用大卡 / 秒来度量，但是另外两种更常用的单位是瓦特（1 焦耳 / 秒）和马力。马力（horsepower，hp）的原始定义是一匹马一般能输出的功率，即马每秒钟做的功。如今，这个词最常见的用法是形容汽车发动机的功率——通常汽车能输出 50—400 马力。18 世纪的詹姆斯·瓦特是第一个真正确定了 1 马力有多大的人。1 马力等于 0.18 大卡 / 秒。（这听起来很小？或者，这说明大卡其实是个很大的单位？）瓦特是度量电功率最常用的单位。

詹姆斯·瓦特发现一匹马可以在 1 分钟内把一个重 330 磅的物体垂直提高 100 英尺。他把这么大的功率定义为 1 马力（hp）。事实上 1 马力约为 746 瓦特，你可以暂且认为这约等于 1000 瓦特，或者 1 千瓦。（读到这里，希望你已经熟悉了我个人的近似法，比如把 746 约等于 1000。）常用单位如下：

千瓦（1kW=1000W）

兆瓦（1MW=100 万 W）

吉瓦（1GW=10 亿 W=10^9 W=1000MW）

10^6（兆）的缩写是大写字母"M"，10^9（吉）的缩写是大写字母"G"，举个例子，1000kW=1MW=0.001GW。1 大卡 / 秒约为 4 千瓦。

如果要进行工程方面的计算，你只需知道 1 马力就是 746 瓦特。我不建议你费力记忆这个数据；在真正需要时，你永远都可以回头去查找它。你应该记住的是这个近似等式：

1 马力 ≈ 1 千瓦

记住这个近似值，比勉强地记忆准确值要有用多了。

能源供给是非常重要的，活在未来，我们有必要了解一些关键数据。这些数据都在表 1.4 中。你可以通过观察这些例子来记忆近似值。

表 1.4 能源实例

功率值	换算 / 等价物	实例
1 瓦	=1 焦耳 / 秒	手电筒
100 瓦		明亮的灯泡；一个坐着的人散发的热
1 马力	≈ 1 千瓦 [a]	普通马匹持续奔跑；人快速登上一段楼梯
1 千瓦	≈ 1 马力 [b]	小房子（不包含供热）；1 平方米阳光的能量
20 马力	≈ 20 千瓦 [c]	小轿车
1 兆瓦	=10^6 瓦特	一个小镇的用电
45 兆瓦		波音 747 飞机；小型发电厂
1 吉瓦	=10^9 瓦特	依靠煤炭、天然气或核能运转的大型发电厂
400 吉瓦（0.4 万亿瓦）		美国平均年度用电
2 万亿瓦	=2×10^{12} 瓦特	全世界平均年度用电

a 更准确的换算：1 马力 =746 瓦特
b 更准确的换算：1 千瓦 =1.3 马力
c 更确切的换算：20 马力 =14.9 千瓦

功率的例子

由于能量是守恒的，所以整个能源产业实际上从来没有生产或生成过能量，而只是把能量从一种形式转化为另一种形式，然后再把这种形式的能量从一个地点搬运到另一个地点。虽然如此，但是大家还是习惯于把这个过程称为"发电"。阅读时政要闻中的词汇，再在物理学中寻找其更准确的定义，是一件很有趣的事。

为了让你生动地理解电力在重要用途上的消耗量，我现在要更详细地描述一些例子。其中的很多数据你都应该知道，因为它们会影响重大的议题，比如太阳能的未来。

接下来这个例子简要介绍了你家灯泡与发电厂之间发生的事。能量最初的来源可能是化学品（油、天然气或煤）或者核物质（铀）。在发电厂中，能量被转化为热，而热会使水沸腾，从而产生热压缩蒸汽。膨胀的蒸汽会推动一系列名为"**涡轮**"的叶片。这些叶片会转动**发电机**的曲柄。我在第 6 章会详细讨论发电机的工作原理，这些设备会把机械的旋转运动转化为电流，也就是在金属中流动的电子。电能的主要优势在于，它能轻轻松松地传输到几千千米以外，只要有金属缆线，就能通到你家。

一般来说，一家大型发电站生产电力的速率为：1 吉瓦 =10 亿瓦 =10^9 瓦（参见表 1.4）。

记住这些数据很有用。核电站、燃油电厂、燃煤电厂的情况都是如此。如果每户住宅或公寓需要 1 千瓦的电（可以点亮 10 个 100 瓦的灯泡），那么一家这样的发电厂就可以为 100 万户提供电力。稍小的发电厂发电速率一般为 40—100 兆瓦。这样的发电厂通常都是小乡镇为了满足本地需求而建造的。100 兆瓦能为 10 万户家庭提供电力（如果需要供暖或空调则少一些）。而加利福尼亚州幅员辽阔，天气炎热时，该州一天就会消耗 50 吉瓦，所以需要相当于 50 家大型发电厂的发电能力。

在一家发电厂中，不是所有的燃料能量都被转化成了电，事实上，约 2/3 的能量转化成了热，并就此流失。这是因为蒸汽没有完全冷却，而且很多热量都被释放到了周围环境中。有时这些热量被用来为周围的建筑供暖。在这种情况下，发电厂就是在"热电联产"，同时生产电力和有用的热。

表 1.4 给出了重要设备一般情况下的功率，从手电筒（1 瓦）到全世界的用电情况（2 万亿瓦，即 2×10^{12} 瓦）都在其中。

灯泡

一般家庭使用的灯泡，称为**白炽灯**或**钨丝灯**，它们工作时需要电流加热灯泡内的细金属丝。这种金属丝叫**灯丝**，被加热到一定程度就会发出白热光。在这里，所有可见光都来自炽热的灯丝，不过灯泡本身也可以做成磨砂表面的，以便使灯光发散，变得不那么刺眼。玻璃灯泡（灯泡的名字来自"泡泡"一词）可以防止人触碰灯丝（它的温度超过了 1000℃），并能隔绝空气，空气会和炽热的钨发生反应，影响灯具的寿命。

灯泡的亮度取决于它消耗的功率，也就是取决于每秒有多少电能被转化成了热。100 瓦的钨丝灯比 60 瓦的钨丝灯更亮。正因为如此，很多人错误地以为瓦特是一种亮度单位，但事实并非如此。一只 13 瓦的日光灯泡和一只 60 瓦的普通（白炽）灯泡一样亮。这是否意味着传统的白炽灯泡会比日光灯更浪费电呢？没错。多出来的电功率都用来给灯泡加热了。这就是为什么当你触碰钨丝灯泡时会感到它比同等亮度的日光灯泡热得多。1 千瓦是 10 个 100 瓦灯泡消耗的功率，这么多能量，足以让你的整个家灯火通明——前提是你家房子面积适中，并且使用的是普通灯泡。

记忆小窍门：想象一下，你家需要一匹马才能点亮（1 马力 ≈ 1 千瓦）。

一种被称为发光二极管或 LED 的新型光源，已经出现在了市面上。

这种灯的效率几乎和日光灯一样，却没有那么便宜。这个问题可能在不远的将来就会得到解决。LED 已经被用在了交通信号灯和手电筒上。

阳光和太阳能　　　　1 平方米的阳光有多少功率？阳光的能量输出约为 1 千瓦 / 平方米。所以照在车顶上（约为 1 平方米）的阳光约为 1 千瓦 ≈ 1 马力。所有这些能量都以光的形式存在。当光照在物体表面时，有一些会被反射走（这就是你能看见它的原因），而另一些则被转化成了热（使表面变热）。

假设你家每平方米的地板上都放着一个 1 千瓦的钨丝灯泡，那么你家会像阳光普照时一样明亮吗？提示：回想一下，瓦特不是亮度单位，而是每秒传输能量的单位。在阳光中，所有能量都以光这种形式存在。但对电灯泡来说，大部分能量都变成了热。怎么样，你的答案符合现实吗？

很多环保人士认为，长远而言最好的能源就是太阳能。它是"可持续的"，因为只要太阳还在发光，阳光就会源源不断地出现，而太阳的预期寿命还剩下几十亿年。硅太阳能电池（内含能把阳光直接转化成电的晶体），可以把太阳能转化为电。阳光可以输出的功率约为 1 千瓦 / 平方米。所以如果我们能把所有洒落在 1 平方米上的太阳能利用起来，这些能量就会产生 1 千瓦的功率。但是 1 块便宜的太阳能电池，只能转化 15% 的功率，也就是每平方米的功率约为 150 瓦。剩下的能量被转化成热或者被反射走了。更贵的太阳能电池（比如人造卫星上用的那种）的效率约为 40%，可以将每平方米太阳能转换为 400 瓦电。1 平方千米包含 100 万平方米，所以 1 平方千米的阳光的功率可以达到 1 吉瓦。如果有 15% 的能量转化给了太阳能电池，那就是每平方千米大约转化 150 兆瓦或每 7 平方千米 1 吉瓦。这相当于一家大型现代核电站的产能水平。

以下是关于太阳能的重要数据汇总：

1 平方米——1 千瓦阳光使用太阳能电池能获得 150—400 瓦电

1 平方千米——1 吉瓦阳光使用太阳能电池能获得 150—400 兆瓦电

有些人说，太阳能应用并不现实。甚至受过良好教育的人有时也会说，要为加利福尼亚这样的州提供足够的太阳能，得用太阳能电池铺满整个美国。

图 1.4

太阳能飞行器"百夫长"
（图片来源：NASA）

这是真的吗？看一看表 1.4。1 吉瓦就是一家普通核电站的输出量，这要通过 7 平方千米的太阳能才能完成。这数字听起来也许很大，其实不然。通常，加州的高峰用电（一般出现在白天，主要是为空调供电）约为 50 吉瓦，这需要 350 平方千米的太阳能电池。这个面积还不到加州土地面积（40 万平方千米）的 1/1000。除此之外，我们可以把太阳能发电厂放在附近的州，比如内华达州，该州的雨水很少，而且电力需求没有那么高。

其他人抱怨说太阳能只在白天能用。我们晚上该怎么办？当然，用电力高峰出现在白天，因为我们要开动工厂和空调。但是如果我们打算完全依赖太阳能电池，就需要一种新的能量储存技术。很多人认为电池、压缩空气或飞轮储能也许是可行的。

就目前来说，太阳能的成本之所以比其他形式的能源要高，很大程度上是因为太阳能电池很贵，而且不能长期使用。你可以搜一搜太阳能电池的花费和建造太阳能发电厂的成本有多高。（我问过承包商，他们告诉我安装任何东西的价格都是 10 美元 / 平方英尺。）在建设成本相对较低的欠发达地区，太阳能方案会更加可行吗？

太阳能汽车和飞机

澳大利亚每年都会举办一场全国范围的太阳能汽车竞赛。这种汽车最大的问题在于，1 平方米的阳光只能产生约 1 千瓦电力，也就是约 1 马力。而最贵的太阳能电池也只有大概 40% 的效率，就是说，你需要 2.5 平方米的太阳能电池才能得到 1 马力，而一般的汽车需要 50—400 马力。这场激烈的比赛显然是一堆低速汽车之间的较量！

虽然功率这么低，但太阳能飞机还是能成功起飞的，这真令人惊讶。事实上，这种设备并不是真正的飞机——它没有飞行员，也没有乘客，所以它应该叫作飞行器、无人机，或者 UAV（Unmanned Aerial Vehicle，无人航空运载体）。这架飞行器的名字叫"百夫长"（Centurion，图 1.4）。太阳能电池分布于机翼的上下表面，下表面的电池利用了地球反射的光。太阳能电池必须足够大才能收集太阳能，但同时也要够轻。"百夫长"的翼展达 206 英尺，比一架波音 747 客机还宽。它的太阳能电池产生的功率总共只有 28 马力。"百夫长"的总重为 1100 磅，已经创下了飞机的飞行高度纪录 96500 英尺。（商用飞机的飞行高度约为 4 万英尺。）

"百夫长"是航空环境公司制造的，这家公司由工程师保罗·麦克柯里迪创建，他还是秃鹰号和信天翁号的设计师。我们稍后会详细谈到信天翁号。

人 力

如果你的体重有 140 磅，并在 3 秒内跑上了 12 英尺高的楼梯，你的肌肉就要产生大约 1 马力。（记住：**产生**在这里意味着把能量从一种形式转化为另一种形式。肌肉以化学能的形式储藏，再把这种能量转化为动能。）如果你能做到这件事，那就说明你和马一样强壮了？并不是。大多数人只能短暂地输出 1 马力，但是马可以在一段时间里持续产生 1 马力，并在短时间内爆发好几马力。

在一段持续时间内，一个骑自行车的普通人会以约 1/7=0.14 马力的速率输出功率。（这个数据是不是看起来比较合理了？马的重量和人相比如何？）世界级的自行车选手（环法自行车赛选手）可以做得更好：他们能在一个多小时内保持约 0.67 马力的输出，或者在 20 秒冲刺阶段输出 1.5 马力。[1] 在 1979 年，自行车选手布莱恩·艾伦用他输出的功率飞起了一架超轻型飞机——"信天翁号"，这架飞机飞越了 23 英里宽的英吉利海峡（图 1.5）。

信天翁号必须重量极轻，但也要足够稳固、便于操控。设计的关键在于，它必须易于维修。作为"信天翁号"的设计师，保罗·麦克柯里迪知道这样的轻量型飞机很容易撞毁，比如正好一阵狂风刮过来。因此，它只能飞离地面几英尺。

节食 VS 锻炼

一个人需要做多少功才能减轻体重呢？计算所需的大部分数据我们都已经知道了。前面提到，一个人可以持续输出 1/7 马力的功率。根据对受试者的测量，可以得知，人体做功的机械效率约为 25%，即以 1/7 马力的功率做功时，需要以 4/7 马力的速率消耗能量。换句话说，如果你以 1/7 马力的功率做有用功，那么你要花费的功率总和（包括生热）

---

[1]　感谢自行车运动员亚历克斯·魏斯曼提供的数据。

图 1.5

布莱恩·艾伦正准备踩下翼展 96 英尺的"信天翁号"飞机的踏板。该飞机的重量仅有 66 磅（≈ 29.94千克）。艾伦同时扮演飞行员与发动机的角色（图片来源：NASA）

就是这个数的 4 倍。

对减肥来说，这是一件好事。假设你连续剧烈运动并且以 4/7 马力的速率燃烧脂肪。因为 1 马力等于 746 瓦特（这里我用了更准确的值），所以在剧烈运动中，你每秒消耗了（4/7）×746=426 焦耳。在1 个小时（3600 秒）内，你会消耗 426×3600 焦耳 =1530000 焦耳 =367 大卡的能量。

以可口可乐为例，1 听可乐中含有 40 克糖。这些糖会带给你 155 大卡的"食物能量"。半个小时连续的剧烈运动才能消耗掉这些糖。慢跑可不算，必须得是跑步、游泳、清洗马厩这种级别的运动。[1]

剧烈锻炼半小时或者慢跑一小时，再喝上一听可乐，你在锻炼中"燃烧"的所有卡路里就又补充上了。你的体重不增也不减（不算暂时因流失水分而减少的重量）。每杯牛奶和果汁所含的大卡甚至更多，所以别以为你饮用"健康"的维生素功能饮料就能减肥。这些饮料中的维生素可能确实多，但卡路里也很高。

普通人每天需要约 2000 大卡来维持稳定的体重。每克脂肪（如动物油）含有 7 大卡。所以如果你每天减少 500 大卡的摄入——也就是减少你正常消耗的 2000 大卡的 1/4——就会消耗约 70 克的脂肪，一周就是500 克，也就相当于 1 磅多一点的重量。如此严酷的节食，这样的收效似乎太慢了，事实也确实如此，这就是为什么很多人无法坚持节食计划。

还有一个减肥办法：你可以每天以 1/7 马力锻炼 1 小时，一周锻炼 7

---

[1] 我参考的一本运动生理学的书把这些数据制成一张表，其读者可能是运动员或农场主，所以才会举清洁马厩的例子。

天。这样的锻炼包括壁球、滑雪、慢跑或快走。游泳、跳舞或者修剪草坪每小时只能消耗以上活动一半的卡路里。所以，要想每周瘦1磅，你可以每天剧烈锻炼1小时，或者适度运动2小时，或者减少500大卡的食物摄入量，你也可以结合以上这些减肥方式。

但是千万不要锻炼1小时，然后奖励自己一瓶可乐。如果你这么做，就会捡回你丢掉的所有卡路里。

风力　　　　地球表面的各个部分在吸收太阳能时受热不均，就产生风。地表受热不均的原因多种多样，比如，不同地方吸收的热量有差异、蒸发的情况有差异，或云量有所不同。近1000年以来，人们一直都把多风的地方作为能量来源。风车房最开始的时候就是由风力驱动的面粉磨房，同时，荷兰人还利用早期的风车从堤坝后面抽水。现在，很多人重又燃起了对风能的兴趣，因为它也可以发电。一些试验性的风力发电厂在20世纪70年代时设立于加州的阿尔塔蒙特山口。现在这些风力发电设备更常用的名字是**风力涡轮机**（图1.6），因为它们已经不再磨面粉了。

现代大型风力涡轮机从风中获取能量的效率要比之前高得多。从某种程度上说，这是因为这些风力涡轮机能从海拔更高的风中获得能量。有一些风力涡轮机比纽约自由女神像还要高。

归根结底，风能的来源还是太阳能，因为正是温度的差异驱动了风。风力涡轮机彼此不能被放得太近，因为当它们从风中获取能量时，风速就下降了，而且风向会变得混乱，不再以一种平滑的模式流动（也叫尾流效应）。曾经有人提议在马萨诸塞州沿岸的海上建设风力涡轮机"森林"

图1.6

风力涡轮机（图片来源：新墨西哥州风能中心）

图 1.7

提议中的马萨诸塞州近海的风力涡
轮机园区位置

（图 1.7），以提供商用电力。如果你有兴趣，下面是关于这个项目的一些
细节：人们会在 5 英里见方的海面上立起 170 个大型风车，它们通过一
根海底电缆和陆地相连。从水平面到最高的叶片顶端，每个风车都有 426
英尺高（约 40 层楼高）。风车的间距为 0.5 英里。这座森林能提供的最
大功率可达 0.42 吉瓦。这个工程遭遇的最大的反对声浪似乎来自环保主
义者，他们提出，这种阵列将会毁掉这片自然保护区，杀死大部分鸟类，
并制造惊扰海洋动物的噪声。

动能

我们回到表 1.1，来讨论另一个令人惊讶的事实：一颗普通流星的运动能量是相同质量
TNT 的化学能量的 150 倍。

化学能的大小通常必须通过测量（而非计算）得到，而动能则不同，动能有个简单的方程：

$$E = \frac{1}{2} mv^2$$

使用这个方程时，速度 v 的单位必须是米 / 秒，而质量 m 的单位是千克，这样能量 E 的
单位就是焦耳了。在这里，要想把能量单位转化成大卡，就要除以 4200。以下是一些实用的

近似转化 [1]：

$$1 \text{ 米 / 秒（mps）} = 2 \text{ 英里 / 时（mph）}$$
$$1 \text{ 千克（kg）} = 2 \text{ 磅（lb）}$$

你可以选择使用这个动能方程。了解这个方程很有必要，但是因为涉及的单位可能并不常用，所以它用起来有些麻烦。

你注意到了吗？动能方程和爱因斯坦著名的质能方程 $E=mc^2$ 有些类似。在质能方程中，c 是真空中的光速：3×10^8 米 / 秒。

让我们来仔细看看，动能方程告诉我们动能与质量、动能与速度之间有哪些关系。首先，动能和物体的质量成正比。记住这点很重要，就算不使用方程，这个事实也能让你对问题有一定的了解。比如，以相同速度行驶时，一辆重 2 吨的 SUV 汽车的动能，是一辆重 1 吨的大众甲壳虫汽车的 2 倍。

其次，一个物体的动能和其速度的平方成正比。记住这一点也很重要。如果你把车速提至 2 倍，你就会获得原来 4 倍的动能。如果重量相似，那么一辆以 60 英里 / 时移动的车的动能是一辆以 30 英里 / 时移动的车的 4 倍。如果速度达到 3 倍，动能就会达到 9 倍。

现在，我们来为动能方程代入一些数字，看看一个非常快的物体——比如流星——情况如何。我们用千克来表示质量，用米 / 秒表示速度，计算一下某颗 1 克重的流星以 30 千米 / 秒的速度飞行的情况。首先，我们必须换算单位：质量 $m=0.001$ 千克；速度 $v=30$ 千米 / 秒 $=30000$ 米 / 秒，把这些数字代入方程，就会得到：

$$E = \frac{1}{2} mv^2$$
$$= \frac{1}{2} \times 0.001 \times 30000^2$$
$$= 450000 \text{ 焦耳} = 450 \text{ 千焦} \approx 100 \text{ 大卡}$$

聪明石块和智能卵石　　近 20 年来，美国军方慎重地考虑了一种不用爆炸物摧毁核导弹（"反弹道导弹" 或 ABM 系统）的方法。该方法是把一块石块或其他重量大的

---

[1]　在很多教科书中，千克仅作为质量单位使用。我没有遵守这条物理学惯例，可能有人会说我 "粗心"，但事实上，欧洲和美国的称重量单位也是千克。对一般用法来说，1 千克就表示 "1 千克质量的重量"。

块状材料放在导弹的弹道上。在一些构想中，人们会把计算机安在上面，把这种石块变得"智能化"，如果导弹想绕开它，石块就会调整路线，继续拦在导弹的弹道上。

一块普通的石块如何能摧毁核导弹？导弹运动的速度约为 7 千米/秒，即 v=7000 米 / 秒。从导弹的角度看，石头在以 7000 米 / 秒的速度接近它。（这种视角转换的根据就是经典物理中的相对性。）相对于导弹，1 克（0.001 千克）石头的动能为：

$$E=\frac{1}{2}\times 0.001\times 7000^2=25000 \text{ 焦耳} =6 \text{ 大卡}$$

所以，1 克石头的动能（从导弹的角度来说）是 6 大卡。而等量的 TNT 可以释放的能量只相当于石头的 1/9。用爆炸物来完成任务完全没必要，动能本身就足够摧毁导弹。事实上，用 TNT 代替石块，只能多提供一点能量，而其增加的效果就更微乎其微了。

军方喜欢把这种摧毁目标的方法称为"动能拦截"（与"化学能拦截"相对）。后来的发明使用了更小的石块和更智能的计算机，它被称为"智能卵石"（brilliant pebbles）。（这可不是我编的，你可以在网上找找看。）

下面是一个有趣的问题：一颗石头要移动得多快，它的动能才能赶上同等质量 TNT 的化学能？根据表 1.1，1 克 TNT 炸药的能量是 2700 焦耳。我们设定石块的质量和速度符合 $1/2mv^2 = 2700$ 焦耳，石块的 m 为 1 克 = 0.001 千克（使用正确的单位永远是这类计算中最难的！）那么：

$$v^2=5440000$$
$$v=\sqrt{5440000}$$
$$=2300 \text{ 米 / 秒}$$
$$=2.3 \text{ 千米 / 秒}$$

即大约是声速的 7 倍。

恐龙的灭绝　　　　　　　　让我们来思考一下撞击地球并杀死恐龙的那颗小行星所具有的动能。

地球绕行太阳的速度为 30 千米 / 秒 [1]，所以我们可以合理假设该小行星撞上地球时的速度也是这样。（如果两者正面相撞，这个速度会更大，小行星若是从背后撞上地球，速度则会更小。）

如果小行星的直径为 10 千米，它的质量就约为 $1.6×10^{12}$ 吨（1.6万亿吨）。[2] 从表 1.1 中我们可以看到，它的能量是相似质量的 TNT 的 165 倍。所以小行星的能量应该相当于 165×（$1.6×10^{12}$）=$2.6×10^{14}$ 吨 = $2.6×10^8$ 兆吨 TNT 的能量。如果把一颗普通核弹当作 1 兆吨 TNT [3]，那么这个等式就说明小行星释放的能量等同于 10^8 颗以上的核弹。这相当于冷战时期苏联和美国全部核武器库存之和的 1 万倍。

小行星造成了混乱，但是它停下了。能量全都转变成了热，而热造成了巨大的爆炸。但是，这种规模的爆炸仍然足以对大气造成严重的影响。（地球有一半的空气都在地表之上 3 英里以内。）一层尘土被推上了大气层，很有可能在几个月时间里遮蔽了整个地球的阳光。缺光终止了植物的生长，很多以此为食的动物都被饿死了。

这样的冲击会把地球撞出轨道吗？我们假设小行星的直径为 10 千米，相当于地球直径的千分之一，那么小行星的质量也就是地球质量的十亿分之一。小行星撞击地球，就像是一只蚊子撞上一辆卡车。蚊子的撞击不会改变卡车的速度（至少不会改变很多），但是肯定会把挡风玻璃弄脏。在这个比喻中，挡风玻璃代表的就是地球的大气。

小行星的大部分能量都转化成热，而热会导致爆炸。本章开头的图 1.1 展示了一颗比它更小的彗星（直径约为 1 千米）对木星的撞击过程。再看那张图，情况看起来很严重，但是导致恐龙灭绝的那次爆炸规模比这要大 1000 倍。

但是，到底什么是热？什么是温度？为什么大量的热能会导致爆炸？这是我们在下一章解决的问题。

---

[1] 地球和太阳之间的距离为 $r=93×10^6$ 英里 =$150×10^6$ 千米。圆的周长为 $C=2πr$。地球公转一周的时间是一年，即 $t=3.16×10^7$ 秒。把这些放在一起，我们就能得到地球的速度是 $v=C/t$=30 千米 / 秒。（注意，一年的总秒数非常接近于 $t ≈ π×10^7$。这是物理学家们非常喜欢使用的近似值。）

[2] 取半径为 5 千米 = $5×10^5$ 厘米，我们可以算出体积 V=（4/3）$πr^3$=$5.2×10^{17}$ 立方厘米。石块的密度约为 3 克 / 立方厘米，所以质量约为 $1.6×10^{18}$ 克 =$1.6×10^{12}$ 吨。

[3] 广岛原子弹的能量等同于 13 千吨 = 0.013 兆吨 TNT。人们试验过的杀伤力最大的核武器是 1961 年的苏联核试验中的武器，它释放了等同于 58 兆吨 TNT 的能量。

小结

能量是做功的能力，可以用食物的大卡（Cal；又称为千卡，缩写为 kcal）、千瓦·时（kW·h）以及焦耳（J）来衡量。每克汽油含有 10 大卡，每克饼干含有 5 大卡，每克 TNT 有 0.65 大卡，而昂贵的电池每克约 0.1 大卡。汽油中蕴含的高能量解释了为什么汽油的使用范围如此之广。饼干中的高能量解释了为什么减肥这么难。电池中存储的能量相对较少，所以，要想把电池应用在电动车上并不简单。混合动力汽车中装有高效的汽油发动机以及电池。当汽车减速时，电池可以吸收能量，不需要再把能量浪费成热。燃料电池可以像普通电池一样输出电，但是燃料电池是通过添加化学品（比如氢气）来充电的，而不是通过插入墙上的电源充电的。每克铀含有 2000 万大卡，但是大量释放其中的能量要用核反应堆或者核弹。

煤是最便宜的化石燃料，而且可以被转化成汽油。能源使用大国都有丰厚的煤储量。

功率是能量传递的速率，可以用大卡 / 秒或瓦特来度量，1 瓦特 = 1 焦耳 / 秒。TNT 的价值并不在于它的能量，而在于它的功率，即 TNT 迅速释放能量的能力。1 马力约为 1 千瓦（kW）。一栋普通的小房子需要 1 千瓦供能。人类可以在短时间内输出 1 马力，但是在更长的时间内只能持续输出 1/7 马力。

大型核电站生产电能的功率约为 10 亿瓦，或者说 1 吉瓦（GW）。1 平方千米阳光的功率也大致是 1 吉瓦，其中只有 10%—40% 可以被太阳能电池转换，但是越好的太阳能电池也越贵。太阳能车不太实用，但是太阳能飞机却大有可为，尤其对于侦察行动来说。

糖和脂肪都含有很多大卡。半小时的剧烈运动只能消耗一听软饮料的卡路里。

动能是运动产生的能量。如果要获得等同于 TNT 的能量，一块石头必须以大约 1.5 英里 / 秒的速度移动。要想摧毁敌方导弹，你只要把一块石头放在导弹的弹道上就好了，因为从导弹的角度来看，石块在以极高的速度移动，携带着大量能量。如果石块速度提高至 10 倍的话，它蕴含的能量就会达到 10×10=100 倍。6500 万年前击中地球的石块的移动速度约为 15 英里 / 秒，所以它的能量就是等量 TNT 的 100 倍。当它击中地球时，动能转化成了热能。热导致该物体爆炸，我相信这就是导致恐龙灭绝的原因。、

讨论题

这些问题涉及了正文中没有讨论的问题，所以把它们当成讨论题很合适。你们可以尽情陈述个人观点，但是要尽量用事实和（在合适的时机引用的）技术参数来支持你的论述。在写下答案之前，你可能要先和朋友们讨论一下。

1. 石油效率和国家安全。如今，美国因为对汽车的使用而极度依赖石油。美国人对于石油的依赖已经把中东变成世界上最重要的地区。如果汽车的热机效率能达到 40%（而非 20%），美国人就不需要再进口任何石油了。我们在石油使用上的低效所造成的全球性影响甚至涉及中东地区的战争。如何使石油利用更加高效，既是一个技术问题也是一个社会问题。谁来为研究买单？美国政府？私人企业？这是一个经济问题还是国家安全问题？

2. 汽车通常可以携带 100 磅汽油，相当于 1500 磅 TNT 所蕴含的能量。但是汽油真的像这个对比暗示的那么危险吗？如果真是这样，我们为什么要把它装入汽车？如果不是，为什么？我们不接受汽油仅仅是因为汽油的缺点已经为人所知了吗？

搜索题

1. 小行星撞击事件非常罕见，大约每 2500 万年才会有一颗稍大的小行星撞击地球。但是小一点的小行星出现得更加频繁。在 1908 年，一颗彗星的碎片击中了西伯利亚的通古斯地区，它随后爆炸所释放的能量等同于 100 万吨 TNT。请去网上找找关于通古斯大爆炸的信息。

2. 混合动力汽车现在的状况如何？相比汽油汽车，混动车的效率提高了多少（以英里 / 加仑为单位）？在接下来还会进行哪些改进？所有混动车的燃料使用都是高效的吗？有效率更高的"标准"汽车吗？

3. 如果要用太阳能为加州提供足够的电力，太阳能电池需要占据多大的面积？在网上找找关于现有太阳能电池成本以及预期使用寿命的信息。有没有公司在研究降低太阳能电池成本的方法？还有哪些方法可以把太阳能转化成电能？你认为太阳能应用在欠发达地区会更加可行还是不可行？

4. 在网上搜一搜"聪明石块"（smart rocks）和"智能卵石"（brilliant pebbles）。现在是否有项目出于防御性目的开发这些技术？支持和反对这些项目的论据都是什么？

5. 风能在世界各地的发展状况如何？目前最大的风力涡轮机有多大？一台风力涡轮机能输出多大的能量？风力涡轮机是处于需要政府补助的阶段，还是已经在商业上运作了？

6. 关于电动车，你能找到哪些信息？电动车的续航里程是多少？如果把换电池的费用也考虑在内，电动车还会比汽油车便宜吗？

7. 在网上搜索能够把煤转化成柴油的费－托法。有哪些国家使用过这种方法？是否有新工厂正在进行相关规划？

论述题

1. 你认为本章的内容哪些最重要，可以上热搜头条？请在纸上写下来。你将如何告诉朋友、父母或孩子新闻里的关键知识点？

2. 在 2003 年的美国国情咨文中，小布什宣布美国将开发氢经济。解释一下氢经济是什么意思。对这种经济，人们持有哪些错误的观点？人们该如何使用氢？

3. 当涉及数据时，能量和能源（功率）之间的混淆可能会成为问题。比如，以下是我在波特兰通用电气公司的网站上发现的："一座超大型工业工厂在 1 小时内使用的电能（功率）和 50 户普通住宅 1 个月的使用量相同。"[1] 你能看出这种混淆的原因吗？你猜这段话作者所说的"1 小时内使用的电能（功率）"是指什么？你认为真正的含义是"1 个小时内使用的能量"吗？尽力描述一下作者的意图。这位作者想为你留下什么样的印象？这种印象是否准确？

4. 朋友告诉你，在 30 年以后我们将会驾驶由太阳能提供动力的汽车。你告诉他："预测30 年以后的事很难。但是让我告诉你一种更有可能的情况。"描述一下你会告诉他什么。如果相关事实和数据能加强你的分析，就用它们来支持你的预测。

5. 当车祸发生时，车的动能就变成热能、被压碎的金属、伤害及死亡。根据你（在现实生活和电影中）看到过的情况，请考虑两场车祸，一场撞击速度为 35 英里 / 时另一场为 70 英里 / 时。更快的撞击速度有可能会导致严重程度达到 4 倍的结果吗？除了速度之外，还有哪些因素能影响车祸的后果？飞机的速度通常是 600 英里 / 时，但是起飞和降落阶段的速度接近 150 英里 / 时。动能方程能告诉我们为什么坠机事故的幸存者总是很少吗？

6. 能量是守恒的——这是基本的物理定律。那么，为什么我们还要"节能"呢？

7. 虽然每克 TNT 的能量相对很少，但它是一种高效的爆炸物。简要地解释一下原因。

8. 有人说：美国对汽油"上瘾"。请比较汽油和其他汽车能使用的能源。举出你所说的替代能源相对于汽油的优势和劣势。

---

[1] 一个月通常有 30 天，也就是说 30×24=720 小时，所以上述工厂相当于使用了 50 栋住宅每小时耗能的 720 倍。如正文所说，50 栋住宅每小时一般需要消耗 50 千瓦电能。这就意味着这家工厂的动力设备耗能为 720×50 千瓦 = 36 兆瓦。回想一下，一家普通大型发电厂的输出是 1 吉瓦 = 1000 兆瓦。这家工业工厂使用的功率相对这个数字似乎并不大。但是原文的表述让这种功率显得非常大（至少在我看来是这样）。

选择题

1. "聪明石块"用于

A. 地质测定　　　　B. 防御弹道导弹　　　C. 核动力　　　　D. 太阳能

2. 1 瓦特等于

A. 1 焦耳／秒　　　B. 1 库伦／秒　　　　C. 1 卡路里／秒　　D. 1 马力

3. 灭绝恐龙的小行星之所以爆炸，是因为

A. 它是爆炸性材料做成的　　　　　　　B. 它是铀-235 做成的

C. 撞击让它变得非常热　　　　　　　　D. 它没有爆炸，它把地球撞出了正常轨道

4. 动能的单位是

A. 瓦特　　　　　　B. 卡路里　　　　　C. 克　　　　　　D. 安培

5. 以下哪些说法是正确的?

A. 能量用焦耳来计量，而功率用卡路里来计量　　B. 功率是能量除以时间

C. 电池释放能量，但是 TNT 释放功率　　　　　D. 功率表示非常大的能量

E. 以上都对

6. 指出以下哪个是功率（P）单位

A. 马力　　　　　　B. 千瓦·时　　　　　C. 瓦特　　　　　D. 卡路里

7. 混动汽车的动力来自

A. 电能和太阳能　　B. 太阳能和汽油　　　C. 电能和汽油　　　D. 核能和汽油

8. 由氢动力汽车还没有取代汽油车的主要原因是

A. 氢燃料太贵了　　　　　　　　　　　B. 氢燃料难以在汽车中储存

C. 氢燃料是放射性的，公众畏惧它　　　D. 氢燃料和空气混合后会爆炸

9. 铀-235 释放的能量是相同重量的汽油的____倍（选择最接近的值）

A. 2200　　　　　　B. 25000　　　　　　C. 100 万　　　　　D. 10 亿

10. 以下哪种物质含有的单位能量最多？

A. TNT

B. 巧克力薄片曲奇

C. 电池

D. 铀

11. 比较 1 千克汽油和 1 千克手电筒电池中的能量，正确的是

A. 汽油的能量大约是手电电池的 400 倍

B. 汽油的能量大约是手电电池的 10 倍

C. 手电电池的能量大约是汽油的 70 倍

D. 它们不能公平地比较，因为一个储存的是功率而另一个储存的是能量

12. 要释放相同的能量，哪种能源最便宜？

A. 煤

B. 汽油

C. 天然气

D. AAA 电池

13. 一般来说，1 克重的流星的动能相当于以下哪一项所包含的能量？

A. 10 克 TNT

B. 150 克 TNT

C. 1/100 克 TNT

D. 10 克汽油

14. 美国的煤炭储量预期可以维持

A. 几百年

B. 三四十年

C. 72 年

D. 不到 10 年

15. 限制电动汽车发展的一个因素是

A. 电池的能量密度低

B. 电池比汽油更容易发生爆炸

C. 电能对于汽车来说并不实用

D. 电动机比汽油机的效率低

16. 太阳能单位面积产生的功率约为（多选题）

A. 1 瓦 / 平方米

B. 1 千瓦 / 平方米

C. 1 兆瓦 / 平方千米

D. 1 吉瓦 / 平方千米

17. 便宜的太阳能电池的效率接近

A. 1%

B. 12%

C. 65%

D. 100%

18. 一个人跑上楼梯，他在短时间内输出的功率约为

A. 0.01 马力

B. 0.1 马力

C. 0.2 马力

D. 1 马力

19. 1 听软饮料（不包括"低糖""零度"类的饮料）含有的热量约

A. 10 大卡　　　　B. 50 大卡　　　　C. 150 大卡　　　　D. 2000 大卡

20. 一家大型核电站的产能功率约为

A. 1 兆瓦　　　　B. 1 吉瓦　　　　C. 100 吉瓦　　　　D. 1000 吉瓦

21. AAA 电池提供的电能会花费消费者约

A. 1 美分 / 千瓦·时　B. 10 美分 / 千瓦·时　C. 1 美元 / 千瓦·时　D. 1000 美元 / 千瓦·时

22. 墙上插座的电能会花费美国消费者约

A. 1 美分 / 千瓦·时　B. 10 美分 / 千瓦·时　C. 1 美元 / 千瓦·时　D. 1000 美元 / 千瓦·时

23. 液态氢每加仑（并非每磅）的能量约为汽油的

A. 1/3　　　　B. 等量　　　　C. 3 倍　　　　D. 12 倍

24. 美国人使用的大部分氢来自

A. 地下的氢气贮藏　　　　　　B. 从大气中抽离的氢气

C. 核反应堆产生的氢　　　　　　D. 用化石燃料或水制造的氢气

25. 有 10 个钨丝灯泡，每个功率都是 100 瓦。如果把所有灯泡都点亮 1 小时，消耗的能量是

A. 10 千瓦·时　　　　B. 1 千瓦·时　　　　C. 10 千瓦　　　　D. 1000 瓦

第 2 章

原子和热

几个困惑

当小行星在 6500 万年前击中地球时，它的动能相当于同等质量 TNT 的 100 倍。在撞击中，几乎所有能量都转化成热。岩石（汽化物）的温度超过了 550000℃，约为太阳的表面温度的 100 倍。

为什么会这样？动能是怎么变成热的？热是什么？这种变化又是如何引发爆炸的？

一个房间里的所有物品都应该达到相同的温度。但是如果你拿起一个玻璃杯，它给人的感觉比塑料杯要更冷。很多人会下意识地认为塑料在感觉上更"温暖"。

两个物体的温度相同，为什么其中一个让人感觉更冷？我们做出了什么错误假设？

很多科学家担心地球正在变暖。有模型预测，向大气中持续排放的（来自化石燃料燃烧的）二氧化碳很快可以把地球的温度提高 5 ℉。如果真的发生了这样的情况，我们预计海平面将会升高 1 英尺或更高——就算冰块不融化也一样。一些海拔较低的岛屿都会被淹没。

为什么冰块不融化海平面也会升高？

当我们通过燃烧燃料给家中供热时，我们是在浪费能量。我们本可以从寒冷的户外抽取热到家里的。

从寒冷的户外抽取热到家里？这就有点儿胡说八道了。既然所有能量都转化成了热，那么燃烧燃料的效率难道不是 100%？怎么会有更好的做法呢？

原子、分子与热的含义

把你的两只手紧紧地合在一起，并且使劲揉搓 15 秒左右。（在继续阅读之前，你最好现在就试一下，如果旁边没人的话。）你的手感觉更暖和了，皮肤的温度上升了。你把动能（运动能量）转化成了热。

事实上，热就是动能，分子产生的动能。你的手之所以感觉更温暖，就是因为揉搓后分子

图 2.1

元素周期表

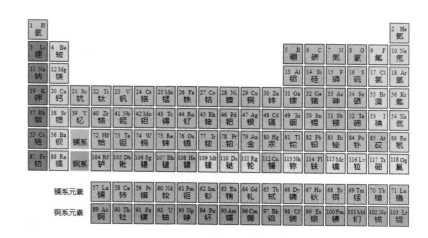

镧系元素
锕系元素

来回振动的速度比之前更快了。这就是热的本质：原子和分子速度很快而幅度极小的振动。

现在正适合来讨论一下物质的组成。所有物质都是由原子组成的,而原子只有约[1]92 种:氢、氧、碳、铁……完整的原子名单展示在名为元素周期表的图表中，如图 2.1。

元素周期表中的每个原子都带有一个数字,叫作原子序数。该数字代表原子中的质子数,（通常来说）也是原子中的电子数。氢的原子序数是 1,氦的原子序数是 2,碳是 6,氧是 8,而铀是 92。

分子包括单原子分子和组合在一起的原子。水分子写作 H_2O,说明它是由两个氢原子（也就是 H2）以及一个氧原子（也就是 O）组成的。氦分子只含有一个原子（He）,氢气分子只含有两个连在一起的氢原子（H_2）;但是分子可以很大。DNA 这种分子携带着我们的遗传信息,其中可以容纳几十亿个原子。[2] 当分子破裂或组合时,它们就发生了化学反应。

任何材料中的分子都在不停地振动。振动越剧烈,材料就越热。当你把手放在一起揉搓时,你使手内部的分子振动得更快了。有多快? 答案令人震惊:这种振动的速度常常接近声速,约为 760 英里 / 时,或 340 米 / 秒。真够快的。但是这些粒子（至少在固体中）不会跑得很远。它们会撞上自己的邻居再弹回来。它们移动得的确很快,但是像环形跑道上的跑步者一样,总体来看它们的位置并没有改变。

普通的显微镜无法观察到像原子那样小的物质。典型原子的直径约为 10^{-8} 厘米 $=10^{-4}$ 微

---

[1] 为什么要说"约"? 有一些已知元素具有放射性,会发生衰变,所以在自然界中非常稀有,甚至无法持续存在。其中有两种是锝（原子序数 43）和钚（原子序数 94）。如果只计算稳定的元素,原子种类的数量就是 91。如果算上放射性元素,数量就会超过 100。

[2] 这些原子可以有很多种结合方式。这就是 DNA 编码你的遗传信息的方法。不同动物的 DNA 分子长度也有所不同。

米 [1]。如果你沿着一根人类头发的切面直径（通常为 25 微米）从一头走到另一头，你将会遇到 125000 个原子。一个红血球的直径(8 微米)上可以并排放 40000 个原子。有一些分子非常大(比如 DNA)，足以被显微镜观察到，但是这种分子中的单个原子，还是无法被人分辨出来。

虽然你看不到原子，但是你可以看到它们的振动对微小而可见的粒子造成的影响。在显微镜下，你可以看到小块浮尘（直径 1 微米）在自由移动。这种现象被称为**布朗运动**。[2] 会出现这种现象，是因为浮尘的分子被包围在其周围的空气分子撞击。如果灰尘足够小的话，这种撞击最终不会达到平衡。

声速和光速

分子的速度和声速极其相近，这是巧合吗？不是——声音在空气中的传播就是通过分子彼此之间的撞击完成的。所以声速是由分子运动的速度决定的。声音在气体中的传播速度不会比气体分子更快。[3]

你很容易就能测量声速。有一种方法是看人打高尔夫球、劈柴或者打棒球。发现了吗？你先看到事件发生，然后才听到声音。这是因为，光会以非常快的速度先到达你这里，然后声音才会到达。估计一下你和发出声音的人之间的距离，再估算一下声音到达你那里用了多长时间。如果距离是 1000 英尺，那么大致的延迟就是 1 秒。（如果你在棒球比赛中做这个试验，你可以尽量坐到离本垒板更远的地方。）速度就是当时的距离除以时间。

当我还小的时候，很怕打雷闪电，我的父母教给我一个能知道声和光从多远的地方传来的方法。他们说，两次闪电和雷声之间的时间间隔每多 5 秒，闪电的位置就会远 1 英里。如果间隔是 10 秒，那么雷击就在 2 英里远的地方。对那时候的我来说，1 英里简直就是无限远，于是我就放心了。这条法则之所以奏效，就是因为光传播得太快了，在远不到 1 秒的时间里就能穿越 1 英里。换句话说，光几乎即刻就到达了。但是雷声既然是声音，就必须以较慢的声速来传播：340 米 / 秒，你可以略记为每 5 秒 1 英里。

了解声速，会在测量距离上对我们有很大帮助。2003 年，我在一艘小邮轮上，远处有一座冰山，一些大冰块正从上面掉到水中。我测量了一下，声音需要 12.5 秒才到达我这里。由此我

---

[1] 1 微米（μm）=10⁻⁶ 米 =10⁻⁴ 厘米。

[2] 这种小微粒的移动，最开始是在水中的花粉粒上发现的，发现者是英国植物学家罗伯特·布朗。他并不知道原子会对灰尘进行撞击，所以，当时最合理的解释就是这种运动说明小微粒是有生命的！直到 1905 年，爱因斯坦才推导出详细的解释，包括对振动程度和粒子大小之间关系的预测。基于他的研究，大多数科学家才终于开始相信原子理论。

[3] 在固体中，声音行进的速度比在空气中快，因为固体分子之间的接触相对更紧密。它们不必移动就能把力传给下一个分子。

得知冰山边缘距离我 2.5 英里（每 5 秒 1 英里）。在测量之前，我还以为这个距离要近得多，冰山那巨大的体积误导了我。

光速则要比这快得多：186000 英里 / 秒，或者 3×10^8 米 / 秒。虽然这听起来超快，但是我们有办法用一种听起来慢得多的方式来表示光速。现代计算机只需要约十亿分之一秒（1 **纳秒** 或 1ns）的时间就能完成一次计算。（很多计算机可以更快，但是你应该知道一般计算机就需要约 1 纳秒。）在那十亿分之一秒的时间里，光只能传播约 1 英尺（30 厘米）。这就是为什么计算机尺寸必须很小。计算机必须通过检索信息来完成计算，如果信息太远，就要花几个时钟周期（cycle）[1] 才能获得。[2] 假设计算机的频率是 3GHz，那么光在 1 时钟周期中只能走 4 英寸。

记住：在 1 时钟周期（1ns）中光速能传播约 1 英尺。

热蕴含的巨大能量

组成本书的大部分分子的速度都是声速，但是这些分子的移动方向却是随机的。假设我让所有分子都朝一个方向移动。那么本书就会以声速（760 英里 / 时）移动，但是能量总和不会变化。

这个例子说明普通物体的热中蕴含着巨大的能量。遗憾的是，通常我们没有办法把这些能量提取出来做有用功。在后面关于热机的章节中，我们将对此做进一步讨论。我们没什么好办法能改变振动的方向，让所有分子一起移动。但是我们却可以反其道而行之。当小行星在 6500 万年前撞击地球时，它的所有分子最开始都是以 30 千米 / 秒的速度朝着相同方向运动的。在撞击发生之后，分子的移动方向都变得不同了。

当动能转变成热时，我们可以将这个过程视为连贯而规律的运动转变成随机运动。分子能量从最开始的"整齐有序"（所有分子沿着相同方向移动）变为"无序"。"无序"这个词在物理中很常用。无序的程度可以被量化，而这个值被命名为熵（entropy）。当一个物体受热时，它的熵（分子运动的随机性）就增加了。在本章的末尾我会更深入地讨论熵。

---

[1] 时钟周期（cycle）是计算机处理的最小时间间隔。定义是计算机完成一个最基本操作所需要的时间。时钟周期是跟着 CPU 频率（主频）走的，主频 3G 也就是说 1 秒可以完成（3×10^9）次操作，一个时钟周期是 1/（3×10^9）用这个数字乘光速得约 1/10 米，差不多 4 英寸。——编者注

[2] 这是经典影片《2001 太空漫游》（1968）中一大穿帮镜头：一台名为"Hal"的计算机的尺寸被描绘成大得能让人走进去。顺便说一句，在英语字母表中，H 后面是 I，A 后面是 B，L 后面是 M。所以 Hal 后面的字母拼出来就是 IBM。但小说原作者亚瑟·克拉克坚持说这只是一个巧合。

嘶嘶声和雪花：电子噪声

收音机在换台时经常会发出滋滋声。这种声音是从哪儿来的？当频道没有内容播放时，老式电视机屏幕上会显示很像雪花的跳动白点。这种雪花是什么？

答案出人意料，雪花和嘶嘶声都是同一种东西造成的：在你的电子设备里上蹿下跳的电子。热使得这些电子持续运动，当没有其他信号时，你就能看到（或听到）它们移动了。虽然它们不是分子，但是也有振动的能量。

降低温度可以减少这样的噪声，而高灵敏电子设备需要经过冷却才能降低嘶嘶声和雪花。在第 9 章中，我将会介绍一种在极低亮度下用于观察的设备，它就附带有这样一个冷却系统。但是冷却过度会让设备停止工作，因为晶体管工作时需要借助电子在室温下拥有的动能。没有这种动能，电子就被困住了，而电流就无法流动。如果你把一个晶体管冷却下来，去掉其中的能量，晶体管就不再工作了。

现在，我们已经把热描述成了分子（有时也是电子）的动能，接下来我们就可以开始研究一个更棘手的问题：温度是什么？

▍温度

温度与热密切相关。我们先停下来仔细想想。室外温度达到 100 ℉（37.8℃）时，就算很热了；低于 32 ℉（0℃）时，水会结冰。但是要想精确表述温度的定义，却很不容易。温度是你在温度计上读取的数字。但是温度计度量的是什么？答案意外地简单：

温度就是对隐藏的分子动能的度量。

"隐藏的分子动能"，指通常无法观察到的快速（声速）而微观（就移动距离而言）的振动所承载的能量。讲到关于温标的部分，我会告诉你通过温度计算动能的方程。

当分子的平均振动能量增大时，温度就升高了。（我们之所以要说**平均**，是因为在任何时刻，某些分子都可能会比其他分子运动得更快，而有一些则会偏慢，就像是舞池中的不同舞者一样。）如果两个物体的温度相同，它们分子的振动动能就是相同的。

我上面所说的原理，引发了接下来这个令人吃惊的结果：假设有两个棒状物体，一个由铁制成，一个由铜制成，它们的温度相同。那么，总体来看，它们的分子动能肯定是相同的。那铁分子和铜分子的平均速度是相同的吗？答案是**不**，真是出人意料。铁分子更轻（见图 2.1），平均来说振动得更快。

在第 1 章中，我说过动能 $E=1/2mv^2$。铜和铁的分子质量 m 不同。所以要想动能 E 相同，较重的铜分子的速度 v 必然要更小。这下你明白温度为什么一度比热还要神秘了吧！

　　记住：温度相同时，较轻的分子比较重的分子移动得更快（平均而言）。

热力学第零定律

真正让温度这个概念变得有用的重要发现，关乎一个简单的事实：彼此接触的两个物体趋向于达到相同温度。这就是为什么温度计能告诉你空气的温度——因为它和空气接触，所以达到了和空气相同的温度。接触的物体趋向于达到相同温度，这个事实非常重要，所以得到了一个很酷的名字：**热力学第零定律**。[1]

把热的铁质物体放到冷的铜质物体上。由于互相接触，铁中的快分子现在撞上了铜中的慢分子。铁分子失去了能量，而铜分子获得了能量。铁的温度下降了，铜的温度则上升了。只有当温度相同时，能量的传递才会停止。热的"流动"其实是在分享动能。温度较高的材料将热（动能）传给温度较低的材料。这种流动只有在两种材料温度相同时才会停止。

这就意味着如果你把一堆东西放进同一个房间，然后等待，最终所有东西都会达到相同温度。当然，如果其中一样物品会输出能量（如燃烧的木头），那就不成立了。但是，如果没有能量进出这个房间，所有物体最后都会达到相同温度。

我们的氢哪儿去了？　　目前为止，氢是宇宙中最充足的元素。组成太阳的原子中 90% 都是氢原子，对大体积行星如木星和土星来说也是如此。但是在地球的大气中，氢气几乎是完全不存在的。为什么？我们的氢哪儿去了？

答案非常简单，奥秘就藏在热力学第零定律中。地球曾经有很多氢，但是散失到太空中去了。地球大气中的氢气会达到与氮气和氧气相同的温度，所以氢分子平均拥有与这些气体相同的动能。但是因为氢是最轻

---

[1]　你可能还记得第 1 章的热力学第一定律（能量守恒）。在本章后面我们还会描述热力学第二定律、第三定律。而第零定律被发现时，其他几条定律的编号和内容已经都定下来了，显然，大家都觉得应该把这条定律放在最前面，所以它的编号就是零。

的元素（它的原子质量是氧的 1/16），所以氢分子的速度必然更快。动能相同的情况下质量和速度的平方成反比。氢气质量小所以速度大，氢分子的速度肯定是氧分子的 4 倍。这么高的平均速度足以使氢气像火箭一样逃离地球！[1] 太阳和木星的引力比地球大得多，所以它们留住了氢。地球之所以丢失了氢气是因为我们的引力太弱了。

冷寂　　　　　　恒星很热，而太空中的分子很冷。恒星有一天将会停止燃烧，最后宇宙中的一切可能会达到相同温度。通过跟踪记录所有物体的温度，我们可以计算出最终的温度是多少。如果忽略宇宙的膨胀，那么宇宙的平均温度将会达到 -270℃。[2] 因为宇宙正在膨胀，所以最终温度可能会更低。哲学家把这称为宇宙的"冷寂"（cold death），有些人一想到这个概念就会感到沮丧。但是寒冷并不代表生命将会变得无趣。物理学家弗里曼·戴森做了一个详尽的分析，表明就算宇宙变得非常冷，生命仍会继续存在，而高智慧生命的复杂度也可能越来越高。这可能需要人类进一步的进化，但是，我们还有上千亿年的准备时间。

在这样的宇宙中，生命会是什么样？人类的后代会是什么样子？有些人估计，因为环境极度寒冷，为了保持复杂而活跃的生物状态，他们将会变得非常大，可能和现在的行星一样大，甚至更大。

温标

早在人们还对温标不明就里的时候，温度的概念就已经出现了。温度是用**温度计**这种设备度量的。人们之所以能制作出示数统一的温度计，或多或少是因为（正如第零定律所说的）无论温度计的材料是什么都没关系。所以温度就成了一个标准概念。稍后我们将谈到温度计的工作原理。

有两种常用的温标：华氏温标和百分温标。百分度（Centigrade）近年来被重新命名为**摄**

---

[1] 氢分子的平均速度不足以使它们逃离，但是某些氢分子的速度远高于平均值，而我们丢失的就是这些氢分子。我们也因为同样的原因丢失了一些氮分子和氧分子。但是因为它们的平均速度比氢分子慢得多，所以它们的流失量可以忽略不计。

[2] 宇宙中的大多数粒子都是不可见的，比如温度极低的光子（被称为"宇宙微波背景"）和温度一样很低的中微子。所有物体，包括这些数量庞大、温度极低的粒子，把能量平均瓜分之后，就出现了冷寂。

氏度（Celsius）。[1] 摄氏度或百分度的简写是℃，而华氏度（Fahrenheit）的简写是℉。标度是这样制定的：水的冰点（融点）是 32℉和 0℃，而水的沸点（凝点）是 212℉和 100℃。[2]

我们可以根据以下规则让华氏温度和摄氏温度互相转化。T_C 代表摄氏温标的温度，而 T_F 代表华氏温标的温度，则有：

$$T_C = \frac{5}{9}(T_F - 32)$$

$$T_F = \frac{9}{5}T_C + 32$$

举几个例子（你也用公式算一算）：

水的冰点：T_F=32，得出 T_C=0

水的沸点：T_C=100，得出 T_F=212

室温（科学概念）：T_C=20，得出 T_F=68

度数　　　　　　直到最近，把温度称为**度**（degree）都是很常见的。温度 T_F=65，会被读成"65 华氏度"，写作 65℉。但是"度"这个字在这里没有任何含义，有些人也对此感到困惑。（这和角度完全无关，而角度恰恰是用度来衡量的。）所以科学家们现在开始采用一种新的惯例，去掉度数符号。所以 32℉经常被进一步简写为 32F。两种表示法你都能见到。两者的物理意义相同，只是符号有区别。在本书中我还是会用传统的表示法，因为这是你最常见的，而且这样能清晰地表明我们谈论的是温度。

请注意，作为单位，摄氏度比华氏度要"大"。1℃的温差相当于 9/5℉ =1.8℉ ≈ 2℉。关于**温差**，你可以记住以下的近似换算规则：

$$1℃ ≈ 2℉$$

---

[1] 百分温标的名字改为摄氏度，是为了纪念天文学教授安德斯·摄尔修斯，他在 18 世纪制作了当时世界上最好的温度计，但是更名是在 20 世纪 70 年代完成的。

[2] 有一个有趣的历史细节，摄尔修斯建立最初温标时，把 0 设为水的沸点，100 设为水的冰点——和我们今天的用法完全相反。数值更高的温度更冷！想来有趣，更高的温度并非始至终毫无疑问地代表更温暖。这只是一种惯例罢了。

题外话：哪一种是公制温标呢，是摄氏度还是华氏度？最初华氏温标的制定目的是让 0 °F 成为实验室环境下能轻松达到的最冷温度。人们通过混合冰和盐，就能得到 0 °F 的物质。最初设计者想把 100 °F 定为体温。（他们犯了一个小错误，平均体温实际上约为 98.6 °F。）在这种标度下，水在 32 °F 结冰，在 212 °F 沸腾。当百分温标正式被（拿破仑统治下的法国）采纳之后，人们认为两个标准点应该是水的冰点和沸点。因此，在百分温标下，水在 0℃ 结冰，在 100℃ 沸腾。有些人认为，百分温标比华氏温标更加"公制"[1]，这是胡说八道。两者的标度都基于间隔 100 度的标准点，只是选择了不同的标准点而已。

绝对零度

如果分子真的停下来，动能为零时会怎样？如果分子的一切运动都停止，我们就说材料温度处于"绝对零度"。此时温度为 -273℃ = -459 °F。

借由这个事实，我们可以定义一种新的温标，即**绝对**温标或**开尔文温标**（以开尔文男爵威廉·汤普森命名）。物理学家发现，开尔文温标非常好用，因为它能简化公式。比如，如果我们使用开尔文温标，那么每个分子的平均动能 E 就可以用一个非常简单的公式来表示：

$$E = 2 \times 10^{-23} T_K$$

T_K 是开尔文温标（开尔文度）。公式中的常数 2×10^{-23}（**不用特别记下这个数字**）之所以这么小就是因为原子非常小。知晓粒子的动能值并不重要。重要的是了解粒子的速度（约等于声速），如果温度翻倍了（在开尔文温标下），那么动能也就翻倍了。

这个公式最引人注目的一点在于，它不依赖于材料。热力学第零定律再次显现。这真是一条令人吃惊又极其简单的物理定律。你可以仔细地考虑几分钟。温度就是隐藏的动能。在室温下，空气中原子的动能和组成这本书的原子的动能是完全一致的。这个事实几百年来逃过了科学家

---

[1] 公制（Metric）单位出现在法国大革命时期，重要的依据是十进制更方便计算。因此 Metric 一词还有十进制的意思。——编者注

们的眼睛。唯一真正难以解决的问题在于，这个公式关注的是单个分子的能量。这个方程描绘出了物理学家有时会称之为物理之"美"的东西。这并不是传统意义上的美，而是一种洞察力，一种简洁性，没有学习物理的人意识不到。

你可以完成从开尔文温标到摄氏温标的转换，只需要减去273：

$$T_C = T_K - 273$$

举例来说，$T_K = 273$ 和 $T_C = 0$ 是同一温度。换句话说，273K = 0℃。

哥伦比亚号航天飞机

2003年2月1日，哥伦比亚号航天飞机返回大气层时，它在火焰中裂成了碎片，机舱内的7名宇航员无一生还。

航天飞机在重新进入地球大气层较厚的区域时总会产生大量的热。因为飞机的动能非常大，所以在降落前的减速过程中，飞机必须甩掉这些能量。

如果要计算物体的单位能量，我们就要知道它的速度。当航天飞机在轨道上绕行时，它用1.5小时的时间环绕地球一周，全程24000英里，所以航天飞机的速度等于用24000除以1.5，也就是16000英里/时 ≈ 7000米/秒，即声速的21倍。在飞机开始变得四分五裂时，它的速度降低到了声速的18.3倍。也就是18.3马赫。我会在第3章告诉你它为什么要移动得这么快。

在接下来的选做计算题里，你将看到，如果航天飞机的所有动能都转化成了飞机自身的热，那么它的温度会这样升高：

马赫法则：

$$T = 300M^2$$

M 代表马赫。这是一个非常有用的公式，你在其他教科书上都看不到。如果 $M = 18.3$，那么 $T = 100000K$，即太阳表面温度的17倍。这就是航天飞机的碎片如此耀眼的原因——与空气产生的摩擦使碎片变得非常热。

航天器重返大气层时，动能总会转化成热，我们还无法避免这个问题。[1] 航天飞机通过"铺"在外层的耐热陶瓷来抵抗高温。在重返大气层的过程中，这些陶瓷材料和汹涌的气流正面接触，并在几千度的高温下发出光亮。它们会把热量直接传给空气，也可以通过辐射散热。在航天飞机落地时，这些材料已经冷却下来。航天飞机装载有少量的燃料，但不含有爆炸物，摧毁它的正是运动产生的动能所转化成的热。

高温：这是一个你可能会觉得有用的小窍门。假设一个物体（比如流星，或者太阳的内部）的温度达到了 100000℃，那么它的开尔文温度是多少？答案是 100273K。看起来和 100000 非常接近，区别只有 0.27%。于是就有了这个有用的规则：当温度真的很高时，用℃表示的温度约等于用 K 表示的温度。

选做题　　　　　　　　我们来推导一下马赫法则。我有个能快速得到答案的窍门。我们知道，在温度为 300K 的情况下，航天飞机中的分子的移动速度约等于声速，即 1 马赫。假设正在轨道上运行的航天飞机的所有动能都被随机化了，即转变成了热，那么分子的移动速度就是 18.3 马赫（这就是航天飞机的移动速度）。所以，当航天飞机在轨道上运动的能量转化成热能时，分子隐藏的运动变成原来的 18.3 倍。

这会对隐藏动能（温度）造成什么影响？记得吗？动能 $E=1/2mv^2$。所以如果 v 增大至 18.3 倍，动能就增加至 18.3^2 倍 $\approx$ 335 倍。这就意味着你把温度提高到原来的 335 倍，从 300K 升到 335×300K=100000K。

换句话说，如果你以马赫数 M=18.3 的速度移动，然后把你的动能转化成热，你的温度就会达到 $T=300M^2$。这个公式可以用在任意马赫数 M 上，最后得出的温度单位是开尔文。

热膨胀：人行道裂缝、高速路缺口、防洪堤和碎玻璃

当固体中的原子升温时（即原子运动得更快 / 速度增加 / 动能增加时），它们会趋于推开彼此。这种效果虽然极小，但是很重要——大多数固体在受热时所膨胀。有一个典型的数字值

---

[1] 从理论上说，航天飞机可以通过"反向火箭"来减速，原理和火箭加速时相同。但是这需要大型火箭发动机、多级火箭，以及和发射时同样多的燃料。有一天，如果科技的发展使发动机和燃料的体积变得非常小，这种方法可能会变得可行。

得一记，温度升高 1℃会让很多物质扩张 1/1000 到 1/100000。

这个数字听起来很小，但是纽约的韦拉扎诺海峡大桥的跨度达到了 4260 英尺，当温度从 20 ℉变为 92 ℉时（纽约的典型季节性变化），桥的长度就会增长约 2 英尺。[1]

温度变化的还会改变桥的形状。因为悬索在寒冷的冬天变短了，所以悬架中部的高度在冬天会比在夏天高 12 英尺。为什么这个变化比我们计算出的 2 英尺的跨度变化还要多？答案就在几何学中，悬索只短了 2 英尺，但是因为它们的浅式悬挂方式，所以中心抬高了 12 英尺。用一根水平的线来试一试，如果你抓得紧，线就是直的。如果松懈一点，哪怕只有 1 厘米，线松弛的程度也远远多于 1 厘米。

这种膨胀说明分子之间并不是毫无缝隙地紧密相连，在膨胀的同时，分子间的引力也降低了。这就是为什么热金属没有冷金属强度高。正是升高的温度弱化了这些金属柱子，导致了世贸中心的倒塌。

人行道水泥通常都铺在边长 5 英尺（60 英寸）的方砖之间的凹槽里。如果有 1℃的温度变化，方砖的边长会改变百万分之三十五，即 60 英寸 × 35 × 10⁻⁶=0.002 英寸。如果有 40℃的变化，这个数字就会变成 0.08 英寸，接近 1/10 英寸。虽然听起来不大，但是如果没有凹槽，混凝土就会被挤压，甚至弯曲，导致随机出现的裂缝。（就像桥和线一样，小膨胀可以导致大变形。）小凹槽是铺水泥的人留下的，可以为膨胀预留空间，防止材料碎裂。（或者说，这样做等于事先排好整齐的裂缝，避免形成丑陋而杂乱的裂缝形成。）

已经固定住的大块水泥或混凝土如果暴露在温度多变的环境中，就会产生裂缝，除非人们为这种裂缝提前做了调整。这就产生了一些重要的设计和工程问题。想象一下，你要为新奥尔良建造抵御洪水的防洪堤。（这座城市的很大一部分海拔都低于海平面。）你不能用实打实的混凝土防洪堤把城市包住，因为当温度变化时，这些堤坝就会出现裂缝。你需要用独立的混凝土块来构建堤坝，中间留有间隙。这些间隙的填充物必须能实现滑动接合（sliding joints），或是弹性材料。如果做得不好，这些连接位置就会成为整个防洪堤最薄弱的一环。

事实上，这正是现实中发生的情况。图 2.2 显示了新奥尔良防洪堤的一部分，该部分在卡特里娜飓风来袭后出现了问题。这个堤坝明显是由矩形区块组成的，目的是为膨胀留下空间。虽然混凝土本身没出现问题，但伸缩接缝却掉了链子。伸缩接缝没有因为热而破裂——它们就是为了防止这种情况而设计的。这些接缝比加固后的混凝土要薄弱，所以当洪水在防洪堤上施加巨大压力时，接缝就破裂了——这是最薄弱的位置。

---

[1] 如果要进行计算，我们可以算出温度差别为 72 ℉ =40℃。如果查一下钢铁的热膨胀情况，就会发现膨胀率为每 1℃百万分之十二，所以我们把膨胀率乘温度变化 40℃，就得到了百万分之四百八十。这听起来很小，但是桥长度是 4260 英尺。用这个比率（480×10⁻⁶）乘 4260，得到长度变化为 2 英尺。

图 2.2

2005 年，在飓风卡特里娜来袭不久，新奥尔良防洪堤在热伸缩接缝处断裂。破坏它们的不是升高的温度，而是洪水的压力。但是伸缩接缝确实是堤坝最薄弱的部分（图片来源：美国陆军工程兵团）

破碎的玻璃

如果你在烤箱中加热一只玻璃锅，再把它放在冷水中，锅就会出现裂缝甚至碎开。几十年前，美国有人研制出了一种特殊的不会破裂的玻璃，品牌叫"派热克斯"（Pyrex），在厨用玻璃（如量杯和平底锅）市场上颇受欢迎。是什么让派热克斯玻璃如此特别？为什么突然的温度变化会导致一些材料破裂而不会影响另一些材料？

玻璃之所以破裂，是因为它的外部冷却得比内部更快，所以内外的尺寸产生了差异。于是玻璃就会弯曲，就像双金属片一样，但是玻璃是易碎的，所以它就破裂了。派热克斯玻璃是一种膨胀程度比普通玻璃小得多的特殊玻璃，因此它在冷却时不会破裂。

为什么玻璃最开始在烤箱中加热时不会开裂？答案是，如果缓慢地加热，热就会穿透玻璃，让所有部分的温度几乎相同。玻璃内部和外部温差所导致的不均匀的膨胀，才是玻璃破裂的真正原因。

紧扣的盖子

打不开罐头上的盖子，是一个生活中很常见的问题，我有好几个特殊工具专门用来打开这些瓶盖，这些工具一般是能够牢牢钳住瓶盖的大扳手。但是我母亲教给我另一种方法：把盖子放进热水中几秒时间。盖子会膨胀，虽然程度很小，但通常足以使它变松，能让我打开瓶盖（我会隔着一块布拧开烫手的盖子）。只有在金属比玻璃膨胀程度更大的情况下这种做法才适用，也就是盖子的膨胀系数更大，或者盖子比玻璃更热时。

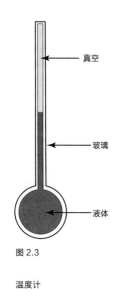

真空

玻璃

液体

图 2.3

温度计

全球变暖和海平面上升

很多气象专家相信地球温度上升是大气中的二氧化碳造成的，而这些气体来自化石燃料的燃烧。预计未来 30 年里，地球平均气温将会升高 1.5—5℃，最终结果取决于哪种模型更为准确。就目前而言，可以假设地球温度会提高 5℃（9 °F）。

升温带来的最令人惊奇的影响就是海平面的升高——不仅因为冰会融化（虽然这也是一个因素），而且因为水也会膨胀很多。每升高 1℃，水的体积就会膨胀 2×10^{-4}。每升高 2.5℃，就会造成 $2.5 \times 2 \times 10^{-4}$ 即 $5 \times 10^{-4} = 0.0005$ 的膨胀。海洋的平均深度约为 12000 英尺。当海洋膨胀后，就会升高 0.0005，即约 6 英尺。这会使世界上很多沿海地区被淹没，其中包括孟加拉国和佛罗里达州很多人口稠密的地区。[1]

这种局面很恐怖，所以人们都想尽量谨慎地做好计算。更加精细的计算已经完成了，考虑的因素包括水温升高主要局限在水的表面，以及水膨胀的变量（当水温低于 4℃时，水遇热其实会收缩，而深海很多地方的温度接近于 4℃）。政府间气候变化专门委员会（IPCC）在 1996 年的报告中估计，在考虑到所有因素的情况下，再加上冰川的融化，海平面会升高 15—95 厘米，即 6 英寸至 3 英尺。

温度计

大部分温度计利用微小的膨胀来测量温度。在制作温度计时，人们通常把一个小玻璃球填满液体，连接上一根带有小深孔的管子（图 2.3）。当温度升高时，液体膨胀并向管子上部移动。管子表面的标记代表了温度。

在真实的温度计中，小球（容纳大部分液体）的直径比管子的直径大得多。请注意，如果玻璃和液体的膨胀系数**一样**，那么温度计就无法工作了。温度计里用的是比玻璃膨胀系数大得多的液体（比如水银和酒精）。染成红色的酒精之所以常用，就是因为它的膨胀率特别高。大部分酒精都留在底部的玻璃球中，膨胀发生时，液体必然会流入管子。没有玻璃球，膨胀就达不到可见的程度。玻璃球中的大量液体在膨胀后无处可去（因为玻璃容器并没有同步膨胀），只能流向管子。管子内部通常都有一段真空，所以空气压力不会阻碍液体流动。

---

[1] 皮特·坦斯曾告诉我，生活在沿海地区的人群中，只有荷兰人不会受影响。"我们知道如何修水坝。"他说。

阴影中的温度 VS
阳光下的温度

气象学家为什么要在阴凉处而不在阳光下测量温度呢？人们更关心的难道不是阳光下的温度吗？他们为什么不报告阳光下的温度呢？

这么做是有原因的。温度计是用来测量空气温度的，当你把温度计放在室内，它的温度最后会和空气相同，这符合热力学第零定律。但是，如果你把温度计直接放在阳光下，染红酒精吸收的阳光比透明的空气多，温度计就会比空气热。当然，热还是会从温度计流向空气，但是如果阳光一直都照在温度计上，温度计就会一直比空气热。所以阳光下的温度计无法测量空气温度。另外，阴凉处的空气温度通常都和阳光下的相同。[1] 所以，如果你想知道阳光下空气的温度，去阴凉处测量就可以了。

其他物体如果放在阳光下会怎么样？也会比空气更热。你可能有过在热沙滩上行走或者触摸被暴晒的汽车的经历。因为这些物体都很容易吸收阳光，所以它们通常都比空气热。在我长大的纽约有一个"传统"，这里的报社喜欢在夏季出版的报纸上登载某人在汽车发动机盖上煎蛋的照片。发动机盖比空气更热，热得多，因为太阳直射在机盖上。

因此，"阳光下的温度"并不是一个准确的概念。不同物体的温度不尽相同。散发热气的汽车附近的空气比雪堆附近的空气更热，哪怕两种空气间的距离只有几英尺。事实上，阳光下的同一物体的温度甚至也是没有定论的，因为物体的表面（暴露在阳光下）通常会比内部更热。

另一类温度计在工作时利用了不同金属的不同膨胀量。如果你把两根不同类型的金属条绑在一起，就得到了一个**双金属片**。因为一边比另一边膨胀得更多，所以双金属片会弯曲。即使只有少量膨胀，弯曲也会非常大。弯曲的金属可以拉动细轴，移动指示温度的指针。使用双金属片的温度计通常作为烤箱温度计或出现在老式恒温器中。

还有第三种温度计，称为**数字温度计**（通常在医学中使用）。这种温度计利用了某些材料的电气性质在温度改变时会起变化的特点。带有电池的小电路可以测量这些变化，并把结果显示在数字屏上。

---

[1] 有些人认为"阳光下的温度"这种说法是错的，因为连空气都会吸收阳光中的功率。但是这种影响非常微小，所以阳光下空气分子的平均运动情况实际上和附近阴影处非常接近。

所有东西都是遇冷收缩吗？

不是。冷水（低于 4℃ ≈ 39 ℉但没有结冰）遇冷时就会膨胀。水在冻成冰之后会膨胀得更多。这是一种奇怪的性质，之所以发生这种现象，是因为即使在液体状态时，水分子就开始排列成特定的微小结构了。

如果水没有这种奇特性质，地球上的生命可能都无法持久。在海洋和湖泊中，一旦水温低于 4℃，冰冻的水就会膨胀，由于密度较低，这些水会浮在顶部。当这些水结冰之后，膨胀得就更多了，所以冰层就会在海洋和湖泊的表面形成。这些冰和冷水层隔开了下面的水，并防止其变得更冷。

如果冷水比温水密度高，那么在冬季，表层的冷水就会沉入底部，温水则会上升到顶部，而在顶部接触冷空气后温水的温度也会下降。如果水在结冰时收缩，冰就会沉到底部。有人推测，在这种情况下，整个海洋最后会达到冰点然后变成冰块，而水中的一切生命都会冻死。

SR-71"黑鸟"侦察机

SR-71 侦察机飞得这么快，以致空气的摩擦把外表面温度加热到了 1000℃以上。由此而来的热膨胀实在是太严重了，如果机翼是用普通方法制造的话就会破裂。根据飞机设计师本·里奇写的《臭鼬工厂》一书的说法，他们是通过让飞机配件之间保持松散来解决这个问题的——和为混凝土预留空隙非常相似。严丝合缝的连接只有在金属膨胀(达到高速)后才会出现。这种做法会造成一个麻烦的问题：在外表面得到充分加热之前，松散的配件会使飞机泄露燃料。（我知道这让人难以置信，但这是真的。）图 2.4 是 SR-71 的照片。

图 2.4

SR-71"黑鸟"侦察机（图片来源：NASA）

传导

当两个物体相接触时,接触面(表面分子的碰撞)使它们分享了动能。热力学第零定律指出,较热的物体(平均分子动能更大)会失去一部分动能,而较冷的物体会获得一部分动能。最终它们会达到相同温度。但是这并不是立刻发生的。此外,不同材料的分享热的速率也不同。所以我们说不同材料是以不同速率"导热"的。

让我们来看看本章开头的"困惑"。即使两个物体都处于室温,塑料杯和玻璃杯的触感也并不相同,玻璃杯让人感觉更冷。(如果你从没有注意过这个现象,找两个杯子做一下实验。)但是,为什么会这样?如果两个物体都在房间里,它们的温度就是相同的,不是吗?

没错,塑料杯和玻璃杯的温度确实相同。但是塑料和玻璃的传热速率不一样。多数情况下你的手指温度比室温高,因为你的身体在以约 100 瓦特的功率生热。当你触碰玻璃杯时,它会迅速把热传导走,所以你指尖的温度会下降。你的神经感知到的不是玻璃杯的温度,而是你皮肤的温度。当你触碰塑料杯时,热并没有很快被传导走,所以你的皮肤没有降温那么多。你错误地认为玻璃比塑料更冷,其实它们的温度相同。但是,玻璃杯能比塑料杯更快地冷却你的皮肤。

固态、液态、气态、等离子态

古希腊哲学家亚里士多德说,世界上只有 4 种元素:空气、土、水、火。回头看看,这话似乎有些傻——除非他指的其实是我们现在所说的**物态**。空气就是最常见的气态,土是固态,水是液态,而火,就是我们所说的等离子态。

在低温下,物质的分子振动很弱,分子趋于以一种固定的形态聚集在一起,我们称之为**固态**。当物质变得更热时,分子运动增加到能够削弱与邻近分子之间连结的程度。分子仍然在一起,但是它们现在可以从彼此身边滑过。当它们达到这个临界点时,我们就说它们达到了**液态**。

这种变化最突出的一点就是它发生得十分突然。水在 31 °F时是固态,而在 33 °F时就是液态。这种从固态到液态的改变被称为**相变**。

我们持续加热水,分子振动就会加剧,但是直到温度达到 212 °F(100℃)之前,滑动的分子仍然聚集在一起。正好到 212 °F时,振动最终足以克服分子间的引力,分子就彼此分离了。这就是**沸腾**现象,而逃逸的分子现在就成了**气态**。

甚至,在低于 212 °F时,一些水分子就具有了足以逃离的能量。之所以有这种情况是因为不是所有分子都具有相同的能量,有的会振动得快一些,有的则慢一些。稍快的那些就是能逃离的分子。当发生这种情况时,有的分子会离开液体表面,而留下的分子则是那些比较慢也比较冷的。这就是**蒸发**。现在你该明白为什么蒸发会让液体变冷了——因为更热的分子逃走了。

当温度进一步升高时,分子间的碰撞足以使它们分裂成单独的原子。如果原子本身已经分裂,那么电子就会从原子表面被撞落,我们把这种气态称为**等离子体**。[1] 等离子体只包含带负电荷的电子。剩下的原子碎片具有净正电荷,被称为**离子**。等离子体不具有净电荷,因为它是带负电的电子和带正电的离子的混合体。(我们将在第 6 章详细地讨论正电荷和负电荷。)

一个重要的事实:固体融化(比如冰在 32 ℉融化)的温度和液体(在这个例子里就是水)凝固的温度是相同的。与此类似的是,水在 212 ℉沸腾,如果你把热的水蒸气冷却到 212 ℉,它就会凝结成水,也就是变成液体。这种对称的特性对一些人来说理所当然,却让另一些人感到惊奇。

固体、液体及气体都很常见,但很多人认为等离子体是异乎寻常的。其实它们比你想象得更常见。如果气体足够热,碰撞就会把电子从原子上撞落,其结果就是等离子体。烛火中就有等离子体,发光灯泡中的气体也是等离子体,太阳的表面有等离子体,闪电中的大部分物质都是等离子态的。

爆炸的 TNT　　我们再来想想 TNT 爆炸时会发生什么。根据第 1 章的表 1.1,每克 TNT 释放的化学能是 0.65 大卡。当 TNT 爆炸时,它会在瞬间以 0.65 大卡 / 克的比例转化成热。新产生的热能比原来的大得多,原来的热能只有 0.004 大卡 / 克。[2] 换句话说,爆炸后 TNT 的内部动能增加至原来的 167 倍。如果分子没有分裂(它们确实会分裂,这会让问题变得复杂一些),绝对温度会突然之间变成之前温度(如 300K)的 167 倍,也就是 167×300=50000K。请注意,如果我们把温度转换回摄氏度,那就是 50000–273 ≈ 50000℃(千位以后四舍五入)。

当然,50000℃非常热,比太阳表面(约为 6000℃)热得多。到了 50000℃,没有什么物体能保持固态。分子间的力已经不足以让它们连在一起了。这就意味着 TNT 突然变成极热的气体,甚至可能成了等离子体。

---

[1] "等离子体"这个词最初是用在生物学中的,后来被诺贝尔奖获得者欧文·朗缪尔挪用到了物理中。如果你感兴趣,可以参看 L. 通克斯的论文《"等离子"的诞生》(*The Birth of 'Plasma'*),载于《美国物理》(*American Journal of Physics*)35: 857(1967)。

[2] 假设某房间的室内温度是 T_K=300(即 81 ℉,这间屋子挺热,但是在开尔文温标里可以近似成一个不错的整数)。每个分子的平均能量可以通过我们说过的方程算出来:$E=2×10^{-23}$K。把数字带入方程,就能得出每分子热能 = $2×10^{-23}×300$=600×10^{-23} 焦耳 =$1.4×10^{-24}$ 大卡。每 1 克 TNT 中含有 $2.6×10^{21}$ 个分子。所以 1 克 TNT 中的热能就是每分子能量乘以分子数:E_{TNT}=($1.4×10^{-24}$)($2.6×10^{21}$)=0.004 大卡 / 克。所以在一般情况下,TNT 中的热能比爆炸释放的化学能少得多。

这样炽热的气体会发生什么？即使在正常室温下，气体的体积也常常是固体的 1000 倍。所以，只要变成气体，该物质就会膨胀至 1000 倍。但是既然 TNT 那么热，膨胀程度就不止这样了——还要再乘 167（前后温度的比值）。我稍后会讨论这个多出来的 167 倍，但是现在请先接受这个数字。用 1000 再乘 167，我们就得到了总体积膨胀的系数，167000。（这只是一个粗略的估算。）

总结一下，这就是 TNT 爆炸时我们看到的：固体物质突然转化成热气体。热气体迅速膨胀直到体积达到原来的 167000 倍。膨胀的气体会把所有阻碍它的东西推开。任何与气体接近的材料都会获得气体的速度。恐怖分子通常会用管子或碎金属（比如钉子）围住爆炸物。当金属碎片以很高的速度飞出去时，它们就成了杀伤力巨大的东西。[1]

气体的温度和压力：理想气体定律

为什么前面提到的被加热的空气会额外膨胀 167 倍？我们可以借此了解固体和气体之间的一些区别。在固体中，原子会来回跳动，只是位置相对固定。随着温度上升，增加的动能会使固体膨胀。但是当分子的能量足够大时，原子就会冲出去。高温时，分子不再待在原地，而是更加自由地移动。它们会撞上其他分子，并且弹到容器壁上。这种撞击会把容器壁向外推。如果不想让容器壁移动，就必须在其上施加相应的作用力。

气体压力的定义是，气体施加在 1 平方米上的力。关键结果：

$$P = 常数 \times T_K$$

这个方程是"理想气体定律"的一部分。之所以有"理想"二字，是因为它无法绝对准确地算出大多数气体的气压值，但是该定律仍是一种不错的近似法。[2]

这条定律之所以重要，是因为：如果绝对温度翻倍，气体压力也会翻倍。如果你把绝对温度升高至 167 倍（比如 TNT 的例子），压力就会提高至 167 倍。这就是为什么热气体会施加如此大的压力。

---

[1] 军队根据同样的原理制造了"杀伤（粉碎性）炸弹"以及"杀伤（粉碎性）手榴弹"。俗话里说的"杀伤"最初的意思就是用杀伤性手榴弹进行袭击。

[2] 在很多物理和化学教科书中，理想气体定律被写成 $P=nkT_K$，n 代表单位体积的分子数，而 k 是玻尔兹曼常数；另一种写法是 $P=NkT$，N 代表分子总数。

安全气囊

在汽车遭受撞击时，保护你的安全气囊就是一种充气很快的气球，它会在汽车电子器件检测到撞击之后，在你的头撞到挡风玻璃前打开，过程只需要 1/1000 秒。如何才能如此迅速地给气球充气呢？答案当然就是：通过爆炸。安全气囊中含有 50—200 克名为"叠氮化钠"的爆炸物，其分子中包含 1 个钠原子和 3 个氮原子，化学式为 NaN_3。当叠氮化钠被电脉冲触发时，它就会分解成金属钠和氮气。这个过程中释放的气体充满了气球。

莱顿弗罗斯特层、煸以及蹈火

你是否见过一滴水落到热炖锅上的情景？水滴似乎浮在表面上，并且在毫无摩擦的情况下移动。如果你没有见过，可以试一试。戴上眼镜保护眼睛。你会看到水滴嘶嘶作响然后浮在平底锅的表面上。

之所以会发生这样的现象，是因为水被迅速加热后成为气态，气体把水滴推离了平底锅。气体的摩擦很小，所以水滴能在滚烫的表面上移动。而且气体的导热性很差，因为它的密度是水的 1/1000（因此水蒸气里接收炖锅动能的分子数也只有水的 1/1000）。

这层隔绝水滴的薄气体被称为**莱顿弗罗斯特层**（Leidenfrost layer），根据 16 世纪的科学家约瑟夫·莱顿弗罗斯特命名，他是第一个解释为什么水滴会浮在热平底锅上的人。

在课堂上，这种效果可以轻松地用液氮演示出来。氮这种气体在空气中的含量约为 79%。当冷却到 77K＝−196℃＝−321°F时，氮会变成液态。你可以把一些氮倒在桌子上，然后观察液氮的小液滴在桌面上快速滑动，它们就悬浮在氮气薄层上。[1]

有人认为，莱顿弗罗斯特效应可以解释"蹈火"——人光脚走在热炭上但是脚不受伤的能力。如果你脚上的皮肤是湿润的（比如出汗了），然

---

[1] 有个名叫霍华德·舒格特的物理教授有一门绝活，他能把一点液氮倒进嘴里然后再使劲吐出来。这样他就从嘴里喷出了一条巨大的雾柱（大部分都是被冷空气凝结的水滴），班上的学生纷纷鼓掌。我从来都没有勇气（或者足够愚蠢）尝试这个。我听说有其他教授用液态氢漱口，莱顿弗罗斯特层会保护他们的喉咙。这种事我还是不掺和了。但是我确实曾经把液态氢倒在手上，只要保持表面倾斜，冷液体就可以流走，有一点冷。但是别把手握起来，把液氢留在手中某个位置。皮肤突然冻结所造成的伤害和严重烧伤差不多。

后再踩上热炭，那么水会迅速沸腾，变成一层薄薄的气体。汗产生的水汽达到了 100℃，水汽渗透到热炭中并防止煤炭内部更热的气体接触到你的脚。虽然水汽很热，但导热性却很差，所以脚不会马上被烫到。

在网上搜索一下蹈火活动，你会发现很多欧美商业机构都会提供指导你进行蹈火的服务，作为一种帮助自我提升和建立信心的活动（"既然你都能在火上行走而不被烧伤了，那么你没有做不到的事……"）。但我不建议你在没有专业人员督导的情况下在热炭上行走。经营这些蹈火诊所的专业人士还用了另外的诀窍。他们可能会确保你的脚足够潮湿（比如，让你先在海边潮湿的沙子上行走），或者会使用特殊的炭——在灼热的内核外部覆盖又厚又冷的一层灰烬。有一件你可以尝试的相对安全的事：下次你在某个大热天去沙滩时，如果沙子热到了不适于行走的程度，你可以把脚弄湿试试。你会发现你可以走上几十米，然后沙子才会再次变得很烫。当然，沙子的温度没有变，只是流向你的脚的能量变了。小心点，热沙子也能烫伤你的脚。如果你总是没时间离开城市，你可以在炽热的人行道上尝试一下。但是别忘了穿上拖鞋以防双脚灼伤。

汽车：发动机盖下的"爆炸"

我们一直在说能量（比如动能）会转化成热，但是我们能不能反其道而行之？有大量的能量以热的形式隐藏了起来，这些热可以被转化成有用的能量吗？

可以。TNT 爆炸可以把化学能变成热，热让材料变成热气，而膨胀的热气可以炸开岩石。这就是有用功了。

我们还可以控制这个过程，完成温和一些的工作，比如开动汽车。汽油和空气被注入到名为**汽缸**（得名于其形状）的舱中形成爆炸混合物。火花（从火花塞产生）点燃了混合物，随即发生了爆炸[1]，然后混合物就变成了热气。由气体施加的高压推动了活塞，而活塞反过来会推动一系列使车轮转动的传动装置。

汽车中的爆炸总体上被控制得很小，所以不会撕裂发动机。你的车可能有 4—8 个汽缸，这些汽缸依次运行，产生一系列快速的爆炸，这样差

---

[1] 正如我在第 1 章说过的，工程师有时喜欢区分"爆炸"和"爆燃"。在爆炸中，燃烧表面比声速还快。如果要使用精确的术语，汽车中汽油的燃烧属于爆燃，而不是爆炸。但是我不会分得这么细。

不多就可以连续地输出功率了。

热机

任何发动机，只要它的工作方式是把热转变成机械运动，就可以被称为**热机**（heat engine）。汽车发动机就是一种热机，蒸汽机也是，柴油机也是。核潜艇与核动力舰船（一部分航空母舰就是核动力的）也是由热机运行的。核动力把水加热成蒸气，然后蒸汽穿过涡轮机（一种高级版的风扇）使其旋转。旋转运动被传递到了螺旋桨处从而推动潜水艇（或舰船）行驶。我将在第 5 章说到如何用核能制造热。

什么样的发动机**不是**热机？考虑一分钟，看看你能想到什么。我把例子写在脚注中，这样你就**不容易**在想到之前瞥到答案了。[1]

浪费的能量

在汽车发动机中，汽油和空气的混合物所具有的化学能变成热，热气向外施加的压力会推动活塞，但不是所有能量都变成有用功。一些热被传导到了外面的空气中"浪费"掉了。对一般的汽车来说，只有 10%—30% 的化学能转化成推动力。[2]

剩下的能量被浪费了——以热的形式散失或者被去除了。事实上，汽油机浪费了太多的能量，以致必须要内置特殊的冷却系统才能去除多余的热。这就是汽车前部的**散热器**的作用——它通过吹气将水冷却，然后用冷水移除发动机的废热（防止"过热"），再把热水送回散热器降温。[3]还有很多热通过汽车废气排出。

更高效地使用能量是有可能的，却也有一些意想不到的限制。这些限制存在于热机的性能表现中。

---

[1] （比如）电动车中使用的电动机、帆船、风车房（用来磨面粉）、发条玩具、你身体中的肌肉。

[2] 假设一辆汽车在水平路面上以每小时 50 英里的速度行驶，每加仑汽油可行驶 30 英里。虽然这台车的峰值功率为 150 马力，我们假设在这种条件下它只用了 25 马力。汽油的密度约为 6.2 磅 / 加仑。利用这些数字，你可以算出汽油的使用速率约为 10000 克 / 时。按每克 10 大卡计算，汽油中的能量可以输出约 30 大卡 / 秒 =123 千瓦。但发动机实际输出的能量通常来说只有 25 马力 =18 千瓦。根据这些假设，能量效率为 18/123=0.15=15%。

[3] 如果散热器停止工作，发动机就会变得非常热（过热），润滑油会分解，于是金属活塞就无法在金属汽缸中平滑地滑动——它们互相刮擦并连接在一起。我们用一个富有讽刺意味的词来形容金属部件粘连的过程：发动机"冻住了"——虽然这一切都是高温造成的。

热机的有限效率 这是一个谜题:室温下的水所含的能量约为 0.04 大卡 / 克。虽然不大,但却是电池单位能量的 5 倍。水很便宜,为什么不把水里的热能当成燃料呢?

事实上,有一条非常基本的定理,限制了这种热转变成有效能量(如动能或势能)。这条定理是热学最伟大的成就之一。要理解这条定理,你首先要明白热只有从热区流向冷区时才能被提取出来(转变成有效能量)。比如,当汽油燃烧时,它比周围的空气热,于是灼热的气体就会扩张并推动活塞。如果周围的空气和爆炸的汽油一样热,那么两处具有的压力也是接近的,那样活塞就不会移动。热机运行依靠的就是这样的温差。

我们假设较热的温度(比如爆炸的汽油)是 $T_热$(开尔文度)而冷却后的气体温度为 $T_冷$。这条神奇的定理就是,发动机的效率上限将由以下式子决定:

$$1 - (T_冷 / T_热)$$

完美的效率是 1(即 100%)。比如,汽油在 1000K 爆炸,在其被排出汽缸前被冷却到 500K,所以发动机效率就小于等于 $1-(500/1000)=0.5=50\%$。

这条规则简单得难以置信,而且适用于所有从热中抽取能量的情况。对分别从化学品和光中直接抽取能量的电池和太阳能电池来说,这条规则并不适用。但是这条规律说明了为什么热机要想保持高效,就必须要热。

我们再回头看这个谜题:为什么不从室温下的水中抽取能量呢?想象一下:一艘小船从大海中舀水,抽取热,再利用热来转动螺旋桨,把水变成冰。最后冰又被扔下船。这看起来挺不错。我们来计算一下这样一台发动机的效率。小船处于室温,和水的温度相同(我们假设),那么 T_C 和 T_H 就是相等的。也就是说效率小于等于 $1-(300/300)=0$,所以效率等于零。

要想从热中抽取任何有效能量,都需要温差。你不能从一个单独的物体抽取热,并把热转变成有效能量,除非你能找到一个更冷的物体。这个事实非常重要,所以它也获得了一个拉风的名字:热力学第二定律。

你没必要去记这个关于效率的式子,但是你需要知道,要想获得高效率，就必须要有大温差（比如灼热的爆炸汽油和凉爽的室外空气）。如果温差小的话，你就不能从热中提取很多有效能量。

"甲壳虫"汽车和效率公式

在 20 世纪 60 年代，大众汽车公司推出了一款名叫"甲壳虫"的车型。当时其他汽车的油耗平均为 6—15 英里每加仑（mpg），而甲壳虫却达到了惊人的 30mpg。当然，有一部分原因是它体型较小更省油。但是甲壳虫也确实在更高的温度下运行了发动机，根据效率方程，更高的温度就能产生了更高的效率。如果 T_H 非常大的话，那么 T_C/T_H 就会很小，而效率 $1-(T_C/T_H)$ 就会接近 1——即接近 100% 的效率。

当我在 1966 年买下我的第一台甲壳虫时，它还有一个额外的优势：大家相信这台车只会造成轻微的空气污染。那是因为在发动机达到高温的情况下，废气当中几乎所有的碳粒子都被燃烧成了二氧化碳，因而几乎没有冒着烟的尾气出现。但是几十年后，人们开始担心其他污染——特别是氮氧化物，NO 和 NO_2。这两种气体被统称为 NO_x，在 1966 年时它们还不算是污染物！事实证明，在高温下普通空气（含大量 N_2 和 O_2）会发生化学反应形成氮氧化物，而氮氧化物比碳粒子更容易形成烟雾。甲壳虫因为其极高的发动机温度而产生了大量氮氧化物。如果不降低发动机的温度，就不可能减少氮氧化物的产生，而一旦发动机温度降低了，发动机的效率也就降低了。新的立法限制了新生产汽车的氮氧化物排放量，老甲壳虫就被逐步淘汰了。"新"大众甲壳虫（也已经停产）为了避免制造氮氧化物，使用了能在低温下运行的水冷却发动机，其结果就是，甲壳虫汽车没有以前那么高效了。

冰箱和热泵

热机需要温差，需要一些热东西（提供能量）和一些冷东西（使热流向此处）。在汽车发动机中，温差是通过燃烧（引爆）汽油产生的。当热气膨胀时，气体做了有用功（转动了车轮）。我们可以逆转这个过程：利用机械运动产生温差。完成这项工作的设备就称为**冰箱**或**热泵**。

普通冰箱的工作方式是借机械力来减少舱内压力，理想气体定律的公式为 $P=$ 常数 $\times T$，由此可以看出气体温度也会降低。冷气可以用来冷冻冰块，或者用来给房间降温。这就是冰箱和空调的工作原理。

用来减小压力的机械力必须推动由室内空气压力支撑的活塞。这个动作会稍稍加热空气。因此，冰箱中有些部分会冷却，另一些则会升温。能量是守恒的，所以任何离开冰箱的热必然会造成能量的转移，通常都是转移到周围的室内空气中。所以，冰箱会使其所处房间的温度升高。空调的设计目的就是为一个房间降温，然后把多余的热排到外面。这就是为什么必须把空调放在窗边或者其他能通到室外的地方。你可以把空调想成一个利用机械运动（通常来自电动机）把室内（热的地方）的热抽到外面（冷的地方）的设备。

反过来也可以。冬天，你可以把空调反向安装，用它从冰冷的室外抽取热能到温暖的室内。这就意味着空调通过降温，把室外冷空气中的一些热能带进了屋里，并让室内变得更温暖。当这样使用时，这种设备通常被称为**热泵**。美国的寒冷地区广泛使用了热泵。它的工作原理和空调正好是相反的，目的是让室外更冷，室内更暖。

接下来的谜题，有个令人大吃一惊的答案：假设你有一加仑燃料和一栋阴冷房子，为你家供暖的最佳方式是什么？你可以燃烧燃料，利用由此产生的热，但是还有更好的办法：把燃料用到热机里，然后利用机械运动运行热泵。热泵会从冰冷的室外抽取热，然后把热运到室内。事实证明，利用热泵供暖会让室内的热达到燃烧燃料所释放的热的3—6倍。这个倍数，也就是热泵产热量相对于燃烧的比值，被称为性能系数（COP）。当然，热机效率不是100%，所以有一些能量还是转化成了热，这些热也可以提供给热泵。

难道说比起使用运行热机／热泵系统，我们通过燃烧燃料（汽油、煤或木柴）为家里供暖是在浪费燃料吗？答案你可能想不到：真就是这么回事。不过热机／热泵系统更复杂，成本也更高。除非室外温度非常冷，否则我们一般不会使用这样的系统，因为买更多燃料，要比购买昂贵的热机／热泵系统划算。但是随着我们逐渐耗尽化石燃料，它会变得更贵，到那时我们就可以期待热机／热泵系统更广泛的应用了。

我们现在回到本章开头列举的第四个"困惑"上。

热力学定律

以下是热力学定律的完整列表：

第零定律：彼此接触的物体趋于达到相同温度。

第一定律：能量是守恒的（如果把所有形式的能量都算进来，包括热）。

第二定律：在没有温差的情况下不能抽取热能。

第三定律：没有东西能达到绝对零度。

第二定律也可以这样理解，即所有互相接触的物体都趋于达成**平衡**——它们都会达到同温度。由第二定律引出的一个著名后果就是，热的流动总是会使宇宙变得更"无序"。第三定律乍一看没什么用：要是不存在另一个更冷的物体，就很难把一个物体上的热移除；因而，要从一个接近绝对零度的物体上去除热就非常困难。

你没必要记住这些定律的编号。了解事实对你来说更重要，即互相接触的物体趋向于达到相同的温度，能量是守恒的……

热的流动：热传导、热对流和热辐射

热能从一个地方转移到另一个地方的方式有三种，分别是**热传导**、**热对流**以及**热辐射**。

- **热传导**：通过接触产生的能量流动。我们在前面讨论玻璃杯和塑料杯的触感时谈到过这个概念。热分子通过直接接触，向冷分子传递能量。良导体能快速地把热从一个分子传导到下一个分子。金属通常都是热的良导体，玻璃也是，塑料就不是了。如果你想让某样东西绝热，你就需要使用热的不良导体。如果你想要一口平底锅只要单点受热就能让热分布到整个表面，那你就要用良导体来打造这口锅（比如铝或铜）。

- **热对流**：通过流动的物质（通常是气体或液体）来传递能量。当热物体遇到冷物体时，它通常都会通过接触（热传导）传递能量。比如，你房间中的电暖气会温暖周围的空气（热传导），然后这些空气就会在整个屋子里移动（热对流），温暖它接触到的东西（热传导），而风扇可以加速对流。热空气还有升高的趋势，这会使房间中的空气开始自发循环，这种现象被称为**自然对流**。光波炉（对流烤箱）就是利用循环的热空气来加热食物的。

- **热辐射**：能量由光（很可能是不可见光）承载着，可以在真空中运动。当你站在阳光下，太阳的辐射会让你变暖和。当你站在红外加热灯下，你就被不可见的红外辐射加热了。（我们将在第9章详细讨论这种不可见光。）微波炉通过辐射来烹饪。微波会穿透食物，所以微波炉在加热某些食物时，食物内部和外部热得一样快。**辐射**这个词几乎可以用在任何在空间中流动的能量上，其中包括核辐射（可以导致癌症，见第4章）、可见光、紫外线（可以导致晒伤）、微波。

选做题：熵与无序　　　之前提到过，我们可以把无序这个概念量化成数值——熵，当热流动时，宇宙的净熵趋于增加。这个主题吸引了很多哲学家的关注，所以也

值得我们进一步讨论。

计算热流动造成的熵的改变很简单：当热流向一个物体时，它的熵在数值上增加 Q/T，Q 是热的大小（通常用焦耳来度量）而 T 是温度。当热离开一个物体时，该物体的熵会下降 Q/T。

当热从热的物体（温度为 T_H）流向冷的物体（温度为 T_C）时，熵的总变化量为：

$$\frac{Q}{T_C} - \frac{Q}{T_H}$$

第一项永远都会比第二项大（因为 T_C 比 T_H 小），所以总熵会升高。这里面的深意在于：宇宙的熵正在增加，宇宙正在变得越来越无序。

在没有热流动的情况下，无序的程度也会增加。比如，如果一颗气球爆炸了，那么里面的原子就不再被局限在一个小空间里，而是扩散到大气中。这也是各种无序中的一种。

我们必须理解的是，一个物体的熵可以升高或降低，只有宇宙的熵的总量在不断增加。我写本书的目的就是要降低你大脑中的熵。我用这种说法来表达，"希望你能学到一些东西"还是挺酷的。在你学习时，你会辐射热，然后你周围世界的熵就会随之增加。宇宙的净熵升高了，但是我希望你个人的熵降低。

当一个物体冷却时，它的熵就降低了，但是它周围物体接收的热过度补偿了下降的熵，所以宇宙的总熵增加了。地球的熵随着时间的流逝正在降低，太阳的熵也一样。太阳在散发可见光，地球在散发红外线，所以宇宙的总熵（如果把光的熵也算进来）上升了。

一些哲学家（和一些物理学家）认为宇宙熵的增加能决定时间的流向，即为什么我能记得过去而非未来。（这真是一个深刻的问题，并不像它听起来那样无足轻重。）但是还有一种说法认为，熵在局部降低——我们学到知识——才让我们有了对时间的感觉。

祝你在琢磨这些问题时思考得愉快。关于这个话题，有几本畅销书。热力学第二定律和第三定律可以被重新阐述成以下内容：

第二定律：宇宙的熵趋于增加。

第三定律：某个物体的熵在 $T=0K$ 时为零。

了解这些重新阐述如何等同于原始定律是热力学高深研究的一部分。

▎小结

原子是组成物质的基本单位，它的直径约为 10^{-8} 厘米。一颗红血球细胞的直径相当于 40000 个原子的直径，而红血球差不多已经是可见光下能看见的最小物体了。热就是分子的振动，因为分子拥有动能。分子振动的速度堪比声速（340 米 / 秒）。固体虽然存在猛烈的振动，但是原子仍然留在原来的位置上。我们通过布朗运动可以观察到这种振动的效应。布朗运动也表现在电子噪声（比如嘶嘶声）中。

如果两个物体的温度相同，那么它们中的分子平均动能也是相同的。但是，分子的速度并不相同。如果两个不同质量的分子具有相同的动能，那么较轻那个分子的速度更高。最轻的分子，氢气（H_2），移动得如此之快，以至于大部分氢气都挣脱了地球的引力，从此在大气中销声匿迹。

温度可以用华氏温标或摄氏温标来度量。但是物理学上更有用的单位是开尔文温标（K），或者叫绝对温标，在这种温标下，0K 对应的是每分子动能为零。1K 的**变化**等于 1℃的**变化**，等于 9/5 ℉ ≈ 2 ℉的**变化**。

大部分物体受热时都会膨胀，通常是每摄氏度膨胀 1/1000—1/100000。这种现象被应用在温度计上，人行道的缝隙也是因此预留的，而且如果说全球变暖使海洋温度升高，这种效应还会导致海平面更大幅度的升高。

热可以通过热导体传递，因为互相接触的原子可以分享彼此的动能。气体变热后就会膨胀。理想气体定律基本准确地描述了膨胀的规律，该定律认为，气压和绝对温度是成比例的。热可以通过热辐射流动，也可以通过热对流流动。

当一个物体因为吸收了太多能量而变得过热时，就发生了爆炸。正是气体的高压及其产生的快速膨胀形成了爆炸。这样的爆炸也会发生在内燃机的汽缸中，我们利用这些爆炸来为我们的汽车提供能量。

转化成热的能量不一定能高效转化回来。转化上限可以由如下式子计算出来：$1-T_C/T_H$。我们经常认为这些热损失掉了，而且会造成宇宙的"冷寂"。

熵是用来度量对分子无序程度的。温度更高的物体振动更剧烈，更无序，也拥有更高的熵。只要发生热流动，宇宙的熵就会增加，虽然某个物体的熵（比如你的大脑）可以下降——在你学到了东西的时候。

4 条重要的热力学定律是：（0）互相接触的物体趋向于达到相同温度，（1）能量是守恒的，

（2）从热中抽取有效能需要温差，以及（3）宇宙的熵永远都在增加。

能量可以用来从物体中抽取热。这就是冰箱、空调和热泵的基本工作原理。

讨论题

如果你到了一个海拔很高的地方，那里的气温通常都很低。你认为这些会对声速造成什么影响？（等我们在第 7 章讨论 UFO 时，这个问题将会变得非常重要。）

搜索题

1. 在网上搜索"蹈火"（firewalking）。看看你能否找到提供蹈火训练的组织，或者解释蹈火为什么可行的网站。描述一下你的发现。

2. 人体中最常见的元素是什么？把人体中的元素和地壳中的元素做比较，说一说最让你吃惊的发现是什么。

3. 在网上搜索"热机"。网上有很多工程师讨论技术。你能找到新型热机吗？搜索"镍钛诺发动机"（nitinol engine）。你能找到据厂商称能在小温差下工作的热机吗？厂家是否谈到了由小温差造成的低效率（可以由效率方程算出）？

4. 在网上搜索"热泵"。你能找到关于性能系数（COP）的哪些信息？热泵贵不贵？在你生活的地方热泵是一项好的投资吗？（不要猜，算出来。）

5. 为什么夏天比冬天暖和？是因为地球离太阳更远吗？（不是。）太阳的亮度会发生改变吗？（不会。）为什么当澳大利亚是冬天时，我们北半球是夏天？

论述题

1. 你认为本章所讲的内容哪些最重要？在纸上写下来。你将如何告诉朋友、父母或孩子里面的关键点？哪些知识点对未来生活最重要？

2. 当物体受热时通常都会膨胀（也有例外）。解释一下原因，并且举例说明这种现象为什么会造成问题，以及它可以应用在哪些地方。

3. 描述一下：**爆炸**是什么意思？对原子和分子来说，爆炸又意味着什么？

4. 举例说明"小"爆炸都有哪些用处，特别是那些一般人不认为是爆炸的爆炸。

5. 估算一下一张纸中有多少原子。（我故意把问题说得模糊，纸可以是任意合理的大小。你可以用我在书中说过的原子平均尺寸。）

6. 讨论用来计算效率上限的式子。对汽车发动机来说，这个式子意味着什么？

7. 如果你把某团气体的温度加倍，它的速度会发生什么变化？会加倍吗？（答案是不会。）
   算一算速度会增加多少。

选择题

1. 如果你让 1 千克气体的能量翻一倍，气体的温度将会（用绝对温标 K 度量）

   A. 改变　　　　　　B. 增加倍　　　　　C. 翻一倍　　　　　D. 乘 4

2. 空气中的分子移动速度约为多少？

   A. 1000 英尺 / 秒　　B. 光速　　　　　　C. 9.8 米 / 秒　　　D. 9.8 厘米 / 秒

3. 温度所度量的是什么？

   A. 平均动量　　　　B. 平均动能　　　　C. 平均速度　　　　D. 平均总能量

4. 在一木桶水中，分子的瞬时速度最接近

   A. 0，因为它们不动　　　　　　　　　B. 和木头中分子的移动速度相同

   C. 约为 1.7 米 / 秒　　　　　　　　　D. 约为 1000 英尺 / 秒

   E. 约为 186000 英里 / 秒

5. 如果房间中有一台运行的冰箱，那么它

   A. 会让房间变暖　　　　　　　　　　B. 会让房间变冷

   C. 对房间没有影响　　　　　　　　　D. 会去除房间中的水蒸气

6. 如果房间中有一台开着门的冰箱，那么它

   A. 会让房间变暖　　　　　　　　　　B. 会让房间变冷

   C. 对房间没有影响　　　　　　　　　D. 会去除房间中的水蒸气

7. 桌子和它上方的空气温度相同，这代表空气中的分子和桌子中的分子

   A. 平均速度相同　　B. 平均能量相同　　C. 平均加速度相同　　D. 平均质量相同

8. 冰融化的温度是

A. 0K   B. 0℃   C. 0 °F   D. 100℃

9. 煤气暖炉使房间变暖主要通过

A. 热对流   B. 热传导   C. 热辐射   D. 热损耗

10. 声速

A. 在温度升高时会升高   B. 在温度升高时会下降

C. 取决于气压   D. 是常量，和温度无关

11. 如果一台汽油机制造了更热的爆炸，那么发动机的效率会

A. 不变   B. 提高   C. 降低

12. 装满水的塑料杯触感比玻璃杯更暖，因为

A. 塑料被水加热了   B. 塑料比玻璃传热少

C. 塑料比玻璃导热性好   D. 塑料在水中分解了

13. 含有质子数量最少的原子是

A. 氦   B. 碳   C. 氢   D. 氧

14. 人类头发的直径上大约可以排下多少个原子？

A. 25   B. 125000   C. 273000000000   D. 6×10^{23}

15. 声速约等于

A. 1 英尺 / 纳秒   B. 1 英尺 / 秒   C. 340 米 / 秒   D. 186000 英里 / 时

16. 把热玻璃放进冷水中，玻璃破碎是因为

A. 它加热水的表面使其沸腾   B. 玻璃的外表面迅速收缩，而内部不会

C. 玻璃的外表面迅速膨胀   D. 热的快速传导引起了强烈振动

17. 海平面因为全球变暖而升高，主要原因在于

A. 海水的膨胀

B. 融化的冰山

C. 膨胀的海底岩石

D. 地球的收缩（但水量保持不变）

18. 温度升高 2℃，约等于升高

A. 1 °F   B. 2 °F   C. 4 °F   D. 1/2 °F

19. 为一个房间供暖耗能最低的方法是

A. 直接烧天然气（甲烷）

B. 用天然气运行热泵

C. 燃烧煤

D. 燃烧汽油

20. 大气中几乎没有氢气的原因是

A. 氢气摆脱了地球引力

B. 海洋或陆地上几乎没有氢

C. 氢分子的运动速度比氧分子和氮分子慢

D. 氢都沉到地核里了

21. 流星达到 10 马赫时，如果它所有能量都用来给自己加热，它的温度将会约等于

A. 300℃   B. 6000℃   C. 30000℃   D. 100000℃

22. 新奥尔良防洪堤倒塌是因为

A. 被热膨胀毁坏了

B. 它是用连续的混凝土结构制造的，承受不了太大的压力

C. 在热伸缩接缝发生了泄露

D. 热伸缩接缝处比较薄弱

23. 如果温度升高 5℃，那么海平面大约会升高

A. 2 英寸   B. 2 英尺   C. 12 英尺   D. 97 英尺

24. 对一般汽车来说，作为热浪费的那部分汽油能量约为（小心，这是一道陷阱题）

A. 1%   B. 10%   C. 20%   D. 80%

25. 阳光下的温度

A. 总是比阴影下的高

B. 总是和阴影下的相同

C. 有时比阴影下的低

D. 定义不太明确

26. 当一种物质冷却后，它

A. 体积不变

B. 就会收缩

C. 就会膨胀

D. 部分会收缩，部分会膨胀

27. 一个物体的熔化温度通常

A. 等于冰点

B. 高于冰点

C. 低于冰点

D. 等于沸点

28. 绝对零度

A. 是让水结冰的温度

B. 是宇宙的温度

C. 是液态氦的温度

D. 不是任何物体的温度

29. 当液体沸腾时，体积（从液体到气体）通常会变为原来的多少倍？

A. 10

B. 100

C. 1000

D. 1000000

30. 如果容器中气体的温度从 0℃ 上升到 300℃，压力会

A. 不变

B. 翻一倍

C. 变成 300 倍

D. 变得无限大

31. 与蹈火活动类似的是

A. 炖锅里的水会滑动

B. 航天飞机重返大气层

C. 汽车气囊打开

D. 滑水

32. 汽油爆炸需要

A. 和氧气混合

B. 和氮气混合

C. 和二氧化碳混合

D. 无需混合，只需火花

33. 要想提升效率，被点燃的热燃料和发动机较冷部位的温差应该

A. 越小越好

B. 越大越好

C. 与效率无关

34. 热在真空（不含原子）中流动

A. 是不可能的   B. 是热传导   C. 是热对流   D. 是热辐射

35. 熵度量的是（多选题）

A. 热   B. 温度   C. 无序程度   D. 能量

36. 让分子停止运动的温度为

A. 0K   B. 0℃   C. 0 ℉   D. 32 ℉

第 3 章

引力、力与太空

身处太空轨道的感觉就像坠落情网，你总是在下坠，但总是无法接近真爱。

▌迷人的引力

当一个宇航员环绕地球时，他的头部是"失重的"。如果他打喷嚏，头就会猛地向后砸去……程度和他坐在地球表面时完全相同。

什么？宇航员不是失重的吗？

当到达海拔 100 英里高度时，你几乎就处于太空边缘了，因为大气层有 99.999% 以上处在你的下方。在这种情况下，你受到的重力比在地球表面时小。这时重力的大小和地球表面相比只有——95%。

这个差异并不大，情况几乎和在地球表面相同。但是为什么宇航员这时"感觉"不到重力呢？

在 2004 年，奖金高达 1000 万美元的 X 大奖（XPRIZE）颁发给了第一家把火箭送到 100 千米高空的私人公司。有人认为这是私人太空开发的起点。但是把航天器送入绕地轨道，还需要更多的能量——需要多少？

约 30 倍。

这是否说明 X 大奖的赢家距离进入绕地轨道还很远？

如果太阳突然变成黑洞，但质量不变（现在太阳质量约为地球质量的 300000 倍），那么地球的轨道将……不变。

但是，难道黑洞不会吸收附近的所有物体吗？不会。

这些事实会让大多数人感到惊奇。这是因为他们误解了几个重要的概念，其中包括失重状态、轨道以及万有引力的特性。

▍万有引力

任何两个物体仅仅因为有质量就互相吸引，那么它们之间的吸引力就是**万有引力**（简称**引力**）。你可能从未发现小物体之间有这种力的存在，因为它们之间的力太小了。但是地球等行星拥有很大的质量，它会向你施加很大的万有引力（在这种情况下也叫重力）。我们把这个力（的作用效果）称为你的**重量**。引力是由于相互吸引而产生的，这一点不十分明显。在艾萨克·牛顿的研究之前，引力被认为是物体向下移动的自然倾向。

如果你的体重达到 150 磅，并且和另一个体重相似的人相隔 1 米（3.3 英尺）而坐，那么你俩之间的吸引力就相当于 10^{-7} 磅。看起来很小，但至少可以度量了，大小和一只跳蚤的重量相等。

你站在月亮上时，体重会更轻，因为月亮对你的引力没有那么大。如果你在地球上的体重是 150 磅，那么你在月球上的体重就是 25 磅。你没有变（还是由同样的原子组成的），但是施加在你身上的力改变了。物理学家喜欢说"你的**质量**（mass）没有变，改变的只是你的重量"。你可以把质量看作物质的数量，而重量的本质就是重力。

质量通常都是用千克度量的。如果你把 1 千克物质放在地球表面上，它和地球之间的引力就是 2.2 磅。所以 1 千克的完整定义应该是：在地球表面时重为 1 千克的物质的量。这个数字值得记忆，因为千克是世界常用单位。[1]

假设你在地球上重达 150 磅，那么你的质量约为 68 千克（即 150/2.2）。在木星上，你的重量约为 400 磅；在太阳表面，你的重量约为 2 吨（ton），至少在你被炸脆之前的短暂瞬间是这样。但是在所有情况下，你的质量都是 68 千克。

描述两个物体之间引力的公式是艾萨克·牛顿发现的，这条定律也被称为**牛顿万有引力定律**。定律指出，引力和质量成正比——质量翻倍，力也翻倍。这个力的大小还取决于它和距离的特殊关系，也就是所谓的**平方反比**。这是因为物体之间的距离变大后，引力将会变小。这里出现平方，则是因为如果距离乘 3，引力就会变为 1/9；如果距离变为 4 倍，引力就会变为 1/16，以此类推。这条定律通常写成如下形式

$$F=G\ \frac{Mm}{r^2}$$

---

[1] 更加精确的值应该是 1 千克 =2.205 磅，而 1 磅 =0.454 千克，但你不用费力记这些数字。

M 是产生引力的物体的质量，m 是被吸引的物体的质量，而 r 是它们之间的距离。G 是一个常数。**你不需要记忆这个公式。**我经常会讲到，我之所以展示它们就是想让你看到它们的用途（在本章中我会多次用到这个公式），虽然你应该跟着一起做计算，但是我并不要求你独立完成计算。

对像地球这样大的物体来说，有一部分质量可能离你非常近（就在你脚下），另一部分可能非常远（在地球的另一面）。事实证明，想要算出球形物体对你的引力，只要使用你到球心的距离就可以了。如果你站在地球表面，那么你应该使用的正确 r 值就是地球的半径，约为 4000 英里（6000 千米）。如果你在行星卫星上，那么你到球心的距离就是卫星高度（地表以上的距离）加上行星半径。我不会要求你这样计算，我之所以解释是为了帮你理解我将在本章完成的计算，比如关于黑洞的计算。

随着你离地表越来越远，r 增加，引力减小。如果你在高于地球表面 4000 英里的地方，那么你到地球中心的距离就翻倍了，而引力变为 1/4。

我现在将借这个事实来解释本章开头的一个困惑。在海拔 100 英里处，地球的引力变弱了，到底变弱了多少？引力公式中唯一改变的值就是 $1/r^2$，以下就是两种距离分别算出的值：

$$\text{地球表面}：r=4000\ \text{英里}\quad \frac{1}{r^2}=\frac{1}{16000000}$$

$$\text{卫星}：r=4100\ \text{英里}\quad \frac{1}{r^2}=\frac{1}{16810000}$$

你在地表受到的力比你在绕地轨道中受到的力要大，因为分母更小了。我们来对比一下这两个数字，算出两个力之间的比。如果你手头有计算器这就很简单了：

$$\text{比率}=\frac{16000000}{16810000}=0.95=95\%$$

两种情况下地球的引力是不同的，但是区别不大。这时，人在太空中的重量是地面上的 95%。只少了 5%。

什么？等一下！不是说在太空中会"失重"吗？为什么我们的结论是重量还有 95%？我们需要讨论一下**失重**的意义，很快就要说到了。

推动加速：牛顿第三定律

接下来的这个事实可能会让你感到惊奇：如果你的体重有 150 磅，不仅地球吸引你的力是

150 磅，你也会以 150 磅的力吸引地球。这是牛顿第三定律的一个应用，这则定律说的是：如果一个物体对你施加力，那么你也对这个物体施加了相同力。在我心中，这条定律非常基本，它本该是牛顿第一定律。（牛顿第一定律是运动中的物体倾向于保持运动状态，除非它遇到了外力。牛顿第二定律是 $F=ma$，这条我们马上将会讲到。）

但是你这么小，是怎么对地球施加那么大的力的？答案就是，虽然你很小，但是你的质量同时对地球的每一部分都施加了力。你把所有的力加起来，总数就是 150 磅。所以你对地球的引力和地球对你的引力完全相同。

思考一下：如果你推了另一个人的手，那个人就感受到了你的力，但是你也感受到了力。你推了另一个人，换个角度看，那个人也推了你。引力也是如此：地球拉着你，你也拉着地球。

▌环绕地球与失重

想象一下，一个宇航员在地表以上 100 英里的太空舱中环绕地球。如果宇航员在地球上的体重为 150 磅，我演算过，在更高的海拔时宇航员的体重是 150 磅的 95%，即 142.5 磅，即他轻了 7.5 磅。

但是环绕地球的宇航员没有失重吗？电影演的都是他们在太空船里飘浮的情景。如果他们的体重和在地球表面差不多的话，那他们是怎么飘起来的？

要想解释这种看似自相矛盾的情形，我们必须先搞懂"失重"意味着什么。假设你正在电梯中，而电缆突然间断了，电梯和你一起掉了下去。在你撞击地面之前的短暂几秒内，你就会感觉到失重，你甚至有一瞬间会在电梯中飘起来。你的脚使不上力气，而你的肩膀也感受不到头的重量。（你的头和你的胸腔以同样速度下落，所以你脖子上的肌肉不需把你的头固定在胸腔上。）在这短暂的几秒内，你的"失重"体验和宇航员相同。在整个过程中，地球都在迅速把你拉向它。[1] 你拥有重量，但你感觉失重。如果把你和电梯一起坠落的情景拍成视频，画面里的你会是飘浮的，看起来没有重量，和在国际空间站中飘浮的宇航员一模一样。

想象一下，电梯不是在坠落，而是和你一起从炮口中射出，在落地之前你们飞行了 100 英里。在这次旅行中，你还是会感觉失重。这是因为你在和电梯一起运动。你和电梯沿着相同的弧线

---

[1] 游乐场中有游乐设施可以让你跌落很长一段距离，在失重状态下体验至少几秒。我们将在后面计算这种设备能提供多少秒的失重体验。

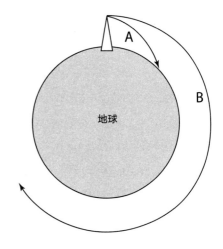

图 3.1

从高塔上发射的卫星。卫星 B 的发
射速度为 8 千米 / 秒，卫星 A 速度
则要低一些

飞行。[1] 你的头和胸都在沿着这条弧线运动，它们之间没有力，你脖子上的肌肉可以彻底放松。至少对你来说，你的头似乎失去了重量；而对旁观者来说，你在下落。

被送入轨道之前，预备宇航员会被送入沿着这种弧线飞行的飞机里，以便人们观察他们对这种失重感觉的反应并帮助他们适应。

当你和电梯在引力的作用下一起运动时（无论是下落还是沿着弧线发射），引力似乎消失了。仅从这一点来看，你可能会认为自己已经在太空了，脱离任何行星、恒星或者卫星的引力。至少从电梯内部的你的角度看就是这样的。

现在想象一下，在一个非常高（200 千米高）的塔上有一座很大的炮，指向水平方向。我们要把电梯从炮中射出，你也在里面。如果我们用较低的速度（比如 1 英里 / 秒），你和电梯就会沿着曲线飞向地球，并且撞击到地球上，就像图 3.1 中的路径 A 一样。但是如果我们选择比较高的速度，比如 5 英里 / 秒，你和电梯就会沿着路径 B 运动：你还是会沿着曲线飞向地球，但是地球表面也是弯曲的，所以你会错过地球的边缘。你会继续向下沿着曲线运动，但是你永远都不会落地。就这样，你进入了绕地轨道。引力使电梯——此时我们称其为太空舱——的路径向下弯曲。但如果这个曲率和地球的曲率相同，那么它将错过地表并维持在恒定的高度上。[2]

这看起来有些荒谬，但是把环绕地球的宇航员看成永远处于下落状态是合理的。这就是宇航员感到失重的原因。

你可以认为月亮也处于相同的状态。它被地球的引力吸引，但是横向运动的速度很快。所以，虽然它正在落向地球，但却总是在偏离。

---

[1]　你的路径可以通过一种称为**抛物线**的几何曲线被追踪到。

[2]　如果速度并不是绝对平均的，或者你的速度稍低或稍高一些，那么你的轨道将不是一个圆，而是椭圆。

进入近地轨道的速度

要想留在离地表几百英里的圆形轨道上，卫星的速度必须达到 8 千米 / 秒，即约为 18000 英里 / 时，或者 5 英里 / 秒。（具体数值和高度有点关系。我们将在本章通过计算得出这个数字。）以这样的速度，卫星环绕地球 24000 英里周长的时间约 1.5 小时。

> **记住**：在近地轨道（LEO）上绕行的卫星每秒走 5 英里，90 分钟（1.5 小时）可绕地球一圈。

如果卫星中的宇航员想要着陆，他不会让火箭对准远离地球的方向喷射气体，而会让火箭对准他前进的方向喷射气体——向前喷射！这些气体的力量让卫星减速，速度不再足够让它错过地球的边缘。如果喷射的程度足以让卫星完全停止，那么卫星就会直接向下坠落。引力会把卫星拉回地球。如果卫星速度高于 5 英里 / 秒，它就会离开圆形轨道，冲向太空；具有 7 英里 / 秒的速度时，卫星就能到达月亮甚至更远的地方了。这个速度称为**逃逸速度**。我们将在后面讨论。

石块和投石器

我们还可以用另外一种方法来看待地球的卫星。暂时忘掉引力，想象你拥有一块石头，它系在一根绳子的末端，你甩着绳子，让这块石头在你头顶打圈。绳子提供了防止石头飞走的力，而这个力同时也让石头保持了圆周运动状态。如果绳子断开，石头就会沿直线飞出去。地球的引力对卫星的影响也是如此：它提供了将卫星留在圆形轨道上的力。

一种名为**投石器**的老式武器依据的就是这个原理。人们把一个石块拴在一根皮条上，在头顶转起来。手臂动作帮助石块获得绕圈的速度，而皮条则让石块保持圆周运动。当皮条被松开时，石块会沿着直线飞向目标。根据《圣经》故事所说，大卫就是用这种投石器打死巨人哥利亚的。

类似的，如果我们能突然"关掉"地球引力，月亮就会离开它的圆形轨道，沿着直线飞出去，而不再继续绕圈。所有沿着地球轨道绕行的卫星都是这样。如果太阳的引力关闭了，地球也会以之前（环绕太阳时）20 英里 / 秒的轨道速度飞进太空。

头条物理学

地球同步卫星

气象卫星和电视卫星的轨道很特别：它们是对地静止的。这就是说它们始终待在地球上方的同一位置。这也意味着同一气象卫星可以持续观察一股风暴或者一股热浪的发展。如果你的电视能接收信号，你就永远都不用重新调整天线，因为卫星相对于你家房子的方向始终是不变的。

怎么会这样？为避免向地球跌落坠毁，卫星不是必须环绕地球吗？答案很简单：这些卫星环绕地球的轨道高达 22000 英里，那里的重力很微弱，所以它们就能以相对较慢的速度绕轨道运行，需要 24 小时才能完成这段较长的旅程。因为地球在此期间会旋转一圈，所以如果卫星轨道在赤道的上方，那么卫星就始终处于相同位置的上方。两者在同时移动——你家和家里的电视天线，以及卫星——但是它们之间的角度没有改变。

这里还有一个条件。如果卫星想要相对于地面始终出现在天空中一个不变的位置上，那它就必须始终在赤道上方。你能想出原因吗？对地静止的卫星绕地球中心移动时的路线是圆形的。如果卫星的轨道不和赤道对齐，它就会有一半轨道在北半球，一半在南半球。只有当卫星在赤道正上方运行时，它才能始终精准地停留在地球上同一地点的上方。

所以，所有对地静止的卫星都在赤道的正上方。如果抬头望向它们，你会发现它们全都排在一段狭窄的弧线中。这就出现了一个问题：如果卫星彼此之间的距离太近，它们的天线信号就会互相干扰，所以有国际条约要求分割太空。

有时我们会听说有人把这些卫星称为**地球同步**卫星。NASA 用**地球同步**这个词来代表任何 24 小时环绕地球一周的卫星，其中包括处在极地轨道上方的卫星。如果卫星在赤道上方，那么人们就说它们对地静止。在本书中，我不会分得这么细。

地球同步卫星的问题在于它们离地面太远了。22000 英里已经超过地球半径的 5 倍了。从那么远的地方看下来，地球很小。如果你的目的是观察气象模式，这样也行，一张照片就能显示整个海洋。而且，你还可以让你的气象卫星专为某一特殊区域服务，比如美国的东海岸，或者欧洲。但是回想一下，卫星不可能直接位于美国或者欧洲上方，因为它必须在赤道上方。看一下气象卫星照片，试着分辨出卫星的位置，你会发现卫星的视角不是垂直向下的，而是从赤道的上方以一定的角度望过来。

地球同步卫星对电视转播来说也十分重要。因为地面上的天线（通常都是微波卫星接收天线）只需要调整一次方向就可以。设置完就可随它去了。缺点是，卫星发射器功率必须特别大才能把信号发送到 22000 英里远的地方。对商业卫星转播来说，调整方向上的优势弥补了信号发送难度上的劣势。

相比于美国，卫星电视在发展中国家更加流行，因为国际公司可以负责装配卫星电视，而不需要在本国内架设复杂的基础设施。而且，同一时间的转播范围几乎能达到半个世界。我还能回想起自己造访几乎原封未动的摩洛哥非斯古城时，所见到的出乎意料的景象。这座城市老城区的街道和建筑一千年都没有改变——唯一的例外就是房顶上的卫星信号天线。

接下来我向你展示的是地球同步卫星的一个非同寻常的应用：如果你被绑架了，而且你还不知道自己被带到了哪里，那么你可以试着找一下卫星信号天线。如果天线垂直向上，那么你就知道自己在赤道上。如果天线指向水平方向，那么你就知道自己在北极或者南极。但是要小心，即使你在赤道上，卫星也不一定就在头顶上。卫星可能在刚果上方，而你可能在巴西。所以你必须首先确定哪个方向是北，然后才能充分利用卫星信号天线提供给你的信息。

侦察卫星

侦察卫星一般携带有观察地球表面的望远镜。这些卫星曾经只能军用，用于观察敌方的秘密，但是现在它们已经有了广泛的商业及政府应用，从洪水到火灾，再到农作物，它们可以用来观察各种各样的目标。

理想的侦察卫星应该始终待在相同的位置上。但是要做到这一点，它就必须与地球同步，这就意味着它的高度必须达 22000 英里。在这样的距离之外，哪怕是最好的望远镜也无法分辨小于 20 英尺的东西。（后面我们说到光的时候，将得出更具体的数字。）这就意味着侦察卫星可以看到一座橄榄球场，但是看不出里面是否在比赛。这样的卫星对观测飓风以及其他天气现象来说已经足够了，但无法得到精确的细节，比如搜寻某个恐怖分子。

所以，为了让侦察卫星变得有用，它必须更加接近地球才行。也就是说侦察卫星必须在距离地面不超过几百英里的近地轨道上。但是如果卫星处于 LEO 上，它们就不与地球同步了。在 LEO 上，卫星绕行地球 24000 英里周长的时间是 1.5 小时，这让卫星相对地表的速度达到了 16000 英里 / 时。在这样的速度下，卫星停留在某个特定位置（100 英里范围内）的时间仅为 1 分钟。[1] 对侦察来说这段时间太短了。事实上有很多国家，当它们想要瞒着美国进行秘密行动时，都会跟踪美国侦察卫星的位置，为的就是确保在侦察卫星近到足以拍下照片的短暂时间内，它们可以躲藏或者掩盖自己的行径。

LEO 卫星无法盘旋。如果它们失去速度，就会坠落到地表上。如果你想持续覆盖某个特定地点，就必须使用飞机、气球，或者其他能停留在那个位置附近的东西。

军方和情报组织正在开发安静的高空飞行无人机来完成最重要的侦察工作。但是，这些载具相比于卫星更容易被击落。

---

[1]　在速度 16000 英里 / 时（约 4.4 英里 / 秒）下，它将在 45 秒钟内走完 200 英里。

GPS

　　全球定位系统（GPS）是 21 世纪初的科学奇迹之一。一个小小的 GPS 接收器价格不足 50 美元，但它能够让你知道你在地球上的精确位置，误差不超过几米。我曾经在约塞米蒂的荒野、非斯的露天剧场以及内华达的沙漠上用过这样的接收器。你可以买一辆有内置 GPS 接收器的汽车，它会在仪表盘上自动显示一张地图，向你展示你的精确位置。军队用 GPS 把智能炸弹引导到需要的地方，误差不足几米。手机现在都内置有 GPS 系统。

　　2009 年，环绕地球的 GPS 卫星有 24—32 个，一个 GPS 接收器可以从中选取几个接收信号。它可以通过测量信号从卫星到达接收器的时间来确定它和每个卫星之间的距离。一旦接收器测量了它和 3 个卫星之间的距离，就能计算出它在地球上的精确位置。

　　为了理解 GPS 接收器如何计算位置，你可以思考下面这个问题：一个人正在美国的一座城市中。他距离纽约 800 英里，距离新奥尔良 900 英里，并且距离旧金山 2200 英里。他在哪座城市？

　　看一下地图，只有一座城市符合所有距离要求——芝加哥。知道了三个距离就能定位出一个独一无二的位置。GPS 的工作方式与之类似，但是它并没有测量它和城市之间的距离，测量的是它和卫星之间的距离。即使卫星正在移动，它们播出信号时的位置也是已知的。它们把自己的位置告诉 GPS 接收器中的计算机，所以 GPS 接收器就能算出自己的位置。

　　你可能会认为 GPS 卫星位于地球同步轨道上，但是并非如此。原因是，那样远的距离要求发射器拥有能让无线电信号到达地球的强大功率。它们也不在近地轨道上，因为如果这样它们就会经常被地平线挡住，无法联系到你的接收器。（每次被挡住的时间仅几分钟。）所以这类卫星被放置在了约为 12000 英里高的中地球轨道（MEO）上。它们每 12 小时就会绕地球一圈。

利用引力来寻找石油

　　我之前说过，每一个物体都会对其他物体施加一个微小的引力。值得一提的是，测量这样微小的力也有着重要的实际用途。如果你站在一块油田上，你感受到的引力会比站在岩盘上时稍小一些。石油的密度比岩石小，它的质量（每立方千米）更小，所以它的引力也没那么强。[1] 这么细小的引力变化甚至能被飞过的飞机测出来。有一种仪器可以绘制出显示地下物质密度的 **引力地图**。为了搜索石油和其他自然资源，让飞行中

---

[1] 选读内容：球形物体的引力似乎都是从球心发出的，但是只有当球体的质量均匀分布时才是如此。如果我们把地球看作球体，那么从数学的角度上看，油田相当于均匀的地球和一小块抵消掉一部分引力的"负"质量的总和。如果你离油田很近，你就会感觉到引力减少了，因为有一小块负质量出现，这里无法像密度更大的岩石那样吸引你。

的飞机测绘引力强度地图，是很常见的商业行为。

引力测量的一种更奇特的应用是绘制出尤卡坦半岛上埋藏的希克苏鲁伯陨石坑（Chicxulub crater）的地图，这个陨石坑是某颗杀死恐龙的小行星留下了的。陨石坑被沉积岩填满，而沉积岩比原本的岩石要轻，所以即使陨石坑被填满，却还会显现出"引力异常"，即不同于岩石均匀情况下的引力。一架在该区域来回飞行的飞机对引力强度进行灵敏测量，测量结果就显示在由计算机生成的地图上。在那张地图上，较高地区的引力高于平均值，而较低地区的引力则要稍弱一些。陨石坑显示成了几个同心圆，最大的一个直径超过 100 千米。内部的圆环可能是当物质从巨大的陨石坑底部被迫向上移动时，局部填充形成的。

在太空制造物品

当太空计划启动时，很多人认为能到达失重环境是一个巨大的优势。在卫星中，物体不会因为自重而下坠。我们没准可以在失重的环境中制造出更好（更圆）的滚珠轴承或制造更完美的晶体（用在计算机和其他电子设备中）。

这在很大程度上是一个前景。在卫星上完成这项工作的附加成本实在太高。把 1 千克任何东西发送到轨道上的成本约为 1 万美元。在不远的未来，商业公司希望可以把价格减少到 1000 美元/千克。如果仅仅到达太空就要花费这么多钱的话，那么在太空开办一家工厂就太难了。理论上讲，进入太空不应该这么贵，我们在接下来的章节中将提到，这项活动的能量需求只有 15 大卡/克。在未来，如果太空旅行能像坐飞机一样便宜，那么在轨道上开工厂的设想也许能实现吧。

▎逃往无穷

假设你想彻底离开地球，那进入绕地轨道还不够，你想要去更远的地方，比如到月亮、火星，或较远的行星上旅行。这样你需要的能量比仅仅进入绕地轨道要多。多出多少？答案出奇简单：正好 2 倍。你的速度达到轨道速度的 1.414 倍就能获得这么多的动能。（因为动能和速度的平方成正比，而 $1.414^2 \approx 2$。）因为留在近地轨道上的速度是 5 英里/秒，所以逃逸速度就是 $5 \times 1.414 \approx 7$ 英里/秒 ≈ 11 千米/秒。

这些近似值值得了解：

（近地）轨道速度：5 英里 / 秒 =8 千米 / 秒
逃逸速度：7 英里 / 秒 =11 千米 / 秒

就像轨道速度一样，逃逸速度不取决于物体的质量。

移动得如此之快的物体具有多少能量？我们可以通过动能方程 $E=1/2mv^2$ 计算出来。答案很有趣：对每 1 克质量来说，其动能约为 15 大卡。[1] 只比 1 克汽油中的能量多出 40%。所以原则上说，你用 1.4 克汽油就可以把 1 克质量的物体送入太空，假设你不需要加速汽油本身（而是比如在一杆大枪中使用汽油）。当我们讨论火箭的时候你就会看到，火箭确实需要加速大部分的燃料，而这种过程会浪费掉燃料中 97% 的能量。

科幻作品中的行星

科幻电影中的一个最常见的"错误"是一种隐含的假设：太阳系中所有行星的引力都约等于地球的引力。这种假设毫无根据。随便去一颗行星，你很可能就只有现在的 1/6 重（可以像月球上的宇航员一样蹦来蹦去）或者 6 倍重，以至于凭借你那点力量根本无法移动。想象一下，一个在地球上体重约 150 磅的人，如果在另一颗行星上重达 900 磅，他将寸步难行。

自由落体和 g

你可能会注意到引力取决于物体的质量，一个更重的物体引力也更大。那么为什么所有物体都会以同样的速度坠落呢？

答案是，更重的物体虽然受到的力更大，但是它们也**需要**一个更大的力来加速。推动质量更大的物体比推动质量较小的物体需要的力更多。对于这条原理的准确表述被称为牛顿第二定律：物体的加速度 a 取决于：

$$a=\frac{F}{m}$$

---

[1] 为了利用这个方程，我们首先把单位转化为千克和米 / 秒。1 克质量就是 0.001 千克。**逃逸速度**为 11000 米 / 秒。$E=1/2 \times 0.001 \times 11000^2 = 60000$ 焦耳 ≈ 14.5 大卡。

这条定律通常被写为 $F=ma$。我刚刚解出了 a。当我们把引力 G 看作受力 F 的时候，F 和质量 m 是成比例的。所以，如果你把物体的质量翻倍，它受到的引力也翻倍，那么加速度就保持不变！事实上，甚至当你把质量变成 3 倍或者 4 倍时，加速度还是可以不变。所有物体都在一起加速。

在地球表面，任何物体因自身重力获得的加速度都被称为**重力加速度**，由符号 g 表示。

引力的加速度：

g= 每秒加速 22 英里 / 时

= 每秒加速 32 英尺 / 秒

= 每秒加速 10 米 / 秒

这就意味着当你下落时，你每秒增加的速度为 22 英里 / 时。下落 1 秒钟，你的速度就是 22 英里 / 时；下落 2 秒钟，你的速度就是 44 英里 / 时；下落 3 秒钟，速度就是 66 英里 / 时。

换成跑步呢？世界级的男子短跑选手可以在 4.4 秒钟完成 40 米冲刺。他的平均加速度是每秒 4.1 米 / 秒，或者说约为每秒 9.4 英里 / 时，大约是 g 的 40%。

一个物体能下落多远？公式是：$H=1/2gt^2$。不必费力去记，我会在下面用到这个公式。

X 大奖

我在本章的开头提到过，奖金高达 1000 万美元的 X 大奖在 2004 年颁发给了第一个把火箭送上 100 千米高空的私人公司。下面是一个有趣的问题：要把火箭送到那么高的地方需要多大的速度？

下面有一种解决这个问题的好方法。这里需要的速度和一个物体从 100 千米高的地方坠落下来的速度完全相等。答案是 0.86 英里 / 秒。我会在下一个选做题中展示计算过程。

选做题：从 100 千米高空坠落的速度

抵达 100 千米高空所需的速度是多少？我使用前面的公式 $H=1/2gt^2$ 得出了 t，$t=\sqrt{2H/g}$。把 H=100 千米 =100000 米，g=10 米代进去，可以得出 $t=\sqrt{2 \times 10000/10} = \sqrt{20000} =141$ 秒。一个下落的物体每秒增加速度 22 英里 / 时，所以下落物体的速度会达到 $141 \times 22=3102$ 英里 / 时。（忽略空气摩擦力。）这听起来很大，但这是因为单位是英里 / 时。把这个数字除以每小时的秒钟数 3600，将其转换成英里 / 秒，得到的仅仅是

0.86 英里／秒。

对比 0.86 英里／秒和进入绕地轨道的速度 5 英里／秒，X 大奖获得者需要提速至 5/0.86=5.8 倍才能进入轨道。

想达到这样的速度还需要多大能量？请记住，能量取决于速度的平方。所以速度的 5.8 倍就等于能量的 $5.8^2=34$ 倍。获得 X 大奖的火箭如果要进入轨道，就需要把能量提高至 34 倍。如果升空时用的是炮筒，燃料就要增加至 34 倍；但是如果使用火箭，你可能需要消耗多于 34 倍的燃料，因为火箭在初始加速时必须携带大量燃料。我在本章后面谈到火箭时会讨论这个问题。为了进入轨道，你就需要一个非常大而且非常贵的火箭。航天飞机火箭的大小不是由美国政府的愚蠢或奢侈程度决定的，而是由物理决定的。

可能有比用火箭上太空更便宜的方式，我也会在本章后面谈到。

空气阻力和燃料效率

一辆行进的汽车会在前部遇到空气阻力，而这种力趋于减慢车速。为了以原定的速度行进，发动机必须补偿丢失的能量。我们将会说明，汽车消耗掉的大量汽油都是为了克服空气阻力。这是一个重要的事实。当速度为 30 米／秒 =67 英里／时的时候，汽车前部的空气阻力相当于 500 磅！

为了不让汽车在这种力的作用下减慢，发动机必须施加一个相等且相反的力。但这会消耗很多汽油。汽车高速行驶时，超过 50% 的汽油都是用来克服空气阻力的，所以汽车设计师才会尽力把汽车做成"流线型"。如果汽车的前表面是倾斜的（而非平坦得像 20 世纪 20 年代的老爷车一样），那么空气阻力就会减小。在倾斜的表面上，空气分子会斜向弹开，而非正面撞击。这样的话，空气阻力最多可以下降到 100 磅。

很多卡车司机都自己做生意，他们必须支付为克服空气阻力而多出来的汽油钱。可能你已经发现了，美国有些卡车司机会给自己卡车的驾驶室外面安装上平滑的曲面，从而尽量减小空气阻力，省下一大笔汽油开销。驾驶室的顶端安装了一个流线形的东西（**驾驶室整流罩**）后，可以让空气以一定角度滑开，而非直接撞在卡车平坦的正面（如图 3.2）。这种类型的改装有时被称为**气动平滑**，这种做法可以节省汽油。直冲向空气的表面会让空气反弹回去，而改装后的表面则能让空气偏移到侧边，以减少空气阻力。

图 3.2

装有驾驶室整流罩的卡车减少了空气阻力（图片来源：NASA）

请注意，你驾驶得慢一些就能节省更多汽油。如果速度降低到 1/2，阻力就会减少到 1/4。这就意味着汽车在克服空气阻力上只需要原来 1/4 的汽油。普通汽车的情况也差不多：在只考虑空气阻力的情况下，驶得更慢，你的百公里油耗就会更小，因为你穿过的空气是一样的，但你要对空气施加的力也更小了。

g 法则

我们应该从 g 的角度考虑加速度——在脑中就能解决重要的物理问题。假如我说，我打算在水平方向上为你加速 $10g$，这样做需要多大的力？答案很简单：你重量的 10 倍！当宇航员被加速 $3g$ 时（航天飞机的最大加速度），用于加速的力肯定 3 倍于他们的重量。我把这个称为"g 法则"：

加速一个物体的力
$=g$ 的数量 × 该物体所受的重量

要得到 g 的数量，只需计算以米 / 秒 ^{2} 为单位的加速度，再除以 10。（有些书中会使用更加精确的数值 9.8。）举个例子，我们说加速度 $a=20$ 米 / 秒 $^2=2g$。这个加速度就是 $2g$。如果要让一个物体每秒加速 20 米 / 秒（所以该物体的速度在第 1 秒后是 20 米 / 秒，第 2 秒后是 40 米 / 秒，以此类推），就需要等同于该物体 2 倍重量的力。

g 法则事实上只是描述牛顿第二定律的另一种形式。我们说过这条定律可写作：$F=ma$，其中 F 是以牛顿为单位的力（1 牛顿约等于 1 个苹果的重量），m 是以千克为单位的质量，而 a 是以米 / 秒 ^{2} 为单位的加速度。但如果你不习惯使用牛顿而更喜欢使用磅的话，这个公式就不太有用了。在我的 g 法则版本中，你用什么单位都可以。

选做题：你能看出 g 法则为什么等同于 $F=ma$ 吗？

轨道炮　　　　　　　要进入环绕地球的轨道，卫星必须具有 8 千米 / 秒的速度。为什么不用大炮来给它加速？我们能真的"发射"卫星或者宇航员进入太空吗？

答案是：没准可以，但是宇航员会被用来加速的力压死。我们假设我们有一座非常长的大炮，整整 1 千米。如果我们计算一下发射宇航员进入太空所需的加速度，就会得出 $a=3200g$——引力加速度的 3200 倍。[1]

这里面的 g 可不少。根据 g 法则，给你加速 3200g 的力就等于你体重的 3200 倍。所以如果你的体重是 150 磅，那么施加在你身上的力就有 3200×150=480000 磅 =240 吨。这么大的力足以把你的骨头压碎。

假设我们不想忍受超过 3g 的加速度，又要想让你达到 $v=8$ 千米 / 秒的速度，发射你的炮管需要有多长？ 1000 千米长！当然这说明这个计划不切实际。

显然，在如此长的距离中加速也不是真做不到——这就是航天飞机所做的事。飞机起飞，以 3g 的加速度进行加速，并且它必须飞行 1000 千米才能达到轨道速度。所以航天飞机加速时就像在飞出一门非常长的大炮，只是没有炮筒。事实上航天飞机需要大于 1000 千米的距离才能实现这个过程，因为 3g 只是峰值加速度，对于大部分飞行过程来说，加速度更小一些。

飞机起飞时的加速度　　　商用飞机的起飞速度约为 160 英里 / 时。在 1 千米长的跑道上需要多大加速度才能达到这个速度？我来把这个问题再个人化一点。你坐在这样的飞机上，在几秒钟内，你将出现在跑道的另一端，（和飞机一起）以 160 英里 / 时的速度移动。为了给你加速，座椅需要在你后背上施加多少力？

---

[1] 选做计算：距离 $D=1$ 千米 =1000 米，而速度等于 $v=8$ 千米 / 秒 =8000 米 / 秒。距离、加速度，以及速度之间的关系是 $v^2=2aD$。（本书中没讲到这个公式，但是你会在其他物理书中找到。）代入 v 和 D 解出 a，$a=3200$ 米 / 秒 ^{2}，把其转化成 g 的数量除以 $g=10$，得出 $a=32000/10=3200g$。

我在脚注 [1] 中说明了，这需要飞机每秒加速 2.6 米 / 秒。我们可以把这个数字除以 10，将其转化为以 g 为单位的加速度，这样我们得到了 2.6/10=0.26g。所以飞机为了让你达到这个速度，施加在你身上的力是你体重的 0.26 倍，差不多是你体重的 1/4。如果你的体重是 150 磅，那么你后背感觉到的力相当于 39 磅。下次你坐的飞机正要起飞时，你可以想想这件事。你感觉这个数字正确吗？

圆周加速度

物理学家喜欢把速度定义为具有**大小**和**方向**的量。如果你的速度改变了，我们就说你**加速了**。但是如果你改变的仅仅是方向而不是米 / 秒的确切数值呢？我们仍然称其为加速，因为我们使用的很多方程仍然适用。[2]

这类"加速"最重要的例子莫过于圆周运动。如果你的速度 v 大小不变（你每秒走的米数或每小时走的英里数不变），而圆圈的半径是 R，那么我们就说圆周运动的加速度为：

$$a=\frac{v^2}{R}$$

这样的加速度对于经常需要改变方向的战斗机飞行员来说非常重要。举个例子，如果他以 1000 英里 / 小时的速度移动，并且在半径为 $R=$ 2 千米的圆圈上转圈，那么他的加速度就是 10g。这几乎就是一个战斗机飞行员或者宇航员所能忍受的极限了。我在下面的选做脚注中完成了计算。[3] 问题在于，在 10g 的时候，人类的血压不足以把血液输送到大脑，于是飞行员就会昏厥。也许你在电影中见到过飞行员身处一个巨大的圆筒内一起旋转，这是为了测试他们在不昏厥的状态下能够忍受多大的加速度。

---

[1] 我用 160 英里 / 时除以 2.24，将其转化为米 / 秒。飞机的最终速度是 160/2.2=72 米 / 秒。我用的公式和我在上个脚注中用的相同，$v^2=2aD$，所以 $a=v^2/$（2D）。代入 v=73 和 D=1000，解出 a=73²/2000=2.6 米 / 秒²。

[2] 学习过向量的人选做：物理中的速度是用向量来定义的。如果在时间 t_1 时的速度为 v_1，在 t_2 时的速度是 v_2，那么加速度向量被定义为（v_2-v_1）/（t_2-t_1）。即使速度改变的只是方向，向量差（v_2-v_1）也不为 0。对圆周运动来说，速度的大小由正文中的等式得出。

[3] 选做计算：战斗机飞行员的加速度。我们先转化公制单位。首先我们用英里 / 时除以 2.24，将其转化为米 / 秒，已知 v=1000/2.24=446 米 / 秒。我们还要把 R 转化成米：R=2000 米。代入这两个值可得出 a=（446）²/2000 = 100 米 / 秒²。我们把这个值除以 10 转化为 g 的倍数，a=100/10=10g。

圆周运动的加速度如此高，还可以用来分离铀中的成分，而该原料可以被用来制造核武器。这样的设备被称为**离心机**。铀中较重的部分会受到更大的力，从而被更有力地拉向旋转圆筒的外侧。新闻中经常会提到这样的离心机。2004 年，利比亚公开承认购买了大型离心机用来制造核武器原料。

科幻作品中的太空引力

诸如《2001：太空漫游》（1968）此类的科幻电影中有时会出现大型的自转人造卫星。通过自转，这些卫星可以获得"人造重力"，而宇航员就可以在外面随意走动。这一点是有根据的。宇航员会在脚上感觉到力（指向旋转中心的反方向），这种力对他们来说和重力没什么区别。我会在一个脚注中说明，半径为 200 米的卫星边缘必须以 44 米 / 秒的速度移动。[1] 这就意味着它每 40 秒自转一圈。这个结论符合我们在电影中看到的情况。

很多科幻电影中的太空旅行者能在宇宙飞船中自由行走，就像在地球上一样，甚至在宇宙飞船没有旋转时也是如此。这种情况有依据吗？重力是从哪儿来的？

如果宇宙飞船没有以恒定速度移动，我就能从中找出根据。如果飞船发动机以 a=10 米 / 秒^2=g 的加速度做加速，那么飞船还会对内部的每个宇航员施加一个力，为他们加速。一个质量为 m 的人会感受到一个 F=ma 的力。但是因为发动机设定了 $a \approx g$，所以施加在每个宇航员身上的力就是 F=mg。这就完全等同于他在地球上的重力。如果他把脚放在飞船的后表面上（和飞船的行进方向相反），那么他就会感觉自己好像站在地球上一样。

事实上，他无法感觉到区别，加速度起到了"虚拟"重力的作用。[2] 他甚至可以站在飞船的侧边，如果该飞船被侧向加速了 1g 的话。

下面来看一个有趣的数字：如果宇宙飞船持续以加速度 g 加速，它在一年中走的路程是多少？我在选做脚注 [3] 中做了计算。答案是 5×10^{15} 米，约为 1 光年（光在一年中走的距离）的一

---

[1] 选做计算：假设半径为 R 的卫星在以速度 v 旋转，那么施加在宇航员脚上的力是 F=ma。如果我们使用圆周运动的加速度 a=v^2/R，那么等式就变成了 F=mv^2/R。为了使其等于宇航员的重量，我们设定 F = mg，解出 $v = \sqrt{gR}$。半径为 R=200 米的卫星如果想模拟地球上的重力，它的自传速度必须为 $v = \sqrt{10 \times 200}$ =44 米 / 秒。

[2] 电影有时会让虚拟重力产生在飞船的一侧（比如当宇航员站在飞船侧边上向窗外望时）。通过特殊的侧向推进器可以做到这一点。每隔大概一个小时，推进器可以把飞船旋转过来，从而避免飞船向侧面跑出太远。

[3] 选做计算：以加速度 g 行进，从起跑开始算，你通过的距离可以由这个等式得出 D=$1/2gt^2$。我们把 g=10 代入。对于标准物理单位来说（MKS，或米、千克、秒），我们需要以秒为单位的 t。我们可以用如下方式计算一年中的秒数：1 年 =365 天 =365×24 小时 =365×24×60 分 = 365×24×60×60 秒。1 光年就是光速（3×10^8 米 / 秒）乘以一年中的秒数（我们的计算结果为 3.16×10^7s），得出 9.5×10^{15} 米。

半。我们到最近的恒星（不包括太阳）的距离大约是 4 光年。

黑洞

质量大的天体的逃逸速度很大。对木星来说，摆脱它的逃逸速度为 61 千米 / 秒；对太阳来说，则是 617 千米 / 秒。是否有哪些物体的逃逸速度比光速 3×10^5 千米 / 秒 $= 3 \times 10^8$ 米 / 秒还要大？惊人的答案是，有。我们把这类物体称为**黑洞**，[1] 因为连光也无法逃脱它们，所以我们永远都无法看到它们的表面。我将在第 12 章说明，通常的物体（由我们所知的物质组成）都无法超越光速。这就意味着，没有东西能逃出黑洞。

如果黑洞是不可见的，我们怎么知道它们存在呢？答案是：即使它们是不可见的，我们仍能看到它们异常强大的引力的效果。甚至在伸手不见五指的地方，黑洞的引力也强大到能让我们知道，那些地方肯定存在着巨大的质量，所以我们推断出了黑洞的存在。

恒星要成为黑洞，就必须至少达成一个条件：要么拥有巨大的质量，要么在一个非常小的半径内装进中等大小的质量。已有几个确定存在的黑洞，即使我们看不见它们（没有光能离开表面），我们也知道黑洞就在那里，因为它们释放出了强大的引力。已知的黑洞质量都和恒星差不多，甚至比恒星还要大。

但是如果你把地球的质量装进一个高尔夫球里（理论上是可能的），那它就会变成一个黑洞。虽然质量是相同的，但它的半径却变得非常小，高尔夫球表面上的引力会巨大无比。

太阳的质量更大，所以你不用把它压缩得如此小。如果你把太阳挤进一个半径 2 英里的球体中，它就会变成黑洞。

正如前面提到的，由质量为 M（比如太阳）的球形物体施加在质量为 m 的物体（比如你）上的引力为 $F = GMm/r^2$。（你仍不用记下公式。）请注意，物体（太阳）的大小并没有出现在公式中。这就意味着即使太阳被压缩到了黑洞中，它对地球的引力也不会改变，因为它的质量 M 没有改变。

当然，如果太阳变成黑洞，它的半径就只有 2 英里。黑洞太阳表面的引力将会比现在太阳表面的引力大得多，因为 r 小了很多。这就是为什么世人都知道黑洞引力大：它们太小了，所以你能和巨大的质量挨得非常近。

---

[1] 为什么关于黑洞的物理学会出现在这本书中呢？这方面的知识有什么实际用途吗？答案是没有。正如其他几个事物一样，黑洞被选入本书，只是因为大多数人听说过它并且很好奇。谁敢说这一定没用呢？正是因为了解黑洞的大小，本书作者曾经赢得了在巴黎免费游览的机会。法国塞纳河西岸的莎士比亚书店外面有一块标牌写着："如果有人能回答一个问题就可以赢得奖励：如果地球想变成黑洞需要多大的体积？"

我们相信，有些黑洞原本是恒星，因自身的质量坍缩，变成半径非常小的天体。宇宙中被称为"天鹅座 X–1"的天体就被认为是经过这样的坍缩而成为黑洞的。如果你有空余时间，在网上搜索一下天鹅座 X–1，看看能发现什么。

现在很多人相信，星系的中心就是大型黑洞，而星系则是由数十亿个恒星组成的大型恒星集群，比如我们银河系。我们推测这些黑洞是银河系形成时出现的，但是我们对过程的细节几乎一无所知。

更令人惊叹的是，宇宙本身可能就是一个黑洞。因为如果把整个宇宙的质量装进一个黑洞里，它的半径大约为 150 亿光年，而这和可观测宇宙 [1] 的半径大小相似。换句话说，宇宙似乎满足黑洞的等式。但是你可能不会对这个逃不开 [2] 的结论感到惊讶：我们永远都无法逃出宇宙。

动量

如果你用一杆大口径步枪射击，那么步枪会在子弹上施加一个很大的力，把它向前推出去。但是子弹会在步枪上施加一个向后的力，这就是造成"后坐力"的原因。步枪会突然向后迅速移动，甚至可能会伤到你的肩膀。如果你的双脚没有稳稳地扎在地上，就会被向后推出去。

回想一下之前提到过的牛顿第三定律——当你推某样东西的时候，它也在推你。牛顿把其陈述为"所有作用力都会有一个相等且相反的反作用力"。但是我们已经不再用**作用力**和**反作用力**这样的旧术语了。我们说，如果你推了一个物体（比如子弹），那么子弹也会在完全相同的时间内用相同的力推回来。当然，子弹更轻，所以它的加速度比枪大得多。我们又用到了 $a=F/m$。同样大小的力作用在枪和子弹上，但是子弹更轻，所以加速度更大。

根据子弹推动步枪和步枪推动子弹的时间完全相同这一点，我们可以推导出一个极其重要的等式，有时被称为**动量守恒**等式。[3] 对于步枪（R）和子弹（B）来说：

$$m_B v_B = m_R v_R$$

---

[1] 宇宙中距离我们较远的光需要更多的时间才能到达，由于宇宙自身在不断膨胀、互相远离，越由于叠加效应远的地方远离我们的速度也越快，足够遥远的区域远离我们的速度会超过光速，这个区域的光因此永远无法到达我们所在的位置，也就无法被我们观测到。——编者注

[2] 这里一语双关。

[3] 选做推导：如果一个物体是静止的，而且它在短时间 t 内受到了一个力 F，那么它的速度将会提高 $v=at=t$。这个等式也可以写作 $mv=Ft$。如果有两个物体，相互施加的力是相等且相反的，而时间完全相同，那么这两个物体的 Ft 就是相等且相反的，这就意味着两个物体的 mv 必须也是相等且相反的。所以施加在一个物体上的每一点 mv，会被施加在另一个物体上的一个相等的 mv 所抵消。两者的总 mv 变化将是相同的。

计算步枪后坐力的等式很简单：子弹的质量乘它的速度等于枪的质量乘它的后坐速度。当然，两个速度是反向的；有时我们通过在其中一个速度的前面加上一个减号来表示方向上的区别（在这里我不想这么做）。当枪被你的肩膀顶住后，你也会对它有后坐——但是更小，因为你的体重更大。

mv 是一个被称为**动量**的量。正如我说过的，动量守恒是物理学中最有用的定律之一。步枪开火之前，子弹和枪都是静止的，它们没有动量。步枪开火之后，子弹和步枪以相反的方向移动，具有完全相反的动量，所以总动量仍是 0。

还有另一种表述方式：当你用枪射击后，子弹获得了动量，你和你手中的步枪获得了一个相等且相反的动量。如果你在地面上站得很牢，那么该动量后坐到的就是地球。因为地球拥有很大的质量，所以它的后坐速度非常小，很难被测量出来。

如果在力施加作用之前，物体处于运动状态，那么动量守恒就意味着动量上的**改变**必须是相等且相反的。我们把这个原理应用在彗星撞击地球并灭绝恐龙的例子上。为了让计算更简单，假设在撞击之前彗星的质量为 m_C，并且以 v_C=30 千米／秒的速度（环绕太阳移动的物体所具有的一般速度）移动。假设地球是静止的。撞击发生之后，总动量应该不变。地球的质量是 m_E（现在包含了彗星的质量），并且具有速度 v_E。所以我们可以写出：

$$m_C v_C = m_E v_E$$

解出 v_E，我们得到：

$$v_E = \frac{m_C v_C}{m_E}$$

彗星的质量 [1] 约为 10^{19} 千克。其他量都是已知的，所以我们可以代入方程解出 v_E，地球的后坐速度为：

$$v_E = (10^{19})(30000) / (6 \times 10^{24})$$

$$=0.05 \text{ 米／秒}$$

$$=5 \text{ 厘米／秒}$$

$$=2 \text{ 英寸／秒}$$

---

[1]　半径为 R_C=100 千米 =10^5 米的彗星，球体体积 V_C=4/3πR_C^3=4.2×10^{15} 立方米（m^3）。假设彗星大部分都是由岩石和冰组成的，其密度大约为 2500 千克／立方米，所以质量就是 $2500 \times 4.2 \times 10^{15}$=$10^{19}$ 千克。

这个后坐带来的速度并不大，至少和地球之前的速度 30 千米 / 秒 ≈ 1000000 英寸 / 秒相比不大，所以地球几乎没有偏转。虽然轨道改变了，但也只变了百万分之二。

卡车撞上蚊子之后会受到多少影响？不多。在下面的选做部分，我计算出了蚊子会让卡车的速度减慢不足 1 微米 / 秒。

选做题：蚊子对卡车的影响　　我们来估算一下卡车撞上蚊子后会受到多少后坐力。假设，从卡车的角度上看，有一只质量为 $m_{蚊子}$=2.6 毫克 =2.6×10^{-5} 千克的蚊子，正在以 60 英里 / 时 =27 米 / 秒的速度迎面飞过来。假设卡车的质量为 5 吨 =5000 千克。我用了和刚才相同的等式，只是我用 2.6 毫克的蚊子代替了彗星：

$$v_{卡车} = m_{蚊子} \times \frac{v_{蚊子}}{m_{卡车}}$$

$$= 2.6 \times 10^{-5} \times \frac{27}{5000} \text{ 米 / 秒}$$

$$= 1.4 \times 10^{-7} \text{ 米 / 秒}$$

$$= 0.14 \text{ 微米 / 秒}$$

虽然动量守恒是物理学最重要的定律之一，但是很多动作电影却违反了它。比如，如果电影《黑客帝国》中的英雄给了坏蛋一拳，而坏蛋被打飞到了房间的另一端，这时英雄本应该向后飞出去的（除非他固定在了一个又大又重的物体上）。相似的例子是，当小小的子弹打中一个人时，似乎给了这个人非常大的速度，所以人向后飞了出去。[1] 但在现实中，任何这样充满动量的子弹都能轻松在目标上开个洞，并且从另一面穿出来。

火箭

想象一下通过向下射击的方式进入太空——你让子弹迅速飞出枪膛，让后坐力将你向上推起。听起来很荒谬？但这就是火箭的工作原理（图 3.3）。

---

[1] 作为这部电影的粉丝，我跟自己解释说，根据剧本，所谓"现实"只是名为**矩阵**的计算机程序。所以我假设给**矩阵**编程的人只是忘了把动量守恒考虑进去。（或者，还有可能是尼奥和其他人改变了程序，颠覆了物理学定律。）

图 3.3

火箭（图片来源：NASA）

火箭通过把燃烧过的燃料向下放出，来实现飞行。如果尾气的质量为 m_F，它被放出的速度为 v_F，那么火箭（质量为 m_R）就会获得向上的速度 v_R，该计算的依据就是我们计算步枪问题时使用的公式：

$$v_R = \frac{v_F m_F}{m_R}$$

用这个方程比较一下步枪的方程，以及彗星／地球撞击的方程。

因为火箭的质量要比每秒喷射出的尾气大得多（即 m_F/m_R 很小），所以火箭获得的速度就比尾气的速度小得多。因此，火箭是一种非常低效的获取速度的方法。我们之所以用火箭进入太空，只是因为在太空中除了喷射出的尾气，没有其他任何能提供推力的东西。思考这个问题的另一种方式就是：火箭之所以低效，就是因为很多能量变成被喷出的气体的动能和热，而不是转化成火箭的动能。

上面的等式显示了少量燃料的燃烧和喷射是怎样**改变**火箭速度的。要使火箭达到预期的速度，你必须增加大量的喷射物。与此同时，随着燃料被逐渐使用，（装载着还没用的燃料的）火箭的质量也在改变。一个典型的后果是，火箭必须装载巨量燃料。使用的燃料质量通常都是进入轨道的有效载荷 [1] 的 25—50 倍。

---

[1] 有效载荷（payload）指的是航空器或运载火箭所运输的货物、乘客、机组人员、弹药、科学设备或实验以及其他设备，它反映了航空器或运载火箭的负载能力。——编者注

在很长一段时间内，这种巨大的燃料与有效载荷之比使人们相信，把火箭发射到太空是不可能的，毕竟，如果燃料的质量是火箭本身的 24 倍，你该如何装载这些燃料呢？这个问题后来被多级火箭解决了，装载最先投入使用的燃料的容器不需要被加速到最终的轨道速度。举个例子，航天飞机的最终有效载荷（包括轨道飞行器的重量）为 68000 千克 =68 吨，但是助推器和燃料的质量为 1931 吨，是前者的 28 倍。[1] 当然，火箭助推器永远都不会进入轨道，进入轨道的只有比它小很多的航天飞机。

气球和宇航员的喷嚏

如果你给一个气球充气再放开充气口，被推出的空气就会驱动着气球在屋里嗖嗖乱跑。这种情况几乎和飞行中的火箭一模一样。在你把气球放开之前，气球和空气的总动量为 0；在你放手后，被释放出的空气以较高的速度冲出，这部分空气是由气球中的压缩空气所推动的，而反过来这部分空气也会向后推动气球内的空气，气球内的空气又推动了气球。被释放的空气朝一个方向移动，而装有剩余空气的气球朝着另一个方向移动，两者的动量互抵消。

在你打喷嚏时，突然冲出的空气与之相似，这部分空气会把你的头向后推。本章开头我提出了一个问题：宇航员打喷嚏时头会向后移动多少？我曾经在一份报纸上读到，那时宇航员的头会以危险的速度向后砸去，因为头在太空中是失重的。当然，这不是真的。这篇文章的作者把重量和质量弄混了。宇航员的头没有重量，但是它的质量跟在地球上时没什么区别。喷嚏的力会令头向后方加速，具体大小可以由 $F=ma$ 得出，但是既然 m 和在地球上时一样，加速度 a 也不会变得更大。

天钩计划

思考一下航天飞机。把 1 克有效载荷送入轨道需要 28 克的额外质量（燃料 + 容器 + 火箭）。对想要达到逃逸速度的火箭来说，效率甚至更低。[2] 但是我们姑且假定这个数字可取，然后跟把物体升高到同样高度所需的能量做比较。假设我们盖起一座带电梯的高塔，这个电梯能一直到达太空，就像神话中的巴别塔一样。用电梯的话，拉起每克质量需要耗费的能量是多少？根据前面"逃往无穷"那部分，把 1 克物质带到无穷远处所需的能量是 15 大卡。这是 1.5 克汽油所

---

[1] 外部燃料箱装有 751 吨燃料，而且还有两个固体火箭助推器，每个质量为 590 吨，所以总质量为 1931 吨。

[2] 因为这时火箭需要的速度更大了，所以要让燃烧后的燃料在喷出时也达到更高的速度。这时喷出的气体温度更高，所以很多能量就以温度的形式散失掉了。

具有的能量(不包括空气)。所以使用火箭所需要的能量是使用电梯所需的能量的 28/1.5=19 倍。

　　很多人都思考过火箭的燃料浪费问题。虽然建设一座通往太空的塔似乎不太现实,但是从地球同步卫星上悬一条缆绳下来,然后把有效载荷拉上去似乎是个好主意,这个想法曾经被称为"天钩计划"。最近,对强大的碳纳米管的发现又让这个想法复活了。作家亚瑟·克拉克在他的科幻小说《天堂的喷泉》(1977)中用过这个点子。

　　一个更靠谱的主意是坐飞机"飞到"太空。飞机有两个很有吸引力的特性:飞机使用大气中的氧气作为一部分的燃料(所以它不需要像火箭一样携带所有燃料);而且飞机可以推动空气,而不是非得靠排出尾气移动。虽然理论上是可行的,但是用飞机达到 8—12 千米 / 秒的速度目前还无法实现。我稍后还会更详细地谈飞机。

　　在本章的前面,我提到过使用轨道炮的可能性。这些长形设备可以通过电磁力推动射弹,从而达到很高的抛射速度。但是回想一下它们的限制:它们必须非常长,才能避免巨大的加速度和力量。即使是经过训练的战斗机飞行员最多也只能忍受约 10g 的加速度,而且只能忍受几秒而已。

离子推进器火箭

　　火箭效率低的根本原因在于,普通化学燃料所具有的能量只能让自己的原子达到 2—3 千米 / 秒的速度。或许,火箭可以通过发射**离子**(具有电荷的原子)来克服这个局限。你可以在网上找到很多关于离子的信息。就像轨道炮一样,离子通过电场也可以获得极高的速度,所以它们的速度不会局限在 2—3 千米 / 秒的普通化学燃料火箭速度。举个例子,一个质子在电场中获得了 10 万电子伏的能量,此时它的速度能达到 4400 千米 / 秒。这就让离子火箭比化学火箭的效率高很多,但是到目前为止,还没有人知道如何让喷射离子的质量大到足以把火箭从地球上发射出去。离子更擅长在较长时间内提供低推力。NASA 把离子推进器用在了"黎明号"(Dawn Mission)上。"黎明号"于 2007 年 9 月 27 日发射,飞往小行星灶神星和谷神星(Ceres),计划在 2011 年 8 月 25 日抵达灶神星。

飞机、直升机和螺旋桨

飞机通过把空气向下推而飞行。[1] 每一秒里，飞机都受到地球引力的向下拉扯，可能因此获得下落的速度，为了维持高度，飞机必须把足量的空气向下推。

在旋翼飞机（也叫直升机）中，我们非常容易就能观察到机翼把空气向下推的现象。（直升机飞行员把普通飞机称作"固定翼"飞机。）事实上，直升机的螺旋桨被设计成和机翼完全相同的形状，当螺旋桨旋转时，空气就被推过了桨叶。桨叶把空气向下压，直升机借此上升。如果你在螺旋桨旋转时站在直升机旋翼下，你就可以感受到被向下推的空气。

想观察翼型螺旋桨推动空气，有一个方法可能更方便，那就是在风扇前站一会儿。风扇的工作方式和直升机螺旋桨以及飞机机翼相同。螺旋桨在空气中的运动会把空气推向垂直于螺旋桨运动的方向。

飞机和火箭需要达到速度 v_R 来克服引力的拉扯。在下落 1 秒钟后，重力会让任何物体的速度达到：

$$v = gt \approx 10 \text{ 米 / 秒}$$

这种下落速度必须由向上的加速度抵消，飞机通过把空气向下推达到这个目的。空气的密度通常是飞机密度（1.25 千克 / 立方米）的 1/1000，所以要获得足够的空气（使空气的质量变大），机翼必须向下偏转大量的空气。

大型飞机的尾流（wake）包含有这种向下流动的空气（通常以湍流的形式出现）。如果有第二架飞机碰上了这样的尾流，情况将会非常危险，因为其中向下流动的空气量是巨大的。

热气球和氦气球

人类的第一次"飞行"用的是热气球，具体是在 1783 年的巴黎上空。热气球利用的是热空气膨胀的原理，热空气占据的体积比等质量的冷空气要大。换一种说法就是，热空气的密度（单位体积的质量）比冷空气要小。

---

[1] 大多数物理书把托起机翼的原理称为伯努利原理。推导的过程就是一张图，通常显示的是机翼拖拽着后面的空气，好像空气完全没有被扰动一样。机敏的学生会被这种情况所困扰。空气怎么能在机翼上施加力，而机翼没有在空气上施加力呢？一个严谨的分析（在高等空气动力学书中）显示，如果要在机翼上面形成比下面更快的气流，那么飞机远处的空气速度分布也是有扰动的；事实上，飞机把空气向下偏转，向下偏移的空气所具有的动量和机翼所受的向上的力之间仍有关联，要满足动量守恒。

在液体或者气体中，密度更小的东西倾向于漂浮。这就是为什么木头会漂浮在水上。（这根木头的密度必须小于 1 克／立方厘米，否则就会下沉。）更重的液体"下落"，然后在密度更小的物体下流动，将其向上推。

船只有在平均密度（船体加上其内部的空间）比水小的时候才会漂浮。这就是为什么船被灌满水后就会下沉。

如果你在气球中装满热空气，它就会上升，升到周围空气密度和气球密度相等的高度才停止。（当然，你需要把气球的质量算进来，也包括气球内部空气的质量以及气球携带的任何质量。）

比热空气更好的是氢气和氦气这样的轻型气体。空气的密度约为 1.25 千克／立方米（海平面上）。同样体积的氢气的质量仅为 1/14——其密度为 0.089 千克／立方米 =89 克／立方米。[1] 如果我们把一个 1 立方米容量的气球装满氢气，气球就会具有飘浮的趋势。计算一下 1 立方米空气的质量和 1 立方米氢气的质量。两者的质量差正好对应气球的**升力**（向上的力）。把数字代进来，这就意味着 1 立方米的气球有着能举起 1.25-0.089=1.16 千克的升力。也就是说，如果你把不足 1 千克（和气球皮加起来）的东西挂在气球下面，气球仍然会向上飘。

氦气没有氢气那么轻，所以如果气球被氦气填满，升力不会那么大。下面是计算过程：氦气约为 0.178 千克／立方米，所以氦气球上的升力可以举起 1.25-0.178=1.07 千克。请注意，虽然氦气的密度是氢气的 2 倍，但是升力几乎同样大。

然而对于 1 立方米的气球来说，能举起 1.16 千克的升力不算很大。这就是为什么，无论你在电视上的卡通片中看到了什么，一大把气球也不足以举起一个 25 千克的孩子。如果你有空余时间想要找点乐子，可以在网上搜索"草坪椅拉里"（Lawn-chair Larry）。

热气球的升力甚至更小。如果你把空气加热到 300℃，那么它在绝对温标下的温度就是 600K。这是它正常温度的 2 倍，所以这时候的密度就是平时密度的 1/2。1 立方米这样的气体，其升力可以抬起 1.25-1.25/2=0.62 千克。请注意，这个升力比氢气和氦气能提供的要小得多。要想升起一个（同篮子、气球皮以及缆绳一起算）100 千克的人，将需要 100/0.62=161 立方米的热空气。如果气球的形状像一个骰子一样，那么这种气球的侧边就有 5.4 米（18 英尺）长。这就是为什么热气球必须非常巨大，也是为什么热气球承载不了太多东西的原因。

在水上漂浮

同样的原理也适用于水上漂浮。盐水的密度比淡水大，所以盐水和你之间的密度差更大，

---

[1] 氢的原子质量（中子数加上质子数）为 14。氢的原子质量为 1。两种气体在 1 立方米中的原子数是相同的，所以倍数 14 直接反应了两种元素的原子核差异。

这就是为什么你在盐水中会浮得更高。即使是最厉害的游泳选手都要利用他们的浮力（他们的平均密度比水更小）。如果水中充满了气泡，水的平均密度就可能比你小，而你就会下沉。2003 年 8 月 14 日的《纽约时报》有一篇文章描述了一群男孩在充满泡沫的水中溺水的经过。下面是引用自这篇文章的一段话：

有 4 个郊区青年喜欢去劈石瀑布玩耍——在这里，清凉的泉水从山涧的花岗岩石壁间流下形成了一个池塘，夏天人们可以慵懒地在里面游上几个小时。

在一个夏天的周二下午，19 岁的亚当·科恩、18 岁的乔纳·里奇曼、19 岁的乔丹·萨丁、18 岁的大卫·阿尔特舒勒回到了他们儿时最爱的老地方，却发现那里已被下大雨涨起的河水淹没。傍晚时分，这 4 个游泳高手都在他们熟悉的这片水域中溺亡。

官方称，这是阿迪朗达克州立公园有史以来最严重的溺水事故，4 人死亡，起因就是阿尔特舒勒从狭窄的花岗岩岩架滑落到充满气泡的池水中，而池水这时已经在翻滚的瀑布冲击下乱流纵横。出于关心，从小一起在长岛长大的里奇曼、科恩以及萨丁跳入了水中，试图挽救他的生命，警察和官方是这么说的。但物理学定律说的却和他们不一样。

国家环境保护部的护林员弗雷德·拉罗中尉在普莱西德湖村东部 20 英里的地方找到了 4 人的遗体，说：“他们管这儿叫溺水制造机，当时水流猛烈、方向混乱而且充满了空气，他们根本没法游泳。哪怕是世界上最强壮的游泳选手都无法幸免。”

海底火山喷发，也会导致海洋中出现冒泡的水，在这样的水流中，哪怕是大型船只也会沉没。

潜水艇在海洋下通过压载水舱的吸水或放水来调整深度。压载水舱吸水时，舱中的空气就被更重的水替代了，而潜水艇的平均密度就增加了，这会让潜水艇下沉。唯一能阻止下沉的方法就是向水舱外排水。如果潜水艇下沉太多，就会被它上面的水的重量挤压；这会让潜水艇的密度变得更大，所以它下沉得会更快。随着潜艇继续下沉，我们就会碰到**船体粉碎深度**。在电影《核艇风暴》中，船体粉碎深度为 1800 英尺，约为 1/3 英里。

电影中的潜水艇（“亚拉巴马号”潜艇）自救的方式是启动发动机，并通过短“翼”实现类似于飞机那样的拉升——把水向下推。潜水艇还能把压缩的空气推进压载水舱，排出水，降低自身的平均密度。

据说抹香鲸可以潜到 2 英里深的海底。深潜并不难，随着鲸鱼越潜越深，它肺部（要记得，鲸是哺乳动物）的所有空气被压缩，这会让鲸的浮力更小。所以一旦鲸比水的密度更大，它就会下沉。而上浮是比较难的，鲸会在它们轻松的潜水过程中节省足够的能量游回水面。

山上的气压，飞机和卫星外部的气压

气压就是大气的压力强度（压强），你上方的空气重量，决定了你感受到的气压。在任何液体或气体中，压力都是平均分布的，所以海平面上的空气向上、向下或者向旁边的力都是一样的。如果你到了更高的地方，你上方的空气就更少，所以压力就更小。在海拔18000英尺（3.4英里≈5.5千米），气压是海平面的一半。这就是非洲乞力马扎罗山的高度，每年都会有很多人登顶。他们攀登了大气层一半的高度！人在那里很难呼吸，地球上没有什么地方的人能持续生活在这样的海拔高度上。但是如果你只是在一两天之内爬上爬下，还算可以忍受。再向上攀登18000英尺，达到海拔36000英尺时，压力就又减少了1/2，达到了海平面气压的1/4。这是喷气式飞机通常的飞行高度。这条规则同样适用；每上升18000英尺，气压（以及空气密度[1]）就会下降1/2。你不能生活在这样低密度的空气中，这就是为什么机舱内需要增压。如果你呼吸到的是纯氧（而非20%含氧量的空气），你就能生活在这样的气压下，如果机舱失去压力，飞机座椅上掉下来的急救面罩提供的就是纯氧。

想知道气压下降了多少吗？用海拔除以18000英尺（5.5千米）。你得到的数字就是你需要进行二等分的次数。假设你的海拔（例如在一架飞机上）是40000英尺，除以18000后你就知道差不多要做2次二等分。也就是说，压力应缩小为之前的1/4。所以该地点的压力（以及空气密度）是海平面的1/4。

现在我们来考虑一下近地轨道卫星的情况，海平面以上二三十万米处都可以是近地轨道高度，我们可以设$H=200$千米。我们以千米为单位做计算，用H除以气压下降一半时的高度5.5千米。$H/5.5=200/5.5 \approx 36$。然后把1/2连乘36次，得到压强P：

$$P = \left(\frac{1}{2}\right)^{36} = 1.45 \times 10^{-11} = 0.00000000001$$

此处的气压为海平面的千亿分之一。[2] 卫星需要这样的低压来避免空气碰撞所造成的减速。LEO（记得吗？就是近地轨道）的一般高度是200千米。

因为空气密度随着高度降低，所以氦气球不会一直上升。最终它会达到一个高度，那里外界空气的密度和氦的密度相同（还要把气球本身的重量平均进去），然后它就会停止上升。当我还是一个孩子时我就注意到了这一点，我很失望地看到我释放的氦气球并没有一直飞向太空，

---

[1] 其实空气密度下降得没那么多，这和高处的空气温度变化有关。

[2] 这番计算隐含的假设是，随着高度越来越高，空气温度也持续下降。但是对流层顶的温度升高了，这就让这个计算变得有趣，但没那么准确了。

而是到达一定高度后就停止了。

这就是为什么，坐热气球不是一种通往太空的可行方法。

▌ 对流天气和加热器

当离地面较近的空气被加热时，空气密度降低并趋于向上升，就像热气球一样。在没有气球束缚的情况下，空气在上升的过程中继续扩张，于是就产生了一个有趣的现象，该部分空气的密度会一直比周围空气低，直到到达**对流层顶**，在这个高度，臭氧吸收阳光，使周围空气变得更热。当热空气达到对流层顶时，它的密度就不再比周围的空气低，所以停止上升。

在夏天，当雷暴产生时，我们很容易就能看到对流层顶。在这个高度，雷暴停止上升，并且开始横向发展。对流层顶是大气中非常重要的一层。它是臭氧层的所在地，而臭氧层能够为我们隔开致癌的紫外线。臭氧层能对声音产生重要的影响，我们将在第 7 章中详细谈到它，而且在第 9 章紫外线辐射部分，我们也会谈到它。

人们习惯用对流来描述热空气膨胀然后上升的过程。如果房间内的地板附近有一台加热器，上升的热空气就会把其他空气挤开，从而形成空气的流动。这是一种非常有效的供暖方式——比空气之间的热传导快得多。但是，这难免会让最热的空气出现在房屋顶部。如果你把加热器放在天花板附近，热空气就会一直待在那里。在寒冷的日子，你把加热器放在房间地板附近，站在四脚梯上，就能感觉到天花板附近的空气比地面上的热多少。

飓风和风暴潮

当热带水体变得非常热并且加热了位于其上的空气时，飓风（在亚洲叫台风）就产生了。在开始时它们就像雷暴一样，但是因为热水体中蕴含的巨大能量，飓风会变得越来越凶猛。预测飓风季节强度的关键就是研究**海表温度**的卫星地图。当加勒比海，特别是接近美国南海岸的区域变得非常热时，大风暴可能就会产生。

热空气上升，而它的低密度会减少水上方的空气重量，这和降低气压是一样的。于是飓风中心的水体会上升，这就是所谓的**风暴潮**（storm surge）。风暴潮的破坏性通常要比飓风中的强风（high winds）还要大。风暴潮会造成更高的海平面，所以如果你住在海岸上，海水可能冲进你的客厅。如果风暴潮在满潮（high tide）时 [1] 发生，浪还会升得更高。另外，如果飓风的风向是朝向海岸的，它就会把水推得更高。在北卡罗来纳州和佛罗里达群岛附近的障壁岛 [2] 等很多地方，风暴潮可能会淹没整个岛屿。

飓风的气流是快速上升的热空气产生的。飓风之所以会形成圆周运动，是因为它产生于自转的地球。

把船冲到内陆上的正是风暴潮，把汽车翻了个底朝天的也是风暴潮。单纯的气流无法做到这些。被狂暴飓风支配的海洋会掀起滔天巨浪，摧毁很多坚固的建筑。毕竟，水的密度是空气的 1000 倍。

角动量和扭矩

除了一般的动量（质量乘以速度），还有另一种非常实用的动量，物理学家和工程师在工作中经常要计算它，这就是**角动量**。角动量和一般动量类似，但是它在了解圆周运动时尤为有用。你可以把它看成让旋转物体继续旋转的趋势。它之所以被称为**角**动量，是因为旋转的物体在不停地改变自身的旋转角度。

如果一个质量为 M 的物体旋转半径为 R，旋转速度为 v，那么它的角动量 L 就是：

$$L=MvR$$

就像一般动量一样，如果没有外部力量施加在一个物体上，动量就是"守恒"的，即动量值不变，这就是角动量如此有用的原因。你穿着溜冰鞋旋转过吗？事实上，溜冰鞋不是必需的——只要站在一个点上，把胳膊伸出去开始旋转就可以了。如果你从没做过这件事，我强烈建议你现在试试。在你旋转时，迅速把胳膊收回来。（你永远都不会忘记这种经历，而且用这招逗孩子也是很有趣的。）大多数人都会惊讶，在旋转时把胳膊收回来会让你突然转得更快。你可以用角动量方程预测到这件事。如果角动量 L 在胳膊收进来前后都是一样的，而且胳膊的质量 M 也是一样的，那么 vR 肯定也是一样的。如果 R 变小，v 肯定会变大。

角动量守恒也解释了为什么水从浴缸流到狭窄的下水道时会开始旋转。事实上，水在浴缸

---

[1] 即按照当地一般的潮汐现象，海平面达到最高时的状态。——编者注

[2] 与临近的主要海岸平行的沙滩岛，是河流泥沙在洋流作用下形成的，一般呈狭长状。——编者注

中时可能已经开始旋转了，至少有轻微的旋转。但是水同下水道管壁的距离（方程中的 R）变小后，等式中的 v 会变得非常大。在飓风和龙卷风中也会发生类似的现象。被吸进中心（因为空气向上移动所以这里的压力较低）的空气会旋转得越来越快，这就是为什么这些风暴中的空气能有那么大的速度。飓风中的空气从地球的旋转中获得了初始旋转速度，这个旋转速度被角动量守恒的规律放大。所以，南半球和北半球的飓风的旋转方向确实是不同的。移动中的物体从地球的旋转中获得旋转趋势的现象被称为**科里奥利效应**（Coriolis effect）。

水槽或浴缸的排水方式在南半球和北半球没有什么不同。两者的水流方向取决于浴缸中残留的水所剩的旋转趋势以及从中走出去的人，科里奥利效应对这样的随机旋转来说影响不大。

角动量守恒可以解释为什么一只倒吊着的猫在落地时仍然是脚先着地。（不要在家里尝试这件事！我从来没试过，但在电影中见过……）如果猫像用身体画圈一样，旋转自己的四条腿，它的身体就会翻滚到相反的方向，从而保持总动量为 0。这样它就可以把腿挪到身体下面。宇航员在太空中如果想调整方向就会用这招。旋转胳膊，你的身体就会移动到相反的方向。你也可以在溜冰鞋上试试这个办法。

角动量守恒还有其他用处。它可以在自行车轮转动时防止其翻倒。但它也会造成一个问题：如果动能存储在旋转的轮盘形部件（通常称为**飞轮**）中，那么角动量就会阻碍车轮旋转方向的改变。所以对移动的车辆，比如公交车的能量存储来说，飞轮是个问题。这个问题通常是通过设置两个旋转方向相反的飞轮来解决的，所以，虽然能量被存储下来，但是总的角动量还是 0。

角动量可以被符合条件的外力改变。从几何学上说，这种力必须从一段距离外斜向施加。我们把**扭矩**定义为力在正切方向上的分力乘以到中心的距离。举个例子，为了让自行车轮转动，你不能沿着半径方向推动轮缘，你必须在正切方向上使劲。这就是扭矩。跟扭矩和角动量有关的定律如下：角动量的变化率在数值上等于扭矩。

你大概可以看出：为了简化计算，为什么工程师和物理学家必须掌握角动量方程了吧？但是你不需要学这些。如果哪天你需要计算了，只要雇一个物理学家帮你就好了。

▌ 小结

重量是引力作用在质量上的效果。引力和距离的平方成反比，所以如果距离变为 3 倍，那么引力就会减少到原来的 1/9。正是这种力把月球留在了环绕地球的轨道上，也是这种力把地球留在环绕太阳的轨道上。如果把引力关闭，卫星就会沿着直线移动，而非绕圈移动。哪怕距离很远，引力也不会完全为 0。宇航员感觉到的失重感其实是持续下落的感觉。

所有卫星都必须不停移动，否则就会坠落到地球上，它们无法在轨道上盘旋。在近地轨道（LEO）上，卫星的移动速度是8千米/秒，每1.5小时环绕地球一圈。LEO卫星在观察（包括侦察）地球方面很有用。当卫星位置必须相对地面保持固定时，地球同步卫星是非常实用的。中地球轨道（MEO）介于两者之间。GPS卫星处于MEO上。GPS接收器通过测量它和3个或更多这样的卫星之间的距离，来确定自己的位置。

距离地球表面（我们生活的地方）较近时，物体下落的加速度是个常数，除非遇到了较大的空气阻力。空气阻力还会限制汽车燃料的效率。卫星必须飞得很高（>200千米）才能躲避空气阻力。

加速度还能以g（重力加速度）为单位。g法则指出，如果要用$10g$加速一个物体，则需要对该物体施加10倍于它（在地球表面的）重力的力。这就是牛顿第二定律。人类无法忍受超过$10g$的加速度。航天飞机的加速度不会超过$3g$。依照牛顿第二定律，就算速度的大小不变，圆周运动也可以被视为加速过程。以此为根据，我们可以算出卫星在不同高度的绕地轨道上必要的速度。

不管科幻电影怎么演，其他行星和小行星表面的重力是跟地球上截然不同的。

完全逃到太空需要约15大卡/克的能量。这些能量足够你坐着电梯去太空了，前提是有人能建造这样一台足够庞大的电梯（天钩计划）。如果你的速度达到11千米/秒，那么你的动能就足以逃逸。黑洞就是一种逃逸速度超过光速的物体。

引力测量有很现实的用途。因为石油比岩石轻，所以它的引力更弱，我们可以根据这个事实来寻找石油。还有，引力测量能让我们获得希克苏鲁伯陨石坑的最佳图像。

枪开火时，子弹向前移动而枪向后移动。这就是动量守恒的一个例子。其他例子还有：火箭通过向下喷射燃烧过的燃料，从而向上移动（非常低效）；飞机和直升机通过把空气向下推以飞行。

物体的密度如果比周围的液体（气体）低，就会漂浮（飘浮）起来，船和气球都是这样。热空气之所以会上升，是因为它比周围的空气密度低，对热气球和雷暴来说也是如此。空气的压强（和压力成正比）和密度随着海拔升高而降低，遵循如下减半原则：你的海拔每升高5.5千米，气压就会变为原来的1/2。

角动量（圆周运动中的动量）也是守恒的，而这会让收缩的物体加速旋转。具体的例子包括水槽排水管、飓风和龙卷风。

讨论题

1. 引力测量可以用于探索秘密地下隧道吗？

2. 有没有哪些科幻电影违反了本章中说过的物理定律？你能想到让电影中的物理现象"合理"化的解释吗？比如，试着解释一下持续加速的飞船所创造的内部人造重力。

3. 一个旋转的车轮具有角动量。如果你改变旋转方向会如何？这会改变角动量吗？

4. 你觉得一个人具备什么样的条件才能被称为"宇航员"？

搜索题

关于以下主题，看看你能在网上找到什么：

1. 在太空制造物品

2. 侦察卫星

3. 黑洞

4. GPS

5. 离子推进器

6. 天钩计划

7. 轨道炮

8. 离子推进器

9. 草坪椅拉里

论述题

1. 汽车和一些卡车的正面经常被设计成锥形（符合空气动力学）而非钝形的。为什么？锥形前脸能达到什么目的？这样做是否有必要？

2. 人造地球卫星根据具体任务需求在不同的高度飞行。描述一下近地球卫星、中地球卫星以及地球同步卫星之间的差别。你会把每种卫星应用在什么方面？

3. 下面哪个人下落得更快：一个完成"燕式跳水"（伸开双臂，脸部朝下）的高台跳水运动员，还是一个在头顶上高举双臂、直接跳下的跳水运动员？为什么？解释一下相关的物理学。

4. 当你跳水时，头朝下的姿势没有"腹部拍水"的姿势疼。从触水"部位"的角度讨论这个问题。

5. 除了能把我们留在地面上，引力还有哪些实际用途？通过引力遥测，我们能了解哪些关于地球的知识？

选择题

1. 高速行驶时，汽车的大部分燃料都用来克服

A. 重力   B. 动量   C . 空气阻力   D. 浮力

2. 气球停止上升是因为

A. 周围的空气变得过于稠密   B. 周围的空气变得过于稀薄（不稠密）

C. 周围的空气变得过冷   D. 它们到达了太空

3. 在 200 千米的海拔高度上，地球卫星受到的向下的引力

A. 和位于地球表面时相同   B. 稍弱一点

C. 为 0   D. 大约是在地球表面时的一半

4. 飞机飞行（保持高度）依靠的是

A. 把燃烧过的燃料向下推   B. 把燃烧过的燃料向后推

C. 把燃烧过的燃料向上推   D. 把空气向下推

5. 火箭飞行依靠的是

A. 反重力   B. 把空气向下推

C. 把燃烧过的燃料向下推   D. 比空气轻

6. 飓风中的风暴潮来自

A. 强力的巨浪   B. 升高的引力

C. 施加在建筑物上的风力   D. 低压

7. 当宇航员在太空中打喷嚏时，他的头向后甩的速度比在地表时快，因为

A. 动量守恒   B. 他的头无质量

C. 太空中没有空气   D. 他的头向后甩的速度并没有更快

8. 一台轨道炮可以

A. 加速轨道   B. 比普通枪更快地发射子弹

C. 并不会真的加速物体   D. 使用离子进行推进

头条物理学

9. 太阳被塞进多大的半径中才会成为黑洞?

A. 2 英里

B. 2000 英里

C. 200 万英里

D. 它已经是个黑洞了

10. 把某样东西送入太空，耗能最少的方法是

A. 乘电梯上去（如果这样的电梯存在）

B. 用离子火箭送上去

C. 拽着气球飞上去

D. 用三级火箭发射出去

11. 如果人造卫星在 240000 英里（地月距离）的高度环绕地球，它环绕地球的周期是

A. 90 分钟　　　　　B. 1 天　　　　　C. 1 周　　　　　D. 1 个月

12. 地球同步卫星环绕地球一周的时间是

A. 90 分钟　　　　　B. 1 天　　　　　C. 1 周　　　　　D. 1 个月

13. 两个站在一起的人之间的引力

A. 为 0　　　　　B. 小到无法测量　　　　　C. 微小但可以测量　　　　　D. 大于 1 磅

14. 你可以通过什么看到对流层顶的位置?

A. 看地球卫星　　　　　B. 看鸟的飞行高度　　　　　C. 看雷暴的顶端　　　　　D. 看闪电出现的位置

15. 如果卫星飞行得太低就会坠毁，原因在于

A. 更强的引力　　　　　B. 更弱的引力　　　　　C. 更低的空气密度　　　　　D. 空气阻力

16. 滑冰的人旋转中收回手臂就会转得更快，这说明

A. 动量是守恒的　　　　　B. 角动量是守恒的　　　　　C. 能量是守恒的　　　　　D. 角能量是守恒的

17. 某人用步枪开火，同时也被步枪向后推，这说明

A. 动量是守恒的　　　　　B. 角动量是守恒的　　　　　C. 能量是守恒的　　　　　D. 角能量是守恒的

18. 轨道炮面临的问题在于

A. 它们消耗的能量太多，不现实

B. 它们违反了动量守恒

C. 过高的加速度会造成损伤

D. 它们被声速所限

19. 航天飞机的最大加速度约为

A.1g   B.3g   C.10g   D.18g

20. 卫星环绕地球的最低允许高度约为

A.10 千米   B.200 千米   C.600 英里   D.24000 英里

21. 如果要达到极高的速度，最好使用

A. 离子火箭   B. 热火箭   C. 氢氧燃料火箭   D. 以 TNT 为燃料的火箭

22. 地球同步卫星的高度最接近

A.200 英里   B.22000 英里   C.2000000 英里   D.93000000 英里

23. "天钩"如果被建造出来，会用来

A. 进入非常高的轨道   B. 用更少的能量进入太空

C. 更安全地进入太空   D. 更快地进入太空

24. 如果你从空中下落一秒，速度约为

A.8 英里 / 时   B.22 英里 / 时   C.32 英里 / 时   D.45 英里 / 时

25. 在宇宙飞船中制造人造重力的方法是

A. 加速飞船   B. 以高速运动   C. 使用离子发动机   D. 没有这种方法

26. 近地轨道速度约为

A.5 英里 / 秒   B.7 英里 / 秒   C.8 英里 / 秒   D.11 英里 / 秒

27. 太阳大部分都是由氢组成的，但是地球上却只有非常少的氢，这是因为

A. 氢气逃到了宇宙中   B. 氢结合氧形成了水

C. 氢结合碳形成了碳氧化物   D. 当早期地球非常炽热时，氢被核聚变消耗掉了

28. GPS 卫星的轨道属于

A.LEO   B.MEO   C.GEO（HEO）   D.TEO

29. 地球同步卫星环绕地球的周期是

A.90 分钟　　　　　B.6 小时　　　　　C.24 小时　　　　　D.1 个月

30. 一般的侦察卫星可以持续观察地面上同一个位置的时间约为

A.10 秒　　　　　B.1 分钟　　　　　C.90 分钟　　　　　D.12 小时

31. 和有效载荷重量相比，火箭中用于环绕地球的燃料重量通常

A. 基本相同　　　　　B. 少于一半　　　　　C. 约为两倍　　　　　D. 超过 20 倍

32. 体积为 1 立方米的气球可以提起多少重量

A. 约 1 克　　　　　B. 约 2 磅　　　　　C. 约 50 磅　　　　　D. 约 150 磅

33. 侦察卫星通常处于

A.LEO　　　　　B.MEO　　　　　C.HEO　　　　　D. 逃逸速度

第 4 章

原子核和放射性

一些关于放射性的重要陈述：

1. 你手上这本书是有放射性的（俗称"有辐射"）。
2. 你也是有放射性的，除非你已经死了很长时间。
3. 美国烟酒枪械及爆炸物管理局会对葡萄酒、杜松子酒、威士忌以及伏特加进行放射性测量。如果某样产品未具有足够的放射性，它可能就不能在美国合法销售。
4. 对那些广岛原子弹受害者最乐观的估计是，有不到 2% 的人死于由辐射引起的癌症。
5. 生物燃料（比如用玉米、甘蔗制造的乙醇）是放射性的，化石燃料则不是。

以上陈述都是正确的，但对多数人来说却出乎意料。这种现象反映了在关于放射性的公众讨论中常见的混淆和误解。我希望当你学完本章内容后，能够回到这里再读这 5 条陈述，然后说："当然了。"

▎放射性

放射性可以说是原子核的"爆炸"。这种现象之所以如此重要而且吸引人，是因为它释放的巨大能量——通常是同等数量原子的化学爆炸的 100 万倍。

原子虽小，但并不是完全不可见。一种被称为扫描隧道显微镜的设备（专家们称其为 STM）可以穿过单个原子，感受其形状，然后以图像的形式展现在计算机屏幕上。一种类似的设备可以拿起单个原子，把它们移动放置到一个新位置。图 4.1 展示了在一块镍晶体表面上，35 个氙原子被排列成字母"IBM"的样子。

这种操纵单个原子的能力引领了一个令人兴奋的新领域，这就是**纳米技术**。之所以取名纳米技术是因为一个原子的直径约为 1/10 纳米。

要想正确看待原子的大小，可以思考下面这个例子：人类一根头发的厚度约为 125000 个原子，人类红细胞的直径上大约能排下 40000 个原子。这些数字很大，但并不夸张，我无需使

图 4.1

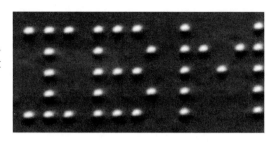

"可见"的原子。字母 IBM 通过在镍晶体表面上排列的氙原子写成。这些原子是由扫描隧道显微镜操纵和拍摄的。这项研究由唐纳德·艾格勒带领的团队完成。猜猜他们为哪家公司工作（图片来源：IBM）

用科学计数法。所以说，原子很小，但也不是最小的。

每个原子都包含电子和电子所围绕的中心：一个小小的原子核。原子核的半径约为 10^{-13} 厘米，它是原子本身大小的 1/100000。要让这个比例再直观一点，你可以想象原子被放大到棒球场或橄榄球场的尺寸（约 300 米）。而原子核也被同等放大时，却只有蚊子（约 3 毫米）那么大。因为原子核的线性尺寸是原子的 10^{-5} 倍，所以原子核的体积就是原子的 10^{-15} 倍（因为你得通过线性尺寸的立方来计算体积）。这就像拿体育馆的体积和蚊子体积之间做比较。想象一下把整座体育馆都装满蚊子的情景。一座体育馆可以容纳 10^{15} 只蚊子，也就是 1000 万亿只。

这种巨大的差异经常会产生一种论调，认为原子内的大部分空间是"空置"的。但也有人会争辩，事实上，原子的空间并不是真正空置的，其中充满了电子波。我们将在第 11 章中详细讲到电子波。但是，虽然原子核只占据了原子体积的 10^{-15}，却构成了原子 99.9% 的质量。原子核非常小，但是很重。这种情况出人意料，想象一下当欧内斯特·卢瑟福在 1911 年发现这个惊人的事实时，其他科学家有多难以置信吧。这似乎不可能，但确实是真的。

在卢瑟福发现这个事实的 20 年后，我们得知原子核本身竟是由更小的部分组成的。其中最重要的就是质子和中子：

· 质子的重量约为电子的 2000 倍，两者所带电荷的数量相同，但符号是相反的。（我们将在第 6 章中讨论电荷的符号。按照惯例，电子携带的是负电荷，而质子携带的是正电荷。）

· 中子的质量和质子相似（事实上中子要重 0.3%），但是它们不携带电荷，它们是"中性"的，这就是它们名字的由来。

下面是原子的基本画像：它具有一个非常小的原子核，由质子和中子构成。原子核周围的是一个相对较大、由电子占据的空间。但是大部分质量都挤在小小的原子核中。原子核的重量几乎等于整个原子的重量，因为电子实在太轻了。

科学家们喜欢拆解事物，所以他们自然想知道质子和中子是否是由更小的物体组成的。答

头条物理学

案在 20 世纪最后的几十年中揭晓：质子和中子是由名为**夸克**[1]（quark）的粒子，以及多种轻粒子如**胶子**（gluon）组成的，正是胶子把夸克结合在一起，所以它们以英语的胶水（glue）一词命名。我们将在本章最后选读部分中深入讨论。夸克是由什么组成的？根据尚未被证实的**弦理论**（string theory），它们（和电子）是由一种被称为**弦**（string）的东西组成的。这些弦并不像普通的琴弦；它们非常短，而且存在于多个维度。弦理论的核心概念就是万物都是由同一类物体组成的。总结一下：

· 物质是由分子组成的（例如，水是由水分子 H_2O 组成的）

· 分子是由原子组成的（例如，H_2O 是由氢原子和氧原子组成的）

· 原子是由原子核及环绕它的电子组成的

· 原子核由质子、中子，以及其他轻粒子组成（如胶子）

· 质子和中子是由夸克和胶子组成的

· 夸克和电子可能是由弦组成的（假设弦理论正确）

元素和同位素

原子核中质子的数量就是**原子序数**。这个数字同时也指示了环绕原子核的电子数。氢原子拥有原子核中的 1 个质子（以及轨道上的 1 个电子），我们就说氢的原子序数为 1。氦原子有 2 个质子在原子核里，还有 2 个电子在轨道上，它的原子序数为 2。铀原子在原子核中有 92 个质子，在轨道上有 92 个电子，我们说它的原子序数为 92。每个元素都有一个不同的原子序数。表 4.1 列出了一些我们将在本章中讨论到的元素的原子序数：

如前面所说，原子的质量主要来自组成它的质子和中子。中子没有电荷，所以它不会改变原子的运动（至少改变得不是很多）。但是它们确实会让原子核变得更重。如果同一种元素的原子所含中子数不同，这些原子就会被称为这种元素的不同**同位素**（isotopes）。

比如，典型氢原子的原子核总是含有一个质子，不含中子。但是每 6000 个氢原子中就有一个氢原子的原子核里会多出来一个中子。这种氢称为**氘**（deuterium）或**重氢**（heavy hydrogen）。由重氢组成的水重量更大，称为**重水**。"二战"期间，重水在核反应堆的建立中起到了非常关键的作用。事实上，希特勒有一座用来净化氘的特殊工厂（对于制造核反应堆来说很有用），盟军派遣了一支小队炸掉了这座工厂。

---

[1] "夸克"这个名字是加州理工学院物理学家默里·盖尔曼提出的，他是在詹姆斯·乔伊斯的小说《芬尼根守灵夜》中找到这个词的。

表 4.1 一些元素的原子序数

元素	原子序数（N_p）
氢	1
氦	2
锂	3
碳	6
氮	7
铀	92
钚	94

大约每 10^{18}（100 亿亿）个普通氢中就有一个原子，它的原子核中有两个中子。这类超重氢称为**氚**。氚是唯一具有放射性的氢，它被用在药品和氢弹中。

我们将谈到很多关于氘和氚的问题，特别是讲到核反应堆和核弹的时候。所以，学一下这些名词吧。下面是一些有用的记忆窍门：

在氘中，原子核中的一个质子和一个中子组成了一把刀（刂）

在氚中，原子核中的一个质子和两个中子形成了一条河（川）

地球上发现的超过 99% 的铀的原子核中有 92 个质子和 146 个中子，所以原子核中共有 92+146=238 个粒子。这种铀被称为 U-238。但是约有 0.7% 的铀原子核中只有 143 个中子，而不是 146 个。这是铀的一种同位素 U-235。它非常重要，在原子弹和核反应堆中都起着关键作用。

U-238 和 U-235 中都有 92 个质子。这就是说，它们都有 92 个电子。因为电子在普通化学反应中起到了决定作用，所以这两种同位素各自和其他元素（比如氧和水）发生的反应相似。这就是为什么它们都被称为铀。但是当我们研究原子核尤其是核爆炸的特性时，中子间的差别就极为重要了。

辐射和射线

现在我们回到放射性，即原子核的"爆炸"上。当一个大分子突然分裂成更小的分子时，就发生了普通的化学爆炸（比如 TNT 爆炸）。与此相似的是，当原子核分裂成更小的部分时，就发生了放射性"爆炸"。

我们先从最常见的放射现象说起。在这种现象中，相对较小的粒子被从一个大原子核中抛出。粒子像子弹一样以非常高的速度飞出，速度甚至能接近光速。当这个过程在 1896 年被亨利·贝可勒尔首次发现时，没人知道飞出来的到底是什么。投射物无法被直接看到，但是它们会穿过物质并且能让底片曝光。这些投射物被称为**射线**（rays），命名的根据可能是它们的移动路线接近直线。它们的属性和 X 射线类似，而 X 射线是威廉·康拉德·伦琴在此前几年（1895 年）发现的。我们发现了不同种类的射线，这些射线的属性也不尽相同，人们根据希腊字母表命名了这些射线。有些射线（比如铀发出的射线）可以被一张纸挡住，这些射线被称为阿尔法射线（α rays）；穿透力更强的射线被称为贝塔射线（β rays）；最具穿透力的射线被称为伽马射线（γ rays）；还有德耳塔射线（δ rays）——但是事实证明这些射线和贝塔射线一样都属于低能量射线，所以德尔塔这个词很少用。

旧的术语已经过时了，我们不再说射线，现在说**辐射**。正式的术语值得学习：

- **放射性**（radioactivity）指的是原子核会"爆炸"的特性
- **辐射**（radiation）由上述"爆炸"中被抛出的碎片组成

每种射线（或粒子）都像一颗小子弹，它们非常小，就算接触到身体，你也不会感觉到。阿尔法射线和贝塔射线在停下来之前可以撞击很多原子，每次撞击都能破坏一个分子或者使基因变异。减速的"子弹"会在它行经的轨迹中留下一串损坏的分子。破坏性虽小，但是如果你被大量粒子击中，总体结果就是你会生病或者死亡。伽马射线往往会被单一原子吸收，但是它们经常会破坏这个原子甚至原子核，由此就产生了次级辐射（secondary radiation）。伽马射线造成的危害主要来自这种次级辐射。

云室：看得见的辐射

当阿尔法射线或贝塔射线穿过气体，就会把电子从原子上剥离，制造一条由带电粒子**离子**（ions）组成的痕迹。如果气体中掺有很多水蒸气或酒精蒸气，而气体又很冷，那么水或酒精往往就会围绕这些离子组成小液滴。从本质上说，它们沿着辐射的路线形成了云。当阿尔法射

图 4.2

云室展示了反物质留下的痕迹。弯曲的细线是一个正电子（positron）留下的云粒子轨迹。这张图像展示了人类观察到的第一个反物质，它为卡尔·安德森赢得了诺贝尔奖。水平方向的这片宽大的白色区域是正电子穿过的隔板（图片来源：美国能源部提供）

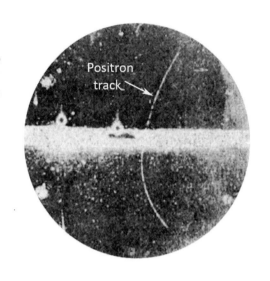

线或贝塔射线穿过设置成这样的房间时，白色的轨迹就会突然出现。图 4.2 展示了最早的云室（cloud chamber）获得的图像，上面的条纹就是辐射路径上的云粒子。云室是查尔斯·威尔逊提出的，他因此获得了 1927 年的诺贝尔物理学奖。

这些轨迹和喷气式飞机飞过头顶时在身后留下的蒸汽痕迹在性质上很相似。天空中的轨迹显示的其实不是飞机本身，而是飞机经过的位置。

观察云室是一种不可思议的体验。由放射源发出的辐射会让你看到云粒子组成的白色短线沿着一条路径突然形成。（云粒子形成的）液滴很重，所以它们漂向云室的底部。与此同时，新的路径突然出现在液滴上方。每隔一会儿，一条来自太空的辐射就会让云室中出现一条很长的路径。这种辐射被称为**宇宙辐射**（cosmic radiation）。

辐射和死亡

辐射对细胞造成的生物损伤是以**雷姆**（rem）为单位来度量的。我以下面这个例子让你大致了解 1 雷姆到底有多大。[1] 假设你身体的每立方厘米都被 20 亿条伽马射线穿透了，那么你身体的辐射剂量就约为 1 雷姆（就是每千克有机体会吸收相当于 0.01 焦耳的能量的辐射强度）。如果你的整个身体都暴露在辐射下，那我们就说你受到了全身剂量为 1 雷姆的辐射，这就意味着你全身的每一克重量都承受了相同的损伤。

20 亿条伽马射线听起来是不小的辐射，所以你可能会觉得 1 雷姆代表巨大的损伤。但是请

---

[1] 比如，我假设每条伽马射线的能量为 1.6×10^{-13} 焦耳，根据定义，这个值等于 100 万电子伏或 1MeV。这就是电压为 100 万伏的电线中的一个电子的能量。

记住，原子核非常小。当它释放能量时，所谓的能量很大也只是相对而言。比如，进入你身体的伽马射线会传递能量，这会使你的身体发热。但是，发热的程度是可以算出来的[1]——还不到 0.000000001℃。辐射会损失单个分子，而这就是真正的危险源。大部分时候，损伤可以被你体内的细胞修复，但是你的身体并不总能成功。很多人估计，接触到如此大量的辐射（身体的每个细胞都受到 1 雷姆，即整个身体 1 雷姆），你身体致癌的概率为 0.0004 或 0.04%。我们马上还要继续讨论这个问题。

rem 这个词最开始是一个首字母缩略词。[2] 物理学家从不放过任何致敬前辈的机会，所以就产生了一个新单位 —— 西韦特（Sievert）。[3] 两者的换算方法很简单：100 雷姆 = 1 西韦特。如果翻一翻现代教科书，你就会经常看到西韦特。但是大多数公共报告仍然坚持用雷姆，所以我们这里也用雷姆。

辐射中毒　　　　　如果你身体的每立方厘米都受到了 1 雷姆的辐射，那么我们就说你的全身剂量是 1 雷姆。如果全身剂量超过 100 雷姆，那么辐射对细胞造成的损害就足以破坏身体的新陈代谢，而受害者就会得病。这种情况被称为**辐射中毒**（radiation poisoning）。如果你周围有人接受过（为了杀死癌细胞的）放射治疗，那么你就知道轻度辐射病的症状是：恶心、精神萎靡以及脱发。非常细微的剂量差异就能影响病情的严重程度，正如表4.2 所示。

表 4.2 剂量和辐射病

全身剂量	导致的辐射病
100 雷姆以下（1 西韦特以下）	无短期病症
100—200 雷姆（1—2 西韦特）	轻度或无短期病症；恶心，脱发；极少引发致命后果
300 雷姆（3 西韦特）	死亡率 50%（如果在 60 天内没有得到治疗）
1000 雷姆以上（10 西韦特以上）	在 1—2 小时内对人体造成极大伤害；不太可能生还

---

[1]　计算出的值是 2×10^{-11}℃。

[2]　即人体伦琴当量（roentgen equivalent in man）的缩写，伦琴单位的是根据每克物质释放特定量电子所需的辐射量定义的。

[3]　西韦特是以罗尔夫·西韦特的姓氏命名的，他是国际辐射防护委员会（ICRP）的前任主席。

随着剂量增加，辐射病变得越来越严重。300 雷姆左右的剂量意味着如果没有接受治疗，受害者有 50% 的可能会在几周内死于病症。在医学术语中,300 雷姆是**半数致死量**(LD50)——能杀死 50% 暴露在辐射下的人的致命剂量。记忆一下：

辐射的半数致死量是：300 雷姆 =3 西韦特

当人们讨论辐射泄露时，你会频繁地听到**毫雷姆**（millirem）这个词。1 毫雷姆是千分之一雷姆。辐射的半数致死量是 300000 毫雷姆。我之所以想让你记忆这些数字是因为你极有可能在你的一生中会遭遇辐射，这种情况可能发生在医生的办公室里，也可能发生在某些放射性泄露的地方。你可能听过毫雷姆这个词。口腔 X 射线通常会让你的下巴（并非你整个身体）受到几毫雷姆的辐射。你需要理解 1 毫雷姆到底有多小。

辐射与癌症

来看一个悖论：致癌的**平均**全身剂量约为 2500 雷姆。[1] 但是比这更小的 1000 雷姆会让你在几小时内死于辐射病。所以人们是如何因辐射而罹患癌症的呢？你可能误认为，受害者总是会先死。这个悖论的答案就是，即使辐射剂量非常小，致癌的可能性仍是成比例的存在的。这种现象称为**线性效应**（linear effect）。

假设，一个人接受了 25 雷姆的辐射，这大致是致癌剂量 2500 雷姆的 1%。这时此人很可能不会得辐射病，但是事实上 1% 的致癌剂量意味着将会有 1% 导致癌症的概率。如果 10 亿（或者任何其他数字）人每个人都接受了 25 雷姆，那么有 1% 的人将会患上额外的癌症。（我之所以说**额外**的癌症,是因为除了 1% 因为辐射而患癌症的人,还会有 20% 的人死于"自然"的癌症。）说明这个现象的数据体现在图 4.3 中。

图中的点代表了水平轴上的剂量能导致额外癌症的概率。数据点上方和下方的垂直线代表了测量的不确定性。还有一根直线穿过了大部分数据——这就是该现象被称为线性效应的原因。找一找 100 雷姆对应的数字。这是致癌剂量 2500 雷姆的 4%，它会提供 4% 罹患额外癌症的可能。25 雷姆是致癌剂量 2500 雷姆的 1%，（根据这条线）它会导致 1% 罹患额外癌症的概率。

我解释一下，我们为什么认为 2500 雷姆是致癌剂量。假设我们得到了 2500 雷姆，然后把它分成 100 份，让 100 个人每人接受 25 雷姆。这时没人会得辐射病。每个人都有 1% 的概率

---

[1] 曾经有人认为致癌需要 4 倍的剂量，有些旧书中所写的值仍然是 10000 雷姆。但是 2500 雷姆是现在最科学的推测数据。

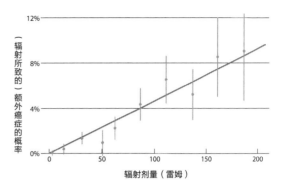

图 4.3

由于辐射而患上额外癌症的概率

罹患额外癌症。所以平均而言，对 100 个人来说，我们预计总数 2500 雷姆会导致 1 例额外的癌症。当然，如果想获得 1 例癌症的结论，又不想通过辐射病害死任何人，我们得把这个剂量分散到很多人身上。

线性假设

线性效应对非常小的剂量来说也是有效的，这是非常重要的结论，会影响很多公共议题：对公众来说可接受的辐射水平；我们是否需要从污染地区疏散人群；储存放射性废料时要多小心；甚至，我们是否应该用 X 射线来检测走私（因为人们可能会被不小心照射到）。**线性假设**（linear hypothesis）认为，图 4.3 正确地预测了低剂量水平的癌症效应。

线性假设符合事实吗？我们目前不知道。假设你暴露在 2.5 雷姆的辐射下——相当于 1/1000 的致癌剂量，这种辐射会让你有 0.1%（即 1/1000）的概率患上额外的癌症吗？如果你相信线性假设，那么答案就是肯定的。但是，看看最左边的数据点，那就是约 2.5 雷姆辐射导致额外癌症的概率。请注意该点的纵轴坐标；它事实上处于零额外癌症的位置。但是这个点的不确定性大到足以让误差条（error bar）穿过线性假设线，所以 2.5 雷姆也许确实会产生 1/1000 的额外患癌概率，也许不会。既然有不确定性在，我们就无法得到准确数据。

认为图中直线代表了患癌的真正概率（哪怕对于非常微小的剂量也依然准确）的设想，就称作线性假设。人们对线性假设的信念源自细胞每时每刻都在遭受化学品、有害微生物、压力以及衰老等问题的伤害。如果再多损坏一点，哪怕很小的一点，也会增加机体损伤，也就增加了患癌概率。

但是不是所有专家都相信线性假设，他们认为细胞可以修复轻微的损伤，所以如果平均伤害很小，每个人都有能力恢复。比如，我们知道，线性假设对辐射**病**来说并不适用。虽然 1000 雷姆会导致致命的辐射病，但是每人 1 雷姆的剂量，无论如何也不会造成辐射病。而且，线性假设对于大部分其他毒害物质并不适用，比如砷。很多化学品（包括某些维生素）在低剂量时对人类生命至关重要，不可或缺，但在高剂量时却是致命的。

线性假设的支持者指出，癌症和辐射病大不相同。当辐射带来的伤害超过了身体的恢复能力时，人就会得辐射病。它和砷这样的毒药相似，都有临界剂量。而癌症更像一种概率性的疾病。当偶然获得最糟糕的一种突变时，你就长出了恶性肿瘤，这种突变会制造无法被正常身体控制的细胞，这些细胞会不停地生长和分裂。

为什么我们不能通过科学研究线性假设是否符合事实呢？原因在于，癌症是一种常见疾病，这会导致难以觉察的微小增量。甚至在没有辐射的情况下，20% 的人也会死于癌症。所以，哪怕在没有接触过辐射的 2500 个人中，你也应该预计无论如何会有 500 个人患癌症。现在我们来看看如果 2500 人中的每个人都受到了 1 雷姆的辐射会怎样。根据线性假设，我们预计群体中会有一个人罹患额外的癌症——共 501 人患癌。这样小的效应在统计波动的影响下几乎无法证实。甚至在很多人都受到辐射的情况下（例如在切尔诺贝利核反应堆事故中），其结果都趋于被统计波动和系统不确定性所掩盖。

因癌症过早离世对任何人来说都是悲剧，即使这在统计数据中无法显示。增加一例癌症也是很**严重**的事（特别是对于受影响的人来说），即使这在统计上并不**显著**。这就是为什么很多人认为我们应当承认线性假设，即使该理论在实验上并未得到证实。

切尔诺贝利核事故　　　　　1986 年，乌克兰的切尔诺贝利核电站发生了一起严重核事故。装有放射性燃料的容器发生了爆炸，大量的放射性物质被其引发的大火释放到大气中（图 4.4）。我们将在下一章讨论核反应堆的内部结构。现在，你需要知道的就是大量的放射性物质被释放了出来。扑灭切尔诺贝利大火的几十名消防员死于辐射病。来自核电站的放射性物质被风带到了人口稠密的区域。这是 20 世纪 80 年代最大的头条新闻之一，当时的成年人都记得这件事。当放射性烟羽四处飘散时，全世界都感到了恐慌。

图 4.4

切尔诺贝利核电站，照片拍摄时释放辐射的大火已经扑灭

这起事件引起的辐射甚至能在地球另一边的美国被检测到。

切尔诺贝利事故是 20 世纪 80 年代最著名的公共事故之一，报纸连续报道了数月。直到今天，该事件仍然被很多人所引用，包括那些反对继续使用放射性能源（如核能）的人，还包括支持核能的人。[1] 人们用切尔诺贝利的数据来支持自己的观点，无论这些观点是什么。所以，你需要了解这起事件，最好阅读更多关于切尔诺贝利事故的信息。你在网上能找到很多和切尔诺贝利核事故相关的链接。

虽然很多人曾经尝试测绘辐射的扩散范围，但是大部分伤亡都发生在最初几天。所以我们很难知道人类受到的总辐射量是多少。去世的消防员受到了几百雷姆的辐射。最初的估计是，有 25000—40000 人受到了中值量为 45 雷姆的辐射。政府决定，如果一个地区的居民受到的全身剂量辐射大于 35 雷姆，整个区域的人就要被疏散。包含事故灰烬的云吹过了 1000 英里，飘向了瑞典的斯德哥尔摩，甚至给如此遥远的城市中的大多数人都带去了超过 1 雷姆的剂量。根据国际原子能机构(IAEA)的估算，全世界人口因这次事故获得的总辐射剂量是 60000000 雷姆。这个数字是通过估计地球上每个人获得的雷姆数，再把数字相加得到的。

---

[1] 那些支持者说，这起事件就是核能导致的最坏情况。

如果我们假定线性假设是正确的，我们现在就可以用一种非常简单的方式计算被诱发的癌症数量：只需要用雷姆数除以 2500 就能得到全世界范围内增加的 60000000/2500=24000 个癌症病例。

有几个科学团体针对这个数字展开了激烈的辩论。一个反核能的组织甚至还做出了不同的估算，说真实的死亡数量其实是 50 万人。我相信这个估算是通过观察切尔诺贝利地区的死亡率并且把所有额外死亡都归咎到这起事故得到的。这种方法并不准确。一部名为《切尔诺贝利之心》的电影所采用的就是这种得数很大的估算值。

到底谁是对的？这就需要我们仔细看一看数据的分析方式。有些人倾向于相信国际原子能机构，因为它在过去的科学研究中树立了良好的声誉。另一些人则不信任它，因为完成这项计算的是科学家，而他们很多人都为美国能源部（原子能委员会的前身）这样的机构工作，所以他们可能本来就支持使用核能。但是他们也能做出最好的科学估算，所以我认为，24000 这个数字可能是最准确的。

现在我们来算一下核电站附近的人面临的癌症风险。根据前面给出的数字，假设有 40000 人受到 45 雷姆的平均辐射量。[1] 把两数相乘就可以得到总数 180 万雷姆。这个数字除以 2500，就能得出预计会出现的癌症病例总数，720 例。（已经包含在了 24000 当中。）

很明显这是一场悲剧。但是很多人可能想不到，即使这个计算是正确的，癌症病例的预测是准确的，我们也很难鉴别出被切尔诺贝利事故杀死的人。因为由其他原因诱发的癌症病例数量太多了。

让我们来看看附近的受害者。在 40000 人当中，我估计无论如何都会有 20% 的人死于癌症。（对切尔诺贝利附近区域来说，这个数字可能是个较低的估值了，因为该地区居民因重度吸烟和酗酒而导致疾病的概率也很高。）这就意味着有 8000 名癌症患者的死亡原因不是辐射。此外，我们还预测了另外 720 例因辐射而导致的死亡。所以癌症患者总数不是"正常"的 8000 人，而是 8720 人。在这 8720 人中，只有 8% 是因切尔

---

[1] 45 雷姆是中位数，不是平均值，所以这只是一个粗略的估计。

诺贝利事故而患癌的。所以我们很难知道谁死于"普通"癌症，而谁死于辐射，除非由辐射引发的癌症种类有所不同。（确实存在不同，比如，由辐射引起的甲状腺癌更普遍——但是这种病很少导致死亡。）

在受到了可测量辐射的 1 亿人中，我们预计其中有约 2000 万人的癌症是由其他原因引起的。我们先假设这个数字是准确的：有 2000 万例"普通"癌症。由于切尔诺贝利事故，这个数字将会升高到 20000000+24000=20024000。换句话说，任何人（如果被辐射过）得癌症的概率都会从 20% 升高到 20.024%。考虑到癌症的自然变异，大多数人认为我们无法在数据上看到这种变化。但是这 24000 人原本是不会得癌症的。

广岛原子弹引起的癌症

我在本章开头说过，那些广岛原子弹受害者当中，只有不足 2% 的人死于癌症。原因很简单：除非你远离爆炸中心，否则你的死因就是爆炸或者火灾。不过仍有些在原子弹爆炸后幸免于难的人因受到了足量的辐射，死于辐射病。最准确的估计是，当时有 52000 名幸存者（没有死于灾难带来的其他影响）受到了 0.5 雷姆或更多的辐射：这些人获得的平均剂量是 20 雷姆。总剂量为 52000×20=1040000 雷姆。用这个数字除以 2500 雷姆，就得到预计的癌症患者总数：1040000/2500=416，也就是 52000 人中的 0.8%。

被广岛核弹杀死的人的总数在 50000—150000 人。（我们很难知道在场人数，因为破坏发生在城市中心地区。）但是你现在可以看出，为什么受害者中死于癌症的人少于 2% 了。

如果炸弹不是在较高处而是在接近地面的地方爆炸，死于癌症的人数还会更高，因为这样一来放射性**沉降物**（fallout）的数量就会增加。我们将在第 5 章讨论沉降物。

丹佛的高辐射

丹佛市坐落在一个特殊的地质区域上，该地区会（从地面）发散出高于平均量的放射性气体氡。合理的估计是，丹佛平均每年的超额量（和美国平均水平相比）约为每人 0.1 雷姆。对于 240 万生活在丹佛 50 年的人来说，这些超额量等于（0.1）（2.4×10^6）（50）=1.2×10^7 雷姆，这应该会多导致 4800 例癌症。

　　而这里又有了另一个矛盾：丹佛真实的癌症率比美国平均癌症率低。怎么会这样？难道线性假设是错的？说不定少量的超额辐射可以帮助你对癌症免疫！或者，是否存在其他甚至比放射性物质还要重要的致癌效应？你能猜到这些效应是什么吗？你认为基因、生活方式、饮食习惯、晒太阳和紫外线辐射会有所不同吗？还有其他影响因素吗？这是否说明如果某人搬到丹佛去住，他罹患癌症的风险就会降低？

　　如果你指望我告诉你答案，我承认我不能。没人知道答案，但是存在很多可能的解释。同时，我不认为丹佛的超额辐射是你搬到那里的首要考虑因素。

　　但是，在丹佛买房之前，你可能需要测量一下房屋的氡水平，确保你没有买到放射性特别强的房子。这是一条严肃的建议——有些房子被测出了危险级的氡水平。[1] 美国环境保护署（EPA）提供了这种测量的操作指南，市场上也有可用的设备售卖。

牙片和胸透
　　每次你去医院照 X 光片，你都受到了一定的辐射。现在这样的相片本身就被称为 **X 射线**，但这只是"X 射线影像"或"X 射线图像"的简称。你可能已经注意到了，拍摄图像的人在 X 射线仪器启动时就会离开房间。在拍口腔 X 光片（牙片）时，医务人员可能会放一个铅遮板在你身上，保护你的"重要器官"。这让很多人感到害怕。这里存在什么危险呢？

　　下一次照 X 光片时，你可以问一下医生雷姆剂量有多少。（很有可能，技术员也不知道，但是他会直接向你保证你是安全的。）口腔 X 光片的一般辐射剂量少于 1 毫雷姆（0.001 雷姆），为方便计算，我们就取剂量为 1 毫雷姆 $=10^{-3}$ 雷姆。

　　在谈到癌症时，我们假设的数字是全身剂量。这就意味着，患癌概率背后的假设是，你身体的每个部分都获得了同剂量的辐射。但是当你的牙齿和下巴被 X 射线照射时，可能你受到辐射的肉体还不足 1 磅。我们假设这些部位占据你身体的 1%。那么，根据线性假设，这样的暴露

---

[1]　讽刺的是，已测出的最高水平辐射出现在美国能源部建造的示范房屋中。为了节能，房屋带有循环风系统，所以从土地中泄漏到房屋中的氡很难驱散。

只是全身剂量危险性的 1%。这就相当于 1 毫雷姆的 1% 的全身剂量，即 10^{-5} 雷姆。根据现有假设，一例癌症代表 2500 雷姆辐射。这就需要照射 $2500/10^{-5}$=250000000 口腔 X 射线。换句话说，你拍一次牙片的致癌率为 1/250000000=4×10^{-9}。你因为一颗脓肿的牙而死的概率（与这一数字相比）可能要高得多。

我们来计算一下你因为做胸透得癌症的风险。现代胸透会对你 50 磅左右的身体造成约 25 毫雷姆的辐射。这可比拍牙片的剂量大得多。它会对 50 倍的身体部位施加 25 倍的毫雷姆，剂量达到了 25×50=1250 倍，每次胸透引起的癌症概率也是牙片的 1250 倍。这个数字是 $1250 \times 4 \times 10^{-9}$=$5 \times 10^{-6}$。我们假设不拍胸透，你患癌症的概率正好是 20%，那么在拍完之后，这个概率就增加到了 20.000005%。

X 射线和怀孕

辐射对胎儿特别危险。它会引起干细胞（可以变成其他细胞的细胞）发生变异，从而可能会导致智力缺陷、畸形发育，或者癌症。不过如果母亲只是拍了牙片或者踝关节 X 光片，那么胎儿面临的风险是非常小的。

和其他低剂量效应一样，关于 X 射线的影响，我们能掌握的知识非常有限；我们了解的主要是高剂量照射（例如第二次世界大战期间的事故），以及依线性假设推测出的情况。联合国原子辐射效应科学委员会（UNSCEAR）研究了这个问题并得出结论：每 1 雷姆的辐射会对胎儿造成 3% 的风险。

如果用拍牙片的 X 射线直接照射胎儿，那么根据线性假设，1 毫雷姆剂量会造成 1/1000 的风险，即每毫雷姆 0.003%。如果辐射照在牙齿上，而且唯一能到达胎儿的辐射减少到 1/100（因为被辐射的部位只占据身体质量的 1%），那么风险也会成比例地下降。可能母亲未治疗的牙齿对胎儿造成的危险比这少量的辐射还大。

超声波

很多怀孕女性都会接触超声波。从技术层面上看，虽然超声波也是一种辐射（就像声波本身一样），但是它没有任何像 X 射线或者贝塔射线那样造成基因突变的能力。超声波是一种高频声波，而且它无法向人体细胞传递足以导致突变的能量。

超声波可以造成其他负面影响，但我们不应该把超声辐射和核辐射相混淆。

治疗癌症的辐射

这可能有些自相矛盾，但是治疗癌症最有效的方法之一就是利用辐射（放疗）。癌细胞并非健康的细胞，它们变异成吸收营养并且快速分裂的有害细胞。因为这些细胞的特长是分裂而非长寿，相比于健康细胞，很多癌细胞更容易辐射中毒。所以，治疗癌症的一种常见方式就是用高剂量的辐射打击癌细胞。

通常的做法是把辐射对准恶性肿瘤。辐射可以从多个方向进入身体，但所有辐射都聚焦于癌症病灶。这种方法的目的是确保癌细胞接收到的剂量大于周围的细胞。由于恶性肿瘤周围的细胞的新陈代谢也被毁坏了，所以这可能会导致辐射病。我们的目标是杀死抵抗力较弱的细胞，其他细胞会生病，但也会恢复。正如其他癌症治疗方案一样，难点在于我们必须消灭几乎所有癌细胞，才能避免癌症复发。

放疗经常和化疗相结合（癌细胞也更容易受到毒素攻击），所以你并不总能分辨出哪种效果对应的是哪种疗法。正因如此，放疗经常会和化疗相混淆。你可不要弄混了。

很多人会逃避放疗，因为他们怕副作用。其他人逃避它的原因则是怕辐射导致癌症。这种理由并没有数据支持。你可以把引入额外癌症的小风险和已存在的癌症的巨大风险做比较。但是人们对辐射的恐惧依然很大，医生就是无法说服癌症患者接受这种治疗。

脏弹

恐怖分子可能在城市中心引爆一箱放射性物质，使城市在短期内不再适宜居住吗？**脏弹**（dirty bomb）是一种会释放大量放射性物质的设备，它也被称为**放射性武器**（radiological weapon）。这种猜测受到了很多美国媒体的关注。但是实施这种袭击，可能比你想象得更难。

我们先暂时假设，你是一个恐怖分子，正在设计一种武器。你想在1平方千米范围内散布放射性物质。你的目标是让这个地区变得危险起来，在该地区停留超过1小时的人都会得辐射病。我们假设这个炸弹1米长，通过卡车来运输。要完成目标，你要把放射性材料浓缩到百万分之一的尺寸（因为1平方千米相当于100万平方米）。对恐怖分子来说，这是一个现实问题。他运输的东西释放的放射性比他散布出去的东西所释放的放射性强100万倍。这就意味着跟炸弹相距1米的人会在百万分之一小时（而非1小时）内——即3.6毫秒内——受到致命剂量的辐射。为了避免这种情况，这个人可能需要距离炸弹10英尺（3米）。但是这样的距离也会让人在 36 毫秒内获得半数致死剂量。[1]

为避免这种情况，你可能会用铅来遮挡辐射。一块半厘米厚的铅遮板会让辐射减少至 1/3——这可不够。一块 1 厘米厚的铅遮板会让辐射减少至 1/9，2 厘米厚的遮板会让辐射减少至 1/81 倍。我们就用这个。用 2 厘米厚的铅墙包裹 1 米见方的正方体，其重量约为 1.6 吨。你可以用卡车来拉。但是它仍会在 3 秒钟内，向以它为圆心的 10 米范围内发散出半数致死辐射剂量。这并不代表放射性武器是不可能实现的，只是说它比很多人设想得更加难以实现。

何赛·帕迪利亚曾是一个芝加哥街头混混，他被"基地组织"招募，在美国境内建造并引爆放射性炸弹。他在作出明确的计划前就被警察逮捕了。但是在审判的证词中，我们得知"基地组织"曾让他放弃放射性武器的计划，改用天然气炸公寓楼。我认为很有可能是"基地组织"意识到有效的放射性武器从根本上就超出了恐怖分子的能力，他们有可能会故技重施，再次用摧毁纽约世贸中心的方法：引爆化石燃料。

射线到底是什么？

人们花了很多年才搞清楚射线到底是什么。下面就是答案：

- **阿尔法射线**是含有 2 个质子和 2 个中子，并且以高速移动的块状物。这种配置和氦原子的原子核完全相同。因为我们知道这些射线其实是粒子，所以它们有时也被称为**阿尔法粒子**，或直接称为**阿尔法**。当阿尔法射线最终慢下来时，它通常会吸引 2 个电子（要么是自由电子，要么是跟原子连接较弱的电子）并形成一个氦原子。
- **贝塔射线**是充满能量的电子，比阿尔法粒子轻得多，但是它的移动速度极快，所以它的能量接近较慢的阿尔法粒子。当贝塔粒子停止时（在无数次碰撞之后），它们通常都会被原子吸收。
- **伽马射线**是充满能量的光。伽马粒子的移动速度是光速（3×10^8 米 / 秒），但它们所携带的能量是可见光包的 100 万倍。（我们将在第 11 章谈到光包，它也被称为**光子**。）
- **中子**是像质子一样重的粒子，但是没有电荷。中子发射在链式反应中非常重要，我们将在第 5 章讨论链式反应。中子弹是一种发射出大量中子的核武器，目的就是制造人群中的辐射病，但对建筑物的伤害较小。20 世纪 70 年代，人们对这类武器的伦理准则有过激烈的辩论。

---

[1] 放射性会更广泛地传播，距离从 1 米变为 3 米，面积增大至 9 倍，所以剂量就变成 1/9。

· **X 射线**是辐射中最出名的，因为这类射线在医学中已经非常重要。X 射线像伽马射线一样，也是由光子构成的，能量却是伽马射线的 1/100—1/10。它们可以穿过很多种材质，比如水和碳，但是遇到原子序数较高的元素（如钙或铅）会马上停止。因为 X 射线可以被钙阻拦，所以该射线还可以用在检查龋齿和骨折上。X 光片实际上是钙在胶片上的投影。超人之所以无法用 X 光眼看穿铅，就是因为铅是最重的元素之一，会吸收 X 射线。[1] 我们通常用铅来保护自己不受 X 射线的照射。就像我说过的，当你照牙片时，牙医很有可能会在你身体的其他部位盖上一条装满铅的围裙，确保四散的 X 射线不会接触到你的要害器官。

· **宇宙射线**（cosmic rays）代表所有从太空中来的辐射。宇宙射线中含有质子、电子、伽马射线、X 射线以及 μ 介子——一种能穿过 100 米厚岩石的不同寻常的粒子，它们本身也是有放射性的。鉴于它们的穿透能力，μ 介子被用在了埃及金字塔的射线勘察上。

· **裂变碎片**（fission fragments）是一种特别危险的辐射，当原子核裂变时（原子核分裂成两个或多个碎片）就发出了裂变碎片。裂变碎片是含有大量质子和中子的块状物，它们本身通常都是高放射性的。它们真正的危险在于，它们停下来后会重新衰变。核弹沉降物之所以危险，就是因为有这些放射性粒子。裂变碎片还是核反应堆废料中放射性最强的部分。

· **阴极射线**（cathode rays）被发现之初，是从施加了高电压的热金属中发射出来的。但是我们当时并不知道这种射线其实就是电子，当时电子还未被发现。直到 1897 年，约瑟夫·汤姆逊的研究才让电子大白于天下。大部分人仍把使用这些光束的仪器称为阴极射线管（CRT）。就在 21 世纪头几年，很多电视和计算机屏幕仍是由 CRT 制成的，但这种技术很快就消失了。如果你还年轻，你的孩子可能不会知道这个词，因为大概所有的 CRT 近期都会被液晶屏所取代。

· **中微子**（neutrinos）是所有射线中最神秘的一种。它们通常和贝塔射线（电子）一起从原子核中发出。中微子的质量极小，即使它们是以近乎光速的速度移动，它们所含有的能量也是中等的。它们无法"感受"到电磁力和强核力，所以它们穿过整个地球时几乎不太可能撞击到任何东西。太阳会释放出很多的中微子，以至于每秒钟有 10^{10} 个中微子穿过你身体的每平方厘米。虽然如此，中微子却是你接触到的危险性最低的辐射。因为它们太容易穿过物质了，有时也被称为**幽灵粒子**。

---

[1] 就连超人也无法看穿铀或钍，但是我不记得电影里出现过了。出于某些无法解释的原因，他对氪石极其敏感，这可能是他童年时接触过多导致的，我推测所谓氪石是一种含有氪元素的化合物。

- **手机辐射**是以微波的形式出现的，它们是能量极低的光，其能量甚至比可见光还要低。微波以热的形式存放能量，这就是为什么微波可以被用在微波炉中。微波不会打碎身体中的 DNA 分子，所以它们构成的致癌风险远不如阿尔法射线、贝塔射线、伽马射线，甚至不如阳光。人们对微波的恐惧，主要来自这些危险射线（比如伽马辐射）所共有的名字——辐射。

你也是有放射性的

一个普通人体内约含有约 40 克钾。大多数钾都是稳定而且无放射性的同位素钾–39。每个钾–39 的原子核中含有 19 个质子和 20 个中子，总数为 39（这就是钾–39 的由来）。但是大约 0.01% 的钾原子的原子核含有 1 个额外的中子，这些被称为钾–40。钾–40 是放射性的。这就代表你的身体中含有 40/10000=0.004 克 =4 毫克放射性的致癌同位素。放射性钾–40 原子在你身体中的数量为 6×10^{19}。这不是人工合成的放射物质，而是孕育了太阳系的超新星的产物。

钾–40 经常被简写为 **K-40**。K 来自钾元素的拉丁语名 Potassium kalium，有锅底灰的意思 [1]。kalium 的另一部分来自碱（alkali）这个词。

在你的身体中，每秒大约有 1000 个 K-40 原子在"爆炸"。你的身体是放射性的。90% 的"爆炸"会制造出充满能量的电子（贝塔射线），大部分剩下的"爆炸"会产生充满能量的伽马射线。所以，每秒钟你自己的身体会产生 1000 次施加在你身上的辐射。这种你身体内部的放射物质会在 50 年里产生约 0.016 雷姆 =16 毫雷姆的辐射。如果线性假设正确，我们可以用这个雷姆数除以 2500 来计算出诱发的癌症数量。你因为自身放射性而罹患癌症的概率为 $0.016/2500=6.4 \times 10^{-6}$，即百万分之六。这个数字不大，但是却比你中彩票大奖的概率要高。

如果考虑对庞大人口造成的影响，结果将会更加令人关注。美国约有 3 亿人，把 3 亿乘每人百万分之六，你会发现在接下来的 50 年美国会有 $300 \times 6=1800$ 人死于由他们自己的放射性导致的癌症，平均每年就有 36 人。如果你和某人睡得很近，那么他们的放射性也会影响到你（参看本章末尾的讨论）。

我们身体中的第二个放射源来自碳–14，它也被称作**放射性碳**（radiocarbon），简写为 C–14。C–14 的原子核和普通 C–12 的原子核很相似，只是它有两个额外的中子（把原子重量从 12 增加到了 14）。事实证明，这些多出来的中子让碳–14 变得具有放射性。在碳–14 中，会

---

[1]　钾元素（potassium）的词根 pot 是英文中的"锅"。——编者注

有一个中子"爆炸"，发出一个电子和一个中微子。当电子和中微子被放射出来之后，另一个多出来的中子就变成质子，所以原子核又多了一个电荷——于是碳变成氮。平均来看，你身体中的半数碳-14原子会在5730年内"爆炸"。5730年也被称为C-14的**半衰期**（half-life）。

你身体中的每克碳中每分钟都会有12个碳-14原子"爆炸"。这相当于平均每克碳中，每5秒就会有一个原子"爆炸"。在普通人体内，每秒都会发生3000次这样的放射过程。[1]当然，别忘了还有上面提过的1000次K-40衰变。很多科学家更愿意说"放射性活度约为4000贝克"。这样他们就可以向放射性的发现者亨利·贝克勒尔致敬了，顺便还能让外行目瞪口呆（但是唬不住你），而且还能把不知道贝克数其实就是每秒放射数的人彻底搞晕。

接下来是一个关于C-14的有趣事实：我们可以用它测量一样东西"死了"多久。要了解其中的原理，我们就需要理解放射性衰变中的一种非常奇怪的现象——**半衰期法则**（the half-life rule）。

神秘的半衰期法则

如前面所说，半数C-14原子会在5730年内衰变。我们很自然就会假设剩下的原子会在下一个5730年中衰变，但是实际并非如此。剩下的原子中，只有半数会在第二个5730年中衰变。而在下一个5730年后，又只有半数剩余原子会"爆炸"。表4.3显示了各种年限后剩余C-14原子的比例。

表4.3 C-14的放射性衰变

年限	半衰期数	剩余比例
5730	1	1/2
11460	2	1/4
17190	3	1/8
22920	4	1/16
5730×N	N	$1/2^N$

---

[1] 我们假定你的体重为150磅，其中有23%是碳（人体中碳元素的常见比例）。

不同的放射性同位素半衰期不同，但它们的特性很相近（表 4.4）。K-40 的半衰期是 12.5 亿年。也就是说在 12.5 亿年以后，半数的 K-40 衰变了。再过 12.5 亿年，剩下的 K-40 有一半会衰变。自从地球在 46 亿年前形成，该同位素一共经历了 4 个半衰期。这就是为什么还剩那么多的 K-40；自地球形成以来，就没有足够的时间让所有 K-40 都衰变。

顺便说一句，你是否注意到这条法则和我们用来计算不同海拔的空气密度的法则很像？回忆一下，在 18000 英尺的高度时，空气密度是海平面的一半。再往上 18000 英尺，空气密度又会减少 1/2，以此类推。[1] 在 180000 英尺处（上升了 10 个 18000 英尺），空气密度就变成（1/2）^{10}。这和根据半衰期计算残留放射性物质的方法完全一样！

表 4.4 某些重要同位素的半衰期

钋-215——0.0018 秒	氚（H-3）——12.4 年
钋-216——0.16 秒	锶-90——29.9 年
铋-212——60.6 分	铯-137——30.1 年
钠-24——15.0 小时	镭-226——1620 年
碘-131——8.14 天	碳-14——5730 年
磷-32——14.3 天	钋-239——24000 年
铁-59——6.6 周	氯-36——400000 年
钋-210——20 周	铀-235——7.1 亿年
钴-60——5.26 年	铀-238——45 亿年

放射性衰变　　　　如果你拥有大量放射性原子，它们中的一半会在一个半衰期内"爆炸"。（可能不是精确的一半，因为该规则是基于一定概率的。）所以，一个半衰期后，只会剩下一半的放射性原子。这意味着每秒发生的放射性"爆炸"数只会有开始时的一半。这种辐射的减少最初被称为**放射性衰变**（radioactive decay）。但现在**衰变**这个词被用在了更多的场合。物理学家通常也会说，单个原子正在经历放射性衰变。在这种背景下，衰变可

---

[1] 这些数字都是近似值，因为温度也会随海拔变化而变化，这同样会影响空气密度。

比"爆炸"的使用频率高多了。

原子核会死，但不会慢慢凋零

半衰期法则对已知的各类放射性物质都适用。但是你思考得越多，就会越觉得半衰期很神秘。人的死亡不遵循半衰期法则。当我们出生时,（至少在美国）我们的预期寿命是 80 岁。如果我们活到 80 岁，肯定不会期待再活 80 年——但如果我们的生理老化遵循半衰期法则，事情就应该是这样。[1] 请感受一下半衰期的特性是多么奇特！原子似乎不会衰老。年老的 C-14 和年轻的 C-14 是一模一样的。无论 C-14 有多老，它的预期半衰期仍是 5730 年。

我们还不能理解这种现象，但物理学家有时会解释说，放射性衰变是由量子力学的法则决定的，该法则是一种概率定律。至于 K-40，我们说在 12.5 亿年中它的衰变概率为 50%。这个概率不变,所以无论原子有多老，它在接下来的 12.5 亿年中的衰变率仍是 50%。当然，物理学家其实没有解释任何事，因为他们并不知道**为什么**物理学定律应该是概率定律。

RTG：放射所产生的功率

2006 年 1 月 20 日，美国发射了以冥王星为目的地的"新视野号"（New Horizons）探测器。它原计划在 2016 年抵达冥王星。该探测器会发送回关于这颗小小的"行星"的数据和照片。[2]（我仍然任性地把它称为行星，即使国际天文联合会已经不再认可它是行星。）新视野号能从哪里获得传输的能量呢？

太阳能？不。因为冥王星和太阳的距离是地球的 30 倍，所以那里的太阳能只有地球附近的 1/30×30=1/900，变成了约 1 瓦特 / 平方米。优质的太阳能电池能把 40% 的能量转化为电力（见第 1 章），但是每平方米 0.41 瓦特仍然不够用。

其他能量源也进入了考虑范围，包括电池和燃料电池。但这些设备都无法持续供能长达 10 年之久，而且它们也很重。质量是一个重要的因素，因为只有质量轻的卫星才能达到足够的发

---

[1] 事实上，根据美国人的预期寿命，在 80 岁时我们还可以预期再活 9 年。

[2] 美国东部时间 2015 年 7 月 14 日 20 时 52 分 37 秒，NASA 收到了"新视野号"传来的讯息，探测器在预定的时间成功飞越冥王星（全部探测信息于 2016 年 10 月 31 日传回）。目前探测器正在飞往一颗柯伊伯带（位于海王星外侧黄道面附近的一块天体密集区域，类似小行星带，但面积和质量都要大得多）小行星 2014 MU69 的途中，在 2019 年抵达这颗小行星附近开展考察。——编者注

射速度，从而在 10 年内到达冥王星。

因为这些原因，NASA 选择用放射性物质来提供动力。"新视野号"探测器装有 11 千克（24 磅）的钚–238（Pu-238）。这些钚的放射性以 600 瓦 / 千克的比例制造热能，总共能制造约 6.6 千瓦。一台热电发电机（由互相接触的不同金属组成电线）把 7% 的热转化为电，从而提供 460 瓦的电功率。这种组合被称作放射性同位素热电发生器（RTG）。

NASA 使用的钚–238 比链式反应中的钚–239 轻 1 个中子，NASA 之所以采用钚–238 是因为它的半衰期长达 87 年。这个速度已经够快了，可以让大量的原子核在 10 年的任务期间衰变，以较轻的质量产生足够高的功率。而且，这个速度还不算太快，可以保证原子在 10 年中只消耗一部分，从而防止功率在这段内降得太快。

RTG 已经投入使用多年。"旅行者号"探测器在 1977 年使用了 RTG 的早期版，目的和新视野号相同：成为第一颗跨越行星进入"深空"的探测器。[1]

有些人反对使用 RTG，因为它涉及钚。他们认为如果发射失败就会导致钚落向地球并造成环境危害。在过去的几年中，美国没有生产钚–238 的设施，所以一直都从俄罗斯购买原料。现在有人提议在美国建设新的设施来制造钚。

选读：如何制造 Pu-238?

你不需要知道 Pu-238 是怎么制造的，但你可能会觉得这个过程很有趣。为了大致了解别人是如何做的，你可以浏览这部分，可以略过细节。在一个核反应堆中（将在下一章讨论），U-238 吸收了中子，成为了 U-239，然后 U-239 贝塔衰变成了 Np-239（镎-239），然后又变成了 Pu-239。这就是我们在炸弹中使用的 Pu-239 的来源。但是有一些 Pu-239 吸收了一个中子，成为了 Pu-240。而这（正如我们将在下一章中看到的）会污染炸弹原料。随着时间流逝，一些 Pu-240 吸收了另外一个中子，变成了 Pu-241。Pu-241 是放射性的，它会发出一个电子（半衰期为 14 年的贝塔衰变）从而成为 Am-241（镅 -241）。Am-241 衰变后成为了 Np-237。

这时，Np-237 就会被隔离在一个特质的容器中并放回反应堆。在核反应堆中，Np-237 可以吸收另一个中子从而成为 Np-238。这是一种半衰期为 2 天的放射性元素。它发出一个电子后会变成 Pu-238。随后容器

---

[1]《星际旅行：无限太空》（1979）把冥王星当作故事的关键元素。

被拿掉，而钚和镅则被彻底分开了。

听起来很复杂？确实。这是关于放射性物质的高科技。还有上百种其他工序可以制造用于特殊用途的放射性材料。其中很多被用在了药物上。使用专门同位素的医药技术人员通常不需要知道生产这些原料必备的复杂技术。

烟雾报警器

最常见的室内烟雾报警器的外壳里面都有一个小的放射源。它通常就是一个阿尔法粒子发射器，该发射器发出的阿尔法粒子在空气中运动 1 厘米后就会停下。这些阿尔法粒子把电子从空气分子上剥离，并且让空气可以导电。这种导电性可以用电池测量出来。如果空气是导电的，那警报就不会响。

但是，如果烟雾飘到了外壳下方，那么电子往往会附着在烟雾粒子上，不再能够自由移动，于是电流就会停止。当电子设备检测到电流不再流动时，就会响起警报，通常是一种刺耳的噪声。

很明显，电池的可用性是非常重要的。烟雾报警器测量的是电流通路；如果电流变弱，电子设备就会发出短促的噪声来警告你。[1]

用放射测定
物品年代

如果岩石中有含钾的矿物质，那么我们往往就能得出岩石的形成时期。这是因为所有地球上的钾都含有约 0.01% 的同位素 K-40，而 K-40 有一个很好的特性：当它经历放射性衰变时，它就会变成氩气。这种气体无法从固化的岩石中逃离，所以它就会在岩石中累积。只有在岩石融化时，气体才能逃离开。

为了了解这种方式是如何测量岩石年龄的，我们来考虑一个具体的例子。假设我们找到了一块由岩浆形成的岩石，即它曾经是液体。我们想知道它是什么时候变成固体——岩石的。我们要检查一下，看看岩石中

---

[1] 根据我的经验，这些噪声其实是一些让人难以定调的音符。另外，这些噪声每 10 分钟发出一次，从而为电池节省电力。这导致我们更难找到这个音符是什么调了。

是否含有钾。如果有钾，那么我们知道一部分的钾正在变成氩气。我们通过留在岩石中的氩气量来判断这个岩石成为固体的时间。这种技术被称为**钾氩测年法**（potassium-argon dating），在地质学中非常有用，可以用来测量岩石和古老火山流的年龄。[1]

考古学家可以利用碳的放射性同位素 C-14 来测定化石的年代。这种方法被称为**放射性碳测定年代法**（radiocarbon dating）。宇宙射线在大气中制造出了 C-14。当大气中的碳（通过"呼吸"二氧化碳）形成碳水化合物时，C-14 就被吸收到植物中。我们吃掉了那株植物，或者吃掉了吃掉那株植物的动物，或者吃掉吃掉了吃掉了那株植物的动物的动物……于是 C-14 就进入了我们的身体。因为从大气到我们身体的这段过程发生得很快（通常不到一年），我们身体中的碳几乎和大气中的碳具有同样的放射性：每分钟每克碳中就有 12 个原子发生衰变。

我们死后不再进食，而我们体内的 C-14 会发生衰变，并且不会被替换掉。如果一位考古学家发现了一块化石，并测量出每克化石中的碳（C-14）每分钟有 6 次衰变，那么他就知道该生物是一个半衰期前死去的，即 5730 年以前。这是考古学中测定年代的基本方法。

假设考古学家每分钟测量到 3 次衰变。（记住，每分钟 12 次衰变代表的化石年龄为 0。）这块化石的年龄是多少？小心，这是一道可能有点绕弯的题。试试看，然后再查脚注 [2] 中的答案。

在 10 个半衰期后，放射性物质就减少到了最初的（1/2）（1/2）（1/2）（1/2）（1/2）（1/2）（1/2）（1/2）（1/2）（1/2）=$1/2^{10}$=1/1024=0.001。所以衰变的原子数不再是每分钟 12 个，考古学家在 1024 分钟里只能测量出 12 个衰变。这样低的速率很难测量到放射性，所以放射性碳测定年代法只对年龄在 10 个半衰期以内（约 57300 年及以下）的化石有效。超出这个年龄，放射性碳测定年代法就会因 C-14 放射速率过低而失效。[3]

---

[1] 我用钾氩测年法测量了月球上陨石坑的年龄。当一颗小行星或彗星撞击月球时，一些岩石就会被熔化。任何岩石中的氩气都会被释放。在几秒钟内，岩石重新凝固，并开始从衰变的 K-40 那里积攒氩。当我们融化了实验室中的样本时，我们可以测量到氩和钾的量，通过这些数字我们可以推导出样本的年龄。

[2] 如果化石年龄是一个半衰期，我们测到的应该是每分钟 6 次衰变。在另一个半衰期后，速率应该减少到 3 次每分钟。这和观察相符。所以化石的年龄是 2 个半衰期 =11460 年。

[3] 更好的方法是计算剩余的 C-14 原子，而不是衰变的原子。衰变速率很低时，原子仍然会有很多富余。一种名为加速质谱仪（AMS）的设备可以完成这项任务。第一个成功完成这种测量的人就是本书作者。

一个难题：为什么大气中的 C-14 不会像我们身体中的 C-14 那样衰变呢？

答案：空气中的 C-14 也会衰变，只是新的宇宙射线会不断地制造新的 C-14 补充空缺。大气中的碳水平是由衰变和生产之间的精确平衡决定的。事实证明，这个比例是每 10^{12} 个普通碳原子对应 1 个 C-14 原子。在这样的密度下，在 1 克碳（含有 10^{-12} 克的 C-14）中，每分钟会出现 12 次衰变。

放射性酒精　　我们现在回到本章开头列举的另一个惊人事实。在美国，食用酒精必须来自水果、谷物或其他植物。用石油制酒精是违法的（我不知道为什么，但是法律就是这么规定的）。当然，任何通过植物发酵制作的酒精都含有最新的放射性 C-14。相比之下，石油则来自于埋藏在地下 3 亿年的腐烂植物。一个 C-14 的半衰期只有 5730 年，所以汽油是由死于 50000 个 C-14 半衰期以前的生物形成的。我们在石油中检测不到 C-14。这种缺失给美国政府提供了一种简单的方法，可以检验酒精是不是由石油制造的。美国烟酒枪械及爆炸裂物管理局会检测酒精饮料中的 C-14。如果检测到预期的 C-14 放射水平，那么饮料就可以供人类食用。如果酒精不是放射性的，那么它就会被判定不适合被人类食用。

出于相同的原因，生物燃料（由活的植物制成）是放射性的，但化石燃料不是。但这并不是你害怕生物燃料的理由！生物燃料的放射并不比人体高太多。（每磅确实要高一点，因为燃料的含碳比例比人体要高。）

环境放射

所有癌症都是由环境中的放射性物质引起的？不是。如果你生活在一个普通城市中，你每年都会受到约 0.2 雷姆的辐射。大部分辐射来自地下岩石中渗漏出的氡气以及太空中的宇宙辐射，如果你照射过医用 X 射线，还会增加一些辐射。在 50 年中，普通美国人受到总共约 15 雷姆辐射，其中大部分来自天然放射性物质。如果要估算辐射致癌率，你就需要遵循我们的法则：用雷姆总数（雷姆每年乘年数）除以 2500。于是得出了 15/2500=0.004=0.4%。但是一般情况下就有 20% 的人会死于癌症，所以癌症肯定还有其他诱因。

还有什么？有人认为是食物或污染物，或其他什么我们有能力避免的东西。但是就算我们把所有已知致癌物全考虑一遍，仍无法找到导致癌症的主因，所以肯定还存在其他某种因素。原因可能很简单，我们天然地暴露在具有高度放射性的氡[1]之下——我们无法清除这种元素，除非不呼吸。没人知道事实到底如何。

火山热和氦气球

地球中的岩石也是具有放射性的，这种放射性主要来自地下的钾、铀以及钍。如果你曾经下到过深矿井中，你就知道那里很温暖，浅矿或者洞穴也一样。原因在于，热从地球内部逐渐渗漏了出来。铀和钍在地下衰变，并制造出大量的阿尔法粒子。阿尔法粒子因为和其他原子碰撞而减速，该过程造成的能量损失就产生了地热。当阿尔法粒子停下后，它们就获得了电子，变成氦气。氦气和天然气（甲烷）一起在地下汇集，并和甲烷一起被提取出来。这就是我们填充在氦气球中的气体。

放射性物质在地球内部产生的功率约为 2×10^{13} 瓦。听起来不少，但是太阳照耀地球所产生的功率约为 2×10^{17} 瓦，是前者的 10000 倍。[2] 所以天上掉下来的能量比地里渗出来的能量大得多。

放射性物质在地下产生的热就是火山、温泉以及间歇泉的成因。在大型冰川下方（在冰河时代，冰川的厚度能达到几千米），地球发出的热足够融化冰川底部的冰，并使其保持滑动。

地球的平均半径为 6371 千米，但由放射过程产生的热竟然有 20% 来自接近地表的放射性物质，存在于名为**地壳**的岩石"薄"壳中。地壳的平均厚度只有 30 千米，但其中却含有更密集的放射性铀、钍，以及钾元素。在地壳底部，30 千米下，岩石的温度约为 1000℃，足以发出炽热的光。

为什么大部分原子不是放射性的?

这个问题听起来有点傻，但等你知道答案后可能就不这么想了。我们相信，在太阳系早期，大多数原子**曾经**是放射性的。具有强烈放射性

---

[1] 这不是个玩笑，而是由杰出生物化学家布鲁斯·艾姆斯提出的严肃科学假说。

[2] 有趣的是，对木星来说，来自它内部的热比来自太阳的热要多，虽然这种热更有可能是由它的引力收缩，而非放射性物质造成的。

的有氢、氧、氮、钙的同位素，以及构成我们身体的所有原子的同位素。这些元素的储备曾经很充裕。但是它们中的大部分半衰期都很短，有的只有几分之一秒，有的是几百万年，所以这些元素中的大部分都衰变了。[1]现在，46亿年过去了，我们只剩下了3类原子：不具有放射性的（例如C-12），半衰期非常长的（例如K-40和铀），以及在不久前产生的（例如C-14）。

选读：放射现象的来源——弱核力和隧穿效应

化学爆炸需要触发，例如，子弹中的火药是在枪的击锤冲击下引爆的，而TNT通常需要通过电信号触发爆炸。是什么触发了放射性"爆炸"？阿尔法衰变和裂变（马上将要谈到）来自一种名为**隧穿**（tunneling）的量子力学现象。隧穿让阿尔法粒子得以挣脱束缚，离开原子核。至于隧穿又是怎么回事，我们在第11章会详细解释。

对于贝塔（电子）辐射来说，答案是完全不同的。在很多年里，有一种假说认为，原子核中存在一种能为贝塔衰变负责的新"力"，该力非常之弱，除了偶尔触发放射性衰变之外什么也做不了。我们现在知道这个力是真实存在的，它和电磁力相关，而它的运行方式会触发"爆炸"。因为它的发现历史，该力也被称为**弱核力**（weak force）。弱核力非常弱，以至于它在任意一秒钟起作用的概率都极低。例如，C-14原子需要5730年，才有50%的衰变可能。

我们现在知道弱核力除了引发贝塔衰变之外也能做其他事。它能在粒子上施加力。这种神秘的粒子称作**中微子**，它没有电荷，它不受电磁力作用而只受弱核力和引力作用。虽然它叫中微子，但是它的弱核力比引力要大。当中微子穿过地球时，它和地球中的原子进行碰撞的概率非常小，但并不为0，因为它能感受到其他原子的弱核力。

也有一些粒子完全无法感受到弱核力。其中最重要的一种就是光子。光子是光的粒子，有时它被称为**光包**。（我们将在第11章中进行详细讨论。）X射线和伽马射线也是光子。光子不受弱核力作用，但是它们会受引力作用。它们落入引力场中会获得能量，在太阳或地球这样庞大的天

---

[1] 以地球年龄为尺度来看，几百万年的时间都是**短暂**的。

体附近移动时，它们的路径就会偏转。另一种我们认为不会受弱核力作用的粒子是**引力子**（graviton），这是一种由引力场的振荡包（oscillating packet）组成的粒子。

辐射会传染吗？

我是说，如果你接触了放射性物质，你自己也会有放射性吗？你会像得感冒一样"得"到放射性吗？在科幻世界中，答案是肯定的。那些被原子弹辐射的人们会在黑暗中发光。但是在真实世界中，答案是否定的，至少对大部分情况下的大多数放射现象来说是如此。

如果想要通过暴露在辐射中而获得放射性，有两种方法。第一种，让放射性材料黏在你身上，或者你吸入放射性物质。你不会真的有了放射性，只是被放射性尘埃污染了。当炸弹的放射性碎片落在你身上，或者你在核反应堆参观时碰触了放射性灰尘时，就会发生这种情况。（最近参与这种研究时，我必须穿上专用工作服，并且我被告知不要碰任何东西。）

但第二种放射现象真的会让你变得具有放射性——中子辐射。有一些形式的核"爆炸"会发出中子，当这些中子击中你时，它们可以把自己附着在你身体原子的核上。例如，如果加上 2 个中子，你可以把非放射性的 C-12 原子核变成放射性的 C-14 原子核。在现实中，要做到这一点涉及很多中子，这么多的中子会让你死于辐射病。但是暴露在大量中子中的物体确实会变得具有放射性。

放射现象与法医学：中子活化　　放射现象有一种独特的功能，它能够检测到掩藏在大量原子中的一小撮原子。在你的身体中，每 10^{12} 个碳中只有一个——一万亿分之一——是放射性的。但是我们能够通过衰变量计算出放射性原子数，因为衰变原子会发散出充满能量的粒子。如果你想探测一个不具有放射性的原子，那么方法就是用中子撞击它然后使它具有放射性。如果它变成了一种独特的放射性同位素，那么它的存在就可以被测量出来。这种聪明的技术被称为**中子活化**（neutron activation），是一种非常有用的方法，可以用来检测存在数量很少（十亿分之一或更少）的元素和它们的同位素。这种稀有成分有时可以被用作鉴定物品出产厂家或产地国家的"指纹"。

为了活化一个样品，我们会把样品放在核反应堆中，而核反应堆会用大量中子来轰炸该样品。然后我们拿开样品，通过测量样品的放射性来寻找目标元素发出的独有射线。

1977 年，我的导师路易斯·阿尔瓦雷茨和他的团队用这种方法搜索罕见元素铱。他们发现了足量的铱，并由此得出结论：该元素肯定来自一次天体撞击事件（因为流星、彗星以及小行星中含有丰富的铱）。通过这个发现，他们推断在 6500 万年前发生过一次大型撞击——导致恐龙灭绝的事件。

放射现象的光辉

　　放射性强的物体可以让周围的空气发光。部分原因是辐射可以剥离空气分子中的电子，这些电子脱离后就会发光。类似的是，高能电子可以让水发光。但是这种光只有在辐射水平极高的时候才能看到，比如在核反应堆内部。

　　只要辐射击中一种名为**磷粉**（phosphors）的特殊材料，即使微弱的辐射也可以发出很亮的光。弱射线的能量也能被磷粉分子吸收。不久后，磷粉原子就会以普通光的形式释放出这种能量。

　　老式的 CRT 屏幕的表面是由红色、蓝色以及绿色磷粉制成的。用放大镜观察这种 CRT 屏幕时，你不会发现任何白色磷粉——只有红色、绿色和蓝色。（它们虽然叫"磷粉"，却是由磷元素以外的其他材料制成的。）当磷粉被电子（阴极射线）撞击之后，就会发光，而这就是图像的由来。如果你把放射性材料放到电视屏幕旁边，放射性材料发出的射线同样也会让电视屏幕发光——如果它们能够穿过厚玻璃的话。

放射性手表
和夜光表盘

　　在人们还没有完全意识到放射性物质的危险时，过去手表的表盘上都涂有磷粉和放射性元素镭的混合物。这些手表会在黑暗中闪闪发光。与此同时，它们也会致癌，特别是对于那些涂画表盘（以及为了整理纤维而用嘴舔刷子）的工人来说。现在法律不允许制造带有镭表盘的手表了，虽然有时你也能在跳蚤市场淘到一块。

　　并非所有放射现象都很危险。一只带有镭表盘的手表会发出足量的伽马射线，让你每年受到的来自天然放射源的辐射增加 1 倍。很多人推断这种辐射并不构成很大风险，但是如果镭从手表中泄露出来，那可就不是闹着玩了。

　　我也戴着一块含有氚（H-3）的手表，这种氢的放射性同位素的半衰期为 12 年。氚会发出贝塔射线，当这些射线击中手表表盘上的磷粉时，磷粉就会发光。很不幸的是，12 年后，我的表只有一半的亮度。我之所以感觉戴这块表是安全的，是因为氚衰变时所发出的低能电子（贝塔粒子）的能量非常低，它在千分之几厘米之内就会停下来。所以它不会冲出手表。它所到达的距离只够让磷粉发光。

有一天，我们的计算机屏幕可能会用氚来照明。现在，这种技术还太昂贵；大多数人错误地惧怕任何具有放射性的东西，所以人们还没有建造出能廉价地生产氚的工厂。但是氚屏幕可以永远开着，从此不再需要电池。当然，在一个半衰期后（约 12 年），屏幕的亮度只能达到以前的一半，前提是你在 12 年后使用的仍是同一台计算机。

钚

放射性材料（例如钚）的小粒子可能会非常危险。即使一颗很小的尘粒也可能含有 10^{14} 个钚原子。如果你吸入了大量的这种粒子，而粒子停留在你的肺部，那么你的肺里一个小区域可能会获得很大的辐射剂量，因为数十亿的原子核都在同一位置上发生了衰变。这就是人们害怕钚的原因。该元素曾经被称为"人类已知毒性最强的物质"。这种说法是不正确的，而且是一种很糟糕的夸大，但是当你听到这种说法（你肯定会听到），就会知道这种恐惧的根源其实是吸入并通过血液吸收小粒子的可能。举例来说，钚的毒性还不如肉毒毒素。我们将在下一章中详细讨论这个问题。大块的钚则没有那么危险——除非它们被用于制造核弹。

在我求学的年代，阿尔瓦雷茨老师总把一块钚放在桌子上当做镇纸。（那时他在洛斯阿拉莫斯为原子弹项目工作。）为什么钚没有在他的手上引发癌症？原因是钚辐射的是阿尔法粒子，这些阿尔法粒子在穿过物质时会很快地慢下来。它们能被一张纸挡住。所以，虽然阿尔法粒子进入了皮肤，但是它们只是进入了皮肤的外层，这些皮肤要么已经死了，要么即将脱落。（皮肤保护自己不受致癌物侵害的主要方式就是持续脱掉外层皮肤，并且用下面的新鲜皮肤来替代。）相比之下，肺部的活细胞会和大气接触。这也是为什么肺部特别容易因为抽烟而致癌，但皮肤不会。

钚弹是一种理论上比原子弹更可怕的炸弹，这种炸弹中含有一块钚，爆炸时钚会被炸成能进入肺部的小粒子。但把一块金属变成适当大小的粒子是极其困难的。相比于制造钚弹，制造肉毒毒素炸弹可能更容易，而且肉毒毒素也更容易获得。如果自制蛋黄酱没有在适当的低温环境下保存，其中就会产生很多肉毒毒素。而且该毒素还是肉毒杆菌的有效成分，一些人（至少包括某个前总统候选人）使用肉毒杆菌来消除皮肤皱纹，他们认为这可以让自己看起来更年轻。

█ 裂变

裂变（fission）指的是一种特殊的放射现象：原子核突然分裂成两个或两个以上的大碎片。将这种反应命名为裂变，是借用了生物细胞分裂。裂变的形式有两种：自发裂变和诱发裂变。

在自发裂变中，原子核的表现和普通衰变类似——突然在某一个随机的时间点，分裂成几个部分。在自然界中，自发裂变几乎不存在。[1] 但是这种现象确实存在于一些人工制造的同位素中。

另一种诱发裂变对本书来说更重要。如果合适的原子核被一个中子击中，诱发裂变就可以发生。中子被吸收后，哪怕增加的仅仅是一个中子，原子核也会开始变得不稳定并且发生裂变。这种裂变就是核反应堆和核武器（原子弹）的基本原理。我们将在第 5 章更详细地讨论诱发裂变。

当原子核发生裂变时，整个质量通常会分成两个不相等的部分，它们被称为裂变碎片。这些碎片通常都是半衰期相对较短（从几秒钟到几年）的放射性物质，而且它们对于人类来说都很危险。前面说了，它们就是核武器爆炸后残余放射性物质的主要来源，也是核武器发出的放射性沉降物如此危险的主要原因。

█ 聚变

聚变（fusion）是太阳的能量源，所以我们可以说，聚变也是地球上几乎所有生命的终极能量源。[2]

当查尔斯·达尔文在出版他的《物种起源》（1859）时，除了物种进化也谈到了很多其他问题。

---

[1] 天然铀放出的主要是阿尔法射线，但是约 20000 个衰变中就有一个属于自发裂变。

[2] 我们现在知道大海里存在着依靠深海"通风孔"的能量生存的生命群落。这些生物从地球地壳的放射性物质中获得能量，所以地球上有一些生命形式是不依靠太阳生存的。

他在安第斯山脉上发现了贝壳化石，并且推断这些山脉曾经位于海底。根据他的估算，地球至少有3亿岁，因为需要这么长时间的侵蚀，才会产生英格兰的许多大峡谷。他推断，这段时间足够让自然选择改变物种。

但当他的书首次出版时，却遭到了大物理学家威廉·汤普森的批评。他告诉达尔文地球不可能那么老，否则太阳早就烧尽了。即使太阳完全是由煤构成的，也应该在很早以前就用尽了所有能量。开尔文提出了一个具有更高能量的来源——流星！（开尔文知道流星携带的能量远远大于煤炭。）开尔文估计流星的热量能让太阳维持长达3000万年的寿命。但是3亿年是不可能的，至少当时的物理学完全不认可。

达尔文没有答案。在《物种起源》第二版以及随后所有版本中，他删掉了他关于地球年龄有几亿年的论点。

当然，我们现在知道达尔文最初估计的地球最小年龄是正确的。开尔文才是错的。地球的年龄约为46亿岁。而太阳燃烧的时间比这更长，为它提供能量的不是煤炭或流星，而是核反应。但是这种核反应的源头并不是衰变，甚至不是裂变。这是一种我们还没讲到的核反应：**聚变**。

聚变是指粒子的聚集，和裂变（粒子的分离）正相反。听起来可能有些奇怪，但这却是真的，你可以通过把粒子聚集到一起而获得能量，只要你选择了正确的粒子。太阳中的聚变的基础就是4个氢原子聚在一起变成氦原子的过程。这个过程也创造出其他粒子。在一次典型的太阳聚变中，除了氦原子，我们还会得到5个伽马粒子（用符号 γ 表示）、2个中微子（ν），以及2个正电子（e^+）。（**正电子**和电子一样，但是电子携带的是负电荷，而正电子携带的是正电荷。）以符号形式，我们把太阳中的聚变写作：

$$4H \rightarrow He+2e^++2\gamma+2\nu$$

你可以把这个方程读作：4个氢原子聚合后，分裂成（就是箭头所表示的）1个氦原子、2个正电子、2个伽马粒子以及2个中微子。大部分能量都储存于正电子、伽马粒子以及中微子中，而非氦原子中。

这不就是裂变吗？发现了吗？反应后的粒子比反应前的多。那么为什么这是聚变而非裂变呢？这个过程确实有些名不副实。因为有新元素氦被创造出来，而这个元素比之前的任何一个元素（都是氢）都要重，所以根据惯例我们才取了这么一个名字。而在裂变中，被创造出来的元素（裂变碎片）比原始的铀或钚都要轻。

携带动能的都是轻粒子（e^+，γ，ν），中微子逃离了太阳，但是其他粒子和其他原子（主要是氢）相碰撞，并与这些原子分享它们的能量，而且还加热了太阳。正是这种通过放射性手段诱发的热让太阳发出光芒。一次聚变反应发出的能量通常是25兆电子伏。

兆电子伏是什么？

我们先从这个名为**电子伏**（electron volt）的单位开始说，它的简写是 eV（小写的 e，大写的 V）。[1] 当我们谈到单个原子时，eV 是很有用的，因为化学反应产生的能量通常在 0.1eV 和 10eV 之间。1 兆电子伏（MeV）就是 100 万 eV。下面是一些换算，不用特别记住：$1eV=1.6 \times 10^{-19}$ 焦耳 $=3.8 \times 10^{-23}$ 大卡。1 **摩尔**的材料有 6×10^{23} 个原子（或分子）。在化学反应中，如果每个原子释放出 1eV 的能量，那么整体释放出的能量就是 $3.8 \times 10^{-23} \times 6 \times 10^{23}=23$ 大卡 / 摩尔。

和前面的内容对比一下：根据第 1 章的表 1.1，在空气中燃烧的甲烷会释放出每克 13 大卡左右的热。1 摩尔的甲烷是 16g，所以每摩尔甲烷能释放出 $13 \times 16=208$ 大卡。这相当于每个分子 9eV 左右。

为什么世界如此有趣？

太阳是一颗恒星，发生在太阳上的聚变和发生在其他恒星上的聚变非常接近。如果发生的聚变仅仅是 4 个氢原子结合成 1 个氦原子，那世界将是个非常无趣的地方。原因就是，我们所知道的复杂生命需要像碳和氧这样的更重的原子。如果你只有氢和氦，就不会发生太多有趣的事（生命、智能），你唯一能得到的分子就是氢分子。碳可以构成非常复杂的分子（如 DNA），而这让有趣的生命成为可能。

我们相信，像碳和氧这样的更重的原子是在恒星内部被创造出来的。碳是由 3 个氦原子聚变而成的。你身体中的所有碳，以及大气中的所有氧都曾经深深地埋藏在一颗恒星中，那里就是这些元素的创造地。对喜欢有趣世界的人来说，很幸运，那颗恒星最终爆炸了，它的碎片喷涌到了太空中。最后物质聚集到了一起形成了一个新的恒星（我们把它称作太阳）以及其他行星（地球、金星、火星）。有了地球上的碳和氧，（我们所知的）生命得以产生。我们确确实实都是由某一颗爆炸了的恒星的灰烬构成的。太阳是一颗第二代恒星，更早之前的某一颗恒星留下的碎片创造了它。

选读：聚变的细节　　你不必记住本部分所讲的内容，除非你特别感兴趣。我之前给出的 4

---

[1] V 通常都是大写的，大概是因为它来自科学家伏打的名字，但是伏特所代表的 volt 通常不是大写的，这说明没有什么绝对规则。

个氢转变成 1 个氦和其他一些物质的聚变反应，通常都不是一步到位的。如果恒星是一颗只由氢和氦构成的第一代恒星，那么第一步就是 2 个氢结合起来，形成 1 个正电子、1 个中微子，以及 1 个氘核（1 个核中有 1 个质子和 1 个中子的粒子）。如果用符号表示，反应就是这样的：

$$H+H \rightarrow D+e^++\nu$$

这个方程把氢写成了 H，但是由于这个反应发生的地点通常非常热，所以电子都已经被移除了——一种等离子体。所以说，等式里的氢其实只是一个质子。在等离子体中移动的电子并没有参与反应。

接下来，氘核和一个普通氢原子结合生成名为**氦-3**（helium-3）的氦同位素，在化学上用 ^{3}He 表示。

$$D+H \rightarrow {}^3He+\gamma$$

最后，两个氦-3 原子结合形成了普通的氦原子：

$$^3He+{}^3He \rightarrow He+2H+\gamma$$

请注意，到最后，原来的氢原子已经被转化成了氦原子以及其他几种物质。

为什么地球不是恒星？

为什么聚变没有发生在地球表面或氢气罐中？一个简单的答案就是，它们还不够热。为什么这一点如此重要？

所有元素的原子核都有质子和中子；质子提供正电荷；正电之间互相排斥。在普通的物质中，两个原子核由于这种排斥，永远都不会离得太近。

为了克服这种排斥，你需要给原子核提供足够的能量，让它们不再受到电磁力的牵绊。充满能量的原子是热的。所以如果你把原子加热到足够热，它们就会有足够的动能让自己的原子核克服电荷斥力（electric repulsion）而相接触。你需要达到的温度，取决于具体的聚变反应，以及你想要的聚变发生频率。我们认为太阳中心的温度约为 1500 万℃。是挺热，但是也没有那么热。即使在 1500 万℃时，发生的也仅仅是较慢的聚变——大部分氢燃料还没有燃烧。一些更热的恒星在几百万年内就会完全烧尽，在这种情况下其周围的行星就没有足够时间进化出有趣的生命。

太阳是如何点燃聚变的？

当然，太阳现在非常热，因为正在发生着聚变反应。但是太阳开始是怎么变热的呢？我认为原因就是组成太阳的物质的引力，关乎那些向彼此坠落的碎片和流星，背后的机制正好符合开尔文关于太阳热量全部来源的观点。当所有物质被互相吸引时，它们之间的引力产生了动能，等它们停下来后，这种能量就转化成热。只有在天体足够大时，温度才能超过 100 万℃，然后才会发生这种反应。如果质量不够大，那聚变就不会开启，天体也就永远都不会变成恒星。事实上，大部分天文学家使用的恒星定义就是：大小足以使其核心的热引发聚变的天体。

太阳的外表面并没有那么热，温度约为 6000℃。对于聚变来说还不够。所有聚变都发生在太阳的核心。热从中发散出来，然后表面就在一个低得多的温度下发光。

木星还没有大到能够成为恒星。它的质量约为太阳的 0.1%。我们认为如果要成为恒星（即引发聚变），一个物体必须要非常大，质量要达到太阳质量的 8%，几乎是木星质量的 100 倍。

用聚变提供功率

一种可能的聚变燃料就是氢。海洋中有很多氢，因为大海就是由 H_2O 构成的。而且当你在聚变中燃烧氢时，你得到只是氦，一种无害的气体，它可以用在气球上并且给超导体降温（我们将在稍后谈到）。听起来这像是一种能够替代化石燃料和核反应堆的理想能量源。

从 20 世纪 50 年代开始，科学家们就研究起了如何用聚变供能。遗憾的是，事实证明这个目标很难达成。问题很简单：大部分制造聚变的计划所需要的温度都要高于太阳的中心——上百万摄氏度。如果我们要用聚变来发电，我们就需要更高的温度好让燃料快速燃烧。受控热核反应堆（能源行业中的术语叫 CTR）计划需要达到的温度是 1 亿摄氏度。如果你想在百万分之一秒内发生反应（用来制造氢弹），需要的温度甚至更高。

任何温度这么高的东西都会爆炸。这是一个根本性问题。但是也存在一些可能的解决方案。其中一个办法被称为**磁约束**，该方法利用磁场来稳定热氢。我们将会在第 5 章、第 10 章谈到一些关于这个设备的技术细节，包括名为托卡马克和 ITER 的大型国际设备。另外一种方法则是只熔化一点氢，然后让其爆炸。为什么不这样做呢？我们在汽车中不就是这样利用汽油和空气的吗？这也是一种研究中的方法。最后，还有关于冷聚变的计划。大部分研究都不奏效，但是也出现了一些新希望。我将在下一章中深入讨论这些问题。

再看看本章开篇展示的那些令人吃惊的例子。这会儿看起来是不是没有那么惊奇了？当你第一次读到时，是否感到惊讶，为什么？

▌ 小结

放射现象很像原子核的"爆炸"，原子核的半径只有原子的 10^{-5} 倍，体积只有原子的 10^{-15} 倍，但是这个小小的核心却占据了原子质量的 99%。从"爆炸"中射出的碎片被称为**射线**或**辐射**。主要的辐射种类包括阿尔法粒子（含有两个质子和两个中子）、贝塔粒子（电子）以及伽马射线（充满能量的光）。

原子核的质量占据原子 99% 以上，但半径却只有原子的 10^{-5} 倍，体积只有原子的 10^{-15} 倍。原子核主要是由质子和中子构成的，而质子和中子是由夸克构成的。元素的名字和质子的数量有关。相同元素的不同同位素所含有的中子数是不同的。

当辐射穿过物质时，它会使分子分裂并且把电子从原子上剥离下来，产生的带电粒子就叫离子。我们可以通过云室或发出的光（如果物质是磷粉的话）看到离子的踪迹。

如果强度足够的话，辐射所到之处造成的危害会导致辐射病。辐射的半数致死量是 300 雷姆，1 雷姆即在 1 立方厘米上约有 20 亿条伽马射线。辐射在较低水平时，主要的伤害对象是 DNA，并伴有致癌的风险。线性假设认为癌症的病发数量取决于雷姆的剂量，无关具体人数。在这种情况下，约 2500 雷姆会导致 1 例癌症。线性假设在低剂量水平情况下尚未得到证实。如果该假设是正确的，那么切尔诺贝利核事故中因癌症而致死的人数将约为 24000。这些病例无法被轻易鉴定出来，因为有 20% 的人会因其他原因患癌。

大多数自然物质，包括你的身体，都因为 K-40、C-14，以及其他自然物质而具有放射性。我们可以利用这个事实来估算岩石和骨头的年龄。

放射性衰变遵循着半衰期法则：每过一个半衰期（C-14 的半衰期是 5730 年），就会有一半的原子核衰变。原子核就是这样死亡的，但是到死之前它们都不会老化。这是量子力学中最神秘的特性之一。

岩石中天然的放射性物质是地球内部热量的源头，正是这种热制造了火山。由 K-14、铀、以及钍发出的阿尔法粒子会减慢并吸收电子，然后变成氦原子——就是部分玩具气球中用的气体。

核反应堆制造的钚-238 会通过放射现象制造大量的热，这些热为探索深空的探测器供能。

我们相信，在太阳形成的最初阶段，大部分元素都是由放射性同位素组成的。这些放射性元素大部分都已经衰变，所以剩下的主要是非放射性元素。

两种最主要的放射性衰变原因是隧穿和弱核力。中微子是一种鬼魅般的粒子，它只对弱核力和引力有反应。太阳产生的中微子如此之多，以至于每秒内，你身体的每平方厘米都会穿过100亿个中微子。

大部分辐射不会让被击中的物质具有放射性，但中子除外。我们可以利用由中子诱发的放射现象寻找微量的稀有材料，比如铱（在恐龙灭绝的研究中派上了用场）。

钚是一种人造放射性元素。主要的同位素钚-239的半衰期是24000年。钚在核弹和核反应堆中都有应用。它具有毒性，但是没有肉毒毒素等其他化学品毒性强。

裂变指的是把原子核分裂成两个或以上的大碎片。虽然裂变会自然地发生，但是人们通常会通过中子诱发裂变。裂变反应被用在核反应堆以及铀弹和钚弹中。聚变指的是原子核聚集在一起，构成一个更大的原子核。聚变通常也会产生很多小碎片。正是氢原子聚变为氦原子所产生的能量驱动了太阳。大部分较重的元素（包括碳、氮以及氧）形成了有趣的生命，一颗恒星内部发生的聚变创造了这些元素。聚变通常需要高温才能启动，但是随后该反应会生产出足以持续下去的热量。

讨论题

1. 关于线性假设你怎么看？哪怕线性假设有很好的理论基础，无法观察到的死亡数量也应该被算进来吗？

2. "如果一棵树在树林中倒下了，而且没有人看见它（或它倒下所产生的影响），那么'树倒下了'这件事是否发生了？"这是哲学系学生最喜欢的难题之一。有些人认为，既然低水平放射现象所造成的死亡人数无法从数据上检测出来，那么这些死亡就可以被忽略。你同意吗？

3. 我们无法逃离自己的放射性。但是想想双人床，如果我们长时间和别人挨得非常近，除了我们自身的放射性，我们也被暴露在别人的放射性中。

   假设我们每天花1/3的时间和另一个人靠得很近。那么我们可能会预期，在美国由K-40诱发的癌症的发生率会**增加**1/3，或者每年增加约13例。事实上，在来自别人身体的辐射中，只有伽马射线会影响到你；贝塔射线（电子）会止步于他们自己的体内。伽马射线占这类辐射的10%，所以由K-40诱发的癌症每年只会发生1例。所以，如果美国境内的所有人都睡双人床，那么未来50年中出现的额外癌症病例的数量就是50例。

这听起来也有点傻。但是请记住，这 50 人本不应该死于癌症，而这还仅仅是在美国。现在的世界人口数量约为 70 亿，是美国人口的 20 多倍。所以从世界范围看，我们预计双人床的致死人数不是每年 50 人，而是每年 1000 人。

你认为我们应该对"双人床危机"采取措施吗？在 20 世纪 50 年代，很多已婚夫妇睡的是成对的单人床。（作为证据，你可以看看那个时代的情景喜剧。如果剧中出现了卧室，那么你一定会看到成对的单人床。）

我们是否该重回单人床时代？或者，我们可以在人之间安装防护板，保护他们不受彼此伽马射线的侵害。

担心到了何种地步才算是杞人忧天？什么程度的"额外癌症数量"你会选择忽略？你自己会接受和整个美国不同的风险等级吗？ 0.0006% 的风险对于我来说是可以忽略的，但是发生在美国的 50 例不可避免的癌症听起来也是很严重的——但是这两个数字说的是一回事！这是公共政策核心部分的基本悖论，而且我也没有答案。（对于想要寻找机会吓唬公众的煽动家来说，这也是一个绝好的机会。）

4. 如果我想要吓唬你，我会引用双人床导致 1000 例死亡的数字。如果我想要让你感觉风险是可以忽视的，我会告诉你因为双人床而导致癌症的概率是 0.0002%。两个数字都是正确的。所以当你听到可怕的统计数字时，你一定要谨慎，看看是否有办法可以用另一种方式来表述这些数字，从而得出一个不同的结论。

5. 丹佛的癌症率比伯克利要低。有人认为这证明辐射会保护你免受癌症侵害。这么说有根据吗？为什么没有？如果论点没有根据，结论可能是正确的吗？

6. 假设一个人的居住地离切尔诺贝利事发地很近，他受到了剂量为 100 雷姆的辐射并且罹患了癌症。100 雷姆剂量导致患癌的概率为 1/25=4%，所以他罹患癌症的概率从 20% 上升到了 24%。但是公众认知是什么样的？即使 6 个这样的人中只有 1 个人（即 4/24）是因为放射性物质而患癌的，他的朋友、亲戚会认为癌症是事故引起的吗？

搜索题

1. 中子活化可以应用在哪些地方？在科学中有哪些应用？对治安来说呢？对医学来说呢？

2. 所有科学家都接受线性假设吗？看你能找到些什么。为什么有人会反对？如果线性假设不是真的还会引发哪些结论？

3. RTG 被用在现在的卫星任务或其他太空任务中了吗？是否有公众反对使用 RTG？为什么？两方的观点各是什么？有其他国家使用 RTG 吗？有人认为 RTG 是核反应

堆吗?

4. 在网上搜索关于放射性的讨论,看看人们是怎么看待它的。是否有人认为放射性是人为造成的,所以能把它彻底从环境中消除?

5. 地球上不同地点的天然放射现象有多大区别? 是否有其他地方像丹佛一样,天然的放射水平就比较高? 你能查到你所居住的地方的放射性水平吗?

论述题

1. 描述辐射伤人的两种方式。人们都认同了哪些不该认同的偏见和错误观念? 请拿两个历史事件举例。如果你记得相关数据,也请给出;如果不记得了,那就合理地猜测一下(并说明这些数字是猜测的)。辐射是蓄意施加在人们身上的吗? 请解释。

2. 请描述线性假设对于核辐射的影响意味着什么? 它是如何定义**阈值**的? 对辐射病来说,线性假设是真的吗? 为什么会有关于线性假设的争论——我们无法科学地回答这些问题吗? 请举例说明线性假设是如何影响关于放射现象的公开讨论的。

3. 假设官方宣布,你所在的城市的一座实验室意外向环境中释放了一些放射性气体,而这会使在附近工作的人在接下来的一年中受到每人 1 毫雷姆(0.001 雷姆)的辐射。假设有 1000 个人在那里工作。市长请你告知公众并警告他们这次事件的风险。你会说什么? 请在适当的时候给出数据。

4. 描述利用放射现象测定不同物体年龄的不同方法。给出尽可能多的细节,包括所谓的物体"年龄"指的是什么。

5. 乔什·比林斯说:"大多数人遇到的问题并不在于他们无知,而在于他们知道的很多事情其实是错的。"举例说明三个常见的科学误解,这些错误可能会导致人们在重要的公共议题中得出错误结论。如果想纠正他们的误解,你会告诉他们什么?

6. 对于和放射现象相关的事物,经常让公众心生畏惧。请解释一下,人们为什么害怕放射现象,这种恐惧是否合理。对核电站来说,在现实中能发生而且能觉察到的最坏情况是什么? 历史上有过哪些事件?

7. 裂变和聚变的区别是什么? 它们会在宇宙中的哪些地方(包括人为事件和设备)发生? 会发生裂变的典型的元素都有哪些? 对聚变来说呢?

选择题

1. 太阳中的能量主要是由什么产生的?

A. 化石燃料   B. 中微子   C. 裂变   D. 聚变

2. 原子核的质量最接近

A. 整个原子质量的 99%   B. 原子质量的 1%

C. 原子质量的 10^{-5} D. 原子质量的 10^{-15}

3. 地球的放射性会制造

A. 火山的能量   B. 玩具气球中的氦   C. 间歇泉的热   D. 以上所有

4. LD50 指的是

A. 半数致死剂量   B. 法定剂量   C. 大剂量   D. 最低剂量

5. 你身体具有放射性的主要原因是

A. 身体受到了核试验残骸的轻微污染   B. 医用 X 射线让人体具有放射性

C. 吃了食物中的放射性碳   D. 被来自太阳的中微子击中

6. 广岛原子弹的受害者多数死于

A. 辐射诱发的癌症   B. 炸弹的爆炸

C. 炸弹的沉降物   D. 对炸弹的恐惧

7. 裂变碎片是

A. 放射现象发散出的无害粒子   B. 最危险的辐射种类之一

C. 像幽灵一样穿过地球的粒子   D. 太阳大部分能量的源泉

8. 由化石燃料制造的酒没有放射性，因为

A. 放射性物质已经衰变殆尽了   B. 这样的酒中不含碳

C. 古老的植物从不具有放射性   D. 关键元素半衰期过长

9. 如果一个元素的半衰期很长，这就意味着

A. 它的衰变速度比半衰期短的元素更快　　B. 它的衰变速度比半衰期短的元素更慢

C. 它是一种非常重的元素　　D. 它在衰变时会发出大量的中子

10. 本书作者的腕表的指针中含有氚，因为

A. 他并不担心放射性物质　　B. 氚不具有放射性

C. 外露的辐射水平是安全的　　D. 指针不会暴露任何辐射

11. 在三个半衰期之后，剩下的原子核占的比例为

A. 1/2　　B. 1/3　　C. 1/4　　D. 1/8

12. 在地球上发现的大部分元素被创造时的背景是

A. 在地球形成的最初几百万年间　　B. 在一颗恒星中

C. 在"大爆炸"时　　D. 在超新星爆炸时

13. 美国人口中死于癌症的比例一般是

A. 约 1/10000　　B. 约 1/100

C. 约 1/5　　D. 我们中的大部分人死于癌症

14. 含有镭的表盘会发光，是因为

A. 所有放射性物质都会发光　　B. 按下按钮时电池会提供能量

C. 辐射碰到了磷粉　　D. 它们不会发光，只有氚会发光

15. 选出所有源自放射现象的事物

A. 儿童气球所使用的氦　　B. 火山熔岩

C. 深矿中的温暖　　D. 美国的大部分癌症

16. 在 4 个半衰期后，留存下来的氚被移除。和崭新的氚原子相比，这些原子的预期寿命是

A. 新原子的 1/8　　B. 新原子的 1/4　　C. 新原子的 1/2　　D. 和新原子一样长

17. 1 雷姆的辐射剂量需要每立方厘米内有多少条伽马射线？

A. 约为 1　　B. 约为 5000　　C. 约为 100 万　　D. 约为 20 亿

18. 哪种情况需要的辐射剂量更大？

A. 辐射中毒   B. 引发癌症   C. 以上两项在所需剂量上非常相近

19. 线性假设（多选题）

A. 被认为是正确的   B. 虽然未被证实，但应用范围很广

C. 被认为是错误的   D. 在辐射致死的分析中常常被忽略

20.1 西韦特等于多少雷姆？

A. 1   B. 0.01   C. 100   D. 1000

21. 丹佛的癌症率较低的原因是

A. 那里的辐射量较低

B. 那里的辐射量较高

C. 那里的辐射贝塔射线较少，但是伽马射线较多

D. 我也不知道

22. 由切尔诺贝利事故导致的死亡人数约为

A. 少于 1   B.24000   C.124000   D. 超过 100 万

23. 放射性物质被应用在

A. 手电筒上   B. 电视屏幕上   C. 荧光灯上   D. 烟雾探测器上

24. 中子活化被用在

A. 治疗癌症上   B. 搜索稀有原子上   C. 提供能量上   D. 制造光亮上

25. 脏弹可能没有人们想象中那么可怕，因为

A. 一旦传播开，雷姆剂量就会下降到低于辐射病阈值的水平

B. 脏弹需要钚，而恐怖分子很难获得钚

C. 放射性太小无法致癌

D. 辐射事实上不会离开炸弹箱，甚至在爆炸后也是如此

26. 地球中的放射性物质产生了

A. 我们在气球中充的氦　　　　　　　　B. 让海洋保持为液态的温度

C. 我们呼吸的氧气　　　　　　　　　　D. 鸟类的导航依据

27. 火山的热来自

A. 放射性衰变　　　B. 岩石的重量　　　C. 累积的阳光　　　D. 地球深处的聚变

28. 测定古老骨头年龄的最好办法是

A. 钾氩测年法　　　B. 中子活化　　　C. 受控热核聚变　　　D. 放射性碳测定年代法

29. RTG（放射性同位素热电机）是

A. 一种炸弹　　　B. 医院供能设备　　　C. 起搏器供能设备　　　D. 卫星供能设备

30. 即使铀是放射性的，它也在地球上长期存在，这是因为

A. 宇宙射线会不断制造它　　　　　　　B. 它的半衰期很长

C. 它是太阳上的聚变创造出来的　　　　D. 它是地球上的聚变创造出来的

31. 和 C-12 相比，C-14 原子

A. 拥有更多质子　　　B. 拥有更多中子　　　C. 拥有更多电子　　　D. 半衰期更短

32. 手机辐射

A. 不会致癌　　　　　　　　　　　　　B. 会致癌，但是不值得担心

C. 会在使用者中导致 1% 的癌症　　　　D. 保护使用者不受宇宙射线伤害

33. 辐射病的最低阈值是

A. 1 雷姆　　　B. 100 雷姆　　　C. 500 雷姆　　　D. 2500 雷姆

34. 一般来说，一个人体内天然放射现象（衰变）的速率最接近

A. 0.2 次每小时　　　B. 12 次每小时　　　C. 12 次每分钟　　　D. 4000 次每秒

35. 太阳的能量来源是

A. 铀的链式反应　　　B. 氡的放射性　　　C. 氢的聚变　　　D. 钾-40 的放射性

36. 下面哪种东西每克的毒性最大？

A. 砷   B. 肉毒杆菌   C. 水   D. 钚

37. 来自你身体的放射性

A. 不致癌，因为它是天然的   B. 是半数以上的癌症的诱因

C. 会致癌，但是概率很低   D. 能帮助减少天然癌症，就像放疗一样

38. 食用酒精必须具有放射性，因为

A. 这证明它不是用石油制成的

B. 这样更健康

C. 这说明酒精是"陈年"的

D. 这条并不是必需的，恰恰相反，食用酒精必需不是放射性的

第 5 章

链式反应与核反应堆

多种多样的链式反应

核爆炸、癌症、人口爆炸、闪电、病毒传播（包括生物病毒和计算机病毒），以及雪崩和岩崩，都有一个共同点：它们的基本原理都是链式反应。其他类似现象包括：支配了计算机革命的摩尔定律、复利、聚合酶链反应（PCR）。你将在本章看到，理解这些现象中的任何一个，都会让你增进对其余现象的理解。我们先从国际象棋说起。

国际象棋：数字的链式反应

据传说，古印度的大维齐尔·希萨·本·达哈尔发明了国际象棋，他把这个游戏作为礼物献给了舍罕王。[1] 为了感谢大维齐尔，国王提出送给他一样他想要的奖赏——当然，前提是合情合理。大维齐尔只要了下面这样东西：

> 1 颗谷粒代表棋盘的第一个格子。第二个格子 2 颗谷粒。下一个格子 4 颗谷粒。然后 8 颗、16 颗、32 颗……每个格子都要翻倍，直到 64 个格子都被填满。

国王被这个表面上很谦卑的要求所打动，马上应允了。他拿过自己的棋盘，拿走棋子，要来了一袋麦子准备放进去。但是让他惊奇的是，到了第 20 个格子时，袋子就已经被掏空了。国王又要来了另一袋麦子，但是他接下来意识到整个第二袋麦子都要用来填满下一格。事实上，如果要填上接下来的 20 个格子，他需要的袋子数量和第一袋中的谷粒一样多！而这仅仅填到了第 40 格（图 5.1）。传说并没有记载国王后来是如何处理这位大维齐尔的。

---

[1] 事实上，古代的国际象棋和现代的国际象棋有着很大不同。直到 500 年前，王后每次还只能斜走一格，而象可以越子，就像马一样。

图 5.1

只有前 14 个格中有谷粒的棋盘。左下角的第一格中有 1 颗谷粒，第二格中有 2 颗，第一行接下来的格子中依次有 4 颗、8 颗、16 颗、32 颗、64 颗、128 颗。第二行的格子中分别有 256 颗、512 颗、1024 颗、2048 颗、4096 颗、8192 颗。如果要填充下一格，数量就要加倍。如果所有格子都被填满，那么最后一格中的谷粒会堆得非常高，甚至光也要用一天的时间才能从底端抵达顶端

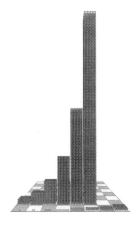

用 2 自乘 63 次就可以得出最后一格中的谷粒数量。用口袋计算器没多久就能算出结果，但是如果你用幂律键，也就是科学计算器上的 y^x 的话，速度就会更快。如果你把 2 自乘 63 次，就等于 2^{63}。所以把 x 设成 63，把 y 设成 2。答案是 9223372036854775808 $\approx 0.922 \times 10^{19} \approx 10^{19}$。如果你要把前 63 个格中的谷粒也算进来，总和 [1] 大约是这个数字的两倍，即 $2 \times 10^{19} = 2^{64}$。在 Excel 中，这个计算也能轻松完成。[2]

如果把最后一个格子中的所有谷粒都放进一个立方体中，那么这个立方体的每个边都会有 200 万颗谷粒。[3] 如果每个谷粒的直径是 1 毫米，那么这个巨大立方体的每个边长达 2000000 毫米 =2000 米 ≈ 2 千米。所以这个立方体有 2 千米长、2 千米宽、2 千米高。我们需要一个非常大的棋盘才能放得下它。如果谷粒需要装进一个 2 厘米 ×2 厘米的格子中，那么其高度将会达到 200 亿千米。在这样的高度下，光需要一天的时间才能从这撂谷粒的顶端来到底端。棋盘上的麦子数量超过了全世界 1000 年的小麦总产量。

这个问题令人惊奇的特性在于，只要 63 步，每一步都没有很过分（只是加倍），最终你将得到一个巨大的数字。这种快速增长就是**指数型增长**。这个名字源自你对一个数字（这里就是 2）进行了一个**指数**（63）运算。指数型增长是我们这一部分讨论的所有现象背后的秘密。

我们在第 4 章的衰变部分描述了类似的现象，只不过那种现象是相反的。对于每个半衰期来说，剩余原子的数量都会减半。这和指数增长正好相反，这种现象被称为指数衰减。

---

[1] 但是总和**只有**两倍大。你知道为什么吗？用一个小一些的棋盘试一下，比如一个只有 4 个格的棋盘。你会发现你在最后一格中放入的数量总会比所有前面格子中的总和多一粒。如果你喜欢数学，可能会想要证明一下这个定理。

[2] 比如在微软 Excel 表格中，把数字 2 填入 A1 位置。在 A2 中，输入等式 "=A1*2"。然后利用扩展功能把这个等式一直向下延伸到第 64 个单元格。单元格 A20 将会含有公式 A19*2,其值为 2^{20};单元格 A64 的值是 2^{64}。在 Excel 中，甚至还有一种更简单的方法。只要把 "=2^20" 填入到任意单元格中就行。脱字符 ^ 的意思是 "达到多少次幂"，所以 2^20 $=2^{20}$。Excel 接下来就会求这个值。

[3] 因为 200 万的立方 =（2000000）^{3}=（2×10^6）^{3}=$8 \times 10^{18} \approx 10^{19}$。

核弹：原子的链式反应

当 1 个中子撞击铀-235（U-235）[1] 的原子核时，该中子很有可能会触发原子核分裂成两大块。这个过程被称为裂变（因与生物细胞分裂类似而得名）。分裂出来的两大块称为裂变碎片（我们在第 4 章中讨论过），而裂变碎片可以说是核弹所产生的最危险的辐射。除了这两大块碎片，这个过程通常还会释放出 2 个中子。这些中子诱发了链式反应。如果附近有其他 U-235 原子核，那么这些中子可能会撞击那些原子核并导致新的裂变。这种加倍的过程会一直持续，直到大量的原子核都被分裂。

在最初的裂变中（第一代），1 个原子分裂成 2 个；在第二代裂变中，2 个被分裂成 4 个，以此类推。到第 64 代，发生裂变的原子数量将会达到 10^{19}，和国际象棋问题中的数字相同。发生裂变原子的总数（包括之前几代）约为该数字的两倍：2×10^{19}。

10 千克的铀中含有多少原子？（我之所以挑选这个数字，是因为国际原子能机构把这个质量称为"大量"——这个量的铀可以被用在核武器中。）答案[2] 是 2.6×10^{25}，比 64 代裂变的原子数多得多。需要多少代裂变才能得出这个数字？要想知道答案，你可以一直乘 2，看看要乘几次。其实用不了多久。只要再加上 20 代（总共 84 代），你就会得到 2×10^{25}。换句话说，在 84 次连续翻倍之后，10 千克铀中的每个铀原子都会发生裂变。

这个过程一共释放出多少能量？每个铀原子核的裂变都会释放出大约相当于 1 个 TNT 分子 3000 万倍的能量。所以 10 千克的铀相当于 3000 万 ×10 千克 =3 亿千克 =300 千吨 TNT。这是原子弹背后的基本原理。（今天很多人喜欢用核弹这个词，因为发生裂变的是原子核，而释放的则是核能。）第一个核弹释放的能量大约相当于 20 千吨 TNT，比我们计算的结果小，这表明在炸弹爆炸之前，并不是每个原子都会裂变。

钚-239（Pu-239）也会发生由中子诱发的裂变。[3] 但是在钚中，通常每个阶段都会释放 3 个中子。那么需要多少个阶段才能达到 2×10^{25}？要想找到答案，你可以用 3 自乘，看看需要多少次。为了方便你回头检查，我们把答案放在脚注中。[4] 我们在本章的后面还会谈到更多关

---

[1] 在地球自然界储量相对丰富的元素中，铀是最重的。铀的原子序数是 92，即它含有 92 个带有正电荷的质子，以及 92 个带有负电荷的电子。铀-235 还有 143 个中子。其原子"重量"是 92 个质子 +143 个中子 =235 个原子核中的重粒子。

[2] 如果你学过化学，你可能知道如何计算这个数字。因为 U-235 的原子量是 235，这就说明每摩尔铀的质量为 235 克。1 摩尔相当于 6×10^{23} 个原子（或分子）。（这个数字就是有名的**阿伏伽德罗常数**。）10 千克的 U-235 中含有的原子数是 235 克铀的 10000/235=42.6 倍，即，其中含有（42.6）（6×10^{23}）$=2.6 \times 10^{25}$ 个原子。

[3] 钚是一种通过核反应堆制造出来的人造元素。该元素的原子序数是 94——它的原子核中含有 94 个质子和环绕原子核的 94 个电子。钚-239 的原子核中还含有 145 个中子。原子量 239 是 94 个质子和 145 个中子的和。

[4] 答案是 53 代，还不如国际象棋棋盘的格子多！

图 5.2

长崎原子弹的蘑菇云（图片来源：
美国能源部）

于原子核链式反应的知识。

在这一部分中，我用了很多数字，现在我来总结几个重要数字：对核武器来说，10 千克的 U-235 已经足够了。如果链式反应对应一连串的翻倍过程，那么只需要 84 代，所有原子就都会分裂。钚需要的阶段则更少，因为它每次裂变能释放出 3 个中子，而非 2 个。

图 5.2 为第二次世界大战期间在长崎爆炸的原子弹。由此导致的死亡人数，我们并没有确切的估计，但大约是 50000—150000 人。"蘑菇云"并不是引发炸弹的核反应专属的，而是任何大型爆炸都会产生的现象。随着爆炸产生的热气体上升后，很容易形成这种形状。普通的爆炸也会产生蘑菇云。

云团中温度较低的部分在达到对流层顶时扩散开来（大概在照片的中间位置），但真正炽热的中心部分仍然在继续上升。

胎儿：子宫中的链式反应

你的生命从 1 个单独的细胞开始，这个细胞是你父亲的精子和你母亲的卵子结合的产物。这个细胞接下来会一变二，这个过程被称为细胞分裂。被分裂出来的一对细胞再次分裂。细胞需要分裂多少次才能组成一个完整的人体？人的身体中约有 10^{11} 个细胞，你可以算一下，$10^{11}=2^{37}$，所以答案就是 37 次。即使每次分裂需要一天时间，整个过程也只要 37 天。

那么为什么胎儿需要至少 9 个月的时间才能出生？答案就是，细胞不能一直保持这样快的分裂速度。细胞要在分裂间隙成长，而这需要很多营养。在这个过程开始后不久，成长的速度就会受限于身体为细胞分裂提供营养的能力。如果胎儿大小确实随着每一代的分裂而加倍，那么在出生前的最后一天婴儿的体重就会加倍。我妻子说，怀孕的感觉就是这样的。

癌症：讨人厌的链式反应

当一个婴儿器官发育齐全时，身体就会"关闭"负责生长的链式反应。完成这项任务似乎需要多种机制。很多细胞保持了在需要时重新打开链式反应的能力。例如，如果你受伤了或者皮肤被割开，那么局部细胞就开始再次增殖。细胞填充伤口的速度不同凡响，因为它们遵从的是链式反应的连续翻倍过程

（细胞的）无限制分裂有巨大的潜在危险，但我们的细胞有几种机制可以在必要时防止出现无限分裂的情况。如果所有机制都失败了，那么该细胞将会领命自杀，这个过程称为细胞凋亡（apoptosis）。

如果你的细胞不幸发生了几种特定的突变，那么这些细胞就会丧失自杀的能力。发生这种情况时，这些细胞就会肆意生长，持续分裂、再分裂。这种情况下，我们就说这些细胞成了肿瘤。如果细胞停留在身体的一个区域，那么细胞获取营养的能力可能最终会限制增殖；这些局部细胞就是良性肿瘤。但是，如果这些细胞突然停止分裂，然后进入血液或其他体液并且流动到身体其他部分，那么这种肿瘤就是恶性肿瘤。通过这种方式蔓延的肿瘤，会到达营养丰富的身体部位，然后继续以无限制的链式反应的方式分裂生长。最终，癌症的发展会妨碍至关重要的身体机能，然后受害者就会死去。

癌症之所以如此可怕，人们之所以会如此迅速地死于癌症，原因就是它利用了链式反应，实现了飞速的生长。

人口爆炸：人口的链式反应

1798 年，托马斯·马尔萨斯写下了《人口原理》。在公众思考的历史上，很难找到比它影响更大的文章。他认为人口增长遵循链式反应的规律。[1] 如果平均每个人有 2 个孩子，那么每 1

---

[1]　他说人口会以"几何比率"增长。根据当时的术语（现在仍然在某些数学课本中沿用），这句话的意思是每一代人口的增长系数都是相同的。如果该系数是 2，那么这种情况就属于连续翻倍。但是任何比 1 大的数字（例如 1.4）都会导致无上限的链式反应。在系数为 1.4 的情况下，人口仍然会翻倍，只不过要花 2 代的时间（$1.4^2 \approx 2$）。

代人口都会加倍。如果平均每个人有 1.4 个孩子，那么每 2 代人口就会加倍（因为 $1.4^2 \approx 2$）。加倍所需要的时间会更长，但是仍然会引发链式反应。

马尔萨斯认为，现有的食物供给不会产生类似的指数增长。食物的增长速度慢得多，因为它受限于现有的土地、水，以及其他资源。所以，人口的增长总是会超过食物的增长。马尔萨斯认为唯一能阻止人口爆炸的东西就是疾病和饥荒。基于这一观点，有人认为，饥荒不仅是不可避免的，而且还有一种重要意义。这真是种灰暗的人生观。马尔萨斯的研究影响力是如此之大，以至于有些人因为这种悲观的看法把经济学称为"忧郁的科学"。

今天还有很多人认为这种人口爆炸是人类将要面临的终极灾难。除了挨饿之外还有一个选择：生育控制。现在想来有趣，早在 1798 年，马尔萨斯就认为人口爆炸已迫在眉睫。从那时起我们的人口已经加倍了几次，而我们现在仍然吃得不错。[1]1968 年，保罗·埃利希写下了论文《人口爆炸》，文中他预测说大规模的饥荒会在 20 世纪 70 年代冲击全世界。最近，他又坚持说这将会发生在 21 世纪初。我希望他能尽快发表一个新的警告，声明这场破坏最终将会在某年以前发生。

我们有理由更加乐观。最近的研究显示，世界人口已经背离了指数增长。读者们可以看看刊登在科学杂志《自然》上的论文《世界人口增长的终结》。联合国估计，到 2003 年，世界人口增长将会放缓，而总人口在超过 100 亿或 120 亿之前就会下降。增长放慢的原因尚不明确，但是有可能是因为人类在吃得好、感觉安全时就没那么喜欢生孩子了。如果这是真的，那么人口爆炸终结的秘密其实很令人高兴：世界上所有人都更富有了。到时候，为了避免污染世界，人们可能很有必要采取和财富相匹配的能源节约策略。这种做法貌似是可行的。

大灭绝后的复苏：繁衍的链式反应

6500 万年前，恐龙灭绝了，但是哺乳动物幸存了下来。为什么？灭绝并不像很多人想的那样简单。并不是所有的哺乳动物都活了下来。事实上，当时死亡的哺乳动物可能达到了99.99%。但只要有多于一对"繁殖配偶"幸存，一个物种就有望重新发展壮大。例如，想象一下，有两只老鼠活过了艰难时期。假设老鼠大概需要一年的时间用来生长和繁殖，那么老鼠的数量每年都会翻倍。只要 56 年的时间（地质学意义上的一瞬间），它们就能繁殖出多到足以像地毯

---

[1] 就今天而言，似乎有足够的食物可以喂饱所有现在还活着的人。世上仍然有人挨饿甚至饿死，但不是因为食物短缺，而是因为现有的食物并没有分配给有需要的人。

一样完全铺满地球表面的老鼠。[1]

当然，这种大规模的鼠口爆炸从未发生。老鼠的数量被有限的食物、疾病，以及与其他动物的竞争所制约。但是这个例子说明，除非灭绝发生得十分彻底，能消灭整个物种（即没有留下繁殖配对），否则我们在地质史上是很难找到大灾祸的。老鼠作为一个物种重新发展起来了，而恐龙却没有。事实证明，6500 万年前，所有的大型动物都灭绝了。这可能是因为这些动物数量稀少而且需要很大的领地才能生存。当它们中的 99.99% 被杀死后，幸存者就不太可能像那些小家伙一样找到伴侣了。

有时，新物种被引入到了没有天敌的环境中，种群数量激增的情况就会出现。1859 年，有 24 只兔子被放生到澳大利亚。7 年之后，14253 只兔子在托马斯·奥斯丁的土地上作为狩猎活动的猎物而被射杀，奥斯丁就是最初放了那 24 只兔子的人。1869 年，奥斯丁已经在自己的土地上杀死了 200 万只兔子，他终于意识到他犯了一个天大的错误。野兔现在仍然是全澳大利亚的主要有害动物。

没人知道"花衣魔笛手"[2] 故事中的鼠疫是由什么东西引起的。

DNA"指纹"：聚合酶链式反应

在你身体的每个细胞中，都有一堆被称为 DNA 的分子，这种分子所包含的信息管理着你的身体。在不同人身上，这些分子的结构几乎一模一样。DNA 中含有的遗传密码会指导细胞如何增殖、如何呼吸、如何活动。但不同人的 DNA 会拥有不同的小组件，譬如决定你眼睛颜色的那个部分。你的 DNA 半数来自你的父亲，半数来自你的母亲，所以你的 DNA 和他们非常相似，但是不完全相同。（如果你的 DNA 和另一个人的 DNA 一模一样，那么你要么是同卵双胞胎中的一个，要么是个克隆人。）

DNA 指纹图谱关注的就是 DNA 中这些因人而异的部分。如果你在这些区域上采集到足够多的信息，你就有了一份独一无二的身份证明。相比毫无血缘关系的人，近亲在这些区域中会有更多的相同之处。

DNA 指纹图谱制作的一个潜在的难点就是，解码的方法（也就是确定重要区域片段的确切序列）在分子数有限的情况下并不奏效。DNA 指纹图谱制作需要数十亿份 DNA 分子的复件。

---

[1] 地球表面约为 5×10^{18} 平方厘米。56 代之后，老鼠的数量就是 $2^{56}=7 \times 10^{16}$。也就是说每只老鼠占据的面积为 10 厘米 × 10 厘米，包括海洋。

[2] 花衣魔笛手是德国童话中的人物，他被请来驱逐镇上的老鼠，却拿不到报酬，一怒之下用笛声把镇上的小孩都拐走了。——编者注

这就是链式反应出场的时刻了。链式反应利用的原理是：DNA 本来就是一种会自我复制的分子。在一个细胞分裂成两个之前，DNA 分子会制作一份自己的复件，从而确保相同的 DNA 可以存在于每个细胞中。凯利·穆利斯是来自圣地亚哥的生物学家兼冲浪运动员，他在加利福尼亚的山脉中开车时意识到了这种现象的潜在价值。他发明的 PCR（聚合酶链反应）改造了生物学，并且在 1993 年为他赢得了诺贝尔奖。

穆利斯意识到即使他只有 1 个 DNA 分子，也能利用链式反应来获得数十亿份复件。这个过程需要用化学品来触发一段 DNA 分子（这段 DNA 因人而异）进行复制。链式反应通过含有 DNA 的液体的温度循环实现。当温度较低时，DNA 中的目标部分会制造所谓的互补链（complementary strand），而互补链会和原 DNA 保持相连。这样的混合物被加热后（接近沸腾），两个互补链就会分离。冷却下来之后，原 DNA 和互补链都会进行复制；然后它们又会因为加热而分离，接下来这个循环不断重复。在 35 个循环之后（不到 1 个小时），就会产生 3.4×10^{10} 份复件，即 340 亿份复件。这就让科学家有足够的材料来确定片段中的确切遗传密码。

PCR 的应用：
破解迷案

有了 DNA 指纹图谱，仅仅根据人们身上的几个细胞，我们就能确定他们是谁。在世贸中心袭击和哥伦比亚号航天飞机空难后，我们用这种方法来鉴定尸体残骸。我们还利用这种方法来解救无辜的人，这些人因为自己没有犯的罪而等候处决。截至 2007 年，DNA 指纹图谱的鉴定结果表明，超过 200 个等待处决的囚犯其实被冤枉了。早在 2003 年，伊利诺伊州的州长乔治·赖安就担心是否会有无辜的人被处决，所以他为伊利诺伊州每一位被判死刑的囚犯进行了减刑——一共有 156 人。犯罪现场的血迹和这些人的血型吻合，但 DNA 指纹图谱比对这种准确性高得多的方法，也许能证明血迹不是这些人留下的。

PCR 也可以用来给罪犯定罪。这种方法可以在排除合理怀疑的情况下鉴定出强奸犯。这也可以对比父亲和孩子的 DNA，是一种证明父系血统的可靠方法。甚至在父亲去世 200 年以后，这种方法仍然能派上用处——证明莎丽·海明斯的后代也是托马斯·杰斐逊总统的后代，海明斯是杰斐逊家的一个奴隶。在这个案例中，研究人员比对了杰斐逊已知后代的 DNA 和莎丽·海明斯后代的 DNA。两者 DNA 之间的匹配度虽然并不很高，但远超过毫无关系的人之间的匹配度。

疾病和流行病：病毒和细菌的链式反应

在你身体中复制的病毒或细菌利用链式反应就能达到巨大的数量。如果你的身体需要把主要资源花费在杀死微生物上，那么你就会感觉不舒服。如果这样也无法阻止微生物的指数增长，你就会死。

链式反应中的数学也可以用来描述流行病的传播。假设有 1 个人感染了天花病毒。这个人可以通过与其他人接触或呼吸时的唾液飞沫来传播病毒。如果 1 个人感染了 2 个人，而他们又分别另外感染了 2 个人，以此类推，只需要 33 个这样的阶段就能感染整个世界（因为 $2^{33}=86$ 亿 > 世界人口）。更糟的是，假设第 1 个人感染了 10 个人，而他们每个人都另外感染 10 个人，那么只要 10 个阶段，被感染的人数就会达到 $10 \times 10 \times 10 \times 10 \times 10 \times 10 \times 10 \times 10 \times 10 \times 10 = 10^{10}$，比世界的总人口还多。在过去，这样的传播因为人们无法进行远距离旅行而受到了限制，所以疫病只能发生在局部地区。但是今天，我们有了飞机，1 个被感染的人就可以感染上千人。

请注意，不是所有疾病都会按链式反应发展。当人类被炭疽感染后（就像在 2001 年的恐怖袭击中发生的那样），这种疾病并不会人传染人。被感染的人会生病，有些会死，但是这种疾病并不像链式反应那样传播。

计算机病毒：电子链式反应

计算机病毒的传播遵循着和其他链式反应相同的法则。计算机系统中的一个病毒可以通过复制或分享中毒程序传播到其他系统上。电子邮件如果允许一条信息自动转发（比如发送给你邮件列表中的所有人）或者附有木马程序，那么邮件就可以像链式反应一样传播。

这样的计算机病毒的传播速度之所以不同凡响，部分原因在于链式反应每一阶段的倍数可以非常巨大。比如，如果有 1 台被感染的计算机传染了 100 台其他计算机，那么这种病毒就可以在 4 个阶段内传播到整个世界（因为 $100^4=10^8$，而这个数字大于全世界的计算机总数），至少在理论上看这是可行的。当然，感染无法传播到不在任何人邮件列表里的人，或者用杀毒软件截取并"杀死"病毒的人。

都市传说

故事、笑话以及流言的传播也遵循链式反应的规律。如果你听说了一件你认为很有趣的事，然后你告诉了两个人，而这两个人又都各自告诉了两个人，那么连续翻倍就会让这个故事像爆炸一样传播。这些故事中最吸引人的一种就是都市传说。你曾经听说，短吻鳄宝宝被当礼物送给了小孩，然后当短吻鳄长到太大时就被扔进下水道，现在它们生活在城市的下水道中。你告诉了一些朋友。这个故事传播开来，虽然它并不是真的。其他著名的都市传说还包括万圣节时放在苹果中的刀片，以及导致加油站爆炸的手机。

这种都市传说的一个特征是，当你告诉别人时，得到的回答往往是"噢，我知道，大家都知道"，即使这个故事最后被发现其实是假的。

互联网让都市传说的传播速度加倍，因为从此故事可以借助网络跨越更长的距离。你不需要和别人靠得很近就能讲故事。与此同时，都市传说也可以被轻松揭穿。现在有一个致力于研究都市传说及其历史和真相的网站。看你是否能发现你"信以为真"的东西其实是假的。

崩塌：岩石或雪的链式反应

从岩架上坠落的 1 块石头砸掉了 2 块石头。这 2 块石头各自又砸掉了 2 个，以此类推。这就是崩塌。连续翻倍适用于此。

如果每块石头砸掉了少于 1 块的其他石头，那么崩塌就会逐渐减弱并且最终停止。比如，假设我们来到了一段斜坡，斜坡上的每块岩石平均砸掉 0.5 块其他岩石，然后停下来。假设岩崩带着 64 块石头在这段斜坡滚下来。在 4 个阶段之后，被砸掉的石头等于 $64 \times (0.5)^4$，即 $64 \times 1/16 = 4$。当岩崩到达不太陡峭的斜坡时通常会发生这种情况，因为岩石更稳定地停在了地面上，不容易松动。

雪崩也比较类似，虽然雪通常不会形成像岩石这样结实的大块物体。但是跟岩崩一样，雪崩在碰到不陡峭的斜坡时也会停止。

闪电：一种电子崩

火花，及其个头更大的亲戚——闪电，也是链式反应的例子。事实上，这些现象和岩崩非常类似。电子的电压很高时就会产生火花（见第 6 章），因为电子摆脱了束缚它的东西并且在空气中加速。如果电子（通过和落在后面的其他电子相互排斥）获得了足够的能量，那么它就能把空气分子上的另 1 个电子击落，于是通过这种方式获得自由的电子数量就翻倍了。现在我们有了 2 个电子，加倍后会获得 4 个、8 个，然后是 16 个。电子的数量会呈指数增长，然后就形成了火花（或闪电）。在闪电中，电子和空气分子的碰撞加热了空气，导致空气迅速膨胀（产生了雷）并且发出光（产生了可见的雷击）。

复利也是一种链式反应

复利指的是你可以用利息赚取利息。如果你投资的年利率是 5%，那么一年后，你的资金就达到了你最开始投资时的 1.05 倍。两年之后，金额为（1.05）×（1.05）=（1.05）^{2} 倍，14 年之后，金额为初始金额的（1.05）^{14} ≈ 2 倍。你的钱每隔 14 年就会加倍一次。28 年之后，这些钱就会长到 4 倍，而 3 次加倍（42 年）之后，你的投资就会增长到 8 倍。

复利是链式反应的一种形式。加倍会创造出两份金额，每一份都和初始金额相同，而每一份都将继续加倍。这就是为什么两者的计算方法是完全相同的。

假设你从 1000 美元开始投资，想成为一位亿万富翁，那么你要让本金扩大至 100 万倍，约为 2^{20} 倍。从这个算式可以看出，扩大 100 万倍需要 20 次加倍。如果每个倍增周期需要 14 年，那么一共需要 280 年，如果忽略通货膨胀，你的 10 亿美元将会价值连城。要真正成为一位白手起家的亿万富翁，你的财富每次翻倍时间不能超过 1 或 2 年。

计算机的摩尔定律：指数增长

我们在链式反应中看到的连续翻倍也会出现在其他现象中，其中最著名的现象之一与计算机技术有关。1965 年，集成电路产业的奠基人之一戈登·摩尔发现芯片上可以容纳的基本元件数量在过去的 6 年中每年都会加倍。根据他对该技术的了解，他预期这种趋势至少将会持续到 1975 年。他预测，那时每个芯片不再只能容纳 50 个元件，而是 65000 个元件！

摩尔的预测听起来可笑，以至于漫画家抱着取乐的目的夸大描绘他——有一天消费者将会购买自己的手持计算机，甚至在商场里就能买到。下面这张漫画出现在了当年的原稿中（图 5.3）。今天，漫画中的这一幕已经成为现实，我们已经很难想象，在 1965 年，它本来想要表现的是一个搞笑而荒谬的推断。

当摩尔的预测逐渐成真时，报纸注意到了这种现象，并命名为摩尔定律。这条定律似乎也适用于除元件密度之外计算机的其他方面，包括处理器速度以及磁盘存储量。20 世纪最后的

图 5.3

如果摩尔定律正确，我们就可以预测漫画中这种荒谬的未来（绘于 1965 年）

图 5.4

摩尔定律。请注意每条水平线都代表了 10 倍的增长。在过去的 40 年中，计算机的性能大概增长了约 100 万倍

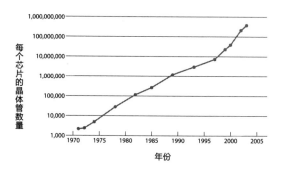

35 年的平均加倍周期被证明是 18 个月。所以，在这 35 年中发生的计算机技术爆炸真的很类似于核爆炸。怪不得这种发展会让很多人感觉眼花缭乱。图 5.4 显示的是这种增长的图表。

这张图显示了最先进的英特尔商业芯片上的晶体管的数量（一种开关元件，作用跟老式计算机上的老真空管相同）和年份的对比。请注意左侧的刻度是对数式的——这意味着每一条水平线代表的数量都是其下方水平线的 10 倍。它在普通平面直角坐标中是一条曲线，被标绘到对数坐标中，却变成一条直线！

这种增长在我看来更加神奇，因为在我小时候，便携式收音机里面只有不到 10 个晶体管。（当人们今天使用晶体管这个词时，指的其实是"晶体管收音机"。但是对于这张图来说，我们指的是单独的晶体管元件的数量。）

杰克·基尔比被授予 2000 年的诺贝尔物理学奖，理由是他和罗伯特·诺伊斯共同发明了有望飞速增加元件数量的集成电路。但是我们并不理解摩尔定律真正的原理。在过去 20 年里的每一年，都会有人在杂志中发文解释为什么摩尔定律将会马上失效。到目前为止，这些文章都能提出"充足"的理由，而它们最终总会被证实是错误的。我相信摩尔定律至少会在未来 10 年内继续有效，但是 10 年后的事情我就无法预测了。我们即将达到"小"的极限（因为一条电路不可能比一个原子还要小），但是我们还没有开发第三维度的能力（即不仅把电路并排放置，也上下叠放。）

折纸

研究连续翻倍的一个特别简单的方法就是折叠一张报纸。假设你拿着一张报纸，把它对折，它就变成了 2 层，再对折就会变成 4 层，再对折就是 8 层。

打赌某个人不能把一张报纸折叠 8 次是一种老把戏。我们来看看当你这么做时将会发生什么。（我鼓励你真正动手试一下！）我们来看看折了 7 次的纸，一共有 2^7=128 层。要想知道这叠纸有多厚，你可以量一下一本书前 128 页有多厚。我量过后发现厚度约为 0.25 英寸 ≈

0.63 厘米。

请注意，你每次折叠后，宽度都会减半。一份平摊的《纽约时报》宽度约为 27 英寸。在折了 7 次后，宽度应该是原来的 1/128，即 27/128=0.21 英寸 ≈ 0.54 厘米。

现在，如果要折第 8 次，你就需要折叠一个 0.25 英寸厚，但只有 0.21 英寸宽的东西。你在折叠一件厚度比宽度大的东西！这就是为什么这件事无法做到——除非你折的是一张非常大的纸，而非一张报纸。

树木的分枝

通过连续翻倍，几步就能产生大量的物体，接下来我将用最后一个例子来解释这种现象。假设一棵树的树干可以分为 3 根大树枝，而每根大树枝又可以分成另外 3 根树枝。假设这些树枝再继续分 6 次，最终每根树枝末端都有 3 片叶子，那么这棵树上有多少片树叶？[1] 你是否认为大自然通过这样的手段简化了树的设计密码？假设除了连续翻倍之外，它还加入了一个随机过程。例如，每根树枝生出 2 根新树枝的概率可能是 50%，生出 3 根新树枝的概率约为 30%，生出 4 根的概率是 20%。这就会构成一棵更有趣的树。找一棵真的树看看是不是这么回事。

核武器的物理学基础

就在人们发现由中子诱发的裂变会制造出更多的中子之后，一种可以释放巨大核能量的潜在方法就浮出水面。核链式反应的概念于 1932 年在英格兰首次提出，提出者是核物理学家利奥·齐拉特。在芝加哥大学，一个由恩里克·费米带领的团队于 1942 年首次实现了真正的核链式反应。

如前面讨论的，核链式反应利用的是每次铀裂变都会产生多个中子的原理。如果我们可以让这些中子撞击其他铀原子核，那么很快连续翻倍就会造成几乎所有原子核的裂变。这样的翻倍过程发生 80 次即可。达到这种状态的关键关乎一个概念，**临界质量**。

---

[1]　3^9 =19683。如果每片叶子都是 10 厘米 × 10 厘米，即 100 平方厘米，叶子表面的总面积就是 1968300 平方厘米 = 196.8 平方米。

临界质量

要让铀发生链式反应，就必须有足够的材料，这样射出的中子才能击中其他铀原子核，而不是顺着原子核之间的缝隙逃出核弹。如果有足够的铀围绕在初始裂变周围，中子不会逃逸，那么我们就说铀达到了**临界质量**。在很多年里，临界质量的值被视为高度机密，因为这其实比很多人想象的要低。基于铀裂变的核弹和基于钚裂变的核弹临界质量是不同的，部分原因在于钚裂变时会发射出更多的中子。

要达到临界质量，就必须有足够的材料，这样在每次裂变后才会有多个射出的中子击中其他原子核，保证链式反应的持续。简单计算一下，[1] 这需要一个半径为 13.5 厘米的铀球，重量为 200 千克 =440 磅。在第二次世界大战期间，如此大量的 U-235 是无法获得的，而这可能就是德国人（在物理学家海森堡的指导下）放弃研发核武器的原因。但是美国人在 J. 罗伯特·奥本海默的带领下发明出了降低临界质量的方法。根据《洛斯阿拉莫斯入门书》，最重要的方法就是在材料表面添加一个中子反射层。根据赛博尔所说，U-235 的临界质量可以被降低到 15 千克，而 Pu-239 的临界质量可以被降低到 5 千克。一个杯子就能装得下这些钚。[2]

临界质量这个词已经从物理学扩展到我们的日常语言中。一个问题由一个或两个人来解决可能不够，但是如果你召集了达到临界质量的人数，解决问题的进度可能会突飞猛进。

铀弹

摧毁广岛的核弹是一颗从 U-235 的裂变获取能量的"枪"型炸弹。这里的枪，指的是一块 U-235 通过炮筒射向另一块 U-235；它们的结合超过了临界质量，于是裂变链式反应开始释放出巨大的核能，从而导致爆炸。整个炸弹包括炮筒重量为 4 吨。裂变链式反应所释放出的能量相当于 13 千吨 TNT。在广岛被摧毁的次日，时任美国总统哈里·杜鲁门错误地宣布该核爆当量[3] 为 20 千吨。这是有史以来爆炸的第一个铀装置。它没有经过试验。（之前在美国新墨西哥州阿拉莫戈多测试的是一颗钚弹。）该装置的设计极其简单，所以人们认为进行试验是对铀的浪费。在这枚铀弹空投之后，美国人就没有足够的铀来制作新的铀弹了，但是核电厂很快就生产出足以制造出下一颗铀弹的材料。

---

[1] 这个计算出现在罗伯特·赛博尔的《洛斯阿拉莫斯入门书》（1992）中。

[2] 钚的密度是 20 克 / 立方厘米，所以 5 千克 =5000 克的钚可以被装进 250 立方厘米中，也就约等于一个标准杯的体积。

[3] 当量，即换算为标准单位（在这里标准单位是 1 单位 TNT 炸药所产生的能量）后得到的数量。——编者注

图 5.5

展示了一张广岛核弹的照片。圆柱外形内部安有枪管（更像炮筒）。

钚弹的制作更加困难。因为这个原因，在军方为核弹挑选材料时会选择铀，因为其设计非常简单。但是这样的炸弹需要高浓缩的 U-235，而这种材料并不容易获得。从土地中挖掘出来的铀中，U-238 的含量是 99.3%，而 U-235 的含量只有 0.7%。只有稀有的同位素 U-235 可以被用来制造核弹。要想把这种同位素和更常见的同位素分离开来是非常困难的。

电磁型同位素分离器

1991 年海湾战争结束后，联合国发现伊拉克已经建成了能把 U-235 从自然铀中分离出来的装置。但是这些装置（图 5.6）并不是我们预想的现代离心机或激光系统，而是电磁型同位素分离器（Calutron）。这是欧内斯特·劳伦斯发明的一种有效但缓慢的装置。劳伦斯在"二战"期间发明了这种装置（图 5.7），用于轰炸广岛的 U-235 几乎都是用他的系统分离出来的。

图 5.6

伊拉克的电磁型同位素分离器。照片展示的是国际原子能协会摧毁了电磁型同位素分离器后留下的碎片。这台设备已经把铀浓缩成了 35% 的 U-235；这仍然不能满足核弹的需要，但是只需要再进行几步就能把浓度提高到 90%（图片来源：美国能源部）

图 5.7

在加州大学伯克利分校建造的最早的电磁型同位素分离器。铀离子沿着 C 的形状在半圆路径中移动。铀离子在强磁场的作用下被转入到这条路径中（图片来源：美国能源部）

气体离心铀浓缩

分离 U-235 最现代、最有效的方法就是用气体离心机。铀和氟混合后形成六氟化铀气体，然后我们把这种气体装入快速旋转的圆筒中。较重的 U-238 形成的气体趋向于集中在圆筒的外侧，而更轻的 U-235 则留在了靠近中心的地方。这些气体随后便被排出，如图 5.8 所示。事实上，一台离心机能实现的浓缩程度是很小的，气体必须通过上千台离心机的处理，才能获得核电站或核武器所需要的浓缩程度。

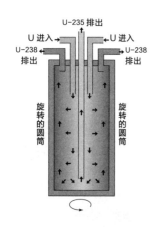

图 5.8

用于 U-235 提纯的离心机设计

离心机和核扩散

现代离心机在做到有效的同时，体积也可以相对缩小。因为离心机的旋转速度很快，为了防止自身开裂，离心机必须由非常坚固的材料制成。一种关键的新材料被称为**马氏体时效钢**（maraging steel），这

头条物理学

图 5.9

俄亥俄州的离心机群（图片来源：
美国能源部）

种材料主要被用在铀离心机、火箭主体和高性能的高尔夫球杆上。美国有关部门在发现有国家进口或制造大量的马氏体时效钢时会变得非常警觉，除非这些国家是高尔夫球杆的主要制造商。

　　一家普通的离心机工厂配有几千台离心机（图 5.9），但是所有离心机只需要一间阶梯教室就能容纳下。这样的系统可以每年为几颗核弹提供足够浓缩的铀。有关部门很难找到隐藏的离心机工厂。这类工厂不需要大功率，而且也很安静（为了防止圆筒把自身旋出去，它们必须达到精巧的平衡）。

　　在近期国际上的核扩散事件中，最常用的铀浓缩设备就是气体离心机。巴基斯坦科学家阿巴杜·卡迪尔·汗研发了离心机，并把技术分享给其他国家，其中包括朝鲜和利比亚。利比亚在 2003 年开始支持防止核武器扩散，决定放弃离心机，这时美国才发现了这个巴基斯坦的项目。图 5.10 是利比亚离心机的部件。

图 5.10

小布什正在检查来自利比亚离心机
工厂的圆筒（图片来源：美国能源部）

钚裂变炸弹

在阿拉莫戈多测试的核弹和在长崎投下的核弹都是钚弹，使用的是 Pu-239。钚相对比较容易获取，大部分核反应堆（包括用于生产电力的核反应堆）都会生产出钚，只要通过化学方法就可以将其分离出来。但是，钚中通常含有比例很高的 Pu-240，该同位素放射性太强，在链式反应完成之前就会使炸弹爆炸。所以，这里必须采用一种特殊设计：**内爆**。相关的构思、工程、构建都很困难，恐怖组织这样的小型团体基本无法建造出钚弹。这样的核弹通常需要倾全国之力才能制造出来。

空投在长崎的核弹的核爆当量为 18 千吨。它只用了 6 千克的钚（约为 13.5 磅）。一个咖啡杯就可以轻松装下这么多的钚。每克钚的当量之所以相对较高（与铀相比）是因为钚在裂变中发射出的中子比铀多，所以反应发生得更快，我们在钚炸飞之前得到了更加完整的链式反应。

如果 6 千克的钚完全裂变，就能释放相当于 100 千吨 TNT 的能量。但是由于爆炸过于强烈，核弹在链式反应穷尽前就已经四分五裂了。"二战"期间的核弹计划的真正挑战就是钚的压缩，这样做的目的是为了使链式反应能够"反应完全"。事实上，第一颗核弹的 18 千吨当量（在阿拉莫戈多的试验中爆炸）说明有 18% 的原子核发生了裂变。在 2006 年，朝鲜进行的核试验产生了 400 吨（0.4 千吨）当量，说明核聚变的比例不高于 0.5%。（材料总量不可能低于临界质量。）这就是为什么大多数人认为这次试验投了个"哑弹"。朝鲜在 2009 年进行的第二次试验规模更大，针对这次的当量，一种确切的估计是 1.6 千吨。但是即使在这次试验中，裂变率也只有 1.6%。

钚通常会被排成一个空心球，外面布满爆炸物。爆炸物把这个空心球向内推成一个小团，并且对其进行压缩（虽然它是固体）。压缩让原子彼此挨得更近，这样链式反应产生的中子就不会从原子间泄露。所以，压缩后的钚的临界质量比未压缩的钚要小。

图 5.11 展示了这枚核弹的照片。请注意，它比广岛铀弹更接近于球形。这反映了内爆所需

图 5.11

美国在长崎空投的内爆式钚弹。根据外形我们可能会猜测它含有一个由爆炸物组成的球面（图片来源：美国能源部）

要的爆炸物球形外壳。

你应该仔细观察一下这张照片，然后思考一下这个小装置所造成的巨大破坏。这反映出了化学能和核能之间高达百万倍的差距。

这些爆炸物经常使用特殊的爆炸"透镜"——让爆炸物组成特殊的布局，从而使爆炸汇聚于一点。

热核武器或"氢弹"

氢弹也被称为热核武器，因为它利用钚或铀的裂变炸弹所产生的热来融合氘和氚的分子。这个过程的发生需要三个阶段。首先，裂变炸弹的爆炸制造出大量的热；然后这些热让氘和氚获得足够的能量从而克服它们彼此之间的天然排斥（两者的原子核都带正电）并进行融合；第三步，这种聚变释放出能量和中子，高能中子会使包围在所有东西之外的铀容器（由 U-238 制成）内部发生裂变，而这会释放出更多的能量。[1] 经过试验的最大氢弹（从未在战争中使用过）释放的能量超过了 5 千万吨 TNT。这里说的是千万吨，而不是千吨！

氢弹的"秘密"（直到十几年前这还是高度机密）就是让钚裂变炸弹发射出足够的 X 射线，这些射线从铀容器弹回后压缩并点燃氘/氚组合。还有第二个秘密，但是这一点在很久以前就已经被公之于众了。同类核弹可以用一种名为 Li-6 的稳定（非放射性）锂同位素而不是氘作为聚变燃料。这是一种固体，所以这种材料可以在高密度的状态下存放。裂变武器发出的中子打破了 Li-6，从而制造出氚。于是，燃料可以在炸弹爆炸的相同时间（微秒级）被制造出来。聚变燃料通常都是锂和氘的结合物，被称为氘化物。

助爆型裂变武器   你可以通过增加一个装有氘/氚气体的小容器来提高裂变炸弹的能量。在爆炸产生的热中，氘与氚融合，释放出更多的能量和中子。有了额外的中子，裂变炸弹中的链式反应会更加彻底，从而增加炸弹的当量。助爆型裂变武器会利用聚变，但目的是产生更多的中子来分裂钚，而不是产生能量，所以这种武器通常不被视作一种聚变炸弹。

---

[1] 虽然必须用 U-235 来保证链式反应持续发生，但是聚变反应只要产生了高能中子，这些中子就会分裂 U-238 并且释放能量。不过，光凭 U-238 本身无法维持链式反应，所以只有把 U-238 加入聚变炸弹才有效果。

术语：原子弹、
氢弹等

利用原子核的能量来释放能量的炸弹可以被当之无愧地称作**核弹**。过去，美国一些政治人物把"核"（nuclear）读作"哈"（nukular）——大部分学者认为这是错误的。但是很多核工程师和炸弹设计师继续使用"哈"的发音，并把这件事当成了某种传统。杜鲁门把投放在日本的炸弹称为"原子弹"（atomic bomb）。这个俗称被沿用至今，它的合理之处在于，在原子弹之前的炸弹确实是利用了分子的化学反应的"分子弹"，而**原子弹**是第一种释放出原子内部巨大能量的炸弹。我还听说，炸弹的设计师担心**核**这个词会让人认为这是一种生物武器，因为在第二次世界大战之前，核这个词经常和生物细胞的细胞核联系在一起。

以氢聚变为基础的炸弹经常被称为**氢弹**。而科学家们通常会使用**热核弹**（thermonuclear bomb）这个名称。**热核**（thermonuclear）这个词代表聚变发生的前提条件是高温（热的由来）。融合的原料由氚和氘这两种氢的同位素组成。

两者的缩写也很常见，分别是 A-bomb（原子弹）和 H-bomb（氢弹）。

沉降物

大型（兆吨级）核武器的很大一部分危害来自核沉降。沉降物中包含核弹中的铀或钚的裂变碎片。如果核弹在地表附近爆炸，沉降物就会特别可怕。（为了对城市进行尽可能大范围的冲击，广岛和长崎的核弹在高空中爆炸。）如果核弹在地表附近爆炸，很多尘土和其他物质就会被卷入爆炸的火球中。这个火球会升到空中。通常来说，很多放射现象会在高空中发生，因而不

图 5.12

核爆炸发生在旧金山地表的模拟效果。画圈区域被爆炸所摧毁。在最下面的那张图中，圈外边的区域也有可能被大火摧毁。上：当量1千吨，相当于 2006 年核试验的爆炸效果。中：当量2万吨，威力相当于第二次世界大战期间投放的核弹。下：当量 100万吨，威力相当于美国 B-52 轰炸机运载的核弹（采用 FAS 线上计算机计算）

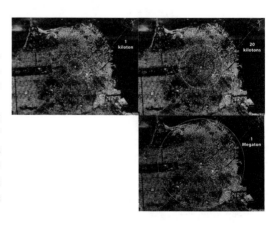

会伤害到任何人。但如果掺杂有很多尘土，那么裂变碎片就容易跟随沉重的尘土一起下落，并且把放射性物质带到地面上。这是大型核弹的主要危害。

裂变碎片有很大一部分（超过 5%）都是同位素锶-90，这是一种放射性很强的物质，半衰期为 29 年，它会进入到食物供给中。20 世纪 50 年代的人都很担心核试验会带来长期影响, 锶-90 这个词当时是众所周知的。这种同位素会落到草地上，被奶牛吃掉，然后通过奶传递给孩子，然后在骨骼中富集（因为该元素的化学性质和钙相近）。

核武器的现有储备

美国现在大约有 12500 枚核武器，但这些武器并没有全都处于待命状态。这些核武器约有 10 种不同的"设计"，但是大多数都来自聚变和裂变。俄罗斯的核武器储备与此类似。为什么会有这么多？在冷战期间，美国害怕苏联搞突然袭击（珍珠港重演？），并且假定大多数自己的武器都会被这样的袭击所摧毁。美国要确保即使只有 1% 的武器幸存下来，也足以摧毁对方。美国假定，如果苏联知道这一点的话，就不会发动袭击。电影《奇爱博士》讲的讽刺故事就是这种策略可能的后果。

现有核储备所面临的大问题关乎（通过条约）减少核武器以及**核武器储备管理**。核武器储备管理关注的是核武器的老化，有些人认为它们可能会失效。从前，我们会通过周期性试验来确保核武器的功能性，但是现在我们已经进入一个决心要终止所有相关试验的时代。（这种努力主要是为了防止其他国家发展核武器。）所以利弗莫尔[1] 和洛斯阿拉莫斯[2] 有一个大项目，其目的就是在不引爆任何核武器的前提下找出验证可靠性的方法。这是一项重大的技术挑战。

▌核反应堆

发生**持续**链式反应的装置就是核反应堆，这不涉及翻倍。事实上，每次裂变发射出的中子平均只有 1 个会击中另 1 个原子核，进而导致另一次裂变；就像每对夫妇平均有两个孩子，人口不会增长。一个持续运转的核反应堆输出的功率不会增长，而是恒定的。

核反应堆的功率以热的形式输出，就跟煤或汽油燃烧时一样。通常来说，我们用热把水烧

---

[1] 美国加州西部城市。——编者注
[2] 美国新墨西哥州中北部群山中的城镇。——编者注

成蒸汽，然后蒸汽可以带动涡轮。（涡轮其实就是一架风扇，因为蒸汽膨胀通过涡轮，所以涡轮就会旋转。）想想看：超级高科技的核潜艇其实只是在用铀来烧水而已！

商业核反应堆主要使用 U-235 作为燃料，就像在核弹中一样，只是铀并没有浓缩到核弹所需要的品质。还记得吗？天然铀中只有 0.7% 的 U-235，剩下的都是 U-238。如果想要在炸弹中使用，U-235 的含量必须被降低到 80%。但是对于核反应堆而言，只要降低到 3% 就可以了。（加拿大的核反应堆是个例外，该装置名为**加拿大重水铀反应堆**，我们随后将会讨论到。）

为什么反应堆可以使用浓缩程度不太高的燃料？有两个原因：第一，核反应堆不需要每个原子核发出 2 个中子撞击 U-235，只要有 1 个完成撞击就够了。所以，2 个中子中只要有 1 个被吸收就可以了——这是核反应堆的要求，不是核弹的要求。被很多 U-238 包围也并不是那么糟糕。

但是还有另一个更重要的原因：核反应堆使用**慢化剂**。慢化剂是一种掺在燃料中的化学品，这种物质会在不吸收中子的情况下减慢中子的速度。最常见的慢化剂就是普通的水（H_2O）、重水（氧化氘，D_2O），以及石墨（几乎是纯碳）。慢化剂中的原子核很轻，而且不会吸收中子。中子击中慢化剂后就会被反弹回来，但过程中它们会丧失一点能量。在足够的反弹之后，中子就达到了预期速度，这一点会通过它们的温度反映出来。为了表明这些中子通过减速而达到了这种速度，我们称其为**热中子**。

在商业核反应堆中，裂变发射出的快中子从慢化剂上反弹回来，成了热（慢）中子。这些中子更容易被其他 U-235 原子核吸收，所以 U-235 的浓缩（浓度）不需要达到 80%，只要达到 3% 就足够了。

核反应堆会像原子弹一样爆炸吗？

一颗原子弹需要快中子（而非慢中子）才能在炸弹爆炸前完成完整的 80 代链式反应。在 80 代裂变后，温度就会达到几千万摄氏度。炸弹在此时没有爆炸的唯一原因，就是时间不够！对于慢中子，链式反应就会变得更慢。

这是一个重要的事实：**商业核反应堆依赖的是慢中子**。这一点之所以重要是因为如果核反应堆开始"失控"（即操作员犯了个错误 [1]，然后链式反应开始指数增长），那么中子的缓慢速度就会制约爆炸。一旦温度升高到几千开尔文度，原子的移动速度就会比中子更快，所以中子就无法捕捉到原子，链式反应就会停止。释放出的能量会炸掉反应堆，但是这些能量和 TNT 释

---

[1] 美国最出名的核反应堆安全专员形象是霍默·辛普森（动画《辛普森一家》中的一名粗鲁、笨拙、粗心的虚构角色），这一点让商业核反应堆安全性的公信力饱受质疑。

放的能量相类似。这是一场爆炸，但是比核弹的破坏力小 100 万倍。

依赖慢速中子而形成的链式反应无法构成核爆炸。正因为此，商业核反应堆无法像核弹一样爆炸。了解这一点并且能把这种逻辑解释给公众是很重要的，因为这个事实并不是尽人皆知的。

核反应堆会构成真正的危险，不过核反应堆不会像核弹一样爆炸。

选读：慢速中子和 U-235

为什么慢中子更有可能被 U-235 吸收？这背后的物理学原理很简单：慢中子受核力作用的时间更长，更容易被核力拉向 U-235 的原子核。

当然，慢中子也会更稳固地连接在 U-238 上。但是事实证明，这种效果对于 U-235 来说更强烈。所以如果你使用慢中子，只需要浓度为 3% 的浓缩铀，而不是 80% 的。

加拿大核反应堆使用 D_2O，也就是重水作为慢化剂。这种材料更贵，但重水可以在不吸收中子的前提下更有效地减慢中子。所以，这里可以使用天然未浓缩的铀，也就是 U-235 含量仅 0.7% 的铀。这种反应堆叫作加拿大重水铀反应堆（Candu），名称由 "加拿大"（Canada）和 "氘"（deuterium）组成。

钚的生产

在核反应堆中，铀裂变发出的中子只有一个被用来制造另一次裂变。另一个中子会被吸收，这个过程是通过**控制棒**完成的，用来制作控制棒的材料可以在吸收中子的同时不释放能量。有一些中子会被 U-238 吸收，而反应堆中有 97% 的铀都是 U-238。当 U-238 吸收一个中子时，就会变成 U-239。U-239 也是一种放射性同位素，并且会衰变（在 23 分钟的半衰期中发出一个电子和一个中微子）成为镎的一种同位素 Np-239。镎的这种同位素也是放射性的。它会发出一个电子和一个中微子，经过 2—3 天的半衰期变成一种非常著名的钚的同位素，即可以在核武器中使用的 Pu-239。

我们就是这样制造钚的。我们在核反应堆中用中子撞击 U-238 以得到钚。钚是一种不同于铀的化学元素，所以当燃料被移除后，钚可以被化学分离。做到这一点并不难。钚的提取被称为**铀后处理**。当美国把核电站送给发展中国家时，美国不允许它们自己做铀后处理，怕的就是它们会通过这种方式获得钚。当然，美国确实为它们提供了运行反应堆所需的核燃料——但这只是 U-235 和 U-238 的混合物，其中 U-238 所占的比例过大，无法制作炸弹。

增殖反应堆 　　Pu-239 通常不属于一种核废料，因为它自身就可以运行核反应堆，它是一种核燃料。此外，如果你把 Pu-239 放进核反应堆，它每次裂变产生的中子不是 2 个，而是 3 个。在输出恒定（并非指数增长）功率的核反应堆中，你希望每次裂变只产生一个引发另一次裂变的中子。多余的 2 个中子该怎么处理？答案就是：把 U-238 放进反应堆中，制造出更多的钚。

　　所以，一座反应堆（通过 U-238）制造的 Pu-239 燃料比消耗的要多！这样的核反应堆被称为增殖反应堆。增殖反应堆具有把所有铀（而非 0.7%）变成核燃料的潜力，从而把可用的裂变燃料增大 140 倍。在增殖反应堆中实现燃料加倍约需要 10 年。

　　已经有人公开反对设置增殖反应堆。最常见的两种反对意见是：

　　·**钚经济**：增殖反应堆会加大人们对核能的使用，钚将会广泛传播。钚的危险性不仅来自放射性，有些钚还会被转到恐怖分子手上用于制造核弹。反应堆建设的支持者回应说，钚的危险性被过分夸大了，而恐怖分子也无法制造钚弹，因为顺利启动核弹所需的内爆是极难设置成功的。

　　·**反应堆爆炸**：最高效的增殖反应堆会使用快中子，而非慢中子。这种反应堆被称为**快增殖堆**。使用了快中子，我们就失去了普通反应堆具有的主要安全保障。在快增殖堆中，链式反应会不受控制地蔓延，反应堆不会简单地熔毁，而是像原子弹一样爆炸。支持者说他们会加入大量的其他安全系统来阻止这种情况。

钚的危险性

　　钚曾被称为"人类已知的毒性最强的材料"，因此公众对钚和潜在的钚经济怀有恐惧。因为钚在公众讨论中是如此重要，所以我们很有必要在这里讲解一些关于钚的物理知识。

　　下面是一些需要掌握的关键事实：钚的毒性既来自其化学性质，又来自其放射性。钚的化学毒性和其他重金属类似，而且也不是公众恐惧钚的原因。所以，我们在这里就只考虑钚的放射性所带来的危险。

　　钚-239 具有放射性，它的半衰期是 24000 年。衰变所释放的辐射是阿尔法粒子。这种辐射的能量不足以穿透你皮肤的死皮层，只有当它进入你的身体时，才会造成伤害。如果你把钚吃进去或吸到你的肺中，伤害就会发生。

要想达到严重的辐射中毒，致死剂量据估计为 500 毫克。普通的毒药比如氰化物，只要五分之一的剂量，即 100 毫克，就能导致死亡。所以从摄食的角度上说，钚虽然具有很强的毒性，但也只是氰化物的 1/5。吃下钚的主要风险来自致癌的危险。

钚可以在一个月内让吸入者（因肺纤维化或肺水肿）死亡，只要吸入 20 毫克就足够。如果要造成高发病率的癌症，那么吸入的最低剂量是 0.08 毫克 =80 微克。据估计，肉毒毒素（即肉毒杆菌的有效成分，因为其减少皱纹的功效而被广为宣传）的致死剂量约为 0.070 微克 =70 纳克（ng）。[1] 所以说，肉毒毒素要比钚的毒性强 1000 倍以上。钚是人类已知的毒性最强的材料这种说法是错误的——这只是都市传说罢了。但是钚是非常危险的，至少在以粉尘形式存在时确实如此。

吸入 0.08 毫克 =80 微克钚有多难？要想到达肺的关键部位，颗粒必须不能大于 3 微米。一个这么大的颗粒的质量约为 0.14 微克。要想达到 80 微克的剂量，就需要吸入 80/0.14=560 个颗粒。与此相比，炭疽的致死剂量约为 10000 个大小类似的颗粒。所以说，钚粉尘如果在空气中扩散，会比炭疽造成的危险更大——虽然效果并没有那么迅速。

把钚变成粉尘并通过空气传播有多难？大多数人认为这一点很难做到。但是也有人认为，如果你把钚汽化，可能会形成尺寸刚刚好的小液滴。这些小液滴必须彼此分开，不能合并成大颗粒（就像雨滴一样落下）。汽化钚的实验证明，这样形成的液滴大小并不合适，无法进入肺部关键位置，但保不齐它会在一些特定条件下达到这个尺寸。

块状钚金属并不十分危险，但是它确实会因为每秒都在发生的放射性阿尔法衰变所释放的能量而变热。只有从钚的表层发出的阿尔法粒子才会离开金属，而这些粒子不具有足够穿透你皮肤表层死皮的能量。

贫化铀

U-235 完成浓缩后会剩下一些 U-238。这些材料被称为**贫化铀**。这些铀的放射性约为普通铀的一半，因为其中不包含 U-235 和放射性同位素 U-234。[2] 剩下的 U-238 确实会因为在长达 45 亿年（大约是地球的年龄）的半衰期中发射阿尔法粒子而衰变。这就是为什么地球上还会剩下那么多 U-238——原始的 U-238 中只有一半发生了衰变。

---

[1] 像肉毒毒素这样的化学药品的毒性并不是众所周知的，因为我们不在人身上做实验，而且很多人感觉在动物身上做实验也是不合适的。有些人估计肉毒中毒的 LD50 可能低至 3 纳克（而非 70 纳克）。

[2] 虽然 U-238 本身的放射性比天然铀低，但听说杂质会让贫化铀的放射性又回到天然铀的级别。

与此相比，U-235 的半衰期只有 7 亿年。在地球 46 亿年的历史中，它经历了 4.6/0.7=6.6 个半衰期。这些衰变使 U-235 的储备减少到了 $1/2^{6.6}=1/97$。这就是为什么剩下的 U-235 那么少。

贫化铀被军队用在特定种类的武器上，特别是袭击坦克或其他装甲车的炮弹。使用贫化铀的原因并不在于它的放射性，而在于它的另外两种内在特性：首先，它的密度高达 19 克 / 立方厘米，几乎是铅的密度的两倍，很容易穿透目标。其次，当它击中金属护罩时，容易形成高度集中的流式攻击，而不会四散飞溅。这也有助于穿透装甲。

人们之所以反对使用贫化铀，是因为它会把放射性材料留在战场上。而支持者则说，放射性物质的危险比战争带来的伤害小得多，而替代材料（铅）也是有剧毒性的。

17 亿年前非洲的核反应堆

1972 年，法国人发现他们在非洲加蓬一个名叫奥克洛的地方挖出的铀含有 U-235 比例不是 0.7%，而是接近 0.4%！起初他们担心有人在偷窃 U-235，但没人知道小偷是如何把 U-235 从铀矿石中提取出来的。

法国科学家最后发现：U-235 是在 17 亿年前被裂变毁坏的。在当时，U-235 的比例比现在高得多（因为它比 U-238 衰变得快）。当时天然铀中的 U-235 比例不是 0.7%，而是 3% 以上。

如果周围有水能充当慢化剂，3% 的比例已经足够核反应堆使用了。我们现在相信加蓬当时发生的情况就是这样。水渗入地面，慢化了中子并且把铀矿床变成了天然核反应堆。当反应堆过热时，水就被汽化，慢化就会停止。所以这个反应堆进行着自动调节，而且没有爆炸。据估计当时的功率输出应该达到了几千瓦。我们发现加蓬的 3 个铀矿床中有 15 个区域都曾是核反应堆。

但是 U-235 被消耗掉了，其含量跌到了（当时）3% 的天然水平之下。这个过程制造了钚和裂变碎片。最后，铀含量降到了更低的水平，然后反应堆就停止运转了。值得一提的是，虽然有充沛的地下水，但是钚和裂变碎片在接下来的 17 亿年中渗下的岩石深度不超过 10 米。

核反应堆燃料要求

要想在一年中通过核反应堆获得 1 吉瓦的电功率，你就必须消耗一些铀，但用量小的出奇：约为 1 吨 U-235，体积约为 1 立方英尺（如果不含其他物质）。这些铀需要从普通铀中提取，而这么多的普通铀可以填满棱长 2 米的立方体。如果你想知道我是怎么得出这个数字的，可以阅读下面的选读计算。

选读：铀燃料计算

我们想要计算在一年里运行一座1吉瓦的发电厂需要多少U-235。我们来做一个能得出近似答案的简化计算。如前面所说，每次U-235裂变会产生约200 MeV的能量。我们把它转化为焦耳，$1eV=1.6 \times 10^{-19}$ J，所以$200MeV=200 \times 10^6 \times 1.6 \times 10^{-19} \approx 3 \times 10^{-11}$J。

我们需要多少U-235才能全年获得1吉瓦的能量？一年[1]有3×10^7秒，1吉瓦是10^9焦耳/秒，所以一年的能量就是$E=10^9 \times 3 \times 10^7=3 \times 10^{16}$焦耳。

因此，我们需要的裂变数N等于所需能量除以每次裂变的能量：N =（3×10^{16}焦耳）/（3×10^{-11}焦耳/次）$=10^{27}$次。所以我们需要10^{27}个U-235原子才能在一年内持续产生1吉瓦功率。

我们刚才假设所有能量都可以转化成电功率，但这不是事实——实际只有三分之一的能量可以，所以我们其实需要3×10^{27}个U-235原子。

1摩尔中含有6×10^{23}个原子。所以我们需要（3×10^{27}）/（6×10^{23}）=5000摩尔。每摩尔的重量为235克（因为每个原子中的质子和中子总数为235），所以我们需要的U-235的重量是$5000 \times 235 \approx 10^6$克 = 1吨。铀的密度是19克/立方厘米，所以$10^6$克的U-235体积是$10^6/19 \approx 50000$立方厘米，这是一个棱长为37厘米（比1英尺多一点）的立方体，你可以这样记忆：我们需要的U-235约为1立方英尺。

U-235可以在天然铀中找到，但是含量只有0.7%，即天然铀的重量乘0.007才是其所含U-235的重量。所以运行核反应堆一年所需的天然铀约为1吨/0.007=140吨$=140 \times 10^6$克。因为铀的密度为19克/立方厘米，所以最后的体积为（140×10^6）/19$=7.4 \times 10^6$立方厘米，也就是一个棱长约2米的立方体。

---

[1] 如果你把每分钟分成60秒，把每小时分成60分钟，每天分成24小时，每年分成365天，就会得到：$60 \times 60 \times 24 \times 365=3.16 \times 10^7 \approx 3 \times 10^7$秒。

核废料

铀的裂变碎片全部来自铀，所以它们的重量没有相差那么多。因此，一座核电站运行一年将会产生约 1 吨的裂变碎片，可能也会产生数量相当的钚。钚对于其他反应堆来说是潜在的宝贵燃料，但是现在却被（美国）视为核废料的一部分。这么做是为了避免钚经济，我们之前提到过这个概念，后面我们还会进行深入探讨。钚的放射性比裂变碎片低得多，因为它的半衰期（24000 年）非常长。但它留存的时间也很长。

如果把裂变碎片浓缩起来，其体积只有几立方英尺。不过，浓缩这样的高度放射性材料会花费大量资金，所以它们通常都被混杂在数量更大的未耗尽燃料中，这些燃料主要是 U-238。这些混有裂变碎片的燃料组成了核能行业的高放射性废料。

大部分裂变碎片都是放射性的。造成放射性沉降的就是这种粒子。有些碎片的半衰期仅为几秒，有的半衰期是几年。我们已经说过锶-90，它构成裂变碎片的 5% 并且拥有 28 年的半衰期。

如果反应堆被关闭（拿掉慢化剂或者放入会吸收中子的特殊控制棒），链式反应就会停止，但是反应堆仍然会通过剩下的裂变碎片的放射性衰变来产生热。所以反应堆会继续产生功率，但是功率会持续下降。

图 5.13 展示的是裂变碎片的放射性与时间的关系示意图。我们来研究一下，对关心核能或核废料的人来说，这张图包含着非常重要的信息。左侧展示的是上述物质放射性同刚开采出来的铀材料相比的相对水平。请注意，当反应堆运行时，其放射性高于原始铀的 100 万倍。只要反应堆被关闭，产生放射现象的链式反应就会停止，但是由于裂变碎片太多，放射性水平只比之前下降了 7.3%，接近原始铀的 10 万倍。但是大部分放射性来自半衰期很短的裂变碎片，而这些碎片会很快衰变。一年之后，放射性就下降到了刚开采出来的铀的 8000 倍，100 年后只

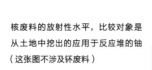

图 5.13

核废料的放射性水平，比较对象是从土地中挖出的应用于反应堆的铀（这张图不涉及钚废料）

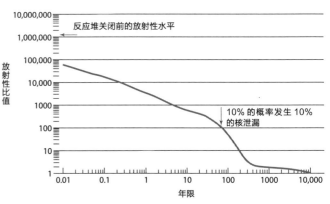

剩 100 倍，而 10000 年后，它会比原始铀的放射性还要低。

这张图具有一定的误导性，因为它假设核废料中不包含钚。在美国这种分离还没有完成（但是在法国已经完成），而钚的存在让很多人提出，我们必须贮存废料很长时间——因为钚的半衰期是 24000 年。但是很多科学家说，钚不应该被列入危险放射性元素，因为它不溶于水，所以很难污染地下水。此外，摄入钚的半数致死量是很高的，约为 0.5 克。如果把钚变成小颗粒并且吸入是很危险，但是钚接触地下水并不会构成危险。

如何安全处理核废料

我们该如何处理核电站的放射性废料？有人说应该填埋，把它重新放回地层中。但是如果放射性物质渗入地下水怎么办？大多数人认为这种情况会非常糟糕。所以，他们认为必须要把废料放进地质非常稳定的矿山中，一个在 10000 年内都不会受到扰动的地方。我们在内华达州准备了一个这样的地点。尤卡山上已经钻好了隧道，它将作为存放核废料的试验地点。但是反对者认为即使这个地方也不能保证 10000 年不出问题。谁知道到时候我们会有什么形式的政府！这是一段很长的时间——10000 年前，人类才刚刚产生出农业。

你会听到有人说尤卡山不合适，核废料问题没有解决，因为我们不能保证我们有能力（安全）存放这些核废料长达 10000 年。他们的假设是，废料不应该构成任何风险。当我们像前面那张图那样，用开采出的铀的放射性来进行对比时，我们才能正确地看待核废料的相对风险。不要忘记，在原始铀被挖掘出来之前，它在土地中处于无防护状态。再看一眼图 5.13：100 年后，废料的放射性只比土地中的天然铀大 100 倍。如果泄露 10% 的概率是 10%，也就是说平均会有 1% 的泄露（这一点在图中有标注），那么废料泄露的危险将不会高于原始铀！300 年后，废料的放射性会下降到仅为原始铀的 3 倍（当然，原始铀埋藏于科罗拉多河流域——洛杉矶和圣地亚哥饮用水的源头）。

作为未来的主人，你怎么看？请记住，公众对放射性怀有恐惧，要做出理性的决定是很难的。有些人就是无法接受任何程度的放射性，所以任何同意在自己的州进行放射性废料贮存的州长都有可能会受到这些人的质疑。

有些人说，我们可以避开这些纷争——把核废料装进火箭，送到太阳上去！但是说这话的人忽略了发生事故的可能性。火箭失事，掉回地球，并且释放所有放射性物质的概率有多大？这比核废料从尤卡山泄露的概率大得多。

你也要记住，袖手旁观并不是一种解决方案。我们会从核电站获得大量的废料。眼下，大多数废料都存放在反应堆附近的一座建筑物中。我们必须采取行动了。

废料存放是个技术性难题吗？很多科学家同意这种看法而且正在努力寻找巧妙的技术解决

方案。但是真正左右这个问题的也有可能是公众认知。政治家必须想到解决方案，让那些不知道环境中存在天然放射性物质的人也感觉安全。这是一个非常棘手的问题。

燃煤发电厂把废料埋在地下。这些废料的放射性并不强，但是这些灰烬含有很大比例的致癌物。这些东西渗入地下水会怎么样？相比于核能来说，煤有多安全？

我们之所以决定把钚作为废料，而不通过"再加工"将其变成反应堆的核燃料，原因之一是为了避免钚经济，我们在谈到增殖反应堆时简略地讨论了这个概念。钚经济所引发的恐惧在于，钚将会成为一种常见的材料，在全国的发电厂中广泛使用，而且可能更容易被恐怖分子制成核武器。

另一个原因是，一些计算结果显示，这么做赚不回成本。寻找新的铀比再加工钚更便宜。专业人员进行这番计算的时候，公众还没有如此强烈地反对废料贮存，所以像尤卡山这样的设施的建造成本还没有成为考虑因素。

很多人仍然害怕核材料的扩散，以及核材料转用于制造核武器的可能性，这是一个避免核能普及的强有力的理由。另有些人则认为，当初我们决定不对钚进行再加工，是因为那时候的石油还很便宜，所以我们可以不考虑使用核能，因为相比石油来说，那会儿核能是不必要而且危险的能源。这是一个值得讨论的绝佳话题。

最严重的核事故会是什么样？

想象中的最严重的核反应堆事故会是什么样。大多数人认为：反应堆会变成一颗核弹。但是就像前面说的，由于反应堆中的铀不够浓缩，这种情况是不可能发生的。

由于链式反应的加热而沸腾的水突然全部泄露，无水可沸，这才是最严重的核反应堆事故。在这种"冷却剂缺失"事故中会发生什么？你猜得到吗？

对大多数人来说，会发生的第一件事很意外：链式反应停止了。原因在于，冷却水同时也是慢化剂，水会减慢中子的速度。所以，当水消失之后，中子就不再减慢速度。这就意味着大多数中子都会被 U-238 所吸收，这种结果不会推进链式反应，链式反应停止了。

参议员的弄巧成拙：当切尔诺贝利核反应堆经历类似的事故时，俄罗斯方面宣布链式反应已经停止。美国参议院情报委员会的主席在电视上宣布，这是一个"公开的谎言"。我当时替他感到尴尬。他把链式反应和剩余裂变碎片的衰变搞混了。他知道放射现象没有停止，但是没意识到苏联说的完全是大实话。链式反应已经停止是很重要的事实，这意味着反应堆产生的能量等级已经大幅下降了。

虽然链式反应停止了，但裂变碎片仍会发出"废热"。没有了冷却水，反应堆变得越来越热。燃料最后熔穿了容器，并且在钢制反应堆压力外壳的底部形成了一滩液体。这滩燃料继续变热。钢制反应堆压力外壳融化了。燃料落到了地面上，地面继续变热，土壤和岩石融化了。燃料继续向前——"直到到达地球另一面的中国"。

别傻了，很明显，它不会跑到中国去（顺便说一句，从美国出发，从地心穿过地球，正对面并不是中国）。燃料不会跑到很远的地方，因为它会扩散进而冷却。但是在这个过程中，燃料熔穿了本应把燃料跟环境隔绝开来的钢制外壳。燃料芯块中的任何气体都会逃逸到大气中。正是这些气体（和一些挥发性元素，比如碘）导致了切尔诺贝利事故的大部分恶果。

反应堆中存有大量的放射性物质，足以杀死 5000 万人（如果他们吃掉这些放射性物质的话）。甚至少量的大气泄露都会造成巨大的伤亡。就像第 4 章说的，切尔诺贝利事故的估测死亡人数（在考虑线性假设的情况下）约为 2.4 万人。很难想象会有比切尔诺贝利还要严重的事故，所以相比于 5000 万，2.4 万是一个更合理的估计数字。当然，如果事故发生在人口稠密的地区，后果可能会比切尔诺贝利事故还要严重。

但是 2.4 万这个死亡人数已经够恐怖了。核能值得我们这么做吗？为什么不用其他能源，比如太阳能？人们可能不想用太阳能，除非它能和石油一样便宜。（这会在你有生之年发生——我个人预言。）所以与此同时，我们就先用一些安全的东西吧，比如石油。

可是，石油真的安全吗？它会将大量的二氧化碳排入大气。这种情况的后果还存在争议，但是大多数人认为这将会造成严重的全球变暖。会有多糟？和死亡人数 2.4 万相比如何？很多人会说，伊拉克战争就是美国使用石油的后果之一。如果石油没那么重要，那为什么美国还要在沙特阿拉伯设立军事基地呢？

顺便说一下，切尔诺贝利核电站的设计极其糟糕。它甚至都没有安全壳厂房，当发电厂爆炸或烧毁时，这个结构会阻止放射性物质散逸；美国的工厂都有这种设施。如果当时有安全壳厂房，切尔诺贝利事故可能根本就不会造成死亡。所以从切尔诺贝利的角度来考虑美国的核电站真的合适吗？

其他情况也很危险。如果你不熟悉印度博帕尔惨剧的话，就上网查一下——1984 年，一座化工厂发生了气体泄漏，害死了博帕尔的 5000 名居民。有人估计，该事故造成的总死亡人数最终达 2 万人。

三里岛核事故

美国最严重的核事故发生在宾夕法尼亚州哈里斯堡附近的三里岛核电站，当时是 1979 年。事情的起因是，负责把外部冷却水输送到反应堆的水泵坏了，而候补泵的临界阀一不小心没有打开。控制棒被立即插入了反应堆芯，所以链式反应停止了，但是衰变的裂变碎片所产生的能量继续加热反应堆芯。其他安全系统失效的原因在于糟糕的设计或人为失误。（一个技术员关闭了紧急芯冷却系统，因为他错误地认为反应堆中充满了水。）于是，反应堆芯的 1/3 熔毁了。燃料没有熔穿包围它的钢制安全壳，所以最严重的事故没有发生。但是，一些用来冷却燃料的水泄漏到了混凝土安全壳厂房中，溶入水中的放射性气体让厂房内部变得放射性极强。为了防止气压持续升高，一部分气体被有意地泄露到了外界环境中。计算显示，这次泄露预计导致的癌症数量大概只有 1 例（按照线性假设计算）。

在事故之后，很多人测量了出事地区的放射性水平，他们发现结果高得惊人——比全国平均值高 30%。这种现象引起了巨大的关注，而且也很令人不解，因为发电厂释放的放射性气体实在不多，所以无法解释如此高的放射水平。我们确定，高放射性是该地区的特点，在事故发生很久以前就是这样了。放射性来自当地土壤中的铀，而铀会衰变成放射性氡气。

图 5.14 是宾夕法尼亚州的河狸谷核电站。两座核反应堆处于图片中下方和右下方的两座圆顶安全壳厂房之中。冒出蒸汽的大型塔状建筑是用来冷却反应堆的。长方形的建筑中装有发电机。变成蒸汽前，这些冷

图 5.14

展示的是核反应堆最著名的代表性建筑。但是这种建筑其实只是冷却塔，带动涡轮的热水需要用它来冷却。两座反应堆其实处于带有圆顶的安全壳厂房中，位置在图片的正下方和右下方（图片来源：美国核管理委员会）。

却用水来自附近的河流；这些水没有和核燃料接触，其放射性也没有因为核电站而增加。

切尔诺贝利的
"反应"事故

历史上最严重的核反应堆事故发生在 1986 年的乌克兰切尔诺贝利。我们在第 4 章中初步讨论过，但是我想在这里再描述一下当时的情况。

切尔诺贝利反应堆用碳作为慢化剂。在一场测试反应堆安全性的实验中，链式反应开始逐渐失去控制。造成这种情况的原因一部分在于操作错误，一部分在于糟糕的设计。反应堆过热，把水变成了蒸汽，从而导致了蒸汽爆炸。碳被点着，而反应堆芯中的大量放射性物质（裂变碎片）随烟而起离开反应堆。据估计，反应堆芯中 5%—39% 的裂变碎片蔓延到了周围的村庄。

这不是冷却剂缺失引起的熔毁，而是失控的核链式反应引发的一场"反应"（reactivity）事故。因为核电站的链式反应依靠的是慢中子，当温度高到足以导致一场小型爆炸时，链式反应就会马上停止。随之而来的火灾散播了大部分我们在第 4 章描述过的放射性物质。跟三里岛核电站有所不同，切尔诺贝利核电站没有大型混凝土安全壳厂房，所以无法阻拦从铀燃料棒中释放出来的放射性物质。

疏散的悖论

切尔诺贝利地区残留的放射性，基本来自铯-137 裂变碎片的衰变。在不允许任何人生活的"封闭区"，每年的辐射剂量约为自然环境下的 10—15 倍，约 3 雷姆。在那里居住 10 年的人受到的辐射量约为 30 雷姆。回想一下，患癌剂量约为 2500 雷姆，所以在这片禁区居住会让人获得额外 30/2500=1.2% 的患癌概率。所以这里的人死于癌症的概率将会从 20% 上升到 21%。

这个区域还应该继续封闭吗？增加的风险听起来很小。但是假设有 100 万人搬进了这个区域。那么 1% 的额外癌症患病率会杀死 10000 人！

作为个人，我可能会选择承受增加的癌症风险，不想搬到其他地方去。但是对政府来说，收回我的这种权力不也是合理的吗？毕竟，政府想要避免不必要的 10000 例死亡。

对于这种悖论我也没有决断。我认为哪怕是两个理智的人在评估这种风险时也可能会得出天差地别的结论。

受控聚变发电

不受控的聚变被应用在了氢弹中。我们能控制聚变然后用它来生产电力吗？从 20 世纪 50 年代开始，人们就有了这样的梦想。从原理上说，与其使用稀有的铀和钚作为燃料，不如让聚变发电厂利用大量存在于海水中的氢。没错，氢需要提取，但相比于聚变释放的巨大能量，这点能量花费真算不上什么。

这里用到的燃料可以是典型氢元素，但是因为现实原因，最开始可能需要使用重氢同位素。这是因为氘和氚发生反应不需要那么高的温度。氘天然存在于水中，含量约为 1/6000，但是提取起来并不费力。氚很稀有，但是可以通过用中子撞击锂获得。值得一提的是，中子可以在聚变发电的过程中产生，所以发电厂有可能自己生产氚。所以在最开始时发电厂会使用氘和锂作为燃料。

整个过程需要的燃料出奇的少。对一座 1000 兆瓦的发电厂来说，每年需要的氘和氚的总重量约为 100 千克。请注意，这大约是一座核裂变发电厂运行一年所需的 U-235 重量的 10%。

为了实现受控聚变，我们正在研发几种技术。记住，聚变的主要问题在于，氢原子核因为自身的电荷而彼此排斥。在氢弹中，它们通过从初级裂变炸弹中获得的非常高的动能来克服这种排斥。这就是氢弹被称为"热核炸弹"的原因。受控聚变可以利用类似的方法：把氢加热到非常非常热，达到几百万摄氏度。当然，问题在于任何如此热的材料都有很高的压力并且容易爆炸。此外，热氢会加热任何用来盛放它的物理容器。

有三种解决这个问题的方法。第一种是让氢气在密度极低的状态下发挥作用，这样压力就不会升高。这就是**托卡马克法**，它根据第一个在这方面获得进展的俄罗斯装置而命名。第二种方法就是引爆氢，但是要保持爆炸规模较小。这就是**激光法**。最后，还有第三种推测性的方法：保持氢的持续低温，但是用其他手段发生聚合，这叫作**冷聚变**。我们将会逐个讨论这些方法。

托卡马克法　　　在托卡马克法中，热氢不是固态或液态，而是气态。这种气体非常之热，以至于让氢原子失去了电子，所以从严格意义上说，这种气体是一种等离子体——它是由不受原子束缚的电子和原子核组成的。这种气体非常热，以至于无法用任何普通容器来盛装，所以托卡马克法中使用的是磁体。只要原子核处于运动状态，磁场就会对其施加磁力，将它抓住。如果这是普通氢，原子核就只是质子，但既然这用的是重氢，那么原子

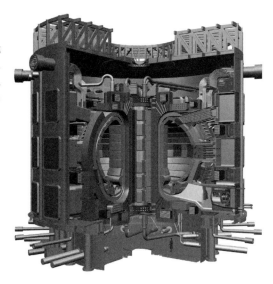

图 5.15

ITER 托卡马克装置设计。注意底部附近站着的人（就在中心右侧）。ITER 最初是国际"热核聚变实验反应堆"的缩写。它正在法国建设当中（图片来源：美国能源部）

核就是氘核（含有 1 个质子和 1 个中子）和氚核（含有 1 个质子和 2 个中子）。有人把这种盛装热氢等离子体的容器称为**磁瓶**。

托卡马克法是一种规模大、成本高，而且仍然处于试验阶段的方法。法国正在建造一个名为 ITER（国际热核聚变实验堆）的巨型托卡马克装置，预计在 2016 年左右投入运行[1]。图 5.15 展示的是该装置的示意图。请注意右下方站着的人。

你看到的装置内部形似甜甜圈，并且（在运行时）保持高度真空状态；真空空间的体积为 840 立方米。氢等离子体在甜甜圈中绕圈，并且被不断变化的磁场加热。当氢的温度足够高时，氘和氚就开始融合，形成氦和中子。中子带走了大部分能量，随后由锂组成的"毯子"吸收了这些能量。我们利用锂发出的热来发电。中子还会打破锂原子核，制造出可以被用作燃料的新的氚原子核。如果你允许中子撞击像铍这样的材料（这些材料会破碎，并且使中子数大大增加），你就能从每次反应中获得 1 个以上的中子。

ITER 的目标是用 0.5 克 DT（氘和氚）燃料在 8 分钟内生产 0.5 吉瓦的热功率。如果顺利的话，这将是最终实现动力反应堆设计的重要一步。但是真正能发电的托卡马克装置可能至少要在 20 年后才能完成，一些人

---

[1] 目前运行时间已推迟到 2025 年。2020 年 7 月 28 日，ITER 托卡马克装置安装工程启动仪式在法国南部卡达拉舍举行。——编者注

图 5.16

利弗莫尔的国家点火装置容纳激光器的建筑，其目标是用激光为内爆提供动力，从而点燃氘和氚的热核聚变（图片来源：美国能源部）

认为会拖得更久。有些怀疑论者说，"受控聚变是未来的能量来源，而且永远都将是未来的能量来源。"

激光聚变

　　激光可以向小物体传递大量功率。正因如此，美国能源部正在主持一个重要项目，目的是研究大型激光器（能填满一栋大楼）能不能把由氘和氚组成的靶丸（pellet）加热到足以点燃热核聚变的程度。这是一种发生聚变的安全方法，因为燃料量可以非常小。（在热核炸弹中，裂变炸弹必须够大才能实现链式反应，所以只用少量燃料是无法制造这种武器的。）

　　这种方法还没有被证实。在美国劳伦斯利弗莫尔国家实验室进行的项目现在被称作 NIF（国家点火装置）。这个装置的 192 个大型激光器装满了一个像橄榄球球场那么大的建筑。图 5.16 展示的是这一建筑。

　　这些激光器可以传递 500 万亿（5×10^{14}）瓦特的功率，也就是全美国发电功率的 1000 倍。但是它只能传递 4 纳秒。（记住，1 纳秒是十亿分之一秒，光可以在 1 纳秒的时间里走 1 英尺。）在这段时间里激光器释放出的能量是 1.8 兆焦，所有能量都集中在一个体积为 1 立方毫米的区域中。这么做的目的是为了使一个小胶囊的核心达到很高的温度，从而在不使用裂变炸弹产生高温的情况下引发核聚变。这类受控热核聚变可能有一天会用在发电上，但是 NIF 设施无法为了这个目的而进行足够快的轮转。点燃聚变的计划时间是 2010 年。[1]

---

[1]　2010 年 10 月已成功实现第一次点火实验。——编者注

如果你算出 1.8 兆焦的能量其实就是 1.5 盎司汽油的能量，那这些能量就不太令人震惊了：能量并不大。NIF 设施的目的是以非常快的速度传递中等大小的能量，这样聚变就能抢在胶囊以热辐射的方式冷却之前发生。

冷聚变

要想让聚变发生，就得让两个原子核互相接触。这很难做到，因为电荷斥力（两个原子核都带正电）是非常强的。一个解决方案就是让粒子拥有极高的速度，足以克服斥力。在热核聚变中，这种速度是通过对材料进行加热获得的。

还有另外一种办法，你可以每次用高压（我们将在下一章谈到）加速一个原子核。事实上，很多应用场景下的小规模聚变都是用这种加速器制造的，其中包括为药物准备放射性同位素，以及为探测油井中的岩石（石油测井）而制造中子源。这些设备通常使用氘（D）和氚（T）这两种氢的同位素，因为它们能够在相对较低的能量下融合。D 和 T 融合后会产生氦和一个中子，这个中子是很有用的；正因如此，这些机器被称为 **DT 中子源**。此外，DT 中子源可以用来生产可用的电力吗？所有现存的 DT 中子源吸收的功率都比产出的多，所以用它们供能是不切实际的，但是发明家一直都在努力。未来某一天，这种设备的一个版本可能会成为实用的发电手段。

另一种不需要高温就能获得聚变的方法是路易斯·阿尔瓦雷茨和他的同事在 1957 年发现的。有一种名叫 μ 介子的基本粒子，它是大气中的宇宙射线创造出来的。它带负电，并且当它的速度减慢时，有时会依附到一个原子核上。当它依附到一个氢（或重氢）的原子核上时，它就会抵消质子的电荷。这种电中性的原子核就可以在液体中游弋（通过其热能），直到它逐步接近另一个氢原子核。核力就会让两个原子核进入聚变状态。大部分时间，μ 介子会被排斥，它就可以离开去"催化"另一场聚变了。

这类冷聚变在当时引起了巨大的轰动。与其加热原子核，不如直接抵消它的电荷！没人能预料会有这样的事，但是一旦看到了过程，一切就不言自明了。（阿尔弗雷茨说这种现象的解释曾经很让他们头疼，直到他们和爱德华·泰勒讨论之后。爱德华·泰勒正是因发明氢弹而出名的物理学家。）

事实证明，人们没有找到利用 μ 介子催化聚变的实用方法。问题在于，μ 介子有时会依附到融合后的粒子上，所以它不会催化任何后续的反应。科学家还在试验不同的压力和温度，以期 μ 介子催化聚变有一天能够成功，但是我对此并不乐观。

这种方法几乎就要奏效的事实，让人们对其他可能的方法也抱有期待。1989 年，两位化学家——斯坦利·庞斯和马丁·弗莱什曼认为，他们已经用钯催化剂实现了冷聚变，但是他们的发现其实是错误解读数据的结果。

我们不时会看到关于其他冷聚变的报道。虽然没有证明冷聚变不存在的证据（毕竟，阿尔弗雷茨看到了某种冷聚变），但是大多数人对此非常悲观。原因在于，没有其他合适的东西可以替代阿尔弗雷茨使用的 μ 介子，而且通常任何其他化学过程中的单个原子能量都需要再放大 100 万倍才有可能使原子核彼此接近。整个业界领域都被震惊了，因为任何发现冷聚变的人马上就会：1）获得诺贝尔奖；2）变成亿万富翁；3）作为解决世界能量需求的人而名垂青史。所以，当有人看到了某种貌似冷聚变（但其实不是）的东西时，他们就会非常兴奋，以至于极其想要相信这是一个真正的发现，于是他们会把所有细节保密——但这就意味着他们的成果无法被其他科学家所检验。

机密的事实和原子秘密

关于核武器的材料曾经大部分都是机密，但现在已经公开了。在写这一章的时候，我从理查德·加温的论文《在 CTBT 下维护核武器的安全性与可靠性》中学到了很多内容，该论文发表于 2000 年 5 月 31 日。CTBT 全称是《**全面禁止核试验条约**》。

有本关于核武器的历史书：《原子弹秘史》（1995），作者是理查德·罗兹。另一本是罗伯特·赛博尔的《洛斯阿拉莫斯入门书》（1992）。罗伯特·赛博尔是"二战"时期美国核武器的主设计师之一，而他的入门书就是以他在洛斯阿拉莫斯做的一些讲座为基础的，在这些讲座中他向物理学家们介绍了核武器的设计。

▎ 小结

连续翻倍过程只需要相对不多的几代（例如，和国际象棋棋盘上对应的 64 步），就可以让一个小数字发展成极大的数字。链式反应所涉及的倍数可以是 2 倍、3 倍，或者任何比 1 大的倍数（比如 1.4）。原子弹爆炸就是典型的链式反应，因为中子引发的裂变会释放出 2 个或 3 个额外的中子，而这些中子可以触发进一步的裂变。在 64 代到 84 代的裂变中，会有几百克物质（6×10^{23} 个原子）被分裂。

其他链式反应还包括胚胎发育、癌症扩散以及病毒的传播（既包括生物病毒也包括计算机病毒）。马尔萨斯认为，人口爆炸也与之类似，但是现在人口增长的速度已经在减慢了。（在大灭绝之后确实会发生种群规模骤增，而且当外来动物被引入一片没有天敌的土地时也容易发生这种情况，比如澳大利亚的兔子。）链式反应的概念还被发展成了一种实用的工具，名为**聚合酶链反应**，或 PCR。PCR 在生物学中有着巨大的价值，我们可以用这种方法通过 DNA 来识别不同的人。其他链式反应的例子包括崩塌（岩崩、雪崩，以及电子崩——比如闪电和火花）。链式反应的数学逻辑跟复利以及计算机技术发展的摩尔定律完全相同。

以 U-235 和 Pu-239 的链式反应为基础的核武器通常被称为**原子弹**。U-235 是一种稀有的铀同位素（0.7%），很难被分离出来。在第二次世界大战期间，劳伦斯通过电磁型同位素分离器完成了这项工作。钚是核反应堆制造出来的，非常容易和其他化学品相分离，但是需要复杂的设计（内爆）才能在核武器中使用。当铀或钚达到临界质量时，材料团就大到能让自身产生的大部分中子击中原子核并触发裂变（而非漏出），此时炸弹就会爆炸。

热核弹也被称为**氢弹**，它是一种三阶段武器（three-stage weapon），这种武器需要以裂变为初级反应，主要目的是点燃次级反应，两种氢的同位素（氘和氚）将在次级反应中起作用。来自初级反应（也来自铀容器）的裂变碎片是残余放射活动中最为危险的部分。如果炸弹在低海拔的地方爆炸，那么混杂着裂变碎片的尘土会让这些放射性碎片迅速沉降，而这会造成比爆炸本身更多的伤亡。最危险的沉降物就是锶-90。

冷战时期，美国和苏联加起来有超过 10000 个可以发射到其他国家的核弹头。如今，核武器试验已经不再进行（一部分原因是为了减少核扩散），**核武器储备管理**处理的难题就是如何在不测试核武器的情况下确保它们不会失效。

核反应堆是以链式反应为基础的，但是它们通常都是在中子增加数为 1 的情况下工作的，这样反应就不会扩大。核反应堆用慢化剂来减慢中子的速度。这会减少中子吸附到原子核上的概率。如果慢化剂流失了（例如水漏出去了），那么链式反应就会停止。如果反应堆失控了（因为操作错误，把中子增加数设定到 1 以上），那么反应堆就会燃烧或者爆炸，释放出约等于几磅

TNT 的能量。依赖于慢化剂的核反应堆不会像原子弹一样爆炸。

核废料含有可以长期存在的裂变碎片。10000 年后裂变碎片的放射活动才会降到原始铀（从土里挖出来的铀）的水平之下，但是除钚之外，大部分放射活动在几百年之后就会消失。核能的支持者认为核废料要比原始铀安全得多，因为我们可以把它们放置在与地下水相隔绝的特殊地点。

用于发电的受控热核聚变是以从海水中提取的氘和通过锂制造的氚为基础的。研究这种反应的试验项目正在进行中。这方面的主要项目涉及磁约束（ITER 是同类中规模最大的项目），以及激光加热靶丸（利弗莫尔的国家点火装置是同类中规模最大的）。冷聚合在理论上可行，但是目前只能通过 μ 介子实现。

讨论题

1. 关于在尤卡山进行核废料贮存，支持者和反对者的理由分别是什么？还有什么替代方案？你同意我们应该停止生产核废料的结论吗？我们应该如何处理当前的核废料？

2. 假设我们要建造大量的核反应堆，讨论钚经济会带来的潜在危险。这些危险和"依赖于石油"所带来的危险相比如何？

3. 有些人讽刺说："受控聚变是未来的能源，而且一直都会是未来的能源，这样的未来无限远。"为什么有些人会对聚变发电的未来如此悲观？你能找到对此持乐观态度的人吗？你能调和两者之间的矛盾吗？

搜索题

1. 了解加蓬的奥克洛史前核反应堆：关于这座古老核反应堆，你还能找到哪些其他信息？

2. 摩尔定律：现在关于它的预测是什么？

3. 查一查冷聚变。关于它，人们都有哪些观点？如果他们说的都对，我们为什么还没有一座可运行的冷聚变发电厂？

4. 我们会用尽运行核反应堆所需要的铀吗？看看能查到什么。有些人表示认同；另一些人则表示开采铀并不是核能的主要成本，我们可以从低级的矿石中提取铀；还有人说我们甚至有条件从海水中提取铀，而这会为我们提供真正能够持续几千年的补给。

头条物理学

论述题

1. 讨论核链式反应和流行病传播之间的相似性。加入相关数据，并且描述什么会最终限制每种情况的发展。

2. 关于核电站的信息有很多是错误的。请描述一下有哪些信息公众以为是正确的，但其实不然；哪些信息公众以为是正确，而事实也确实如此。

3. 讨论核武器和核反应堆时，了解裂变碎片是很有必要的。描述裂变碎片以及它们在这些系统中扮演的角色。它们的哪些特性使它们如此重要？

4. 恐怖分子制造自己的核武器时面临的障碍是什么？高中生能造出核武器吗？讨论一下获取材料方面的问题，以及设计和制造武器方面的困难。

5. 受控热核聚变发电的前景如何？我们尝试过哪些方法？相比于裂变发电有哪些潜在优势？困难是什么？

6. 钚经济指的是什么？为什么人们想要避免它？对钚经济的恐惧导致了什么方针决策？

7. 核反应堆的功能是什么？它如何工作？潜在的危险是什么？给出历史例子。是否有些情况很多人认为是真的，但是根据本书作者的分析，其实不然。

8. 假设一个国家正在暗中发展核武器。它会试图制造什么样的裂变武器？描述一下这个国家会采用什么样的步骤和方法来制造裂变武器。

9. 核链式反应和聚合酶链反应似乎很不同，但是它们都用了链式反应这个说法。解释一下两者分别是什么，有什么共同点，有什么不同点。举例说明两种链式反应的应用场景。

选择题

1. 最近探讨人口爆炸的报道

A. 证实了人口将会扩张到 200 亿以上

B. 指出爆炸正在放缓

C. 表明影响不会很大，因为食物供应的增长速度与此相当

D. 表明世界人口现在正在下降

2. 1000 吨的核武器在地面爆炸，将会摧毁

A. 约 1 平方千米的城市区域

B. 一座中型城市（例如旧金山）的大部分

C. 一座大城市（例如纽约）的大部分

D. 很多城市，如果它们彼此之间的距离不超过 100 英里

3. 对于一颗原子弹，链式反应涉及的阶段数（代）最接近

A. 10^{23} B. 235   C. 80   D. 16

4. 哪些炸弹需要内爆？

A. U-235 炸弹   B. Pu-239 炸弹   C. 热核炸弹   D. 助爆型裂变武器

5. 摩尔定律关注的是

A. 都市传说   B. 计算机病毒   C. 生物病毒   D. 计算机芯片性能

6. 以下哪些不代表指数增长？

A. 计算机病毒的传播 B. 天花的传播   C. 流感的传播   D. 炭疽病的传播

7. 认为切尔诺贝利核事故杀害了 2.4 万人的陈述基于

A. 对切尔诺贝利附近白血病和甲状腺癌病例的统计

B. 线性假设

C. 链式反应的概念

D. 放射活动具有传染性的事实

8. 慢化剂会

A. 慢化中子   B. 慢化裂变碎片

C. 比 U-235 更容易裂变   D. 加快链式反应

9. 沉降物的危险放射性来自

A. 中子   B. 中微子   C. 伽马射线   D. 裂变碎片

10. 在以下哪种情况下，沉降物会变得更危险？

A. 爆炸发生在地表附近   B. 爆炸发生在高海拔处

C. 核弹中的裂变次数较少   D. 核弹不包含可裂变物质

头条物理学

11. 核反应堆不能像核弹一样爆炸，因为

A. 它包含了太多的铀

B. 它不包含铀

C. 核反应堆依赖于慢中子

D. 它被精心设计，可被迅速关闭

12. 根据本书的内容，存放核废料的最佳地点是

A. 太阳   B. 外太空   C. 食物   D. 地下

13. 人们设计增殖反应堆，是为了生产

A. U-235   B. 氚   C. U-238   D. 钚

14. 美国拥有的核武器数量接近于

A. 100 万   B. 10000   C. 1000   D. 几百

15. PCR 可以用来（多选题）

A. 鉴定托马斯·杰斐逊的孩子

B. 验证已被定罪的谋杀犯的罪行

C. 鉴定 9·11 事件的遇难者

D. 鉴定孩子的父亲

16. 广岛核弹使用了

A. 枪式设计   B. 热核聚变   C. 内爆   D. 助爆型裂变

17. 如果作为慢化剂的水从核反应堆中流失了，那么

A. 反应堆将会像原子弹一样爆炸

B. 裂变碎片发出的辐射将会继续制造热

C. 反应堆产生的所有功率将会马上归零

D. 链式反应将会增加，导致反应事故

18. 核废料中可以被"再加工"的物质是

A. 氚   B. U-238   C. U-235   D. Pu-239

19. 以下哪一个不是连续翻倍的例子？

A. 闪电   B. 崩塌   C. 核链式反应   D. 未来人口增长

20. 加拿大重水铀反应堆使用

A. 轻水   B. 氚   C. 热核聚变   D. 氘

21. 相比铀，钚可以在裂变次数较少的情况下爆炸，因为

A. 钚裂变释放更多的中子   B. 钚裂变释放更多的能量

C. 钚不需要慢化剂   D. 钚会变成铀

22. 在核电站中，穿过涡轮的物质是

A. 裂变碎片   B. 电子   C. 中子   D. 蒸汽

23. 长崎核弹造成的死亡人数据估计为

A. 100—500   B. 5万—15万   C. 200万—300万   D. 1200万

24. 能够容纳一份临界质量的钚的最小容器是

A. 一把大汤匙   B. 一个咖啡杯   C. 一个大旅行箱   D. 一辆汽车的后备厢

25. 投放在广岛的核弹的燃料是

A. 铀   B. 钚   C. 氢   D. 氚和锂-6

26. 离心机浓缩工厂所需的面积约等于

A. 一间起居室   B. 一间大教室   C. 一幢大建筑   D. 约1平方英里

27. PCR涉及

A. 氚   B. 碳-14（放射性碳）

C. 重水   D. DNA

28. 沉降物中最危险的放射性物质是

A. U-235   B. Pu-239   C. Sr-90   D. 氚

29. 贫化铀是一种有用的物质，因为

A. 它是放射性的   B. 用它做的炮弹具有很强的穿透力

C. 它具有毒性（但放射性不是很强）   D. 它可以被转化成 U-235

30. PCR 被用来获知

A. 铀的临界质量

B. 莎丽·海明斯的后代

C. 尤卡山的安全

D. 地下石油的位置

31. H-bomb 的另一个名字是

A. 脏弹

B. 神奇炸弹

C. 裂变炸弹

D. 热核炸弹

32. 冷聚变

A. 虽然有人声称可以实现，但是从未被证实

B. 曾经出现在实验室的实验中

C. 是托卡马克装置使用的关键机制

D. 被利弗莫尔用在了 NIF 项目中

33. 三里岛核电站（多选题）

A. 发生了一起反应事故（失控的链式反应）

B. 估计有超过 200 人因为释放出来的裂变碎片而死亡

C. 一部分铀燃料熔化了

D. 虽然报纸有报道，但是没有释放出任何放射性物质

34. 增殖反应堆和其他反应堆有所不同的地方是

A. 它利用慢中子

B. 它不会熔毁

C. 它把氢作为燃料

D. 它制造的燃料比使用的多

35. 木星不是一颗恒星，因为

A. 它不是由氢构成的

B. 它质量不够大

C. 它离太阳太远

D. 它不是由氦构成的

第 6 章

电和磁

关于电

· 它是闪电的本质，而一场闪电发出的功率比一座核电站大得多

· 它为笔记本电脑中所有的计算提供的能量

· 可用于无线电通信，也可以通过电线发送电话信号

· 是传输能量最方便（通常也是最便宜）的方法，至少在短距离内是这样

· 只要按下开关，它就可以通过遍布全国的电路系统轻松进入我们的家中，这一电路系统极其复杂，只需几秒就可能崩溃

· 它非常安全，我们家中的任何角落都有电源插座，但电还是一种用来执行死刑的可怕手段，而且还曾经杀死过一头"坏"大象

· 它是我们身体的神经细胞发送信号的方式

· 它是核裂变产生能量的根源——裂变碎片通过电荷斥力获得能量

如果把 20 世纪称作电的世纪，那可一点不夸张。（当然，它也可以是汽车、飞机、量子物理或者抗生素的世纪。）大部分被我们称为"高科技"的东西，都是我们驾驭电的产物。

磁也同样神秘。磁体在我们的高科技世界中也扮演着关键角色。

关于磁

· 它曾经是军队掌握的秘密

· 它是"电"动机中推动物体的力

· 它曾经被用来在计算机硬盘上存储信息

· 它是发电的主要方式

· 它是电磁型同位素分离器获取 U-235 的方式

· 它可用于测定沉积岩的年龄

· 它让扬声器和耳机正常工作

此外，无线电波、光波、X 射线，以及伽马射线以电的形式携带一半能量，以磁的形式携带另一半能量。

人们一度认为磁和电毫无关系。而现在我们知道，磁是电微妙的另一种形式。

但是，电究竟是什么？

▌电

电通常意味着电子的移动。这些小小的粒子，质量大约只有原子的 1/2000，却能对质子，以及对彼此，施加巨大的力——库伦力。

把两个电子放在相距 1 厘米的地方，确保附近没有任何其他东西。因为每个电子都有质量，所以引力会让它们彼此吸引，但是它们之间的库伦力是相互排斥的，这种力会把电子推离彼此。此外，这种斥力大约是它们之间引力的

4 170 000 000 000 000 000 000 000 000 000 000 000 000 000 倍

我之所以这样写是为了让它更直观。同样的数字也可以写作 4.17×10^{42}。所以上述情况中斥力**彻底**压倒了引力。

现在，假设我们把一个电子放在距离一个质子 1 厘米的地方。它们会吸引彼此，不会排斥。但是这种力和两个电子之间的斥力**完全**是同一种力。（顺便说一下，我们至今仍不知道质子为什么会有和电子完全相反的电荷。）

电荷

电子的一种属性让它拥有了力，这种属性就是**电荷**。按惯例，一个质子的电荷量可表示为：

$$q_p = 1.6 \times 10^{-19} \text{ 库伦}$$

你不需要知道这个数字。电子上的电荷和质子上的电荷正好相反。用等式表达的话，就是 $q_e = -q_p$。为了表明电子对电子施加的力和电子对质子施加的力是相反的，我们把负号放在前面。我们说电子携带负电荷。（电子的电荷是 -1.6×10^{-19} 库伦，但你只要知道有负号就可以了。）

如果我们把一个电子和一个质子结合起来组成一个氢原子，那么总电荷就是 0。所以氢原子不会"感觉"到来自其他粒子的电荷力，因为质子上的力和电子上的力是相反的，会互相抵消。我们说氢原子是中性的。中性意味着总电荷为 0，哪怕它是由携带电荷的部件组成的。

中子的质量和质子相近，但是中子的电荷为 0。为什么？中子是否有可能类似于氢原子？氢原子包含 1 个电荷为 +1 的质子，以及 1 个电荷为 -1 的电子，而两者会彼此抵消。中子是否也拥有可以互相抵消的内部电荷？

我们现在知道了，答案是肯定的。中子包含 3 个夸克。其中 1 个是上夸克（u 夸克），其他 2 个是下夸克（d 夸克）。我们把它们写作 udd。上夸克的电荷为 +2/3（以质子所带电荷为标准），每个下夸克的电荷为 -1/3。所以中子的总电荷为 2/3-1/3-1/3=0。这就是为什么中子是中性的。

质子中含有 uud，总电荷为 2/3+2/3-1/3=+1。

电荷是"量子化"的

据我们所知，自然界中的所有电荷都是夸克电荷的整倍数。我们不知道这是为什么。在物理学中我们用"电荷是量子化的"来描述这种现象。粒子的电荷数可以是 -1/3、+1/3、1、2，等等，但不可能是 1/2、4/5 或 1.22。我们也不知道为什么会这样。

你可能会猜想，原因就在于所有粒子都是由夸克组成的。但是事实并非如此：电子就不是由夸克组成的。

一种未经证实的新理论认为，所有粒子都是由名为**弦**（string）的物质组成的。如果这个理论是对的，那么量子化背后的原因就简单了：所有粒子其实都是由同一样东西组成的。

电流与安培

带电粒子移动，形成了像水流一样的**电流**。对于水来说，我们用加仑 / 秒或立方米 / 秒来度量流速。对于电流来说，我们用电子 / 秒来度量流速。安培（ampere）或安（amp）是更加实用的单位。1 安是 6×10^{18} 电子 / 秒。不要记这个数字，但你应该知道电流是按电子 / 秒衡量的。

流过灯泡的电流通常是 1 安。你家的电线可以承载约 15 安电流。所有需要用电的系统分配了这些电流，比如冰箱、电灯、电视以及计算机。一道闪电有几千安。

手电筒电池提供的电流也约为 1 安。手电筒灯泡不如普通灯泡亮的主要原因在于其灯丝太短，所以能够发光的部位也较少。

选读：一天一安　　　　　这里有一个有趣的巧合。假设你让 1 安培的电流流动一天，那么一共流过了多少个电子呢？1 安是 6×10^{18} 电子 / 秒，而每天有 86400 秒。总数是这两个数字的结合：$6 \times 10^{18} \times 86400 \approx 5 \times 10^{23}$。这几乎达到了 1 摩尔，也就是 1 克氢所含的电子数。用下面这种方式思考：如果你把 1 克氢的电子拿走，你就有了足够流动一天的 1 安培电流的电子。

电线

金属有着奇妙的特性：电子可以轻松穿过一块固体金属的内部。（玻璃也有着相似的奇妙特性：光可以径直穿过玻璃。）

回忆一下第 4 章，在原子中占据很小空间的原子核，相当于橄榄球球场里的一只蚊子。其他空间都是由电子占据的。对金属来说，每个原子的所有电子中都有这样一个电子，它不像其他电子一样永久地依附在原子上，这个电子可以从一个金属原子移动到另一个金属原子上。

电子可以在一块金属中轻松移动，但是它们无法轻松离开金属的表面。它们被带正电的原子核的吸引力牵制住了。移动的电子只有在被其他电子顶替时才能自由移动。因为这个原因，电流通常都绕圈流动或在闭路中流动。

你是否注意到大多数花线（例如电灯的线）里面都有两根电线？第二根就是供电子返回的线路。一些计算机的电线叫作**同轴电缆**（coax cable）。这种电缆中也有两种导体，但不是两根电线，而是一根电线被包覆在一根圆柱形的金属管内。（**同轴**的意思是电线的轴心和金属管的轴心是同一个。）金属管就是电子的"返回途径"。

当一只鸟降落在输电线上时，一些电子会立即流进鸟的体内。但是因为电子哪也去不了，它们很快就会排斥其他电子进来，所以电流就会停止。非常少的电子就能阻止电流。

与此相似的是，如果一个人抓住一根输电线，并且不碰其他任何东西，他也是安全的。如果他接触了另一根电线（可以构成回路），那么一股强大的电流就可能会流过他。

看看机修工是如何在汽车电池上连接电线的。他会小心不让自己碰到其他任何东西，特别是不能用他的另一只手触碰汽车上的金属。这是因为电池的一侧通常都连在汽车的金属上，而机修工不希望自己的身体变成回路的一部分。一块汽车电池可以提供 100 安的电流，对人来说这是非常危险的。

即使电流中的电子在环路中移动，这些电子也可以用来携带能量和信息。当电子在电线中流过时，你可以拿掉电子上的一些能量，就像水车可以从水流中汲取能量一样。你可以通过改变电流大小来传递信息，用相似的方式，你可以通过开闭水龙头向某人传递信号。电话线传递声音信号时，利用的原理就是通过改变电流来匹配声音的振动。

电流流动的阻力

要想用最简单的方法从电流中转移电子的能量，我们只需要利用电子流动产生的阻力就够了。这样的摩擦被称为**电阻**。一些金属，比如钨，就有很大的电阻。普通白炽灯泡的灯丝就是由钨制成的。当电流流过钨丝时，电阻（摩擦）加热灯丝到足以使其发光的程度。于是，电流先被转化成了热，然后又被转化成了光。（我们将在下一章详细讨论。）

当然，你不会希望连接插座和灯泡的电线也变热，所以这些电线通常都是由铜或其他低电阻金属制成的。

导电性良好的材料（比如大部分金属）被称为**导体**。导电性不好的材料（比如塑料、石头，或者木头）被称为**绝缘体**。但是在金属和绝缘体之间还有一种材料被称为**半导体**。通过一种特殊的用电方式，这些材料可以从导体变成绝缘体，然后再变回来。从立体声音响系统到计算机，半导体控制电流的能力奠定了它在电子产品中的地位。我们将在第 11 章仔细讨论这些内容。

保险丝和断路器

你家的电线通常都是铜制的，因为这是一种低电阻的金属，所以它不会浪费电流的能量。然而如果电流很高，那么这些电线会变得非常热，足以在墙壁中引起火灾。因为这个原因，大部分房屋的室内布线都有一个防止电流超过特定安全值（通常是 15 安，足够点亮 15 个灯泡）的装置。我们使用的两种装置通常被称为**保险丝**和**断路器**。

保险丝是一截很短的高电阻材料，当过大的电流流过这种材料时，它就会熔断。熔断后，电线之间的连接就断开了，电流就会停止流动。如果想让电流再次流动，就必须换新的保险丝。在日常使用中,保险丝熔断说的就是足够大的电流经过了保险丝,使其内部的金属熔化或汽化了。

典型的断路器中有一个用电线做成的双金属片。当双金属片发热超过了允许限度后，它就会弯到一边并切断和另一根电线的连接。跟保险丝不同的是，断路器在冷却之后可以重置（双金属片复原并接通线路）。

超导体

超导体是具有零电阻的材料——它完全不会阻碍电流！由超导体组成的环路能够使电流在其中流动数十年，不需要能量源。这种现象类似于地球绕着太阳转，如果没有摩擦，它会永远自转下去。

不幸的是，所有已知超导体只有在低温时才能拥有零电阻的属性。如果我们能发现或生产一种"室温"超导体，我们使用电力的方式就会发生革命性的改变。现在，很多能量都在导电时被浪费在了有阻抗的电线上，而真正的室温超导体会彻底改变能量传输的方式。

电子如何在零摩擦的情况下流入金属？在数十年的时间里，没有人知道这个问题的答案。但是我们现在明白了，其中的秘密存在于量子力学中。我们将在第 11 章进行更深入的讨论。

冷却电线最简单的方法就是将其放进冷液体中。让原始超导体保持低温的方式就是将其浸入液氦中。这种液体是通过特制的冰箱制成的，然后通过杜瓦瓶（类似于热水瓶的玻璃容器）送到顾客手中。液氦在温度达到 4K 时沸腾——只比绝对零度高 4K。所以只要有液氦，温度就会很低。回想一下第 4 章，氦来自地壳中的阿尔法粒子，我们通过石油和天然气来收集氦。当油井枯竭时，我们就不再有获得氦的来源了。（太阳的 10% 是氦，但是不太容易获得。）

30 年前，油井中大部分的氦都被舍弃了，因为对氦的需求不足以抵偿密封氦所需要的开支。美国法律现在规定石油和天然气公司必须提取并贮存氦，因为我们预测，未来我们将会需要超导体。

"高温"超导体

1987 年，约翰内斯·贝德诺尔茨和卡尔·穆勒被授予了诺贝尔物理学奖，因为他们发现特定合成物在相对高温的情况下会具有超导性。现在，能让超导体工作的最高温度约为 150K，等于 −123℃或 −189 ℉。作为一种被称为**高温**的情况，这还挺冷的，但这已经是人类取得的最好成绩了。

科学家之所以说这种温度**高**，一部分原因在于它比液氮的沸点（77K）还要高。还记得吗？空气中氮气含量占比达 80%，它贮量丰富，尤其是跟氦比起来。只要 1 美元就可以液化 1 夸脱的氮，它的成本和牛奶（以及一些品牌瓶装水）差不多。从原理上讲，用液氮来为超导体保持足够低的温度是一种实际得多的方法。

那么我们为什么不用这样的超导电线来完成所有电力传输呢？答案在于，高温超导体都很脆弱，所以我们在过去很难用它们制造有用的电线。尽管如此，高温超导体现在已经有了一些特殊应用。底特律爱迪生电力公司正在进行一个试验，研究这样的电线是否可以用在商业电力传输上。

　　当然，如果我们用液氮冷却的话，就会丢失一些功率——因为液氮会汽化，所以要生产替换液氮。所以，这种输电线确实会消耗能量。

　　超导电线所能承载的电流量是有限的。因为高强度电流会制造非常强大的磁场（稍后就会谈到），而强大的磁场会破坏超导性，就像高温会破坏超导性一样。超导电线能承受的电流取决于横断面面积，据说有些材料每平方厘米可以承载几百万安培。

　　一个有趣的事实：理论上讲，高度压缩的氢应该会成为一种金属。甚至，木星的核可能就含有超导氢。

伏特与电子伏：电子能量的度量

　　安培会告诉你每秒有多少电子流过，而伏特会告诉你这些电子的能量。这种能量单位名为电子伏，缩写为 eV，定义为：

$$1eV=1.6 \times 10^{-19}J$$

（不用记）

一般而言，1 克物质的化学能量等于 1 大卡，而单个原子或分子的能量等于 1eV。这则知识很有用，而且值得记忆！

1eV=（通常情况下）单个原子或分子的能量

　　术语：如果一块金属拥有大量的电子，每个电子都具有 1eV 的能量，你会听到人们说，这块金属**是** 1 伏特（V，简称伏），或者会说它有 1 伏特的**电压**，或者它有 1 伏特的**电势**。

下面是一些关键数字：

（通常情况下）原子中的单个电子的能量	1 伏特
每个 TNT 分子的能量	1 伏特
手电筒电池	1.5 伏特

美国民用电压	110 伏特
欧洲和中国民用电压	220 伏特
阴极射线管电视显像管的内部电压	50000 伏特
来自原子核的阿尔法粒子	1000000 伏特

低电压电子并不十分危险。一般来说,一节手电筒电池的电压是 1.5V。你可以在标签上读到。手电筒电池可以生产出能量为 1.5eV 的电子。你把这样的电池拿在手里也不会有任何危险,如果你把电池通过金属连接自己的舌头,会感觉到一点刺痛。如果电池的电压更高就不要这么做了,否则能量更高的电子会烧坏你的舌头。

指尖火花和静电

有时你的指尖会发出火花,飞到门把手上,这样的火花经常被称为**静电**。之所以会发生这种情况是因为你的脚摩擦地面的方式让电子脱离出来,附着到你的身体上。我们之所以说这些电子是静态的,是因为它们就待在你的身上,直到你摸到一个像金属门把手这样的良导体。如果你用鞋在一张厚地毯上摩擦,你就会获得更多的电子。你也可以通过用梳子梳理头发把电子摩擦到梳子上。试试看——用梳子快速地梳几下头发,然后把梳子放在一些非常小(毫米尺寸)的碎纸附近。梳子上的电子会吸引这些纸屑。

如果空气是湿润的,静电就会从你的身体脱离到空气中。但是在湿度很低的天气(这意味着空气中的水分非常少),空气就成了不良导体,而电子就会留在你的身上。电子会在你的身体内部到处移动,因为你含盐的血液对电流来说是一种非常不错的良导体。但是当你拥有这些多余的电子并且把手指放在一块金属附近时,这些电子就会跳离你,并且制造出被我们称为火花的电流。

火花的电压有 40000—100000 伏!你没被电死的原因在于电流很小,因为你获得的电子数有限。但是一台老式阴极射线管电视机背后的类似电压是非常危险的,因为流向你的电流可以变得很大。

要想了解功率,你必须知道每个粒子的能量**以及**每秒钟流过的粒子数。流水的情况完全相同,你需要知道水的速度**以及**每秒流过的加仑数。

通过使用一种名为范德格拉夫起电机(Van de Graaff generator)的装置,人们可以实现指尖火花的自动化物理演示。在这种装置中,一条橡胶持续摩擦一块羊毛,而电荷被一根连接在金属球上的电线带走。几秒钟之后,这个球的电压可以达到 100000 伏。但是火花并不危险,

图 6.1

麻省理工学院（MIT）的大型范德格拉夫起电机（图片来源：美国能源部）

因为电荷量实在太小了。大型范德格拉夫起电机是第一种能够获得1百万伏电压的工具（图6.1）。

电功率

电子传递的功率取决于电子的能量和每秒抵达的电子数。前者关乎电压，后者是电流。把两者相乘，你就得到了功率。

我们来计算一下一块电压为 1 伏、电流为 1 安的小型电池的功率。电池中的单个电子能量是 $1eV=1.6 \times 10^{-19}$ 焦；电子数是 1 安 $=6 \times 10^{18}$ 电子 / 秒；把两者相乘就得到了 1.6×10^{-19} $\times 6 \times 10^{18} \approx 1$ 焦 / 秒 =1 瓦特。这不是巧合。为了得出这样的计算结果，我们特地选择了这些数字。[1] 所以接下来我们得出重要结论：

$$功率（单位为瓦特）= 伏特 \times 安培$$

---

[1] 1 电子伏能量并不正好等于 1.6×10^{-19} 焦，更准确的数字是 $1eV \approx 1.60217733 \times 10^{-19}$ J。说 1 安等于 6×10^{18} 电子 / 秒并不准确。更准确的数字是 1 安 $\approx 6.2415064 \times 10^{18}$ 电子 / 秒。

下面是一个实际的例子：假设你有一个要消耗 110 伏电压和 1 安电流的灯泡。那么功率就是 110×1=110 瓦。如果你使用灯泡 1 小时，你使用的总能量就是 110 瓦·时 =0.11 千瓦·时。记住：1 千瓦·时的价格是 10 美分。所以 0.11 千瓦·时的价格约为 1 美分。

另一个例子：一个手电筒的电池在 3 伏电压（两节电池）下工作，并且使用了约 1 安培电流。这就意味着它的使用功率是 3 伏 ×1 安 =3 瓦。如果电池能够坚持 1 小时，那么电池发出的能量就是 3 瓦·时。

请注意，高压并不总是等于高功率。如果安培数很小的话，那么高压也可以是安全的。这解释了为什么我可以让范德格拉夫起电机上的大火花跳到我的手上，却并不会受伤（至少没有疼到让我不得不承认它是一种伤害）。

火花和闪电中的能量

我之前提到过，指尖火花涉及的电子能量可以达到 40000eV 以上。但是你身体上并没有很多这样的多余电子，它们通常不超过 10^{12} 个。[1] 这个数字看起来很大，但是它比 1 克物质中的原子数小多了。电流够小，所以功率很低。

事实上，如果这些电子以 1 毫安（即 1 安培的千分之一，灯泡中的电流的千分之一）的速率流出，你在千分之一秒的时间内就会耗尽这些电子。这些电子的总能量是 0.01 焦，比 2 微卡（1 微卡即 1 大卡的百万分之一）还要小。你不必知道这些数字，但是你需要知道，在电流不大以及持续时间不长时，高压电并不危险。

相比于指尖发出的小火花，闪电既有高电压又有强电流。一般的闪电对应的是 1000 万伏和 10 万安，所以功率就是 1 太瓦，即 10^{12} 瓦特 =1000 吉瓦。（一座大型商业发电厂的发电功率就是 1 吉瓦。）但是这种功率只会持续 $3×10^{-7}$ 秒，这就意味着能量等于 $10^{12}×30×10^{-6}$= $30×10^{6}$ 焦耳。用它除以 4200（1 大卡的焦耳数）就能得到约 7000 大卡。这就是 7000 克烈性炸药中的能量，意味着那道闪电可以碳化或劈倒一棵树，但是作为有效能量源来说，它太小了。

---

[1] 如果你学过电气工程，下面就是我展示给你的计算思路：我假设电子的能量是 V=40000eV。我假设你的手的电容约为 C=10 皮法。以库伦为单位，电荷是 $Q=CV$，用它除以 $1.6×10^{-19}$ 可以获得电子数。以焦为单位的能量是 $E=1/2CV^2$。

青蛙腿和弗兰肯斯坦

1786 年，电学先锋路易吉·伽伐尼发现，当他把静电的小火花引向死青蛙的腿时，腿就会抽动。随后，在雷暴来临时他把青蛙腿挂在了房子外面的金属钩子上。（那会儿想获得电流并不是件容易的事，伽伐尼当时还没有发明电池。但是本杰明·富兰克林已经发现闪电就是电流了。）

伽伐尼以为自己已经让青蛙腿复活了。他没有。他只是向使蛙腿收缩的肌肉传递了一个信号。但是他相信他已经发现了生命的秘密，他把这称为"生物电"。如果你想看看关于他实验的奇妙画作，可以在网上搜索"伽伐尼蛙"（Galvani frog）。

1817 年，玛丽·雪莱在伽伐尼实验的启发下，创作了科幻小说的经典之一：《弗兰肯斯坦》。正如伽伐尼认为电可以让死青蛙腿复活，玛丽·雪莱的虚构角色弗兰肯斯坦博士认为自己可以通过闪电让死人活过来。

弗兰肯斯坦的故事变成了一个文化符号，它象征了科学家在不了解自己开发的新科技可能会有什么用处时可能会发生的情况。今天有些美国人会用**"科学怪食"**（frankenfood）这个生造词来讽刺转基因食品。

民用电功率

通到你家的电通常都被电力公司保持在平均 110 伏以下。[1] 如果你没开灯，没用冰箱、加热器、电视或者任何东西，电压仍然是 110 伏，但是电流为 0。电力公司想尽办法把电压保持在 110 伏，即便你使用更多的家电时也是如此。电压不变，变的只是电流。你使用的电器功率满足瓦特数 = 伏特数 × 安培数，其中伏特数为 110，所以在美国，你使用的电器功率是：

$$瓦特 = 110 × 安培数$$

家电上通常都标注了以瓦特为单位的功率需求。如果你想知道电器需要多少安培，只要用功率除以 110 伏就可以了。

$$（美国家用电器）安培数 = \frac{瓦特数}{110}$$

---

[1] 注意，这里指的是美国的情况。平均电压指的是 RMS 值，RMS 的意思是"均方根"。计算方法是取电压平方，求平均值（因为民用电流每秒要振荡 60 次），再取这个平均值的平方根。在统计上，平方的平均被称为**方差**。——编者注

110 瓦的明亮灯泡需要 1 安。550 瓦的加热器需要 5 安。安培数（每秒流过的电子数）可以叠加，所以如果你既用灯泡又用加热器，那么涌入你家电路的总安培数就是 1+5=6。如果你使用的总安培数大于 15，你家的保险丝就可能会熔断。

在欧洲，一般的民用电压是 220 伏而非 110 伏。这就意味着对同样的功率来说，欧洲的民用电压比美国的民用电压更高，而电流更小。更高的电压让欧洲人在家用电时比美国的情况更危险，但是更小的电流意味着，电力传输到你家插座的过程中，在电线上损失的能量会更少。（或者从另一方面说，这意味着他们可以在不造成电线过热的情况下，使用更便宜的电线。）

如果你想防止 15 安的保险丝熔断，就应该把电器的功率限制在 15 安 × 110 伏 =1650 瓦以内。一台电热器就要消耗这么多功率。类似烤面包机这样的家电容易在短时间造成高强度电流，如果它和电热器一起用就很容易熔断保险丝了。

高压输电线

大部分长距离输电是通过极高的电压（几万伏）完成的，有时甚至可以高达 50 万伏。在这样的高电压下，你有时会听到电线发出小火花的爆裂声。有时人们把这些线称为**高压线**。这并不是因为住在附近的人会感觉紧张，而是因为压力（tension）是电压的一种过时的称呼。这个说法现在在英国仍然通用。

我们在这些线路上使用高压有一个重要的原因。回想一下，功率 = 电压 × 电流。功率不变的情况下，高压线上的电流比低压线上的小。但是电阻的发热量只取决于电流，与电压无关。所以如果我们使用高压线，就可以减少安培数，从而减少电阻发热造成的功率损失。

因为高压会让电变得危险，于是就有了在保证功率 P 不变的情况下，提高电压 V 并降低电流 I 的特殊装置（即 V 乘 I 保持不变）。这样的变压装置被恰当地命名为**变压器**。我们将在讨论磁之后再来说这种装置的工作方式。一些变压器离住宅很近，所以电力直到传输到足够近的地方才会降低电压。这类变压器多数充满了一种名为 PCB 的绝缘体。[1] 人们发现 PCB 会致癌后，发起了一场消除这种液体的运动，并且用致癌性不那么强的东西来替代它。

---

[1] PCB 的意思是"多氯联苯"。多氯的意思是分子中含有多个氯分子。联苯的意思是有机分子拥有两个连在一起的苯基，每个苯基都含有一个失去了一个氢的苯环。大部分物理学家都不知道这类化学知识。（我也得查资料。）

不同距离的库伦力

在本章的开头，我们考虑了相距 1 厘米的两个电子之间的力。我曾经说，两个电子之间的库伦力是电子间引力的 4.17×10^{42} 倍。

现在假设我们把电子相距 2 厘米摆放。引力就变成了原来的 1/4（因为引力和距离的平方成反比）。而库伦力也是如此！

如果我们不再让电子相距 1 厘米而是相距 1000 厘米，那么两种力就都变成了原来的 1/（1000×1000），即百万分之一。

这种和距离相关的相似性引起了很多人的兴趣。例如，这意味着围绕一个质子旋转的电子和围绕太阳旋转的地球有很多相似点。这就是为什么你经常会听到人们把原子形容成小太阳系。但是这种类比并不完美，因为当我们谈论原子这么小的维度时，量子力学就会发挥重要作用。我们将在第 11 章详细讨论。

磁体

你可能很熟悉磁体，比如那些用来在冰箱上固定字条的冰箱贴。磁体真的很奇特，我强烈建议你找几块玩一玩。磁体会吸引铁，但是它还会吸引或排斥另一块磁体，这取决于两块磁体的磁场方向。

根据公元 1 世纪罗马作家老普林尼的说法，拉丁语中的磁体（magnet）来自马格内斯，这是一个牧羊人的名字，他注意到自己靴子上的铁质材料和钉子会被某种石块所吸引。

最简单的磁体有两端，其中一端被称为 **N 极**或**北极**（因为如果你把它挂在一根绳子上，它就会把自己调整到面向地球北极的方向），另一端被称为 **S 极**或**南极**。试一试，你会发现两个北极会互相排斥，而两个南极也会互相排斥，但是北极会吸引南极。这种排斥显得尤其神秘，因为它和万有引力是如此不同。但是这种现象却很像电，因为同种电荷互相排斥，异种电荷相吸引。

永磁体是一种可以保持磁性的材料。你可以用电创造出**暂时性磁体**。电流流动时会制造出磁场。用电流做出的磁体被称为**电磁体**。你可以通过开关电流来使电磁体获得或失去磁性。

天然磁石、亲吻的石头和罗盘

我们最开始认识的磁石都是包含铁矿石的天然石块，即**天然磁石**（Lodestones）。这些石头有一个神奇的特性，如果你用一根绳子把它们挂起来，或者把它们放在漂浮的木头上，这些石头就会具有旋转的倾向，直到一端指向北。这种现象成为一个极其重要的发现，因为我们可以用这种方法找到方向。这种设备被称为**罗盘**，由于这个发现实在过于宝贵，所以军队在最开始时深藏了这个秘密。当你远离海岸时，即使在完全阴沉的天气下，你仍然可以判别哪个方向是北。天然磁石的英文"lodestone"来自古英语词"lode"，其含义是"路径"；而"路上的石头"[1]会帮你找到方向。磁罗盘（magnetic compass）在历史上造成的影响很难估计。1620年，弗朗西斯·培根把罗盘、火药和印刷机评为彻底改变世界的三大发明。（他指的肯定是"近代"世界，因为他没有把早期发明比如轮子或者对火的控制算进去。弗里曼·戴森曾经争辩说，干草应该是一项更加重要的发明。）

在长达几百年的时间里，没人知道天然磁石的一端为什么会指向北方。有些人假设天然磁石受到了一些来自北极星的引力。后来谜底揭晓，其中的原因在于地球本身就是一个大磁体，而天然磁石的北极是在地球磁力的作用下旋转的。[2]天然磁石"指北的一端"被简单地称为磁体的北极，而另一端自然就被称为磁体的南极。

另外一项重大发现就是，你可以用铁做出新的磁体。如果你用一根针在一个磁体上摩擦，就能制造出新的磁体，但是要注意你只能朝一个方向摩擦，不能来回摩擦。通过这种方式成为磁体的针随后可以被用在罗盘上。另外一种方法就是在一块铁上施加一个强大的磁场（可以来自电磁体）。在移走（或者关闭）电磁体后，铁会保留一部分"残留"磁性。

天然磁石的第二个神奇特性就是它们会彼此吸引。法语中的磁石 aimants 的字面的意思是"相爱的石头"[3]。当然，这种吸引力取决于磁极。当磁体的 N 极和 N 极相对、S 极和 S 极相对时，它们并不喜欢彼此。

---

[1] 将"lodestone"看作"lode"（路径）和"stone"（石头）的组合。——编者注

[2] 中国有在1世纪使用磁体的记录。欧洲最早的记录来自亚历山大·尼卡姆在1187年写下的手稿。1600年，威廉·吉尔伯特（伊丽莎白一世女王的物理学家）搞清楚地球其实是一个巨大的磁体。他用拉丁文写道 *Magnus magnes ipse est globus terrestris*（地球就是一个无比巨大的磁体）。

[3] aimants 在法语中既有"磁石"的意思，同时也是"aimer"（喜欢，爱）的现在分词变位（s 表示主语是复数），有"多情的，深情的"之意。与处理"tzhu shih"一样，作者在这里把两个同音词/同形词的意义结合了起来。——编者注

来自电荷的磁性

我们现在知道，磁体的力（所谓的磁力）其实只是关乎电荷的力的另外一种形式。这种电荷之间的力只有在电荷移动时才会出现。出于这个原因，你可以把磁力看成一种存在于**电流**之间的力，这种力在静止电荷之间不存在。

在这里，计算磁力的法则[1]跟计算库伦力和万有引力的法则很相似。如果你有两段短电线，每段电线中都有电流，那么两者之间的磁力和距离的平方成反比。也就是说，如果你把距离加倍，这种力就会减弱到原来的1/4。但是在更多情况下，磁力更为复杂，因为我们不好简单地将它定为吸引力或者排斥力，电线的朝向变化后，磁力方向可能会和原来完全相反（吸引或排斥都有可能）。

如果要计算两段长电线之间的磁力，你需要把每一小段成对电线之间的磁力加起来。对于长电线来说，这样的成对电线的数量巨大，这就让问题变得复杂。在简单的情况下（例如两条长直电线），合力比较容易算出来，其结果显示两条带有相同方向电流的平行电线会互相吸引。对于更复杂的例子来说，比如被弯成大圆环的电线，计算通常要在计算机上完成。

事实证明，生产电流最有效的工具就是磁。如果你移动一根电线，穿过一片磁场（并切割磁感线），磁场就会对电线中的电子施加力，电子就会沿着导线运动，这就是发电机的工作原理。

永磁体

我们可以用现代永磁体制作冰箱贴、磁罗盘以及门插销。这些东西**似乎**不具有什么电流。而且它们**看起来**和电也没有任何关系。但是现在我们知道永磁体从电流中获取磁性，而电流却被隐藏得极其隐蔽。永磁体的电流就存在于电子的内部！

在20世纪人们发现了所有电子都会旋转，这就意味着电子中的电荷也在旋转，这就形成了电流。于是每个电子就都成了小小的磁体。

如果电子数量很大而且它们的旋转方向都随机的话，我们就很难检测到磁力，因为磁性很容易在内部抵消。对大多数材料来说情况就是如此。但是在几种被称为**铁磁体**（ferromagnet）的物质中（铁是最常见的例子），来自不同原子的电子倾向于排列起来并朝同一个方向旋转，于是磁性就会叠加。我们可以使用这些物质来制造永磁体。这里的永久，指的是它们不需要额外处理就能保持自己的磁性。

---

[1] 通常被称为毕奥-萨伐尔定律（Biot-Savart law）。

你可以想象我们为什么很难发现这一点。谁会猜到电子（所有电子）会旋转呢？事实上，我们现在相信，想要阻止这样的旋转是不可能的。电子会一直旋转。我们可以改变旋转的方向，但是我们无法阻止这种旋转。

磁单极子

正如我前面所说，在某些方面，磁体和电荷很相似。磁体北极互相排斥，就像是同种电荷相排斥、异种电荷相吸引一样。这让很多人做出了推测，他们认为肯定存在一种类似于电荷的磁荷。这种假想中的物体被称为**磁单极子**（magnetic monopole）。永磁体之所以具有磁性，似乎就是因为把这类磁荷集中在了磁体的一端。

但是，我们知道这不是真的。所有现存的永磁体之所以具有磁性，是因为它们的电子中有电流流动。

如果你拿起一根磁针，磁针的一端是北极，另一端是南极。你可能以为只要把针切断，只保留南极那一半磁针，磁针就没有了北极，但如果你真的这样做了，新的磁极就会在断开的一端形成，所以每一段磁针仍然会拥有一个北极和一个南极。无论磁体是如何制成的，它们似乎总是会有南极和北极。这是因为断开的磁体仍然含有旋转的电流，而这些电流会产生南极和北极。

一些物理学家猜测，即使所有已知的磁性都来自电流，也不能说明磁单极子是不存在的。我们做了很多项目来寻找磁单极子，也尝试过自己制作磁单极子。一些理论（如超弦理论）预测磁单极子应该存在，或者至少我们有可能制造出磁单极子。我们的搜寻范围包括那些曾经经历过高能撞击的材料，因为这种撞击可能会创造出单极子。纳入研究的材料还包括（数十亿年里暴露在充满能量的宇宙射线下的）月岩以及放置在大型粒子加速器（atom smasher[1]）一端的金属。

如果我们真能制造出磁单极子，那它们将会有很高的价值。我们只需要用普通的磁体就可以加速这些单极子并使其达到很高的能量，而这将是一种制造辐射的简单方法，这样的辐射能被应用在医学和其他一些方面。

---

[1] atom smasher 是粒子加速器的旧称，但却是更为大众所熟知的叫法，也可以翻译为"原子粉碎者"，美国 DC 漫画中有一个同名的超级英雄形象。——编者注

磁性的短程性

因为磁体既有北极也有南极（直到哪天我们发现了单极子），在一定距离之外，来自两极的力往往会互相抵消。从整体看，这种抵消让合力减弱了，这种现象中，与合力成反比的不再是距离的平方，而是四次方。如果你走开 2 倍的距离，力就被减小到了 $1/2^4$=1/16。所以当距离加倍时，力就减小到了原来的 1/（2×2×2×2）=1/16。如果距离变成了原来的 3 倍，力就变成了原来的 1/（3×3×3×3）=1/81。

结果就是，磁体在短距离内是非常有用的，但是在更远的距离上就不那么有效了。如果你试过用磁体捡拾一件东西，你可能就已经注意到了。除非磁体和物体距离很近，否则磁体能够施加的净力 [1] 是非常有限的。在卡通片中，磁体通常可以在很远的距离外举起物体，但是事实情况和卡通片所描述的故事差别很大。

▎电场和磁场

物理学家们一度认为，一个电荷会直接在其他电荷上施加力。现在我们知道这个过程中还出现了某种媒介。电荷制造了一种被我们称为**电场**的东西，而电场会填充空间。正是这种场，把力施加在了第二个电荷上。

引力以相同的方式工作。质量会制造引力场。当第二个物体出现在这种引力场之中时，它就会受引力场的力的作用。换句话说，两个拥有质量的物体之间并不会直接产生力的作用。事实上，一个物体制造出了一个引力场，而另一个物体会受到该引力场的影响。

这种情形就像两个人拉着一根绳子两端。一个人拉绳子，绳子就会对另一个人施加拉力。这两个人并没有直接接触到彼此。

当突然去掉两个电荷中的一个时，短时间内施加在另一个电荷上的力仍然存在，据此，我们可以得知电场是真实存在的。

我们还知道可以让电场振动，一种被称为**电磁波**的东西由此而来（类似于摇动绳子出现的波）。事实证明，光、无线电信号以及 X 射线都是电磁波。

这里的关键是，电荷会制造一个电场，而这个电场可以产生出作用在其他电荷上的力。与

---

[1] 净力（net force），即合力，如果一个力作用在物体上的效果和多个力作用在同一物体上产生的效果相同，这个力就是那几个力的合力。——编者注

此类似的是，移动的电荷（电流）会制造磁场，而磁场可以对其他移动的电荷施加力。

磁场可以通过在强大的永磁体附近散落的铁屑而为人所见。在图6.2中，我们把一块玻璃放置在磁体之上，玻璃上散落着铁屑。

如果真空中存在一个磁场，那真空还是真空吗？从某种程度上说，这是一个涉及定义的问题。真空里没有粒子，但是磁场确实包含能量。如果空间中包含能量，那它还是空的吗？通常来说，我们对真空的定义是一个不存在（或只有很少）粒子的空间区域，我们并不担心其中是否存在一个场。

因为磁场会用某种方式排列铁屑，所以磁场很容易视觉化。"看见"强电场也是可能的，只是没那么容易，因为电场容易产生火花，而火花会削弱电场。

电磁体

如果你把电线摆成合适的几何结构，你就可以让它向其他电流或一块永磁体施加一个非常强的力。**螺线管**就是能够实现这种目的的一种常见几何结构。螺线管其实就是一个被电线缠绕的圆柱体。打开电流，你就有了一个强磁体。关闭电流，磁体就没了磁性。让电流反向，磁性就会颠倒过来（即北极和南极对调）。

电磁体有很多用处。在汽车中，我们用电磁体来锁门和开门。（如果你按下车门开关，螺线管构成的电磁体就会拉住一块永磁体。）

扬声器和耳机会用小型电磁体来制造声音。一般来说，这类设备都含有一小块永磁体和一块电磁体。电流会穿过电磁体，让电磁体和永磁体互相吸引。然后电流调转方向，电磁体的磁极也就被颠倒了过来，于是两个磁体就开始互相排斥。通常来讲，我们会把这些电磁体的质量

图 6.2

人们可以通过铁屑亲眼看到磁场（图片来源：NASA）

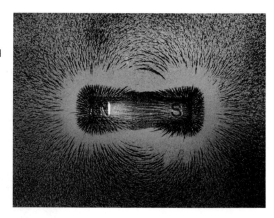

做得很小，这样它们就可以在这些方向相反的力的作用下来回移动。电磁体的振动方式会遵循电流的振荡。在耳机或扬声器中，连接在电磁体上的一片纸或一片金属箔会随之振荡，而这种运动会推动空气，让空气振动。振动的空气抵达人的耳朵，这就是我们听到的音乐。（我们将在第 7 章深入讨论。）

超导电磁体

大型的强电磁体需要高强度电流，而这就意味着会有大量功率浪费在电阻发热上。因为这个原因，很多这样的设备都是用超导电线制成的。虽然我们必须把很多能量消耗在冷冻电线的冷冻机上，但是这比普通电线的电阻所消耗的能量少得多。图 6.3 展示的是伊利诺伊州的费米实验室（Fermilab）中，粒子加速器上的一个大型超导磁体。

超导磁体还被广泛应用在了医学上，它可以提供磁共振成像（MRI）用的强磁场。这种磁体的磁场会在氢原子核上施加一个力，这种力会让氢原子依据磁场方向晃动。我们可以检测这种晃动，从而制作出氢的分布图像。

图 6.3

费米实验室的超导磁体（图片来源：美国能源部）

图 6.4

地球的磁场线，是由物理学家加里·格拉茨梅尔和保罗·罗伯茨计算得出的。在地球的深处，磁场极其错综复杂，但是在地表，磁场相对简单（图片来源：加里·格拉茨梅尔）

地球中的电磁体

人们相信地球的磁性来自在液态的铁核中流动的巨大电流。（人们通过地震资料得知了地核是液态的，具体内容将在第 7 章讨论。）这种流动是复杂的，所以地球的磁场也是复杂的。图 6.4 展示的是我们计算出的地球磁场线。

磁性材料：铁的特殊角色

我之前说过，用于制造永磁体的原料内部有大量的电子朝着相同方向旋转。普通的铁通常不是永磁体，因为电子即使旋转，也是朝着不同的方向旋转。

但是如果你（例如，用电磁体）在这种铁上施加一个外部磁场，那么该磁场就会在这些旋转的电子上施加一个力。对于铁原子来说，这会让电子都朝着同一个方向旋转，所以只要外部电磁体中有电流流动，这块铁就成了一块磁体。在这种情况下，我们就说铁**感生（通过感应产生）**出了磁。

这就是永磁体可以吸起曲别针的原因。当你把永磁体靠近曲别针时，曲别针就感生出了磁性，然后永磁体和曲别针就会吸引彼此。

这也是为什么电磁体可以吸起一块铁，这块铁甚至可以是一辆报废的汽车。打开电磁体，它就会制造一个强磁场。磁力会把汽车铁质材料中旋转的电子排列起来，使汽车变成一块磁体。这就是感应磁铁。对铁来说，两块磁体（电磁体和感应磁铁）会彼此吸引。

我们也可以用感应磁性来制造更加强大的磁场。如果你在一块电磁体的圆筒里插上铁芯，那么电流微弱的磁性就会被铁的感应磁性大大加强。不止于此，某些原子的感应磁性甚至会让更多的电子按照同一种方式旋转。磁性的强度会发生戏剧性的增长，甚至可以达到没有铁芯时的数百倍。以这种方式放大磁性极其有效，所以大部分电磁体都会使用铁芯。

剩磁

想象你的一块电磁体正在通过磁场影响一块铁。当你关闭电流时，外界施加的磁场就会消失，然后大部分感应磁性也会消失。但是通常来说，一些电子仍然会排列在一起，所以铁还会存有小部分的剩余磁性，也就是留存下来的磁性。

剩磁（remnant magnetism）可以非常有用（例如，可以制造永磁体），但同时也很烦人。如果你把一把铁螺丝刀放在一块强磁体附近，这把螺丝刀就会被磁化；然后你把它拿走，螺丝刀上还会留下一些剩磁。如果是这样，螺丝刀可能会吸引螺丝或小铁片，而这一点既可以是有用的，也可以很烦人。如果你把老式手表（前电子时代的产物）贴近一块磁体，手表就会受磁，然后里面的零件就会吸引彼此，这种情况足以导致手表停止工作。看看修表匠会怎么做，他们会把手表重新放到变化的磁场中，而变化的磁场会慢慢把磁化强度减小到零。

磁记录   感应生磁也是磁记录（magnetic recording）的基本原理，应用磁记录的产品包括录像带、计算机硬盘以及 MP3 播放器。这些设备中都有一个非常小的电磁体，电磁体会在磁性材料的一小片区域上感生出磁性。在邻近的区域中，电磁体会感生相同方向的磁性或者相反方向的磁性。信号通过这些小区域留存在磁性材料中。例如，如果经过磁场处理的一连串区域分别是 N、N、S、S、N 磁极朝上，这就有可能记录数字信号 1、1、0、0、1。这就是所有磁记录的基本原理。

计算机硬盘的磁性材料分布在一个旋转盘的表面。当旋转盘在电磁体的作用下移动时，不同位置会产生不同的感应磁性。在今天，这些区域的尺寸通常都是微米级的，甚至更小。很多音乐播放器用的就是这种硬盘。

磁记录可以被其他线路"读取"。当移动的磁体经过一根电线时，磁体会让少量电流在电线中流动起来，而我们可以检测到这种电流。在现代硬盘中，一种特殊的材料起到了电线的作用，这种材料的电阻会随着磁场而变化。通过测量线路的电阻，我们就能获得关于磁场的信息。

热会破坏磁性：居里温度

如果你加热一块永磁体，原子和电子就会以越来越快的速度跳来跳去。这可能会让原子改变排列方向，同时让电子改变旋转方向。皮埃尔·居里是居里夫人的丈夫，他发现在一定温度下，所有永磁性都会消失（因为电子的旋转达到了混乱状态）。每种材料都有自己的**居里温度**，达到这个温度后就会发生这种情况。

记住：如果你把一块永磁体加热到居里温度，那它的磁性就会消失。

稀土磁体

在过去的几十年中，人们发明了一类特别强力的永磁体。第一块这样的永磁体是用一种名为钐钴（samarium cobalt）的化合物制成的。钐是一种**稀土元素**。基于这个发现，我们还找到了其他类似的化合物，而这些磁体通常就都被称为**稀土磁体**（Rare-Earth Magnets）。

这些磁体非常强大，甚至可以说是危险的。如果你打碎了一块稀土磁体（可能是因为把它掉到了地上）而且它碎裂的方式让两块磁体碎块彼此排斥，那么磁体碎块就会以极高速度飞离彼此，有人可能会因此受伤。如果把这样的磁体用在耳机中，那么它们的包装方式就必须要保证当耳机碎裂时，磁体不会因此而受到冲击。

你爷爷奶奶曾经使用的耳机又大又笨。现在，因为有了稀土磁体，高品质的耳机可以又小又轻。扬声器和发动机的情况也与之类似。

寻找潜水艇

潜水艇是钢铁制成的，当它处在地球的磁场中时，就成了一个大磁体。在第二次世界大战期间，科学家们意识到可以通过探测磁性的方法在深水中搜索潜艇。因为磁场在长距离下会变弱（变成原来的 $1/r^3$），所以这种方法对于特别深的潜艇来说并不奏效，但是当潜水艇停留在水面以下几百米的深度时，这种方法仍可以使用。

这种方法特别有效，所以潜艇为了去除所有它们可能获得的剩磁，在每次入港时都会接受特殊处理。

电动机

电动机其实就是靠磁力来运行的。在电动机中，电磁体的电线按特定方式缠绕，以便产生强磁场。在最简单的电动机中，电磁体产生的磁性会用于拉近或推离一块永磁体。如果电流方向是周期性交替颠倒的，那么交替的推力和拉力可以让磁体转圈。

在这里，永磁体不是必需的。很多电动机使用两块电磁体，一块是静态的，另一块是旋转的。电流的变化可以让磁体彼此之间的作用力去推动旋转的那块磁体。

粗电线的电阻可以很小，能让电动机的效率大大提高——它们可以在发热能量损失非常小的情况下把电功率转化为机械运动。混合动力汽车就是通过存储在电池中的电力，用电动机来驱动车轮的。

发电机

商业发电厂生产电力最有效的方式就是让电线穿过磁场。当这样操作的时候，这种装置就被称为**发电机**。从根本上说，你使用的所有电都是用这种方式生产出来的。你还会使用一些来自电池的电（在手电筒和汽车中），但是这部分电量相比其他用电情况少得可以忽略不计。

由金属制成的电线，内部存在可以移动的电子。当你让这根电线穿过磁场时，电子就会和电线一起移动。移动的电子就会像任何电流一样，受到磁力的作用。如果电线沿着垂直于自身的方向移动，磁力的方向就会平行于电线，所以电子就会被平行于电线的力所推动，也就是说，电流将会沿着电线移动。

在核电站，核链式反应的作用是制造热，而热会把水变成蒸汽。蒸汽推动螺旋桨（严格的名称是**涡轮**），然后螺旋桨会推动电线穿过磁场，从而产生电。

在燃煤电厂中，煤的燃烧产生热——从这一步往后，电厂的工作步骤都是相同的，最后都是通过推动电线穿过磁场来生产电力。

在燃油电厂或使用天然气的电厂中，生产热的方式都是燃烧燃料，从这往后步骤都是相同的。在水力发电厂中，水库中的水是用来转动轮子的，而轮子会推动电线穿过磁场，由此制造电流。

一旦汽车发动起来，就不再需要电池了。从这时开始，汽车需要的所有电（用于火花塞或者点亮车灯）都是通过汽油机获得的，汽油机会转动一根名叫曲轴的轮轴，曲轴会转动一个让电线穿过磁场的轮子。

动态发电机

一台发电机要想顺利运行，就需要强大的磁场。对于小型发电机来说，磁场可以由永磁体提供。但是对于大型发电机来说，磁体就必须是电磁体。你不妨猜猜它们从哪里获得电力来运行电磁体。

没错，它们通过发电机获得电力！在这种情况下，这台发电机就被称为一台动态发电机。

这听起来有点绕，但却真的奏效。大部分大型发电机都是动态发电机。这种方法看起来像一种无中生有的手段，但事实并非如此。推动电线穿过磁场需要能量[1]，而随之产生的（存在于磁场和穿过磁场的电线中的）所有电能，都来自你投入的能量。

北极其实是南极

正如我们前面讨论的那样，地球是一个巨大的磁体。这就是为什么罗盘会指向两极。但是地球的磁极并不是正好处在地轴两端，所以罗盘所指的方向并不是真正的地理北极，而是另一个不同的位置。地磁极大概在北纬 75° 上，具体在加拿大北部的巴芬岛附近。地图通常都会在这些地点上标有小记号，用来表示地磁北极和地理北极之间的区别。

对于其他行星来说情况更加糟糕。在天王星和海王星上，磁极和旋转轴的极点相差了 60°。

你应该意识到了我们术语中存在的一个语义问题。罗盘针的北极指向的是地球的磁极。但是一个磁体的北极是被另一个磁体的南极所吸引的。所以从磁性的角度说，位于加拿大的磁极其实是南极！

爱因斯坦的谜题

当威廉·吉尔伯特推测说地球是一个磁体时，他自然而然地假设地球是一个永磁体，其磁性可能来自大量天然磁石的沉积。但是现在我们知道地下的岩石是热的，它们因为地球的放射性而变热。到约 30 千米深，温度就高过了居里温度，这时所有的磁性都会消失。这些现象促使爱因斯坦把地球的磁性列为最大的物理未解谜题之一。

现在我们大概已经知道了答案：地球就是一台大型发电机（dynamo）。具体细节我们尚不

---

[1] 电线中流动的电流和磁场相互作用，产生出一种抗拒运动的力。这就是为什么你需要做功才能移动电线。

清楚，但是我们知道其概况。早期的地球（46 亿年前）非常热，大部分铁融化后渗入到其中心。这些铁仍然在那里，如果你走到距离地心一半的位置，就会看到周围的物质从岩石变成了铁水。此外，因为有地球深处小型固态铁核所释放的热，所以这些铁能够保持流动状态。这种流动的铁就像发电机部件。当铁水在磁场中移动时，电流就会流动（就像移动的电线）。地核中的电流环绕流动，就像在商用发电机中一样，制造出了磁场。

计算机和数学模型证实了这样的猜想，但是我们很难 100% 地确认，因为抵达地球的中心要比抵达月球表面困难得多。

地球：会翻转自身的磁体

随着海洋动物死亡并漂流到海底，它们最终形成了新的岩石层。这些岩石受到了地球磁场轻微的磁化，并且会在百万年间保留这种磁性。如果我们研究岩石层并且测量其年龄（用第 4 章中的钾氩测年法），我们就能读出地球磁性的历史。

通过这些记录，我们了解到磁场的强度会根据时间发生缓慢的改变。但更令人惊讶的一项发现是——地球的磁极会时不时地翻转！这就意味着如果你把今天的磁罗盘带到百万年前，指北针会指向南方，而非北方。

最近一次磁极翻转发生在 100 万年前，而这样的翻转（至少在最近一段时间内）平均每 100 万年会发生一两次。翻转需要几千年时间才能完成，但是从地质的角度上说这是很快的。

现在你应该能理解下面这种矛盾的想法了："地球的北极是南（磁）极。但是大约在 100 万年前，北极曾经是北极。"试试告诉你的朋友。

我们不知道地磁极为什么会翻转，但是有人提出了几个理论。事实证明，铁水的实际流动方式不需要发生改变也能驱动 dynamo 发电机。事实上，需要翻转的只有电流方向。当这种情况发生时，地球的磁极也会翻转。有一些理论把这种改变归因于有时会在某些 dynamo 模型上看到的混沌行为（chaotic behavior）。

我最喜欢的理论（同样未被证实）是，磁性的翻转包含两个步骤：对 dynamo 电流的破坏（可能由液体 / 岩石边界处的岩崩导致），以及随后对反向 dynamo 的重建。[1] 当然，重建的 dynamo 不一定总是反向的，有时也会出现同向的情况。如果出现这种情况，这就不叫翻转而是叫**偏移**。在古老岩石的记录中我们发现了很多偏移，偏移的数量似乎比翻转要多。

---

[1] 这个理论之所以是我最喜欢的，部分原因在于这是我提出的理论。这篇论文发表在《地球物理学通讯》期刊上。

地质学和翻转的磁性

地球的磁极每100万年左右就会翻转，这个事实对地质学和相关领域（比如气候研究）的用处很大。这种现象之所以宝贵是因为我们经常无法通过放射性来测定一块岩石的年龄。例如，岩石通常没有足够的钾来完成钾氩测年法。但是，在海中形成的大多数岩石却保留了一份地球的磁性记录。我们可以从岩石层中看出一种模式，就像指纹一样，一些翻转的间隔很近，而其他的则远远分开。一旦我们知道了这种模式，我们就能在地球的不同地点把这些模式联系起来。我们不知道一个岩石层有多老，但是至少我们知道该岩石层和地球另一个地方的一块岩石年龄相同。

我们还可以更进一步。如果我们搜寻的时间够长，可能就会发现一块在火山附近形成的岩石。火山灰中含有大量的钾。如果我们可以用钾氩测年法获取这块石头的年龄，那么我们马上就可以知道全世界拥有相同地磁模式的岩石的年龄。

这一点也很重要，因为这些其他岩石经常带有独特的记录，有些记录了古代气候的模式。如果你把所有这些岩石收集起来，就能知道地球的上一次冰期发生在什么时候、持续时间多久，以及结束得有多迅速。这样一来，我们就通过地球的磁场翻转获得很多关于过去的知识。

地球的磁场和宇宙辐射

就像电线中流动的电子会受到来自磁场的力一样，来自太空的宇宙射线也会在磁场的作用下发生偏转。这种现象阻止了大量粒子撞击地球大气层的顶部。有些人推测当地球的磁场崩溃时（比如在磁场翻转的过程中），地球上的生命就会暴露在这种致命的辐射中。这个概念被各种科幻电影广为传播，其中最著名的就是2003年上映的《地心浩劫》。

如果磁场崩溃，那么确实会有更多的宇宙射线撞击地球高层大气，但是大气层是真正的保护罩，即使没有磁场，到达地球表面的辐射也不会增加超过10%。[1] 所以说，磁场的崩溃并不会对生命造成巨大的影响。事实上，位于加拿大北部的地磁北极现在也没有任何磁场保护，因为所有磁场线都指向内部（所以磁场不会偏转宇宙射线）。但是这个地点的宇宙辐射只比赤道上的宇宙辐射稍微强一点。这是因为大气层阻挡了大部分辐射。

要留心这点，甚至很多优秀的科学家都掉进了这个陷阱，认为保护我们不受宇宙射线伤害的是地球磁场。最近有一个"NOVA计划"就以这种想法为基础来讨论地球磁场在翻转的过程中可能会降临的灾难。但是事实并非如此。

---

[1] 在地磁两极上，地球磁场没有提供任何的保护。这导致了地磁两极大气层顶部更加强大的宇宙辐射，但是地磁两极大气层底部的辐射只比地球其他地方稍微强一点。

▍变压器

发电机通过让电线穿过磁场来运转。如果让磁体穿过电线,运行效果也是一样的。[1]事实上,磁体不需要真的移动,仅靠磁场发生变化,就可以产生同样的效果,而改变电磁体中的电流就能达到这个目的。

如果我们把前面段落中的所有概念集中到一起,就会得到有史以来最伟大的一项发明:**变压器**。在变压器中,有一个被称为**初级线圈**的线圈。改变初级线圈中的电流就会制造出变化的磁场。变化的磁场会穿过第二个被称为**次级线圈**的线圈并且让电流在次级线圈中流动起来。

关于变压器有一个值得注意的事实,变压器可以非常有效地把能量从初级线圈传递到次级线圈,能量损失几乎为零。初级线圈和次级线圈彼此并不接触。能量完全是通过磁场传递的!

变压器之所以如此宝贵是因为初级线圈和次级线圈的线圈匝数可以是不同的,这种情况下两边线圈中的电压和电流也会有所不同。变压器可以把高压电变换成低压电,或者把低压电变换成高压电。正是变压器把输电线的高压减小到了安全的民用电压。而变压器完全是在磁的作用下工作的。

如果变压器附近有铁存在,那么铁可能会在磁场改变时振动起来。你经常会听到的变压器发出的嗡嗡声就是这样产生的。当然,这种声音出现意味着发生了一些能量损失,电转化成了声音,所以高质量变压器的设计原则就是要防止这种情况发生。

特斯拉线圈

科学家尼古拉·特斯拉曾是托马斯·爱迪生的同事,他发明了现在被我们称为**特斯拉线圈**的高压变压器。他的技巧之一就是让电流快速改变,从而在次级线圈中制造非常高的电压。利用特斯拉线圈,你可以在教室中完成戏剧性的演示,演示期间会持续产生 30 厘米长的火花。与此同时,火花却并不特别危险。当变压器提高电压时,它也必须同时降低电流——因为功率等于电流乘以电压,而功率不会改变。所以,特斯拉线圈可以制造具有极高电压的火花,但是释放的功率却相对较低。

---

[1] 这是真的,尽管不是很明显。这个发现促使爱因斯坦做出了一个假设:无论你的移动方式是什么样的,物理法则都是相同的,而这种思想引导他走向了相对论。

磁悬浮

当普通的铁暴露在一块磁体的磁场中时，它自身就会成为一块磁体并被那块磁体吸引。但是一些材料却有着不同的特性。当它们暴露在磁场中时，它们自身也会变成磁体，但是磁极分布却完全相反，比如离磁体北极近的部分会也变成北极，所以它不会和原来的磁体互相吸引，而会互相排斥。

这样的材料并不常见，这就是为什么我们的大部分经验都告诉我们磁体会"吸引"物体。液氧就是一种会被一般磁体排斥的材料。超导体也会被排斥。当超导体暴露在磁体的影响下时，电流就开始在超导体内部流动，而这种流动方式会创造出一种排斥力。如果你把一小块超导体放在磁体上面，磁力就会让超导体**悬浮**在磁体上方，斥力抵消了重力。

如果电流交替变化的电磁体创造出一个变化的磁场，那么普通金属也可以实现悬浮。变化的磁场会让电流在金属内部流动，而这些电流会创造出排斥原来那块磁体的磁力。这种方法可以用来悬浮大型物体。

用移动的磁体也可以实现悬浮。如果一块强磁体（钕钴或强电磁体）在一块导体上移动，那么该导体将会感生出电流，创造出一个排斥移动磁体的磁场。日本等国家的商用磁悬浮列车使用的就是这种方法（图6.5）。当运行的速度较慢时，列车不会发生悬浮（因为有用的感应磁场产生于快速变化或者快速移动的电子）。当列车运行得更快时，在轨道上移动的磁体（列车车体的一部分）就会感生出越来越强的电流，直到感应电流产生的磁力把列车推升到轨道上方。磁悬浮的优势在于它避免了接触所产生的摩擦。但是铁轨中流动的电流确实会在电阻上损失一部分能量，而这一点构成很大的限制。超导轨道会避免这个问题，但是超导体只有在低温下才能工作。基于以上这些问题，真实的磁悬浮并没有像很多未来学家预测的那样成功。但是如果我们开发出了室温超导体，一切都将改变。

图 6.5

磁悬浮单轨道电车（图片来源：维基）

轨道炮

在第 3 章，我们讨论了用普通化学燃料把物体发射到太空的种种限制。问题就在于这种燃料的排气速度只有 1 千米 / 秒或 2 千米 / 秒，所以我们很难用这样的燃料来推动需要以 11 千米 / 秒的速度来运动的物体。但是利用磁力，我们就可以克服这种限制。实现这种目标的装置被称为**轨道炮**。

最简单的轨道炮包含两条很长的平行金属轨道，就像铁路的铁轨一样。我们在轨道的末端之间施加高电压，并把一块金属（被称为弹托）放置在两条轨道之上或之间。高强度电流从一条轨道的一端，沿着轨道，经过金属，流到第二条轨道上，然后再流回。轨道中的高强度电流制造出了强大的磁场，而磁场会在流过金属弹托的电流上施加一个力。于是，弹托被沿着轨道推向尽头。理论上说，轨道炮可以用极高的速度发射弹托。

美国海军正在建造轨道炮，用于击落袭击舰船的导弹，未来我们有一天可能可以用这些轨道炮向月球发射材料。

交流电与直流电

大部分家庭使用的是**交流电**（Alternating Current，AC）。交流电中的电流持续变化，从正向到负向，然后再颠倒过来，循环往复，一秒钟要进行 60 次这样的变换。当我们说民用电流是 60 周期（60 周期每秒的简称）时所指的就是这种情况。每小时有 60 分钟，每分钟有 60 秒，而每秒钟有 60 周期。

赫兹是一个比较新的术语，指的是"周期每秒"。赫兹的缩写是 Hz。在美国，民用电是 60Hz，而欧洲的民用电是 50Hz。

电池输出的是 DC，也就是**直流**电（Direct Current）。那么我们为什么要在家中使用交流电呢？答案就是，因为交流电天生就容易和变压器匹配。高压输电线在把电力传输到家庭中时使用的是高电压（小电流）。但是当电力进入家家户户时，变压器会把电压变成相对较低的 110伏，同时把电流变成相对较大的 15 安。

交流电并不一直都是我们电力系统的首选。在 19 世纪末，托马斯·爱迪生相信未来是属于直流电的。他的竞争对手尼古拉·特斯拉则一直坚信交流电才是未来趋势（图 6.6）。

最后，特斯拉赢了。我们使用的仍然是交流电，而不是直流电，我们的发电厂位于很远的地方，而不在街头。我们墙上的插座输送的是 60 赫兹的 110 伏电。很多家庭会有一套单独的电线传

图 6.6

托马斯·爱迪生（左）和尼古拉·特斯拉（右）

输 220 伏的交流电，用于功率更大的设备，比如空调。

电力之战

下面这个故事讲的就是我们为什么会采用交流电，放弃直流电。

在 19 世纪晚期，托马斯·爱迪生发明了灯泡。这个发明对世界造成了巨大的影响，其效果甚至延续至今，漫画家会用一个突然出现在某人头顶上的灯泡来表示这个人有了一个很棒的想法。

最不喜欢爱迪生的发明的人就是石油大亨约翰·洛克菲勒了，他通过卖石油赚取大量的财富。在当时，石油几乎全部用于供热和照明。可以想象，电（可以通过燃烧煤炭获得——煤烧热水、蒸汽驱动涡轮、涡轮带动发电机）会让他的石油变得毫无价值。幸运的是，当时石油驱动的发动机技术（特别是内燃机）的改进带来了一项新发明——"自动马车"，也就是我们熟知的汽车。所以洛克菲勒保住了财富。

爱迪生想使纽约"电气化"。他的愿望是把金属电线安装在电线杆上，把电流运送到家家户户。由于这些电线的电阻会造成一部分能量损失，所以能量无法传得很远。但是他不认为这真能构成问题：他要把发电机放到每个社区，所以电线的长度不需要超过几个街区。

爱迪生雇用了天资卓越的工程师特斯拉。但特斯拉很快就气愤地辞了工作。特斯拉声称爱迪生把他所有想法都注册成了自己的专利，并且，他也没有给特斯拉任何他承诺过的金钱奖赏。

那时，特斯拉已经醉心于交流电。在交流电中，电压和电流会发生振荡，从正向变为负向，然后再变为正向，每秒交换 60 次。如果你使用的是交流电，而非爱迪生的直流电，你就可以利用变压器这个精彩的发明。（安东尼奥·帕奇诺提于 1860 年发明了变压器。回想一下，用来产生极高电压的变压器通常被称为**特斯拉线圈**。）变压器的原理是：一根带有电流的电线会制造磁场。如果电流发生变化，那么磁场也会发生变化。变化的磁场会在第二根电线中制造电流。整个过程最巧妙的部分在于，第二根电线中的电压可以和第一根电线中的电压有很大差别。变压器变换的就是电压。

低压交流电通过变压器可以变为高压交流电。高压交流电的优势在于它用非常小的电流承载功率，所以利用长电线，我们可以把功率送到很远的地方。于是我们就不需要在各个社区都放置发电设备了。当电流接近居住区时，经过再次变换，高电压就被转化成了低电压，这样的电力使用起来更安全。我们可以把小型变压器放在电线杆顶上。（今天大部分社区的电线杆顶上都有这样的变压器。如果变压器失效了或者被烧坏了，附近居民区就会停电，而变压器就必须替换或者修理。当地的电力公司通常在几小时内就能完成这项工作。）

事实证明交流电有着非常大的优势（不再需要社区发电设备），它已经完胜了爱迪生的直流电。特斯拉得到了西屋电气公司的支持，他们的系统演变成了我们今天所使用的电力系统。我们美国人家中的交流电电压只有 110 伏。电压从正向变为负向，再返回正向，每秒 60 次，即60 赫兹。欧洲人把频率降到了 50 赫兹，这就是为什么他们的电灯和电视会闪烁。[1]

但是爱迪生不会因此就缴械投降。他试图说服公众：在城市里用高电压是非常危险的。为此他做了一系列试图证明这种危险性的演示，在这些演示中他邀请公众观看他用高电压系统对小狗和其他小动物执行电刑。他进行了一场用高电压电死一匹马的演示。爱迪生还发明过一台电影摄影机，还拍摄了一部用电刑处决一头大象的电影。我觉得这部电影恐怖至极。被处决的雌象名叫托普西，它是一头"坏"大象，它因为杀了 3 个人（其中一个人把一根点燃的香烟喂给它）而被判处死刑。很明显，防止虐待动物协会批准了这次处决，因为他们认为，把托普西绞死是很不人道的。在另一个无关的场合中，爱迪生曾说过，"非暴力会通向最高的道德标准，这就是所有进化的目标。我们一直是野蛮人，直到有一天停止伤害所有其他生物。"

当然，爱迪生制造的终极恐慌就是证明高压电可以杀人。为达到这个目的，爱迪生说服纽约州把对死刑犯的处决从绞刑改成了电刑。他还争辩说这种处决方法更加人道——这个结论跟现代观察者的看法背道而驰。但是纽约和其他几个州采用了这种方法。虽然这些事情都产生了宣传作用，但交流电的优势最终让它获胜了，这就是我们今天所用的电。

---

[1] 如果频率大于 55 赫兹，我们的眼睛就不会注意到有闪烁。我觉得欧洲人犯了个很傻的错误，他们只是为了显得比美国更认可公制而已。他们还试过把一分钟分为 50 秒，一小时分为 50 分，但是最后还是放弃了——人们无法习惯这样的改变。不过，50 周期每秒保留了下来。我们的周边视觉比中央（视网膜中央凹）视觉敏感得多，所以有些人即使在 60 赫兹下也会从眼角处看到闪动。如果你住在一个装有会闪烁的老式荧光灯的房间里，肯定会被烦死。

▎小结

电关乎电子或其他携带**电荷**的粒子的流动。按照惯例,电子上的电荷为 -1.6×10^{-19} 库伦(你不需要记住这个数字)。质子具有相等但相反的电荷。隐藏在原子核中的夸克具有 1/3 或 2/3 个电荷。原子的净电荷通常为 0,因为电子和质子达到了平衡。(如果没有达到平衡,该粒子就会被称为**离子**。)电荷的流动(通常是电子的流动)情况被称为**电流**,我们用安培度量电流。1 安培意味着每秒有 1 库伦电荷流过。电流通常循环流动,否则电荷就会累积,而随之而来的阻力会妨碍电流。

电流可以在气体、真空以及金属中流动。电子流动起来后,通常会损失一些能量,这就是所谓的**电阻**。功率损失是电流决定的。绝缘体是用不良导体制成的(高电阻率)材料。超导体只有在非常低的温度下才能工作,但是其电阻为 0。高温超导体需要的温度是 150K,相当于 $-189\,^{\circ}\mathrm{F}$。

电压关乎电子的能量。功率 = 电压 × 电流。高电压并不一定特别危险,除非电流大到足以产生很高的功率。我们用安培乘小时来评价电池性能。这代表了电池能够提供的总电荷。用电压乘安培再乘小时,你就能得到以瓦·时为单位的总能量 W=UIt。

我们家里用的是交流电而非直流电,因为只要用变压器,就能轻松改变交流电的电压。我们用高电压(低电流)把电流带到家门口,但是为了更安全,需要在电流进入家家户户之前降低电压。

计算库伦力的公式看起来和计算万有引力的公式很相似。库伦力和距离的平方成反比,所以距离变为 10 倍的电子所受的力是原来的 1/100。但具体到力的方向还有一些差异:同种电荷互相排斥,异种电荷相互吸引。电子之间的库伦力比万有引力大得多。当这种力存在于电流之间时,就会出现**磁现象**。当物体原子中的电荷流动方向都相同时就产生了永磁体。永磁体被应用在了磁罗盘中。我们没有找到过磁单极子,但是搜寻仍在继续。通过让电流流动(通常是循环流动),我们获得了电磁体。应用了电磁体的产品包括汽车门锁、扬声器以及耳机。当我们利用电磁体让一根轴旋转时,这种装置就是**电动机**。像钐钴这样的强永磁体,让小型耳机和电动机的发明成为可能。当我们把铁放在磁场中时,铁就会强化磁场,除非这块铁的温度比居里温度还要高。某些材料在不再接触磁场后仍然会保持磁化的状态,我们用这些材料来做磁记录。

当电线穿过磁场时,电流就会在电线中流动,而这就是发电机的工作原理。如果我们用感应电流来加强磁场,这种发电机就被称为 dynamo 发电机。我们用 dynamo 进行商业发电。地核是一个天然发电机,所以地球就是一个磁体。平均每 100 万年地球的磁极会翻转一两次。在地质学中这个发现很重要,它可以用于测定岩石年龄。

变压器可以在功率损失很小的情况下改变电压和电流。特斯拉线圈是一种可以产生很高电压的变压器。

磁悬浮利用的是相斥的磁场。有时，这些磁场是通过移动的金属或交流电流而产生的。相比于火箭，轨道炮可以更有效地（损耗能量更少）把金属加速到很高的速度。

讨论题

1. 阅读下面这段摘自 1892 年的《大众科学》期刊的文字，根据对电的现代理解，看看你能从中读出什么。

> 人们现在对于电的强大力量还知之甚少。实体论者告诉我们电是某种物质。其他人则不把电看成物质，而是看成某种形式的能量。更有甚者两种看法都不承认。一位教授把电看作"以太的一种形式，或者一种表现模式"。另一位教授对他同事的看法提出异议，但是认为"我们绝对应该把电称作'与物质结合的以太'，或者'结合以太'（bound aether）"。更高的权威甚至不能确定我们面对的是一种电还是两种相反的电。解决这种困境的唯一方式就是坚持实验和观察。如果我们永远都不知道电是什么（就像我们永远不知道生命或物质是什么一样），电就永远都是一种未知的量，我们肯定会探索到更多关于电的属性和功能。
>
> 电的研究为各种化学现象带来了希望，这一点是不容忽视的。一种更新且适用面更广的理论取代了贝采里乌斯（Berzelius）以前的电化学理论。我们无法完整地检测或调节电解这种现象。这意味着电很有可能是原子性的，也就是说电原子是一种化学原子。两个化学原子之间的电吸引力的大小是万有引力的万亿倍，这可能是因为化学在这种力中起着重要的作用。
>
> ——《大众科学》1892 年 2 月号

2. 我们是否会在未来的某一天把 20 世纪看作使用"电这种古老的能量传输方式"的时代？是否有更好的运载能量的手段？用管道来运送燃料是个好办法吗？机械运输呢？激光呢？你还能想到其他哪些手段？

3. 电池曾经是带来可靠电力的最好能量载体。如果人们没有发明发电机而仍在用电池，今天的世界会是什么样的？

4. 如今普通轿车中有多少个电动机（包括车门用的螺线管）？你还能想到几种？

搜索题

1. 世界上都有哪些地方使用了磁悬浮轨道？还有哪些地方考虑采用这种技术？你是否能找到一些网页，说磁悬浮其实没有其他人想的那么好？磁悬浮使用的是哪一类的磁体？

2. 一些人把特斯拉看作有史以来最伟大的天才之一。在晚年，他声称自己发明了不用电线就能传输电力的方法。看看你能找到哪些相关信息。为什么我们今天不用这些办法？

3. 最长的电力传输线有多长？有人想把这些电线变得更长吗，为什么？为什么不把电力源放在最需要它的地方，比如城市附近？

4. 哪种电池最便宜？电池是否有可以降低成本的新进展？电池是一种存储间歇性电力（比如太阳能发电厂或风能发电厂所生产的电力）的有效方法吗？

论述题

1. 电和磁看上去很不同，但是电可以产生磁，磁也可以产生电。描述一下这些过程是如何发生的。举例描述这种原理在实际应用中的用法。

2. 磁体可以用来制作玩具，同时磁体对现代生活也是不可或缺的。磁体的应用不胜枚举，而公众大多对此毫不知情。描述几个这样的例子，简要说说每个例子中磁体的作用。

3. 讨论一下超导体。超导体的价值是什么？它的限制是什么？未来它会如何实现自己的价值？

4. 为什么来自墙上插座的电是交流电而非直流电？描述一下做这种选择背后的重要物理原理？说说在历史中这件事是怎么发生的？你认为未来可能会发生什么？

5. 描述煤炭中的能量是如何转换成电能的。说说它是如何进入你家、又是如何转化成你所需要的能量形式的。尽可能详细地描述每个步骤。

选择题

1. 度量电流用的单位是

A. 伏特　　　　　B. 卡路里　　　　　C. 安培　　　　　D. 瓦特

E. 欧姆

　　　　　　　　　　　　　　　　　　　　　　　　　　　头条物理学

2. 电子伏度量的是

A. 每电子能量　　　B. 每秒电子数　　　C. 电子上的力　　　D. 电子的密度

3. 磁来自

A. 磁单极子　　　B. 运动的光量子　　　C. 电荷的量子化　　　D. 移动的电荷

4. 在永磁体中，磁性来自

A. 电子的旋转　　　B. 质子的运动　　　C. 原子内部的高电压　　D. 电子崩

5. 磁单极子

A. 出现在磁体的两端　B. 是宇宙射线的产物　C. 出现在地核里　　　D. 还没有被找到

6. 轨道炮借助什么来推动射弹？

A. 高能爆炸　　　B. 电场　　　C. 磁场　　　D. 质子

7. 特斯拉之所以想用变压器来分发电力是因为

A. 这会让每个社区都拥有发电设备

B. 这会让高压变得不那么危险

C. 这会降低通过长电线的电流，从而减少电力损失

D. 托马斯·爱迪生支持这种想法，并对其进行了宣传

8. 对一块天然磁体进行消磁的方法是

A. 把它放在电视或计算机屏幕前　　　　B. 把它放在非常强的电场中

C. 将其加热到居里温度之上　　　　　　D. 以上都不对

9. 是什么发现让耳机变得又小又轻？

A. 动态发电机　　　　　　　　　　B. 稀土磁体，比如钐钴

C. 变压器　　　　　　　　　　　　D. 马氏体时效钢

10 以下哪些东西用到或包含永磁体？

A. 天然磁石　　　B. 变压器　　　C. 罗盘　　　D. 耳机

11. 从理论上说，地核中不该有一个永磁体，因为

A. 地球内部太热　　　B. 地球会旋转　　　C. 那里铁量不足　　　D. 磁体并不会自然产生

12. 地球的磁性来自

A. 地核中的发电机　　　　　　　　　　B. 地核中的永磁体

C. 地壳中的铁　　　　　　　　　　　　D. 南北地理极点附近的单极子

13. 地球大约多久会翻转一次磁性？

A. 每 11 年　　　　B. 每 100 万年一两次　C. 每 10 亿年一次　　　D. 从不（至少还没有）

14. 地球的地理北极

A. 是地磁南极　　　　　　　　　　　　B. 磁极性质从未改变过

C. 就在磁极上　　　　　　　　　　　　D. 以上都不对

15. 罗盘指北是因为

A. 北极星吸引磁针　　　　　　　　　　B. 地球拥有一个电荷

C. 地球的铁核中存在电流　　　　　　　D. 北极附近存在磁单极子

16. 以下哪种电会加热电线？

A. 高压电　　　　　　　　　　　　　　B. 具有高强度电流的电

C. 具有高频率的电　　　　　　　　　　D. 直流电

17. 静电的发生条件是两个表面互相摩擦，而且

A. 质子从一个物体流向另一个物体

B. 电子从一个物体流向另一个物体

C. 正电子从一个物体流向另一个物体

D. 中子从一个物体流向另一个物体

18. 欧洲的家用电是高电压，因为高电压

A. 在家庭线路中的发热量更小　　　　　B. 承载的功率更大

C. 更安全　　　　　　　　　　　　　　D. 作为直流电更合适（欧洲用的是直流电）

19. 欧洲的灯和电视更容易闪烁，是因为欧洲的家用电使用了

A. 220 伏，而美国使用 110 伏

B. 110 伏，而美国使用 220 伏

C. 50 赫兹，而美国使用 60 赫兹

D. 60 赫兹，而美国使用 50 赫兹

20. 当一个物体失去一部分电子后

A. 它就带有负电

B. 它就带有正电

C. 它的电阻就很低

D. 它就会发光（例如灯丝）

21. 如果想产生一个火花，你通常需要

A. 高电压

B. 高强度电流

C. 低电阻

D. 交流电

22. 房屋中的保险丝是为了避免

A. 大电涌

B. 家用电线过热

C. 非法用电

D. 过高的电压进入家中

E. 浪费能量

23. 我们可以通过地球的磁极翻转来

A. 制造新的永磁体

B. 证明地球有一个固体铁核

C. 生产可用的电力

D. 做地质年代测定

24. 在一块金属中，电子

A. 被束缚在一个单独的原子中

B. 永远指向相同的方向

C. 可以自由移动

D. 并不存在

25. 能让电变得极其危险的特性是

A. 高电压

B. 高强度电流

C. 高频率

D. 大功率

26. 某种发电机使用自己发的电来强化自身的磁场。这样的发电机也被称为

A. 超导体

B. 变压器

C. 钐

D. 动态发动机

27. 能够冷却原始超导体的物品是

A. 液氮

B. 液氦

C. 氟利昂冰箱

D. 氢气

28. 室温超导体

A. 可以用在高级计算机中   B. 可以用来运输电力

C. 可用在强大的磁体上   D. 没有实际用途

28. 高温超导体的工作温度约为

A. 室温   B. 4K（液氦的温度）

C. −123℃（液氮的温度）   D. 2000℃

30. 我们用交流电，而不用直流电的原因是

A. 110 伏的交流电没有 110 伏的直流电危险

B. 交流电比直流电更便宜

C. 交流电可以使用变压器

D. 直流电可以使用变压器

31. 人们为什么用交流电处决大象托普西？

A. 为了展示高电压的危险性   B. 因为直流电不管用

C. 因为这是获得高压电流的唯一方法 D. 因为交流电传输的功率比直流电大

32. 爱迪生想要

A. 在每个街区装一个发电设备   B. 高压直流电

C. 使用交流电   D. 废除电椅

33. 流过手电筒灯泡的电流

A. 约为 110 安   B. 约为 1.6×10^{-19} 安

C. 约为 1 安   D. 约为 15 安

34. 立体声扬声器产生声音所需要的力是

A. 磁场施加在电流上的力   B. 电场施加在电荷上的力

C. 磁场施加在电荷上的力   D. 电场施加在磁荷上的力

35. 普通灯泡发光的原理是

A. 灯丝中含有荧光粉   B. 灯丝被电流加热

C. 高电压会制造火花   D. 电是一种波

36. 特斯拉线圈是一种

A. 变压器   B. 动态发动机   C. 无线电发射机   D. 居里温度传感器

37. 我们可以通过潜水艇的哪些属性对其进行探测？

A. 磁性   B. 电荷   C. 散射 X 射线   D. MRI 信号

38. 处于居里温度时

A. 分子运动会停止   B. 聚变会在太阳中发生

C. 磁性会消失   D. 裂变会在炸弹中发生

39. 多数情况下，人们用什么来发电？

A. 静电   B. 穿过磁场的电线

C. 在强电场中移动的电线   D. 化学方法（电池或燃料电池）

40. 哪种发明有可能使低压交流电转变为高压交流电？

A. 范德格拉夫起电机   B. 钐钴磁体   C. 变压器   D. 逆变器

41. 为减少电阻造成的能量损失，输电线使用

A. 很高的电流   B. 很高的电压   C. 很高的功率   D. 很低的电压

42. 变压器的应用实例包括

A. 轨道炮   B. 动态发动机   C. 特斯拉线圈   D. 范德格拉夫起电机

43. 人们最近制造了更好的发动机和耳机是因为有了

A. 更强的磁体   B. 电阻更小的电线   C. 电压更高的电池   D. 对光而非电的使用

第 **7** 章

UFO、地震和音乐

两个奇怪的真实故事

下面这两则故事——罗斯维尔的"飞碟"和"拯救飞行员"——其实是紧密相关的。两个故事都会引领我们进入波的物理世界。

罗斯维尔的飞碟

1947年,一种被美国政府称为"飞碟"的设备在新墨西哥州的沙漠中坠毁。事发地附近的罗斯维尔陆军航空队基地的人员收集了现场的碎片,该基地是美国保密级别最高的机构之一。政府发布了一篇新闻稿,宣布飞碟已经坠毁,当地的权威报纸《罗斯维尔每日纪事报》在头条报道了关于飞碟的故事。你可以看看该报纸在1947年7月8日的头条新闻(图7.1)。

次日,美国政府撤回了新闻稿并声称最初发布的公告是误报。他们说,根本就没有飞碟,坠毁的只是一个气象气球。然而任何见过碎片的人都知道那可不是气象气球。碎片太大了,而且似乎是由某些特殊材料制成的。事实上,坠毁的物体并**不是**一个气象气球。为了保护一个高度机密的计划,政府说了谎,而且大多数人都看出它在说谎。

我上面叙述的故事听起来像是超市小报上的一个奇幻故事——或者像是反政府狂热分子的胡言乱语。但是我向你保证,我所说的都是事实。新墨西哥州罗斯维尔市所发生的事件令人着迷,而且并没有太多人知道,因为很多事实直到最近才被解密。在本章中,我将告诉你一些能够解释罗斯维尔传说的细节。

顺便说一下,如果你不熟悉罗斯维尔这个名字,那说明你没看过任何关于飞碟和UFO的电视节目或资料。试试在网上搜索"Roswell 1947"(罗斯维尔,1947),看看你能找到什么。准备大吃一惊吧。

下面是另一则故事。

图 7.1

《罗斯维尔每日纪事报》刊登的
严肃头条新闻。这不是一个笑话。
RAAF 代表的是"罗斯维尔陆军
航空队基地"（《罗斯维尔报告》，
1995）

拯救飞行员

这是一个关于飞碟的真实故事，始于物理学家莫里斯·尤因在第二次世界大战末期的一个天才发明。他的发明包含一种名为**声发球**（SOFAR sphere）的小物件，飞行员在飞越太平洋时可以把这些小物件放进他们的急救箱中。如果一名飞行员被击落，但他成功给救生筏充气并进入了救生筏，那么按照指示，他会取一个声发球并扔进水中。如果他在 24 小时后还没有得救，那么就需要再扔一个球。

这些神奇的小球中到底有什么东西？如果敌人截获了一个球并打开它，他们会发现里面是空的，什么都没有。中空的球是怎么协助救援的？它的工作原理是什么？

下面就是有关声发球问题的答案：尤因一直都在对海洋进行研究，而且他对声音在水中的传播尤其感兴趣。他知道水温会随着水的深度的增加而降低——而这会让声音传播得更慢，但是随着深度增加，压力也会越来越大，而这会让声音传播得更快。这两种效应不会互相抵消。当他研究这种现象的细节时，他的一个最有趣的结论是，在约 1 千米深时声音传播的速度比在任何其他深度都要慢。就像我们稍后会说到的，这说明在这个深度中存在一个**声道**（sound channel），所谓声道，就是一个容易聚集声音并且防止声音跑到其他深度的层面（layer）。尤因在新泽西沿海做了一些实验，正如他所预期的那样，他证实了这种声道确实存在。

声发球是空的，而且比相同体积的水更重。它们会下沉，但是在到达声道的深度之前，它们坚固到足以抵御水压。到了声道的深度时，球体会砰的一声突然爆裂。爆裂所发出的声波脉冲可以在几千千米之外被人听到。通过这些声音，海军就可以获知被击落的飞行员的大概位置并派遣救援队。

事实证明（尽管当时大家并不知道），尤因的小球所利用的原理，正是鲸之间沟通时所利用的原理——声道对声音的聚集效应。

在"二战"末期，莫里斯·尤因提出了基于这个概念的第二个项目。该项目最后被命名为**莫古尔计划**（Project Mogul）。该计划用"飞碟"来实现一个高度机密的目标：探测核爆炸。飞碟利用的是大气中的声道。但是这只飞碟 1947 年在新墨西哥州的罗斯维尔坠毁了，它不仅上了头条，还成了现代传说的一部分。

为解释这些故事，我们就必须进入声音的物理世界。而为了理解声音，我们就必须要谈到波。

▌波

所有的"波"都得名于水波。先想一想水波多么有趣吧。风会吹皱水，制造出波。波会一直移动，把能量带到远离波产生的地方。海岸边的波通常是远处风暴的指示器，那风暴中的水无法跋涉而来，但波能够做到。风推动水，水推动其他水，能量会传播到几千米之外，然而水仅仅移动了一两米。

你可以用绳子或者一种叫"机灵鬼"（Slinky）的弹簧绳玩具来制造波。拿一根长绳子或一根"机灵鬼"从房间的一头拉到另一头，摇动绳子或"机灵鬼"的一端，你会看到波从一端一直移动到另一端，然后再弹回来。（水波在击中岩壁后也会反弹。）绳子会摇动，但是没有任何一个部分会移动得很远。但是波却会传播，而且速度惊人。

声音也是一种波。当你的声带振动时，就会使空气振动。空气不会移动得很远，但是这种振动会传得很远。振动会传播到耳朵能听到的位置甚至更远。最初在你声带附近振动的空气让周围空气也都振动起来，以此类推。如果振动到达其他人耳中，这个人的鼓膜就会振动，鼓膜会把信号发送到大脑，这个人就能听到你的声音。

如果声波击中一堵墙，就会弹回，这就是回声的原理。声波会像水波和"绳波"一样弹回。

所有这类波都有一个共同特点，振动会离开它生成的位置。振动一些空气，你就制造出了一个声音，但是声音不会留在原地。波是一种在长距离内传递能量却不实际运输任何物质的方式。这也是一种发送信号的好办法。

事实证明，光、无线电信号以及电视信号都含有波。我们将在下一章讲到这些内容。这些东西为什么会产生波？传统的答案是"不为什么"，但这是一种误导。一个更准确的答案是：存在一些振动的"场"——电场和磁场。另一个正确答案是，振动的其实是"真空"。我们将在关于量子物理的章节（第 11 章）中仔细讨论这个问题。[1]

波包

波有可能很长而且涉及一连串的振动，比如在你哼曲子时；波也可能很短，比如在你大吼时。我们把这样比较短的波称为**波包**（wave packet）。你可能已经注意到了，水波经常会以波包的形式传播。往水池中扔一块石头，石头溅起水花，你会看到一层层水波向外扩散，形成一个上下振荡的圆环。这就是一个波包。吼声中包含有很多空气振荡，但是这些振荡被限制在一个相对较小的区域内，所以这也是一个波包。

现在想想这件事：这种短小的波的特性在某种程度上和粒子很相似，它们都会移动和弹跳，它们承载着能量。如果波包极短的话，你可能根本就不会注意到它是一个波，也许你会认为它是一个小粒子。

事实上，量子力学理论只是一个时髦的名词而已，它所说的就是所有粒子其实只是小波包。一个电子和一个质子的波包实在是太小了，所以我们通常不会觉察到。什么是电子中的波动？我们认为，这和光的波动——真空相同。

所以当你在研究声音、水以及地震时，你学习的其实是波的属性。这就是理解量子力学所需要的大部分知识。

声音是如何产生的

空气突然被（振动的声带或铃铛等移动的表面）压缩时就会产生声音。压缩会推挤邻近的空气，而这些空气又会继续向前推挤空气，以此类推。声音的一个奇妙的属性就在于，空气的扰动会传播出去，最初振动的那部分空气会停下来：能量被高效地带走了。

当某样东西在一定的区域内压缩空气时，声音就产生了。它可以是声带、小提琴琴弦，也可以是振动的铃铛。被压缩的空气膨胀后，就会挤压它紧挨的空气。空气不会移动得很远，但是压缩会从一个区域传递到下一个区域。图 7.2 描绘的就是这种景象，图中每个小圈都代表了一个分子。空气不同区域的压缩与膨胀组成了波。

---

[1] 这里有这个答案的简短总结：当人们发现光是一种波时，物理学家不知道波是什么，但他们给了波一个名字："以太"（Aether）。我之所以这样拼写是为了和化学物质乙醚（ether）区别开来，两者其实没什么关系。大部分现代物理学家相信以太已经被证明不存在，但这不准确。杰出的理论物理学家艾文德·韦奇曼指出："以太只是被证明在狭义相对论法则下保持不变，所以没有必要而已。"但是随后量子力学的发展让以太具有了一些属性：以太可以被极化，还可以承载暗能量。韦奇曼说以太从来没有远离物理学——它只是变得更加复杂，而且带着新名字——"真空"，重生了。

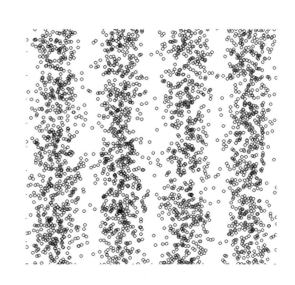

图 7.2

声波中的空气分子

　　每个分子都会来回振动，不会跑到很远的地方，但是波还是会传播出去。看看这张图，想象你正在从飞机上观察水波。但是声波并非产生于空气的上下运动，而是来自空气的压缩和膨胀。当它们抵达你的鼓膜时，你的鼓膜就会随之振动。然后这些振动通过你的耳朵传递到神经，最后到达大脑，在大脑中振动被解读成了声音。

　　波从左移到右的过程中，如果你观察单个分子，就会发现它在来回振动，而且不会跑得很远。它会撞上附近的分子，然后把能量传递出去，这是波的关键属性。没有一个分子会跑到很远的地方，但是能量却被转移了。分子会传递这份能量，从一个传到下一个。进行长距离传播的是能量，而不是粒子。波是不需要传送物质的能量传送方式。

　　声波可以在岩石、水或者金属中传播。所有这些材料都可以被轻微压缩，而这样的压缩就能传播并带走能量。如果你用一把锤子敲击一根铁轨，那么金属轨道就会暂时变形，而这种变形就会沿着铁轨传播。如果有人在 1 英里外把耳朵放在轨道上，就会听到声音。听声音的最好方法就是把头放在轨道上。轨道中的振动会让你的头骨振动，而这会让你耳朵中的神经作出反应——即使空气中几乎没有声音。

　　因为钢铁非常坚硬，所以声音在钢铁中的传播速度是在空气中的 18 倍。在空气中，声音需要 5 秒钟才能走 1 英里；在钢铁中，声音走完相同距离只需要不到 1/3 秒。从前，当人们住在铁轨附近时，他们会通过听轨道的声音来获知是否有火车要来，甚至能通过声音大小来估计火车的距离。

　　想让声音传播，空气分子必须撞击其他空气分子。这就是为什么声速几乎就是分子的速度。我们在第 2 章中谈到过这种现象。但是在钢铁中，分子已经彼此接触了。这就是为什么在钢铁中声音的传播速度可以比钢铁中原子的热运动速度还要快很多。

声音可以在很多有弹性的材料中传播，这种材料在突然的压缩和释放之后可以恢复到原来的形状。恢复的速度越快，波的移动就越快。水中的声速约为 1.5 千米 / 秒，但是根据水的深度和温度变化，声速也会有微小的差别。

请注意，水中的声波，和在水表面移动的水波，是两种不同的波。在水中，声音在**水面以下**的水体中传播。这种传播过程涉及水的压缩。水面的水波并不来自水的压缩，而来自水的上下运动，这种运动会改变水表面的形状。所以，虽然两者都在水里，却是不同种类的波。你很容易就能看到水面上的波，但是你通常无法看到水中的声波。水面上的波规模又大，传播得又慢。而水中的声波规模又小传播得又快。

你推空气的力的大小——也就是声音的强烈程度——并不会改变空气中的声速！无论你喊的声音有多大，声音都不会传播得更快。这挺令人惊讶的，不是吗？

为什么会这样？记住，至少在空气中，声速约等于分子的速度。声音信号必须从一个分子传递到下一个分子才能实现传播，而要实现这种传递，空气分子必须从一个位置移动到另一个位置。（声音振动给空气增加的运动相比于空气分子的热运动来说其实是非常小的。）当你推挤空气时，你并不会使分子加速很多，你只是使分子彼此挨得更近罢了。

但是声速确实会受空气温度的影响。这是因为速度取决于空气分子的速度，而当空气温度更高时，速度就会更快。

表 7.1 给出了几种材料中的声速。

表 7.1 各种材料中的声速

材料和温度	声速（米 / 秒）
空气 0℃	331 米 / 秒
空气 20℃	340 米 / 秒
水 0℃	1402 米 / 秒 ≈ 1.4 千米 / 秒
水 20℃	1482 米 / 秒
钢铁	5790 米 / 秒
花岗岩	5800 米 / 秒

你没必要背这张表。但你应该记住声音在固体和液体中的传播速度比空气中快。而且应该知道空气中的声音每 3 秒大约能传播 1 千米。

声音在岩石中的传播为我们提供了关于远处地震的有趣信息。我将在本章稍后部分回到这个问题。对太阳表面的观察显示，来自另一面的声波会直接穿过太阳来传播。我们关于太阳内部的知识来自对波的研究。（我们通过对太阳表面进行敏感测量探测到这些波。）我们曾探测到穿过月球的声波，它来自发生在月球另一面的陨石撞击。我们在月球上使用的仪器是阿波罗号的宇航员们留下的。

太空中没有声音，因为没有可以振动的物质。科幻电影《异形》（1979）中有句著名台词："在太空里，没人听得到你的叫喊。"月球上的宇航员需要通过无线电进行交流。如果你在一定距离外看到火箭呼啸而过，你是不会听到科幻电影中出现的那些声音的——因为根本就没声音。[1]

横波和纵波

当你抖动一根绳子的一端时，波会沿着绳子传递，从一端到达另一端。但是振动是侧向移动的——绳子的振动是侧向的，而波是沿着绳子移动的。这种波称为**横波**。在横波中，粒子的运动方向垂直于波移动的方向。

声波就不一样了。空气分子来回振动，和波的移动方向相同。这类压缩波称为**纵波**。在这样的波中，波的振动和移动方向都沿着同一条线。

这可能看起来有些奇怪，但是水波比这还要奇怪。

水表面波

所有波的名字都来自**水波**（我们将用这个词来表示普通的表面水波，而非水中的声波）。如果你在游泳或漂浮在水上，而附近又有水波流过的话，你在轻轻地来回移动的同时也会微微上下移动。为了感受这种感觉，去大海中游泳绝对是值得的。事实上，对于大多数水波来说，侧向运动和上下运动的幅度是同样大的，而你（的重心）将会绕圈运动！但是当水波过去后，你和你周围的水就留在了原来的位置上。波，及其承载的能量经过了你。

（相邻两个）**波峰**（波的最高点）之间的距离被称为**波长**。不同波长

---

[1] 为了享受电影的乐趣，我总是假设麦克风被放在了航天器上，所以虽然我们只是看到了火箭经过，但我们也会听到声音，就好像我们也在火箭上一样。电影《下半生赛跑者》使用了类似的手法。我们从远处看到滑雪运动员罗伯特·雷德福，但我们却听到了他的滑雪板在冰上的颤振声，就好像我们也在滑雪一样。在类似的电影中，我们经常会从远处看人，并且会听到他们的对话，就像我们在他们身边一样。

的波的传播速度差别很大。波长较短的波更慢，波长较长的波更快。在深水中（深度大于波长），一个波的波长和它速度之间的等式为：[1]

$$v \approx \sqrt{L}$$

在这个方程中，v 代表以米 / 秒为单位的速度，而 L 代表以米为单位的波长。所以举例来说，如果波长（波峰之间的距离）为 $L=1$ 米，速度就约为 $v=1$ 米 / 秒。如果波长是 9 米，那么速度就是 3 米 / 秒。这符合你对海浪的印象吗？下次当你在大海中游泳时，核实一下，看看长波是不是移动得更快。

这个等式极其简单，但是却只适用于深水，也就是说，只对深度比波长大得多的水才管用。

浅水波   当水"浅"时（深度 D 比波长 L 短得多），等式就变成了：

$$v=3.13 \sqrt{D}$$
$$\approx \pi \sqrt{D}$$

D 以米为单位。[2] 请注意所有浅水波都是以相同速度传播的，影响因素只有水深，无关波长。浅水波的速度只取决于水的深度。这可能会符合你在浅水的大波浪上冲浪的经验。

如果波长非常长，那么我们必须把深海也当成浅水来计算。一般来说，海啸就符合这种情况。

---

[1] 物理学专业的读者可以看一下推导过程：深水波的标准物理方程是 $v=\sqrt{gL/(2\pi)}$，其中重力加速度为 $g=9.8$ 米 / 秒^2（来自第 3 章）。代入 g 之后，得出 $v \approx 1.2\sqrt{L} \approx \sqrt{L}$。

[2] 第二个方程算出的只是近似值。我之所以使用 π 符号，只是为了方便记忆，当然你也没必要记忆。

海啸（潮汐波）　　**海啸**就是一个巨大的波浪，它拍打在海岸上并且会大肆冲击沿海地区，海滩上几百米以内的建筑经常会被摧毁。海啸原来被称为**潮汐波**（tidal wave），但是几十年前科学家（和媒体）决定开始使用"海啸"（tsunami）这个源自日语的词，并一直用到现在。

　　水下的地震和山崩经常会引发海啸。这些波的速度通常都很快，波长也很长。在深海中，这些波的振幅可以很小，所以它们能在船下穿行，而船上的人甚至完全察觉不到。但是随着海啸接近陆地，它就会被阻缓，而能量就会在更浅的水中蔓延开来。于是，波的高度就会增长。这样的增长可能会非常大，对海岸附近造成破坏的就是这种波。

　　在太平洋诸岛（比如夏威夷）上，你会在海滩附近看到安装在旗杆上的警报器。如果几千米内发生了地震，这些警报器就会响起，警告居民进行疏散。海啸在几个小时之内可能就会到达。

　　如果有一个巨大的地震断层在深水中移动，该断层造成的波可能会非常长。对于大型海啸来说，波长通常是 10 千米，但是我们也曾经见到波长不小于 100 千米的海啸。这意味着即使在深度为 1 千米的水中，海啸仍然属于**浅**水波！（回想一下，浅水波的波长比水的深度大。）

　　海啸的速度可以通过浅水波的等式来计算。在水深 3 千米的地方，D=3000 米，所以速度 v=3.13$\sqrt{3000}$ ≈ 171 米／秒。此速度约为空气中的声速的一半。1600 千米外的地震所产生的海啸将会在 2.6 小时后抵达。这段时间足够我们向沿海地区发出海啸警告。

你能跑得过海啸　　假设海啸的速度是 171 米／秒，波长为 30 千米。假设一个波峰经过了你，而下个波峰正在 30 千米以外的地方向你接近。即使在 171 米／秒的速度下，下个波峰也需要 t=d/v=30000/171=175 秒（不到 3 分钟）的时间才能到达你这里。在开头的 87 秒中，水位会下降，而在下一个 87 秒中，水位会上升。所以说，虽然这些波移动得很快，但是涨落的速度却很慢。这就是为什么海啸曾经被称为潮汐波，如果你所在的海港上出现了一个小潮汐波，水可能需要几分钟的时间来涨落，就像一次迅速完成涨落的潮汐。巨大的碎波拍打在海岸上的景象，很大程度上是虚构出

来的。大部分海啸只是一些特别高的潮水（上面只是普通的波浪），这样的潮水会冲垮海岸附近的所有东西。[1] 这就是海啸的破坏方式。如果海洋升高 10 米，哪怕它需要 50 秒的时间才能达到这个高度，它也会摧毁所有东西。如果你年轻力壮，你通常可以跑过正在升高的水。如果你不够快，你就会被巨大体量的水横扫，然后在海浪退去的时候被拖进大海。在海港里小规模的潮汐波就变成了缓慢的涨潮和退潮（需要 175 秒）。绑在码头上的船只经常就是被这些缓慢的潮水毁掉的，它们会被抬升到码头之上然后被扔到其他船的身上。当船长听到海啸即将到来的消息后，他们中的很多人会把船只带进港口内或者带出海。在日本，海啸这个词的意思是"海港波"。

波的方程

还记得吗？前面我们说如果波长是 L，速度是 v，那么波峰冲击你的时间间隔就是 $T=L/v$。时间 T 被称为波的**周期**。这个等式对于所有波都适用——声音、海啸、深水波甚至浅水波。这是速度（波速）、周期以及波长之间的基本关系。

$$T=\frac{L}{v}$$

如果周期小于 1 秒，那么为了方便，我们通常会用每秒经过的波峰数来度量它。这就是波的**频率** f，而 $f=1/T$。把这些代入前面所说的方程中，我们就得到了 $1/f=L/v$，或者：

$$v=fL$$

你不需要记忆这个公式，但是我们经常会用到它，特别是当我们说到光的时候。真空中的光速 $v=3\times10^8$ 米 / 秒，我们经常把这个数字称作 c。既然我们知道了 c，只要我们有波长，就可以利用这个方程计算出频率，我们也可以反过来通过频率计算波长。

---

[1] 《天地大冲撞》（1998）中的海啸尤其不符合事实。电影中描绘的巨浪吞没了曼哈顿岛。但纽约港深度相对较浅，这里不可能提供如此多的海水，除非巨浪一直冲击到了远海。

声音并不总是走直线

声波，无论是在空气中还是在海洋中，通常都是不走直线的。声波会向上或向下、向左或向右弯曲，这取决于临近物质的相对声速。下面就是关键准则：

波趋向于朝波速更小的方向弯曲自身的运动来改变方向。

为了理解为什么会这样，你可以想象你和一位朋友正在互相挽着胳膊散步。如果你的朋友在你的左边并且慢了下来，你的左侧就会被拉向后方，而你也会转向左边。如果你的朋友加速，你的左臂就会被拉向前方，而你也会转向右边（同时你的朋友也会转向右边）。波也会发生相同的现象。我在本章末尾关于惠更斯原理的那个选读中，会对这种现象进行更完整的描述。

这个原理可以在大教室中以这样的方式来呈现：让学生在他的邻座举起手时尽可能快地也举起手来。学生举手的动作会在教室中连续传递，就像波一样。在体育赛事中这种游戏（"人浪"）颇受体育粉丝们欢迎。如果我要求教室中的一部分学生慢一点，那么波浪在教室中传播的时候就会转向他们。

方向改变准则对于所有类型的波都适用，包括声音、水表面波，甚至地震和光。

标准大气

下面这个例子来自大气层。在高海拔处，空气通常更冷。这就意味着高海拔处的声速比低海拔处更低。

现在想象一道一开始在地面附近水平传播的声波。在这道声波的上方，声速更慢，所以声波向上弯曲。图 7.3 展示的就是这种现象。

注意，声波离开地面转向了更高的海拔，声波向上弯曲。这是因为上方空气的声速更低。

图 7.3

温暖地面附近的冷空气，声波向上弯

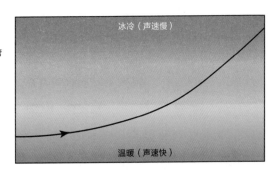

晚上的声音（上）

太阳落山后，地面会迅速变凉。（因为地面会发出红外辐射；我们将在第 9 章进行详细讨论。）空气不会冷却得这么快，所以在晚间，地面附近的空气通常都比高处的空气更冷。因为这种现象和白天的正常模式相反，所以被称为**逆温**。当逆温发生时，声波倾向于弯向下方的地面，如图 7.4 所示。

白天的声音

现在我们再来看看白天的情况，温暖的空气在地面附近，冷空气在更高的地方。现在我们来画一下从同一点出发的多条声程。如图 7.5 所示。

图片的底边代表了地面。请注意，这条线会阻挡特定声程——那些下降得过于陡峭的声程。在右下角处有一个没有任何声程能够到达的小区域，因为要想到达这个区域声波就必须穿过地面。（我们先假设地面会吸收或反射声音，而不会传递声音——至少效果不是很好。）如果声音来自左边那个点，而你站在这个影区中，那你就听不到任何声音。你处在地面声音的影区中。

图 7.4

出现逆温时地面附近的声程（sound path）。

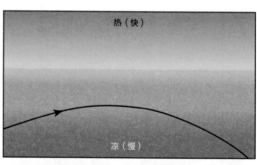

图 7.5

影区（shadow zone）。来自左边的点的声音不能达到标有"影区"的区域，因为声音被地面拦住了

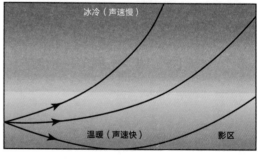

这张图说明了为什么早上会比较安静。声音弯向天空，你如果在地面附近的话，大部分声音就没法到达你这里。你不会听到远处的汽车声、鸟鸣、海浪、狮子吼……

晚上的声音（下）

在图 7.6 中，我重新画了晚上出现逆温时的情况（冷空气在下，暖空气在上）。

注意，这里没有影区。无论你站在哪里，声音都有能到达你这里的路径。

注意到你在晚上能听到比早上远得多的声音了吗？我注意到了，在晚上我经常能听到远处汽车或者火车的声音，在早上却很少能听到这样的声音。（当我还只有十几岁的时候，住在离海滩 400 米的地方，这种现象让我感到困惑。我注意到我在晚上可以听到海浪破碎成浪花的声音，但是在早上却几乎听不到。）

对此现象的解释就在前面的图中：在晚上，向上发出的声音还会重新弯下来，所以你能听到来自远处的声音。这里没有影区。

如果你是一头野兽的话，那么晚上就是寻找猎物的大好时机，因为即使猎物很远，你也可以听到猎物的声音。当然，它也能听到你的声音。

高温预报

有些日子，我在早上醒来时能听到远处的汽车声，我就知道这可能会是一个大热天（可能还会烟雾弥漫）。在我弄清楚这背后的原因之前，我就已经观察到了这种现象。

图 7.6

晚上的声程。请注意这里没有影区，所以你能听到来自远处的声音

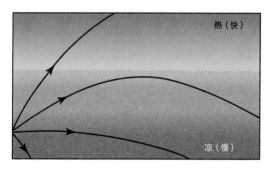

原因在于，听见远处的声音意味着出现了逆温——高空空气比低空空气更温暖。早上逆温的声程图和我们前面展示的晚上的声程图一模一样。

早上的逆温并不常见，但也确实会发生。逆温出现在早晨会引发特殊的气象情况。在正常的一天中（没有逆温），热空气在地面附近，而冷空气在热空气上面。热空气的密度比冷空气小，所以热空气容易向上飘浮。（就像木头在密度比水小的情况下会在水中漂浮一样。）所以热空气就容易被上面的冷空气取代并且脱离地面。

但是如果出现了逆温（即热空气在上，冷空气在下），上方的空气就没有地面附近的空气密度大，所以对流——地面附近的空气向上飘浮——就不会发生。既然热空气无处可去，它们就会聚集起来，制造出炎热的一天。雾和其他污染物也会聚集。收音机或电视上的天气预报经常会宣称出现了**逆温**。现在你明白这句话的意思了：正常的温度分布颠倒了——冷空气出现在地面附近而热空气在上面。

逆温经常会出现在炎热的一天的末尾。地面降温的速度比空气降温更快。（因为地面会发出更多的红外辐射，我们将在下一章讨论这个问题。）地面附近的空气通过和较冷地面的接触来降温，而上方的空气则保持温度（除非有了风的扰动）。对那些对烟雾敏感的人来说，逆温通知是个坏消息，但对于那些喜欢炎热天气的人来说却是个好消息。

遥远枪声

某电视新闻机构采访了一位驻巴格达的军官，他评论说在日落以后巴格达的炮火声会急剧增加。他不知道为什么会这样，但是他为此调整了巡逻计划。

我们学校的一个讲师乔尔·梅福德听到了这个采访后就陷入了思考：这种增加是真的，还是仅仅因为在晚上声音会向下弯，所以将军听到了早上或下午无法听到的远处的炮火声？我们不知道，但是这个例子表明，对物理学的任何一点理解都可以在眼下的实际问题中起到作用。

对声道的解释：聚集的声音

现在，让我们回到莫里斯·尤因在第二次世界大战期间在他的声发系统上使用的海洋神秘声道。

在海洋中，当水深增加时，水的温度会下降，声速就会减慢。但是，

图 7.7

一条波道

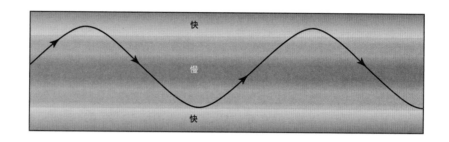

正如我们前面所说的那样，在压力增加时海水的压缩程度也越来越高（即密度更大），这会让声音传播得更快。这两种效应叠加在一起，当我们从表面下潜到 1 千米的深度时，声速会逐渐下降，但再往下时声速又会再次提高。图 7.7 描绘的就是这种情景。更暗的颜色意味着更慢的声速（就像温度分布图中所画的那样）。

我也画了一条声线的路径。注意，路径永远会弯向更慢的区域。我所画的路径从一个向上的倾斜开始，然后向下弯，穿过慢速区，然后向上弯。这条路径会上下振荡，但是不会离慢速区（1 千米深的声道）太远。

练习：画出其他一些路径，以不同的角度开始。如果声线从水平方向出发会发生什么？垂直方向呢？

声发如何拯救飞行员　我们现在回到尤因神奇的声发球上。正如我在前面所说的那样，这些球是空的，但它们是由高密度材料制成的。因为它们比同等体积的水更重，所以它们不会漂浮，而会下沉。为了抵御下潜到 1 千米深处之前承受的水压，尤因把这个球设计得足够坚固。到达 1 千米深处后，球会突然碎裂。（就像鸡蛋一样，圆形表面提供了很高的强度，但是破碎会在瞬间发生。）水中的金属被压垮后材料互相撞击，就像一把锤子敲击另一把锤子一样，会产生很大的声音。半径为 2.54 厘米的球体在 1 千米的深度所释放的能量约为 60 毫克 TNT 的能量。听起来并不多——但是非常大的鞭炮中所含的 TNT 也不过如此。

在空中，鞭炮的声音传播不了很远，可能也就是几千米。但是在 1 千米深的水中，海洋声道会聚集声音。而且，声道是安静的。在声道内部发出的声音无法逃离声道。（你知道原因吗？）鲸或潜艇在声道内部制造的任何声音都会留在里面，声音不会像在别处那样散播开来。放置在声道中的麦克风可以获取几千千米以外的声音。

在"二战"期间，美国海军把好几个这样的麦克风放在了重要的位置上，为的是获得尤因球爆裂所发出的撞击声。当声音到达麦克风的时候，他们就能定位到爆裂发生的地点。如果声音同时抵达两个麦克风，那他们就知道声音发生在到两个麦克风距离相等的一条线上。如果还有一组麦克风，他们就可以画出另一条线，而两条线的交叉点就是坠落的飞行员所在的位置。

备忘：声发（SOFAR）代表的是"声学定位和测距"（Sound Fixing And Ranging）。定位和测距是海军的术语，意思是确定声源的方向（定位）和距离（测距）。虽然如此，我怀疑这个缩写词还是有些牵强附会，人们之所以采用这个名字，其实是为了表示声道可以让你听到如此遥远（so far）的声音。一些人仍然把声道称为"声发通道"。我从阿尔瓦雷茨老师那里学到了声发球，而路易斯通过他在"二战"中的科研工作了解到这些小球。我和仍然记得这种技术的其他一些人进行了交流，其中包括沃尔特·芒克和罗伯特·斯宾德尔。斯宾德尔相信，为了放大音量，这些球中会含有少量的炸药，但我们还没发现任何历史记录可以证实这一点。

鲸的歌唱　　　　声道长什么样？声道的"**道**"（channel）可能会误导人，它会让我们联想到一个狭窄的走廊。声道并不像根管子一样，而是一个平面层，存在于1千米深的水下，几乎绵延整个海洋。从声道内部发出的声音趋向于留在声道中。声音也会在这里发散，但是它在竖直方向上不扩散的特性极大地限制了它的发散效果。这就是为什么我们可以在离源头那么远的地方听到声音。薄片形的声道趋向于聚集并困住声音。

事实上，声道就像一栋大建筑中的一层，有天花板和地板，但是没有墙。声音会在水平方向传播，而在竖直方向上则不会。如果声音在海洋表面发出，声音就不会被困住，所以波浪和船只的声音不会影响到声道。声道是一个安静的地方，我们听到的只有声发球和其他在声道中产生的声音。

鲸大概在几百万年前就发现了这一点。我们现在知道，当鲸处于声道的深度时喜欢唱歌。这些歌声美妙得让人无法忘怀。

你能在网上找到其他录音，你也可以买 CD（光盘）。没人知道鲸歌唱的内容是什么，有一些不太浪漫的人认为它们唱的仅仅是"我在这呢"。

声呐监听系统

在第二次世界大战期间，军队中使用潜艇的部队被称为"沉默舰队"。这意味着潜艇发出的任何声音都会使其暴露在危险中，所以潜艇的训练目标之一就是保持安静。潜艇中如果有人把扳手掉在了地上，发出的声音会和海洋中的其他声音有很大不同。（鱼不会掉扳手。）扳手会碰撞船体，而船体会把声音传入水中，船体的振动会把声音发送到海洋中。海面上的船只和其他潜艇都有敏锐的麦克风可以捕捉潜艇可能发出的声音。

声道存在的秘密并没有被隐藏太久，但是声道的属性却没有被很快公开。从 20 世纪 50 年代到 90 年代，美国花费数十亿美元把上百个麦克风放到了世界各地的声道中。这些麦克风把信号带回分析中心，然后世界上最好的计算机就会分析这些信号。该系统被称为声呐监听系统（Sound Surveillance System，SOSUS）。美国在声呐监听系统上的投入是冷战中保守得最好的秘密之一。要想有效地使用声呐监听系统，海军需要对海洋及其属性进行大量的测量，并且更新全世界海洋的温度剖面图。海洋具有类似于大气那样的锋面（weather front）。

延伸阅读　　　如果你真的想知道更多关于这个话题的内容，汤姆·克兰西创作的小说《猎杀红色十月号》（The Hunt for Red October）就是最好的介绍。（这里提到的是小说不是电影，电影略过了所有有趣的技术。）当这本书在 1984 年出版时，其中的很多资料仍然是机密。克兰西有一种天赋，他能阅读文档、与人交谈，然后弄清楚这些人说的话中哪些是真的。这本书非常详尽，而且基本准确（虽然其中确实有一些虚构成分和一些知识错误），就连加入潜艇舰队的新人都被告知，要想好好了解业务操作可以读这本书！很多关于声呐监听系统的细节最终在 1991 年被解密，也就是克兰西的书出版的 7 年后。声呐监听系统曾经是由美国建立的最大、最昂贵的秘密系统之一。

大气中的声道

在完成了海洋中的工作后，莫里斯·尤因意识到大气中应该也存在一个声道！他的推断很简单：任何人都知道随着海拔的上升，空气会越来越冷。山地的空气比海平面的空气更冷。海拔每增加 304 米，空气温度就会下降约 4 ℉。

这就意味着声速会随着海拔下降，所以声波应该会向上弯。但是他也知道在海拔非常高时，温度会再次开始升高。大约在 12000—15000 米，空气会开始变得越来越暖，而这时声波会向下弯。图 7.8 显示的是不同海拔的温度变化。

记住，声速取决于空气的温度。当温度低时，声速也低，这就意味着低海拔和高海拔处的声速都很高，而在约 15000 米高处，声音的速度是比较低的。

再回到图 7.7，图中显示声音沿着一根蜿蜒的线穿过海洋。完全相同的图也适用于大气中的声音。这意味着大气中也存在声道，位置在 15000 米海拔左右。(具体海拔取决于纬度以及季节。)这就是尤因的发现。他想到了一个重要的美国国家安全应用，这个应用能利用大气声道。

但是首先，我们还需要再来一点物理知识。大气在 15000 米以上为什么会变得更热？

高海拔地区空气发热的原因

高海拔的空气为什么会变热？原因关乎著名的臭氧层。在 12000—15000 米的海拔存在过量的臭氧，而这些臭氧会吸收很多来自太阳的紫外线辐射。紫外线也被称为 UV，它是阳光中比紫光更"紫"的一部分。这种光确实存在，只是人眼看不见。臭氧层保护着我们，而皮肤吸收紫外线有可能会导致癌症。我们将在第 9 章中讨论更多关于紫外辐射的知识。

在 20 世纪末期，科学家们开始担心人类活动会毁掉臭氧层，从而让致癌的紫外辐射在到达地面时强度更高。我们向大气中释放的一种名

图 7.8

不同海拔的空气温度

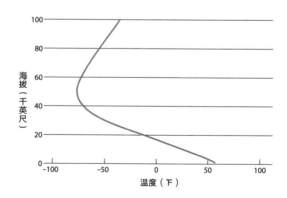

为 CFC（氯氟烃，被用在冰箱和空调中）的化学品尤其令科学家担心。CFC 会释放出氯和氟，而这些化学物质会催化臭氧 O_3 向普通氧气 O_2 转化。（为了让等式平衡，两个 O_3 分子会变成三个 O_2 分子。）

国际上已经禁止了 CFC 的使用，我们预计这种方式能解决问题。因为这个原因，人类对臭氧层的破坏已经不再是一个紧急的问题。

莫古尔计划和尤因的飞碟

莫里斯·尤因要对他预测到的大气声道进行一个紧急的应用：探测俄罗斯的核试验。在 20 世纪 40 年代末期，冷战开始，俄罗斯拥有伟大的科学家，人们普遍相信他们很快就会造出一个原子弹。

尤因意识到核爆炸所产生的火球会上升并穿过大气声道，由此产生的大量噪声会在全世界的声道中传播。（并不是所有炸弹制造的声音都产生于它爆炸的那一刻，汹涌的火球在抵达大气声道时还会继续制造声音。）尤因说，我们应该把麦克风送到声道中来探测任何这样的声音。这样，麦克风即使停留在美国上空，也能探测到苏联的核试验！

他所使用的麦克风名为**碟式麦克风**（disk microphone）。圆碟中央的弹簧或绳子系着真正的麦克风。之所以要这样小心地安装，是因为我们需要防止支撑物发出的振动进入灵敏的麦克风。（这种振动所产生的声音被称为**颤噪声**。）图 7.9 展示的是圣雄甘地在 20 世纪 40 年代使用碟式麦克风（和莫古尔计划的飞碟所使用的麦克风一样）。

你在电影《飞行家》（2004）中也能看到大量的碟式麦克风。碟式麦克风变成了新无线电时代的一个符号，并且成为著名的 RCA 测试图案，作为电台的测试信号的背景图。RCA 图案出现在了美国所有电视屏幕上。

图 7.9

圣雄甘地和一架碟式麦克风

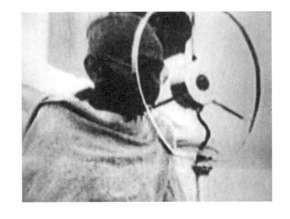

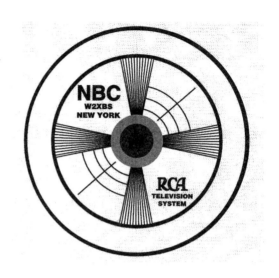

图 7.10

基于碟式麦克风形状设计的 NBC 早期标识

这家公司的旗下还有著名电视台 NBC，于是这个图案就变成 NBC 的早期标识（见图 7.10）。NBC 在开始播放彩色节目后才把标识改成孔雀开屏的样子。

尤因的想法是串起一长串的麦克风，让一个气球带着它们飘到高处，这些麦克风会收集大气声道里的声音，再把声音发送给地面。参与该计划的人员将飞碟式麦克风称作"飞碟"。（飞这个词并不是飞机专用的，当气球驾驶者升空时也可称其为飞。）莫古尔气球非常巨大，可以同时串起长达 657 英尺的麦克风，比华盛顿纪念碑还要长。

这个计划很成功。系统探测到了美国自己的核爆炸，并在 1949 年 8 月 29 日探测到苏联的第一次核爆试验 [1]。

罗斯维尔事件

1947 年 7 月 7 日，莫古尔计划的一个气球在罗斯维尔空军基地附近坠毁。美军回收了碎片，并且发布了一篇新闻稿，声称"飞碟已经被找到了"。《罗斯维尔每日纪事报》在第二天用头条新闻报道了这件事。我们在本章开头提到过这起事件："RAAF 捕获一只飞碟。"

坠落的物体并不是飞碟，而是复杂的气球，上面带有用来探测俄罗斯核爆炸的飞碟式麦克风。这个计划是高度机密，而新闻稿说的内容比安

---

[1] 这颗原子弹名为"RDS-1"。——编者注

全人员所能接受的要多，所以第二天新闻稿被"撤回"了。一个新的新闻稿声称坠毁的是"气象气球"。这不是个气象气球，美国政府在撒谎。

他们最终说了真话　　　1994 年，在国会议员的要求下，美国政府解密了他们掌握的关于罗斯维尔事件的信息并且准备了一份报告。《纽约时报》《大众科学》都刊登了相关文章，备受读者欢迎。

美国政府应该撒谎吗？这倒是个不错的讨论话题。

很多人相信关于莫古尔计划的官方报告只是政府精心制作的掩饰。这些人相信确实有飞碟坠毁了，只是政府不想让公众知道。可能我也是这个阴谋的一部分，而我的工作就包括误导你相信飞碟不存在！（根据 1997 年的电影《黑衣人》，黑衣人的工作就是确保公众永远都不会发现真相。）

我倾向于以下答案：那些继续相信莫古尔计划从未发生过的人，很有可能不理解海洋和大气声道背后有趣的科学原理。我无法虚构出如此绝妙的故事，其中有太多令人惊奇的细节了。与此相比，编造关于飞碟的故事却是相对简单的，这样的故事不需要太多的想象力。所以我的假设是：我们可以辨别事实，因为事实通常都更富于想象力，而且更迷人！

图 7.11

本书作者在新墨西哥州罗斯维尔 UFO 博物馆里考察一件有趣的东西

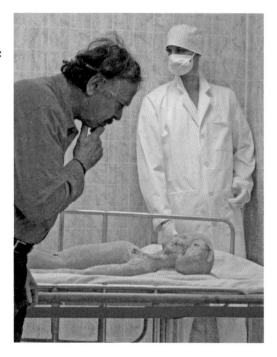

当然，我可能在撒谎。图 7.11 就是我在 2007 年拜访新墨西哥州罗斯维尔 UFO 博物馆时的情景。

地震与震波

当地球的一个断层突然释放能量时，大地中就会出现一个波。地震开始的地点被称为**震中**。经历过地震的大多数人都离震中很远，他们被来自震中并且经过他们的波所震动。

通过记录地震波何时抵达几个不同的地点，我们就能确定地震震中的位置，在第二次世界大战中人们用声发球定位坠落的飞行员时应用的也是同一原理。另外，震中通常都在很深的地下，所以即使有人站在震中经纬度上的那个地点，可能距离震中还有 15 英里以上的距离（也就是说此人实际上站在震中上方）。[1]

地震会释放出巨大的能量，有时比破坏力最大的原子弹释放的能量还要大。这应该没什么可奇怪的。如果你让绵延几万米甚至几十万米的山脉都震动起来，确实需要不少的能量。1935 年，查尔斯·里克特发现了一种通过震动来估算能量的方法。他的量表最初被称为**地方震级**（Magnitude Local），后来被人们称作**里氏震级**。我们认为震级为 6 级的地震所释放的能量等同于 1 百万吨的 TNT。这是一枚大型核武器所具有的能量。到了 7 级（大致等同于 1989 年震动了旧金山和世界职业棒球大赛的洛马普列塔地震），地震释放出的能量会达到 6 级所释放能量的 10—30 倍。

为什么倍数是 10 到 30？到底是哪个？答案就是，我们其实也不知道。震级并不完全和能量挂钩。对于某些地震来说，1 个震级的差别，意味着能量会相差 10 倍，对于另一些地震来说，能量会相差 30 倍。确定震级比确定能量更简单，这就是为什么震级的使用如此之广。

在表 7.2 中，我给出了历史上在美国发生的一些地震的大概震级。我把这些数字近似成了最近的整数。

波会把能量从一个位置运到另一个位置。地震中的波速取决于很多因素，其中包括作为波传播介质的岩石或土壤的性质（花岗岩？石灰岩？）以及温度（对于在深部岩体中传播的地震尤其重要）。

当波从高速材料移动到低速材料时（比如从岩石到土壤）就会发生特别致命的效果。当波变慢时，波长（相邻波峰之间的距离）就会减小。

能量还在，只是现在被挤压进了更短的距离内，于是振动的振幅增加了。即使波携带的能

---

[1]　**浅源地震**（shallow earthquake）就是震源深度低于 70 千米的地震。

表 7.2 地震能量释放

地震地点和年份	近似震级	同等能量 TNT（兆吨）
	6	1
旧金山地区（1989）	7	10—30
旧金山（1906）	8	100—1000
阿拉斯加（1999）	8	100—1000
阿拉斯加（1964）	9	1000—30000
密苏里州新马德里（1811）	9	1000—30000

量并未改变，但是它对建筑物的影响却变得更加剧烈。

　　这就是 1989 年洛马普列塔地震发生时奥克兰市中心所经历的情况。地震波在经过奥克兰大部分地区时都没有造成很大的破坏，直到它到达高速公路附近。这个地区曾经是海湾的一部分并且被堆填过。这样的软土地被称为**填埋地**，在这种土地中波的传播速度较慢，所以地震的振幅在到达这片土地时就会增加。

　　地震中最危险的区域就是填埋区。旧金山的滨海区也是填埋地，这就是为什么该地区受到的破坏如此严重。

作者的故事：1989 年当洛马普列塔地震发生时，我的女儿们正在伯克利一家舞蹈教室上课。我的一个女儿告诉我，她被地震扔到了墙上。我告诉她："贝琪，这只是一种错觉。你没有被扔到墙上——是墙跑过来撞了你。"

定位地震的震中　　你已经知道要数秒数，然后除以 5，就可以测量自己和电闪之间的距离。计算的结果单位为英里。这还有一个小窍门：从你感觉地面震动开始，当你一边闪避一边寻找掩体时，开始数秒。当更大的震动抵达时，把你数到的秒数**乘** 5，结果就是你到震中（地震开始的地方）的距离（单位为英里）。

　　为什么会这样？要想理解这种算法，你需要知道在岩石中有 3 种重要的地震波。它们就是 **P 波**、**S 波**和 **L 波**。

P 波（初波、压力波、压缩波）　P 代表的是"初始"（primary），因为这是最先抵达的波。这是一种纵波（压缩波），就像声音一样。这意味着波前后振动的方向和传播方向一致。举例来说，如果你看到路灯柱在沿着东西方向振动，这就意味着 P 波要么来自东边要么来自西边。有些人喜欢使用记忆小窍门，把 P 波看成压力（pressure）波——就像声音一样，它也是在压缩和舒张中振动的，不是横向振动的。P 波以 6 千米 / 秒的速度移动，比空气中的声速（340 米 / 秒）快多了。

S 波（次波、剪波）　S 代表"次级"（secondary），意为第二个抵达的波。S 波是一种横波。这意味着振动方向垂直于传播方向。如果波从东边来，这就说明振动方向要么是南北方向或上下方向，要么是介于其间的某个角度。有些人喜欢使用的记忆小窍门是把 S 波看作剪（shear）波——它能在不轻易允许剪切运动（侧向滑动）的坚硬物质中传播。液体不会承载剪波。我们知道在地球中心附近有一个液核，因此剪波不会穿过那里。S 波的移动速度约为 3.5 千米 / 秒。

L 波（长波、终波）　L 代表"长"（long）。L 波是只在地球表面上传播的波。就像水里的波一样，它既包含压缩波，也包含剪波。当 P 波和 S 波抵达地表时，L 波就在震中附近诞生了。它之所以被称为**长**波，是因为它在 3 种地震波中拥有最长的波长。L 波会造成最大的破坏，因为在表面上传播的波通常都会保留最大的振幅，而不会在三个方向上分散。L 波的传播速度约为 3.1 千米 / 秒。有些人喜欢使用记忆窍门，把 L 波看成最后（last）到来的波。

　　图 7.12 展示的是远处的地震引发的大地震动。看看那条在接近顶部位置上下折返着穿过图片的线。这就是第一条线，它显示了地震仪测到的震动。后来的线在这条线下方。图中的圆圈显示了地震真实发生的时间：9:27:23 UTC（世界协调时间，和英国的格林威治时间大致相同）。最初的震动来自 P 波，在 11 分钟后实际抵达地震仪（显示在点 2 上）。S 波在此后 10 分钟抵达。没有证据表明过程中出现了 L 波。

图 7.12

一场地震的地震仪记录，每条水平线相隔 15 分钟

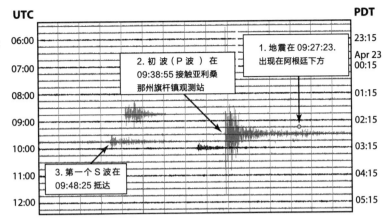

UTC ... **PDT**

1. 地震在 09:27:23. 出现在阿根廷下方

2. 初波（P 波）在 09:38:55 接触亚利桑那州旗杆镇观测站

3. 第一个 S 波在 09:48:25 抵达

你到震中的距离

我们现在回到估算地震距离的方法上。当你躲在桌子下面的时候，从你第一次感受到震颤（P 波）的时刻开始计算秒数。（如果你住在加州的时间足够长，你会对此驾轻就熟的。）当 S 波到来时，你会知道：

时间每过 1 秒，都代表震中远离你 8.4 千米

这是我前面提到过的规则。所以，如果波之间有 5 秒的间隔，那么震中就离你 5×5=25 英里（约 40 千米）远。你甚至能够根据 P 波的振动来估计方向——来回运动的方向和震源的方向一致。如果你特别幸运，在上课时遇到地震，那么你没准可以观看你的教授完成计算。（这种计算方法并不适用于在地下深处传播的波，波在那里的传播速度更快。）

如果你喜欢数学的话，你能看出我是如何得到 8.4 这个数值的吗？它以 P 和 S 的速度为基础。提示：波传播的距离等于速度乘时间。这个计算是选做题，被我放了脚注里。[1]

---

[1] 假设地震和你所在地方之间的距离是 d。P 波的移动速度是 v_P。P 波到达你那里所需的时间是 $t_P=d/v_P$。S 波的移动速度是 v_S。S 波到达你那里的时间是 $t_S=d/v_S$。首先你感觉到的是 P 波，然后你开始数秒。然后 S 波到来。你测量到的时间差是 $t=t_S-t_P$。根据我们的等式，$t=t_S-t_P=d/v_S-d/v_P=d(1/v_S-1/v_P)=d(1/2.2-1/3.7)=d(0.184)$，解出 $d=t/0.184=5.4t$。我把这个等式近似为 $d=5t$。

地球的液核　　从地面深入地球中心的中途，大约在地下 2900 千米深的地方，有一个非常厚的液体层。（地面到地球中心的距离是 6371 千米，即地球平均半径）我们可以说整个地球是"漂浮"在这个液体层上的。液体层的绝大部分物质是液态铁，这些液体的流动制造出了地球的磁场（如第 6 章）。这些液体非常热，能够达到 1000℃，如果在我们和铁水之间没有隔着岩石，来自核心的热辐射将会很快把我们烧成灰烬。

稀奇的事就先说到这里——现在真正需要弄明白的问题是：我们是怎么知道这些事的？我们能挖到的最深距离仅有十几千米，没人去过地核，火山也并非来自那么深的区域。我们怎么会知道这些呢？

答案很有趣，我们通过观察地震发出的信号了解了这些事实。每年都要发生几千次地震，来自世界各地的地震探测者会研究这些地震。最大的地震会放出穿过大半个地球的强波，我们在地球的另一面就能检测到这些信号。

地震的一个有趣的特点是，**只有 P 波能穿过地核**，S 波都被反射回来了！这是一条绝妙的线索。P 波是纵向压力波，它们会穿过岩石、空气以及液体。但是 S 波是横向剪波。剪波能穿过固体，但是无法穿过液体或气体。这是因为横向移动的液体和气体可以从剩下的液体或气体的旁边滑过去，所以不会施加很大的力。既然我们知道了 P 波能穿过地核而 S 波不能，我们也就获得了液核存在的一条证据。科学家也测量了波的传播速度，并由此排除了气体和很多种类的液体。他们通过地核所占据的地球质量来测量地核的密度，而且他们也看到了地核所创造的磁场。综上所述，除铁以外，他们排除了所有其他可能的液体，但是铁水中也可能掺杂液态镍。

我们相信当地球最初形成时，地球上的铁全都熔化了。因为铁比岩石的密度更大，所以大部分铁渗入地核中。铁水仍然在核心中，而且它还没完全冷却。地核的绝对核心称为**内核**，它承受了很大的压力。虽然那里也很热，但是内核已经被压缩成了固体。如果来自地球全部重量的压力都消失，内核就会变成液体，或者可能变成气体。

讨论：我们是怎么知道液核中有一个固体核心的？（或者科学家是如

何弄清楚的？）你可以在脚注中找到答案。[1]

牛鞭效应

赶牛用的长鞭的厚度在末端会减小。当鞭子"啪啪"作响时，波就沿着鞭子传递到了末端。因为末端比较细，所以波的速度在接近末端时会增加。你听到的鞭子发出的响亮的"劈啪"声是一个音爆，当波的速度超过声速时就会发生这种情况。

注意这个区别：在地震和海啸中，额外的危险来自进入特定区域并因此减速的波。在牛鞭上，波的加速产生了劈啪声。

波能相消相长

假设你非常不幸，站在了两场地震的正中间。一场从北边来，它让你"上下上下上下"地晃动，另一场地震来自南边，它震得你"下上下上下上"地晃动——两者的振动方向正好相反。这时会发生什么呢？一个波的向上振动会被另一个波的向下振动所抵消吗？

答案是肯定的！如果你不幸正处于两个这样的波之间，你就要努力找到能让两个波互相抵消的幸运点，目的是让两条波在到达你这里时正好有着相反的振动。

当然，如果你站在另一个地点，波就会在不同时间抵达，而它们也不会互相抵消。假设第一条波让你"上下上下"……而第二条波也是同样。那么所有向上的振动会同时到来，向下的也一样，那么你被震动的程度就是之前的两倍。

这种情况并没有你想得那么少见。即使只有一场地震，波其中的一部分也会改变方向，所以你也可能会在同一场地震中受到来自不同方向的波的袭击。如果你足够幸运，两条波会互相抵消，但是在不远的距离外，它们可能会叠加。1989年撼动了伯克利、奥克兰和旧金山的洛马普列塔地震就发生了这样的情况。有一些建筑的一侧被毁坏得非常严重（单侧倒塌）而另一侧却毫发无伤，这可能是因为两个方向的波在同一时刻抵达并且在建筑物比较幸运的那一侧发生了波的抵消。

当两条波在同一方向上传播但是波长或频率不同时（频率相同的波也会叠加），类似的抵消也可能会发生。看看图7.13中展示的两条不同的波，一条红色、一条蓝色。曲线表示在红地震和蓝地震的作用下，在不同时间点上地面上下移动的程度（单位为厘米）。零代表原始水平；蓝

---

[1] 当压缩波到达固体内核的深度时，它会分解成两条波。通过这些波的特性，我们可知其中一条波是剪波。因为剪波无法穿过外核，所以剪波是在内核中生成的。这就意味着内核肯定是由固体构成的。

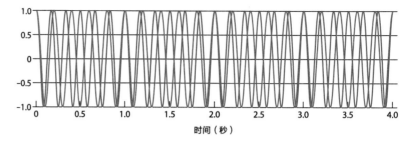

图 7.13

两条不同频率的波。一开始它们相位相同（同时振荡），但是后来就出现了相位差（如果叠加在一起，就有可能抵消），然后它们又重新变回相同的相位。这种情况会有周期性变化

地震使地面向上振动（达到 1 厘米），然后向下振动（达到 –1 厘米）；红地震也是如此。到目前为止，我们还没考虑过叠加时的效果。

我们先来看看这条蓝波。在 0 秒时，它从最大值 1 开始。蓝波上下振荡，到达 1 秒时，它已经经历了 5 个周期。（核实一下，尽量不要被红波干扰。）蓝波的频率是 5 周期每秒，也就是 5Hz。

现在来看看红色曲线。在 1 秒钟时，它上下振荡了 6 次，所以红波的频率就是 6Hz。

假设你同时被两条波影响。在 0 时刻，你被红波和蓝波一起向上振动，它们的作用叠加，于是你向上移动了 1+1=2 厘米。看看在 0.5 秒时发生了什么，红波把你向上推了 1 厘米，而蓝波把你向下推了 1 厘米，所以两个作用互相抵消，在这一秒你将停留在水平地面上。

注意，有时两条波也会一起把你向下推。两者不会都处于最小值，但是在 0.1 秒时已经很接近了。在这个时间点，红波和蓝波在纵轴上的位置都接近于 –1 厘米，所以叠加效果就是比地面低 2 厘米。

差拍

如果我们把蓝波和红波逐点合并，就会得到图 7.14 所示的振荡。

曲线的幅度之所以变大了，是因为范围扩大到了 2 和 –2 之间。因为相长和相消交替发生，振动并不是很有规律。数数周期，看能得出什么结果。

图 7.14

来自两条波的差拍，当它们叠加在一起时，会交替相长然后相消

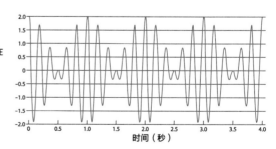

头条物理学

你可能得出了 6Hz 的频率（这是我得到的结果）。但是某些周期比其他周期更大。从数学角度上说，我们不会说这种振荡具有单一频率；这里出现了两种频率的叠加（总和）。最大的振动每秒发生一次（纵坐标：0,1,2,3,4...）

如果你感觉到脚下出现了这种组合波，那么可以说振动已经被"调制"了，这种现象被称为差拍（beats）。差拍频率可以由这个优雅的等式得出：

$$f_{差拍} = f_1 - f_2$$

其中 f_1 和 f_2 是叠加前两种波的频率（红波和蓝波的频率）。如果出现的数字是负的，你可以忽略符号；因为差拍颠倒过来之后也是一样的。

音符和音程

对于声音来说，我们用频率来讨论**音高**。高音就是有高频率的声音；低音就是有低频率的声音（所以不需要什么记忆小窍门）。一个音符通常包含具有一个主频率的声波。我们用字母来命名这些音符。钢琴的白键被设计成 C、D、E、F、G、A、B······7 个字母重复循环。钢琴正中间的白键被称为**中央 C**；比它高的 A 的频率为 440Hz（至少在钢琴没跑调时是这样）。琴键对应的字母之所以要重复（比如，钢琴键盘上有 7 个琴键对应着字母 A）是因为对大多数人来说，两个相邻的同字母琴键（如 A 键）按下后发出的声音听起来很和谐。我们说，两个这样的音符之间隔了一个**八度**。事实上，每当音符高一个八度（7 个音符），频率就正好翻倍一次。比中央 A 高八度的 A 的频率为 880Hz，比它再高八度的 A 的频率为 1760Hz。普通人能听到 10000Hz 以下的音调，但有些人能听到高达 15000—20000Hz 的音调。

如果我们同时弹奏两个音，而它们的频率只有一点差别，那么你就能听到差拍。假设你有一个频率为 440Hz 的音叉。你在吉他上拨动 A 弦，同时拨动音叉。如果你每秒听到 1 个差拍，那你就知道吉他的调音错了 1Hz，要么是 441Hz，要么是 439Hz。你调整琴弦的松紧，直到差拍的频率变得越来越小。当不存在差拍时，琴弦就"合调"了。

音符 A 和更高的音符 E 之间的音程被称为**五度**，因为该音程含有 5 个音符：A、B、C、D、E。类似的，中央 C 和更高的 G 也构成了五度：C、

D、E、F、G。

我们给小提琴调音，为的是让跨越五度的两个音的频率比例恰好为 1.5。所以如果把 A 调到 440Hz，那么比它音高更高的 E 的频率就是 660Hz。这个组合也被公认为令人愉悦的音调，所以很多和弦（同时弹奏或快速连续弹奏的音符组合）在包含八度的同时也包含这个音程。

另一个好听的音程称为**三度**。A 和 C 之间就是三度。完美的三度音符频率比例是 1.25=5/4。有人认为，这种声音之所以悦耳，是因为这些频率之间的比例等于较小的整数之间的比值。

但是这条原则也不准确。**三全音**是一个特别不好听的音程，其音符的频率比是 7/5。音乐中的三全音是为了让听者产生暂时的不适，所以这个音程被公认为是不和谐的。救护车警笛使用的也是三全音，目的是为了让你很难忽视它的存在。

振动和对声音的感觉

正如我前面所说，钢琴上（比中央 C 高）的 A 每秒振动 440 次（440Hz）。比中央 C 低的 A 是 220Hz（大致如此，因为钢琴调音其实被"拉伸"了一点）。下一个更低的 C 是 110Hz，而再往下的 C 是 55Hz。这已经很低了。找一架钢琴，弹弹这个音符，试着唱出来。你能感觉到你的声带每秒只振动了 55 次吗？你是否感觉几乎能数出振动的次数了？但是你只会把音调看成音调，而非振动的集合。

美国普通家庭用电每秒振荡 60 次，从正到负，再到正。有时候这种振荡会使电子产品或有问题的灯泡发出嗡嗡声，因为电流噪声的主要特征是频率，而它振动的时候依然是从正到负，再到正。其实嗡嗡声的频率就是每秒振荡 120 次。你记得自己听到过这样的嗡嗡声吗？你能大致哼出这种嗡嗡声吗？这就是 120Hz。

还记得《星球大战》中"光剑"发出的嗡嗡声吗？那种声音就是 120Hz 的，听起来就像快坏的日光灯管。事实上，这个电影声效就取自电线发出的嗡嗡声。

如果你知道不同频率声音的速度都相同的话，理解声音就不会那么难了。这意味着低音和高音将会同时抵达，无论你离声源有多远。水波就不是这样了，不同频率水波的传播速度是不同的。

降噪耳机　　　　　　　因为声音是一种波，所以声波也可以像地震的振动一样被抵消掉。一些聪明人制造出了内置有外部麦克风的耳机。这个麦克风会拾取噪声，

将其反转过来，再把处理过的声音放入你耳机的扬声器中。如果操作正确的话，反向的声音将会恰好抵消掉噪声，佩戴者会听到"寂静之声"。在静谧中，电子设备会在你的耳机中播放音乐。因为音乐不会到达外部麦克风，所以它不会被抵消掉。

我也有一套降噪耳机，主要是在飞机上用，可以在坐飞机时享受高品质的古典音乐或标准的飞机电影，清晰度堪比电影院，烦人的噪声也没有了。对于专业飞行员和其他在嘈杂环境中工作的人来说，他们甚至还有成本更高的噪声消除耳机。能为更大的区域（例如整个房间）消除噪声岂不是更好？但是这可能无法实现，至少这不是一个单独的发声设备能完成的。原因在于，我们听到的声音的波长（下文会提到）通常接近1米。如果噪声并非来自扬声器的所在地，那么虽然声音可以在一个地点被消除，但是它很可能会在其他地点获得增强。对于耳机来说这不是问题，因为整个耳机都很小。如果房间的墙是喇叭做成的，或者可以让墙壁振动来消除任何可能穿过的噪声，那么整个房间的噪声消除可能就会实现。

声音的波长

我们把计算波速的式子用到声音上。回忆一下：

$$v=fL$$

我们用这个等式来计算钢琴上的中央 C 的波长。对这个音符来说，$f=256Hz$，空气中的声速约为 340 米/秒，所以波长就是 $L=v/f=340/256=1.3$ 米。

你觉得这很长吗？和一般人的脑袋比，这个长度已经很大了，所以波在同时振动你的两个鼓膜。

假设音符向上移 3 个八度，这就意味着频率要加倍 3 次——增长到原来的 8 倍。因为声速 v 在波的公式中不变，所以波长会减小到原来的 1/8，从 1.3 米变成 0.16 米 =16 厘米。这比你两耳之间的距离还短，所以在倾听这个频率时，你头部两侧鼓膜的振动可能正好相反。

多普勒频移

当一个物体接近你时，你听到的频率比它发出的频率更高。因为每次发出波峰或波谷时，这个物体都比前一个周期离你更近。所以你听到的波就更加紧密。与此相似的是，如果一个发声的物体正在远离你，你听到的会是一个更低的频率。这种效应被称为**多普勒频移**（Doppler shift），它在雷达和宇宙学中极其重要，因为该效应可以让我们探测到离我们很远的物体的速度。

当一辆汽车或卡车驶过时，你可以听听它的声音。我不知道该如何用文字来形容——有点像"嘘——哦"。（不好意思。这是我能想到的最好的表述了。如果你能提供更好的记录方法，我将不胜感激。）这里值得注意的是，当车开过后声音的音高会下降（也就是从嘘到哦的转变），这就是多普勒频移。

多普勒频移不只会出现在声音中，也会出现在所有波中。光中的多普勒频移意味着远离你的物体的频率更低。在天文学中，这也被称为**红移**（red shift）。正是通过红移，埃德温·鲍威尔·哈勃（1889—1953）才发现了宇宙正在膨胀过程中，并且不断远离我们。

为什么波会弯向更慢的一侧

想象你正在一架飞机上观看海洋上的波浪。在波浪的波峰（最高点）上画线，假设波在向右移动，这张图看起来会像图 7.15。

仔细看这张图。线是波峰，即波浪的高点。波全都在向右移动，这就意味着如果这是一张动图，每个波峰（每条线）都会向右移动。两条线中间的是水波的低点，我们称其为**波谷**，它们也会移动。

回想一下，波峰之间的距离就是**波长**。在图 7.15 中，波长就是线之间的间隔。

现在想象波在向右移动，但是图顶部附近的波，比底部的波移动得更慢。如果真是这样的话，线条就不得不扭曲。图 7.16 展示的就是这种情形。

顶部附近的波在移向右边，但是比底部附近的波要慢，它们随后就会抵达右边沿。注意速度的减慢是如何转变波的方向的。还要注意的是顶部附近的波的方向正在发生偏转。波峰不再是直上直下的了，波的方向垂直于波峰，所以波不再是从左向右移动，而是稍微向上偏移。波的方向发生了改变，转向了速度更慢的一边。

军乐队也会发生同样的情况（假设相邻的乐队成员手挽手），从乐队上空看下来，如果顶

图 7.15

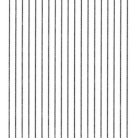

波浪的波峰。想象一下，你在飞机上向下观看水波。每条线都代表一个波的高点（波峰）。两条线的正中间就是波谷，这里的水位最低

图 7.16

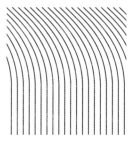

当一个区域（本图上部）的波速更低时，波就会弯曲。比如，如果这个地区的水更浅，这里就可能会发生这种情况。请注意，上部的波的方向是朝向页面顶部的；波弯向波速较慢的一边

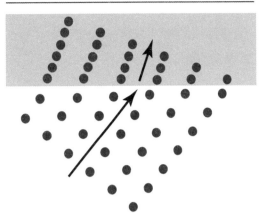

图 7.17

一支军乐队进入了场地中的一个慢速区。如果他们想要待在一起（就像波一样），那么他们前进的方向就会弯向更慢的一侧

部附近的场地很泥泞，在那里前进的人的速度会比底部附近的人更慢。图 7.17 描绘的就是这种情况。

注意，乐队一旦走入泥泞地区，成员们的前进方向（箭头）就会改变（假定他们想要排成行前进）。波就保持了队形，因为每个波都在产生下一个波。这是一张很抽象的图，但是很多人仍然认为这张图很有帮助。这个方法在解释波方向的改变时描述了**惠更斯原理**（Huygens principle）。

波的扩散

任何波在通过一个开口时都会扩散。如果没有这种扩散，我们通常就不会听到街角拐弯处的人的喊叫声了。图 7.18 左侧展示的是波（来自左边）在通过一个洞之后扩散了出去。右侧是波穿过一根浮木的缺口的照片。

对于波的这种扩散规律，有一个简单的公式。你需要知道的仅仅是波的波长 L 和开口的直径 D，下面这个式子就会近似地给出当波走出距离 R 时，波的扩散程度 S：

$$S = \frac{L}{D} R$$

图 7.18

穿过开口的波会扩散。开始时所有波都在朝着相同的方向移动（在左侧图片中是从左到右）。但是当波穿过开口后，方向就会改变，一些会向上，一些会向下（图片来源：迈克尔·莱奇）

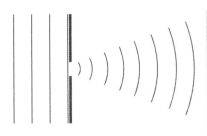

你不必学会这个公式，但是我们需要用它来计算波的扩散。这对光来说非常重要，因为这个规律限制了望远镜**分辨**物体的能力。正如你将在下一章中看到的那样，这种扩散阻止了侦察卫星读取车牌号。

这个扩散公式对于所有波都适用，包括声波和地震波。我们拿声音作为例子，我们在前面提到过中央 C 的音调，波长为 $L=1.3$ 米。假设这个声音穿过一个直径为 1.3 米的门口，如果波没有扩散的话，在穿过门的 10 米之后仍然处在 1.3 米的宽度内。但是通过这个等式，我们知道波将会发生扩散。扩散量还很大：

$$S=\frac{L}{D}R$$
$$=10\times\frac{1.3}{1.3}$$
$$=10\ \text{米}$$

扩散量非常之大，你甚至在看不到门的另一边的人的情况下，就能听到他的声音。光的扩散则小得多，因为 L 小得多。我们将在下一章中讨论光的扩散。

小结

波会在很多材料中传播，比如水、空气、岩石以及钢铁。即使材料只是振动而且没有任何分子走得很远，波也会移动并把能量带到很远的地方。当波振动的方向和传播的方向一致时，波就是纵向的。纵波包括声波和地震中的 P 波。波也可以是横向的，这就意味着振动的方向垂直于运动方向。举例来说，一根绳子上的波就是这样的。水中既有横波，也有纵波。光波可以在真空或者玻璃这样的材料中传播。光波含有振动的电场和磁场。光波是横波。电子和其他粒子其实也是某种波，但是它们的波包太短了。所以我们直到 20 世纪才发现这个事实。粒子是波，这个事实涉及**量子力学理论**。

一个波每秒种重复的数量被称为**频率**。对声音来说，频率就是音调，即高音或低音意味着高频率或低频率。对于光来说，频率是颜色。蓝色是高频光波而红色是低频光波。波长就是波峰之间的距离。

波的速度取决于它穿过的材料。声音在空气中每 5 秒钟大约能传播 1 英里，而在水中 1 秒就能传播 1 英里，声音在岩石和钢铁中的速度甚至更快。

声音的速度取决于空气的温度。在热空气中，声音传播得更快。如果声音沿水平方向传播，但是上方和下方的空气温度不同，那么声音的方向将会弯向声速更慢的一边。这种现象会让声音困在海洋中，鲸利用这一点在几千千米以外的地方发出声音，向同伴传递信息。军队也把这种现象用在了声发（定位被击落的飞行员）和声呐监听系统（定位潜艇）上。如果有 4 个不同的麦克风获得了相同的声音，那么我们就能找到声音的发源地。同样的原理也被应用在了 GPS 的无线电波上。

高海拔大气被臭氧层加热，制造出了大气中的声道。莫古尔计划利用的就是大气中的声道。该计划的目的是要探测苏联的核试验。当飞碟式麦克风于 1947 年在新墨西哥州罗斯维尔市附近坠毁时，关于飞碟的故事就传播开来。

当地面较冷时，声波会向下弯，于是我们就能听到远处的声音。当地面变暖时，声波会向上弯，于是我们就无法听到遥远的声音。

声波的速度不取决于频率或波长。如若不然，我们就无法理解站在远处演讲的人所说的话了。但是水波的速度取决于频率和波长。波长更长的水波传播得更快。波长特别长的水波（通常由地震引起）被称为**海啸**或**潮汐波**。

断层在震中发生断裂时会出现地震，但是地震能以波的形式传播到很远的地方。我们可以通过里氏震级大致推测地震所释放的能量。在里氏震级中，一个震级的差异代表了 10—30 倍的能量。P 波是一种传播速度特别快的压缩波，接下来抵达的是 S 波（横向），最后到达的是 L 波。我们可以通过 P 波和 S 波之间的时间来获知我们到震中的距离。S 波不会穿过地球的中心，于是我们推导出地核中存在液体，很有可能（通过我们测量到的速度）是液态铁。

波能相互抵消，于是就有了差拍（音乐）和一些奇怪的效应，比如地震中有些建筑物之所以没有受到影响，是因为地震波从两个不同方向接近了该建筑，并且互相抵消了。

讨论题

1. GPS 需要 GPS 接收器发射信号吗？这一点对士兵来说为什么重要？但是如果 GPS 不发送信号，它又怎么能作为手机上的应急系统从而让别人确定你的位置呢？

2. 美国政府应该对自己的人民撒谎吗？和平时期和战争时期的规则是否应该有所不同？在"冷战"时期呢？

3. 假设罗斯维尔事件和外星人没有任何关系（本书作者就是这么认为的）。是否有可能说服公众相信这件事？你将如何做？这样做是否重要？是否还有一些同样很难让人改变想法的事？

搜索题

1. 搜一搜"罗斯维尔"（Roswell），看看你能找到什么。（准备好看到一堆链接。）关于罗斯维尔博物馆（本书作者和外星人尸体合影的地方）你能找到什么信息？你是否能找到明确驳斥本书关于罗斯维尔事件的解释的网站？你认为哪种说法是正确的？

2. 关于声呐监听系统你能找到什么？该系统现在还在使用中吗？它的作用是什么？俄罗斯潜艇仍然在深海中巡逻吗？声呐监听系统覆盖了世界海洋的百分之多少？

3. 多普勒效应在科学、工程以及很多实际问题中有着无数应用。搜索"多普勒"（Doppler），看看你能发现什么。哪些应用最让你感到震惊？

论述题

1. 大家都知道水波是波，但世界上还有很多不同种类的波并不那么显而易见。尽量多地列举这样的现象。为了让怀疑者明白这些现象就是波，请为每一种现象找到证据。

2. 声音不总是沿着直线传播。声音传播方向的改变造成了很多有趣的现象。举出例子，并给出能够帮助人们理解这些现象的细节。

3. 波有特殊的属性：它们会相消。举出声波、光波、水波，以及地震波互相抵消的例子。解释波的相消对于光来说为什么那么难以观察。

4. 大多数人从没有听说过**声道**这个词。给出两个声道的例子。解释声音的速度如何受具体环境的影响，又如何影响波的方向。给出实际应用声道的例子。

5. 波在相同材料的不同部分传播时具有不同的速度，讨论这种现象所产生的可见的和（或）重要的效应。

6. 讨论由以下现象所产生的可见的和（或）重要的效应——波的相消和相长。

7. 水波和声波都是波，虽然两者对于大多数人来说并不相似。描述二者作为波的状态以及它们共有的特性。声音的哪些属性能够表明声音就是一种波？

8. 大家都知道地震就是大地的震动。描述它有哪些看起来像波的表现。我们如何用 S 波和 P 波来确定震中的位置以及地球内部的性质？

9. 描述在海面以下传播时声音的属性。描述声音的移动方式及其对水下生命（野生动物和人类）的意义。

10. 描述声音在地球表面附近的空气中是如何传播的。时间和天气状况会如何影响声音的传播？观察力敏锐的人会注意到哪些有趣的现象？

11. 根据本书内容，在新墨西哥州罗斯维尔市附近坠毁的"飞碟"是什么？用物理知识描述一下这起事件。

12. 美国海军用的声发球的特性很不一般。解释一下声发球的工作原理，以及如何使用它。
不要遗漏任何相关的物理知识。

选择题

1. 差拍之所以会出现，是因为有

A. 频率

B. 两种频率之间的差别

C. 音量

D. 噪声

2. 波倾向于弯向

A. 波速更慢的一边　　B. 波速更快的一边　　C. 上边　　　　D. 下边

3. 最快的地震波是

A. L 波

B. S 波

C. P 波

D. 这些波的传播速度相同

4. 最慢的地震波是

A. L 波

B. S 波

C. P 波

D. 传播速度都相同的波

5. 相差八度的两个音之间的频率比是

A. 1.5　　　　　B. 2　　　　　C. 8　　　　　D. $\sqrt{2}$

6. 当两条波穿过一个相同尺寸的开口时，哪条波发散得更大？

A. 波长更小的　　B. 波长更大的　　C. 频率更高的　　D. 频率更低的

7. 最快的声波是

A. 低频的

B. 中频的

C. 高频的

D. 所有这些声波的传播速度都相同

8. 要想度量你到震中的距离就需要测量

A．P 波的振幅

B．S 波的振幅

C．L 波的频率

D．P 波和 S 波之间的时间差

9. 声音在以下哪种介质中传播得最快？

A．空气   B．水   C．岩石   D．真空

10. 当开口变小，穿过其中的波会

A．扩散得更大   B．扩散得更小   C．保持不变   D．改变波长

11. 地球的中心是

A．纯岩石   B．液体岩石   C．液态铁   D．固态铁

12. 哪种地震波完全是纵向的？

A．L 波   B．P 波   C．S 波   D．以上都是纵波

13. 下面关于地震的陈述中哪些是正确的？

A．S 波是最快的，会造成最大的破坏

B．P 波是最快的，L 波会造成最大的破坏

C．L 波是最慢的，P 波会造成最大的破坏

D．P 波是最快的，会造成最大的破坏

14. L 波通常都是破坏力最大的，因为

A．它留在表面，因此不易扩散传播

B．它移动得最慢，所以单位距离的能量最大

C．S 波和 P 波所携带的总能量太小

D．它最先抵达，人们还没有机会找到掩体

15. 地震波在抵达什么区域时所造成的破坏最严重？

A．让波减速的区域

B．让波的频率增加的区域

C．让波的频率减小的区域

D．为波添加额外能量的区域

16. 填埋地之所以危险，是因为

A．该地区能让地震的频率增加

B．该地区能让地震的波长增加

C．该地区会聚集地震能量

D．该地区能让地震的振幅增加

17. 当大气发生逆温时，声音传播路线倾向于

A. 聚集起来　　　B. 向上弯　　　C. 向下弯　　　D. 被吸收

18. 海洋声道

A. 非常安静　　　B. 非常吵闹　　　C. 是放射性的　　　D. 会聚集地震

19. 声波倾向于弯向

A. 冷空气　　　B. 热空气　　　C. 密度更大的空气　　D. 密度更小的空气

20. 在两架钢琴上弹下相同的音符，出现了每秒钟一次的差拍。通过这种现象，我们推断

A. 至少有一架钢琴跑调了（音符的频率不对）

B. 两架钢琴都跑调了

C. 钢琴被准确地调过音

D. 同时演奏两架钢琴时听起来会特别悦耳

21. 我们知道地球的内部是液态的，因为

A. 没有 S 波可以穿过那里

B. 我们可以通过那里发出的声音探测到物质的流动

C. 在如此大的压力下，任何东西都会变成液体

D. 中微子穿过那里，并显示出了与液体相关的模式

22. 和里氏 8 级地震相比，里氏 9 级地震

A. 能量是前者的 2 倍　　　　　B. 能量是前者的 10—30 倍

C. 速度是前者的 2 倍　　　　　D. 速度是前者的 10—30 倍

23. 你感觉到了地震的震颤。10 秒钟过后，你感觉到另一种震动。你到震中的距离约为

A. 2 英里，约 3.2 千米　　　　B. 5 英里，约 8 千米

C. 10 英里，约 16 千米　　　　D. 50 英里，约 80 千米

24. 如果我们把声音的频率加倍，波长会

A. 翻倍　　　B. 减半　　　C. 不变　　　D. 变成 4 倍

25. 差拍的存在说明

A. 声音是一种波　　　B. 声音会弯曲　　　C. 声音会弹跳　　　D. 声音会传播

26. 声音的速度约为

A. 340 米 / 秒　　　B. 1.6 千米 / 秒　　　C. 8 千米 / 秒　　　D. 300000 千米 / 秒

27. 空气中声音的速度

A. 永远都是一样的　　　　　　　　　　B. 如果你大声喊就会增加

C. 取决于频率　　　　　　　　　　　　D. 随着空气温度的增加而增加

28. 声波是

A. 横向的　　　B. 压缩的（纵向的）　　C. 横波和压缩波的结合　　D. 旋转的

29. 在普通的一天，地面附近发出的声音倾向于

A. 向上弯，朝着天空　　　　　　　　　B. 向下弯，朝着大地

C. 完全不弯，走直线

30. 你最有可能听到远处声音的时机是

A. 地面附近的空气暖，上面的空气冷　　B. 地面附近的空气冷，上面的空气也冷

C. 地面附近的空气暖，上面的空气也暖　　D. 地面附近的空气冷，上面的空气暖

31. 因为蒸发，湖面上的空气会变冷。湖面上方空气中的声音倾向于

A. 向上弯，远离湖面　　　　　　　　　B. 向下弯，朝向湖面

C. 走直线，平行于湖面　　　　　　　　D. 交替上下弯

32. 声道必须

A. 让声音的速度达到最小　　　　　　　B. 让声音的速度达到最大

C. 让声音的速度随着深度的增加而减少　　D. 让声音的速度随着深度的增加而增加

33. 声发利用的是

A. 海洋中的声道　　　B. 大气中的声道　　　C. 地球的磁场　　　D. 未知原理

34. 水波是

A. 纯横波   B. 纯纵波   C. 横波和纵波   D. 压缩波

35. 海洋中的声道之所以能长距离传播声音是因为

A. 海洋的那一层不会吸收声音   B. 鲸听到声音后会重复歌唱，增加音量

C. 海洋在那个深度的压力会让声音更响亮   D. 声音不会向上或向下发散

36. 如果你潜到深海，水温会

A. 随着深度增加而减少   B. 随着深度增加而增加

C. 不因深度而改变   D. 先变冷，然后变热

37. 一位钢琴演奏者弹了两个键：中央 C 及其右边第一个 C（即高八度）。高频声音的速度和低频声音的速度相比（小心，这可能是一道陷阱题）

A. 是相同的   B. 前者是后者的 2 倍

C. 前者是后者的 1/2   D. 前者是后者的 4 倍

38. 随着你移动到海拔更高的位置，空气的温度会

A. 先变冷后变热   B. 保持不变，然后再变冷

C. 先变热后变冷

39. 没有了以下哪些东西大气声道就不会存在？

A. 雷暴   B. 二氧化碳   C. 紫外线   D. 红外线

40. 创造臭氧层的是

A. 二氧化碳   B. 闪电   C. 阳光   D. 含氯氟烃

41. 声呐监听系统指的是

A. 一种在第二次世界大战期间设计的援救飞行员的方法

B. 探测核爆炸的项目

C. 探测潜艇的系统

D. 使用人造地球卫星的系统

42. 关于莫古尔计划以下哪些陈述是正确的？

A. 它和大气有关

B. 它制造出了第一颗核弹

C. 它让人们发现了核裂变

D. 它涉及集成电路的发明

43. 根据本书推测，在罗斯维尔附近坠毁的飞碟是

A. 先进的美国宇宙飞船

B. 外星人的飞船

C. 麦克风

D. U-2 型飞机

44. 波长特别长的水波

A. 传播得比波长短的水波慢

B. 传播得比波长短的水波快

C. 和波长短的水波传播速度相同

D. 如果振幅更大就会传播得更快，如果振幅更小就会传播得更慢

45. 鲸的交流和光纤都会利用的原理是

A. 惠更斯原理

B. 海森堡不确定性原理

C. 摩尔定律

D. 居里温度

46. 当海中地震产生海啸或潮汐波时，其最初的高度相对较小。拍在岸上的高波浪是因为什么形成的？

A. 波在移动时积蓄了能量

B. 波长增长了

C. 深度增加了

D. 波移动得更快了

E. 波移动得更慢了

F. 它破坏的欲望更加强烈了

47. 水波的波长为 10 米，频率为 2 周期 / 秒。它的速度为

A. 5 米 / 秒   B. 10 米 / 秒   C. 20 米 / 秒   D. 50 米 / 秒

48. 一辆开过的汽车发出的声音音调似乎很高，但开过去后音调就会变低。这种现象是

A. 惠更斯原理   B. 波的相消   C. 尤因原理   D. 多普勒频移

49. 雷雨云容易升高，直到

A. 下雨把水下光了

B. 它碰到了比它更冷的空气

C. 它撞上了二氧化碳层

D. 它碰到了比它更热的空气

50. 在白天，声音容易

A. 向上弯　　　B. 向下弯　　　C. 走直线　　　D. 制造海市蜃楼

51. 地震造成的大部分破坏通常来自

A. S 波　　　B. P 波　　　C. L 波　　　D. M 波

52. 对声波来说，低频波传播得

A. 比高频波更快

B. 比高频波更慢

C. 和高频波一样快

D. 速度取决于波的振幅，而非频率。

53. 钢琴上音符中央 C 右边的第一个 A（音高高于中央 C），频率是 440Hz。下一个更高的 A 的频率是

A. 660　　　B. 880　　　C. 550　　　D. 1320

第 8 章

光

高科技之光

光总会给我们带来惊喜。甚至到了 20 世纪的中后期，很多如今成真的应用仍然让当时的人始料未及：

- **光纤。**我们曾经以为我们会通过卫星传送所有信息——通过中继转发微波信号，在同一时间承载上百万通电话的交流信息。但是我们找到了更好的方法：通过埋在海床下的光纤，用光来发送信号。

  为什么光比微波好那么多？光纤的工作原理是什么？为什么光纤有时也被称为**光管**？

- **多光谱设备。**通过我们的眼睛，我们似乎能够看到无限多种不同的颜色，但是多光谱相机能看到更多。这些相机看到的颜色能够指示葡萄园的健康水平或者中国的土壤水分状态。

  多光谱相机看到了哪些我们看不见的东西？

  （提示：多光谱相机看到的光和我们是一样的。只是它们将其转换成了更多的颜色。但是这又意味着什么？我们不是已经能看到无限多种颜色了吗？）

- **侦察卫星。**一些国家通过侦察卫星就能拍下其他国家可疑的核工厂的照片。为了获得清晰的照片，卫星必须飞得很低。但是这代表它们在目标上空的时间不会超过 1 分钟（因为它们的移动速度是 5 英里 / 秒）。

  侦察卫星为什么不能飞得高一些，在目标上方停留得久一些，并且使用强大的望远镜来辅助拍摄？光的哪些特性让近地轨道成了最好的选择？（提示：光是一种波。）

- **激光诱发的核聚变。**光是把能量传递到一个点上的最有效方法。用激光束瞄准由氘和氚组成的小靶丸，会引发同位素相结合并释放能量，促成**核聚变**。

  光的哪些属性使其成为将靶丸加热到所需的极高温的最好方法？

- **计算机屏幕。**如果你在近距离用放大镜看计算机（或电视机）的白屏，你完全看不到白色，只会看到红色、绿色和蓝色的点。试试看。

  为什么从远处看屏幕就是白色的？颜色到底是什么？钻石上的彩色光芒是从哪里来的？彩

虹（由水滴组成）的颜色呢？为什么音乐 CD 和电影 DVD 能在阳光下显现出彩虹的所有颜色？

光是什么？

正如前面这些例子所展现的，光是一种谜一样的现象，它的属性似乎完全无法解释。[1] 但是如果你了解光的话，就会知道光有着超乎想象的重要用途。

要想理解光的表现和属性就要认识到光其实是一种波。但是光看起来并不像波。而且如果光是波的话，那波动的是什么？对水波来说，水在波动；对地震来说，大地在颤动；对声音来说，空气在振动；但是当光波波动时，动的是什么？

下面就是答案，如果你觉得过于抽象，也不要担心：光是一种包含有振动的电场和磁场的波。因为两者都会振动，所以我们经常把光称为电磁波。在前面的内容里，我提到过真空可以振动。电场和磁场是可以存在于真空中的，它们就是当光现身时，发生波动的部分。

如果你让空气振动，就会产生声波；如果大地震动（断层突然释放能量），就会产生地震；如果你让水振动，就会产生水波；如果你让一个电子振动，就会产生电磁波，振动的电场和磁场一起带着能量离开了这个电子。当这个电磁场击中一个电子时，就会对其施加一个力，跟声音在你的耳鼓（鼓膜）上施力或地震在建筑上施力一样。

如果光是一种波，那么为什么它看起来和感觉上都不像波？答案是：因为它的频率极高，而波长又极短。可见光的平均波长约为 0.5 微米，即 0.5×10^{-6} 米。回想一下，人类头发的直径是 25—100 微米。所以说，光波的波峰靠得非常近，你无法轻易感知到单个波峰。已知波长，我们可以用下面这个关于波的公式算出光的频率。

$$v=fL$$

我们现在把 v 设成光速 $=3 \times 10^8$ 米 / 秒，等于 1 英尺 / 时钟周期。[2] 接下来 $f=$（ 3×10^8 ）/（ 0.5×10^{-6} ）$=6 \times 10^{14}$ 周期 / 秒 $=6 \times 10^{14}$ 赫兹。频率非常高，每纳秒（ns）或每时钟周期，光

---

[1] 甚至近代物理学之父艾萨克·牛顿（1642—1727）也得出了关于光的错误理论，但是他在物理学的其他方面说得几乎都对。

[2] 回忆一下，这也等于 30cm/ns（ 1ns=10^{-9}s ）。因为 30cm 约等于 1 英尺，而 1 纳秒约等于 1 个时钟周期（对应频率为 1GHz 的计算机），这就意味着光速约为 1 英尺 / 时钟周期。如果你的计算机更快（例如处理频率达到 2GHz），那么光就只能传播 15cm——即 6 英寸 / 时钟周期。

差不多要振动 100 万次。怪不得我们一般注意不到光是一种波。

光之所以能构成承载信息的主要系统就是因为高频率这个关键特性。大多数互联网和电话系统都在光纤的引导下以光的形式发送信号。要想理解原因，我们就必须先来探究一下信息论。

信息论

计算机用 0 和 1 的形式储存所有信息。每个被存储的数字就是 1 比特（b）的信息。如果你想要发送字母 A，就要把 8 个这样的比特组合成一个代表字母 A 的编码。使用最广泛的编码被称为 ASCII。[1] 在这种编码中，字母 A 的二进制比特是 00001010，字母 B 的是 00001011。请注意两者只有一比特的差别。C 则是 00001100（你不需要记住这些）。为了方便计算，计算机做的所有事情都被翻译成了由 0 和 1 组成的一串数字（这一点你需要了解）。

现代通信的工作方式与此相同。如果你想给国内任何一个地方打电话，电子设备会首先将信息编码成由 0 和 1 组成的一串数字，然后再将它们发送出去。你每秒能发出的信号越多，发出的信息就越多。要用光来发送信号，有种方法就是打开和关闭光，"开"代表 1，而"关"代表 0。你每秒能够发送的比特数量被称为**比特率**（R）。

信息论是克劳德·香农在 20 世纪 40 年代中期建立起来的，而且他还发现了最重要的结论。信息领域最有意义的一个事实也许就是：你无法发出比你使用的波的频率还快的信号。假设你让波的每一个周期都携带了信号，那么：

$$R=f$$

在这个等式中，f 是（光、无线电波，或者微波）信号的频率，而 R 的单位是比特 / 秒。根据这个等式，我们每秒可以发送的比特数约等于我们使用的波的频率。

记住：频率能告诉你每秒能够发送的比特数

这个等式有一种简单的解读方法：你无法让一个波变化得比自身的频率 f 还快。你可以对光进行"开"或"关"的操作，但是不会比 f 次每秒更快。所以你每秒能发送的最大比特数即是波的频率。（从原理上说，你可以更快地改变信号，但是这样你也就提高了频率，而这样频率

---

[1] ASCII 代表美国信息交换标准码。

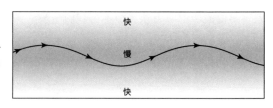

图 8.1

光纤，其中不同的材质会制造出一个光道。真实的光纤直径可能是 1 毫米，而长度则能达到 10 千米

可能会过快以至于无法在线缆上高效传送。）

如果你想把每秒发送的比特数提到最高，你就需要找到你能够轻松利用的最高频率信号。电话线使用的频率通常不超过 1MHz；电视和收音机通常使用 GHz 级的频率，每秒能发出数十亿比特。光的频率可以达到 6×10^{14}Hz，是 1GHz 的 60 万倍。假设一个人向另一个人发送一束光，那么光可以每秒钟开关 10^{14} 次。每个脉冲都包含了光的 6 次振荡，每个脉冲携带 1 比特的信息，在这种情况下你每秒能够发送 10^{14} 比特。这就是为什么光变成了快速发送大量信息的主要方式，互联网的基础就是光。

你无法用金属线来发送光，所以科学家们就必须发明一种特殊的用于光的导线，这就是**光纤**。

光纤

最早的光纤其实就是一根又细又长的玻璃杆。随着它们变得更细更长，玻璃柱的名字就成了**纤维**。光会在玻璃中传播，如果光撞到边缘上，就会弹回来。如果玻璃的表面上有一些划痕，一些光就会丢失。为了解决这个问题，我们发明出了和声道原理相同的渐变光纤。

在渐变光纤中，我们使用了不同种类的玻璃，折射率最高的玻璃（光在其中速度最慢）位于中心轴，而折射率最低的（光在其中速度最快）位于外表面附近。任何偏离轴心的光都会折返，就像在声道中的声波一样。光纤的直径可以非常小，通常只有 1 毫米，但是长度却很长，可以达到上千米（图 8.1）。

▎颜色

虽然光振动的速度非常快，但是我们的眼睛仍然能分辨出光的不同频率。我们一般用颜色来区别光频。红光的波长约为 0.65 微米 =650 纳米，由此得出其频率为 4.6×10^{14}Hz。蓝光的波长约为 0.45 微米 =450 纳米，这意味着它的频率约为 7×10^{14}Hz。图 8.2 描绘了不同波长的

图 8.2

颜色和波长。请注意红光的波长比蓝光更长。1 纳米是 10^{-9} 米或 10^{-3} 微米，所以 500 纳米就是 0.5 微米

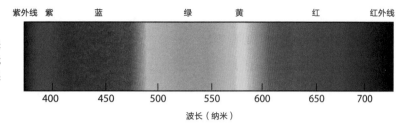

紫外线　紫　　　蓝　　　　　　绿　　黄　　　　红　　　红外线

400　　450　　500　　550　　600　　650　　700

波长（纳米）

光的颜色。

图 8.2 的颜色看起来类似彩虹的颜色，因为它们确实就是彩虹的颜色。所有这些颜色的光混合在一起就是**白光**。当这些颜色同时抵达我们的眼睛时，我们的大脑就把这种颜色解读为"白色"。白光不是由单一频率的光组成的，而是由不同频率的光混合而成。有些人会这样说："白色不是一种纯色。"如果"纯色"的意思是只包含一种频率的振动，那么这句话就是对的。

阳光穿过雨滴后就会制造出彩虹。这种使光弯曲的过程被称为**折射**，我们稍后将会详细讨论这个概念。这种弯曲对于不同颜色的光来说是不一样的，所以透过雨滴的光会射向不同方向，而这就是彩虹产生的原因。

注意，在图 8.2 中，在超出红色的波长区，有一个标注为**红外线**（IR）的区域。这些波也是光，只不过不为人眼所见；最左边的是**紫外线**（UV），我们的眼睛也看不到这种颜色。我们将在下一章深入地讨论这些不可见光。紫外线事实上是大气臭氧层形成的原因，能够造成最严重的晒伤的光线就是紫外线。

在第 4 章中，我说过 X 射线和伽马射线也是光。它们的波长很短，比图 8.2 中最左边的光的波长还要短得多。100keV 的 X 射线的波长约为 0.01 纳米，而 1MeV 伽马射线的波长约为 10^{-3} 纳米（10^{-12} 米），所以它们的频率也比可见光高得多。

无线电波和微波也是光。它们的波长比图 8.2 中最右边的光的波长还要长得多。一般来说，电视信号的波长约为 3 米，也就是说，它的频率是 $c/f=3 \times 10^{8}/3=10^{8}Hz=100MHz$。在图 8.2 中，横轴的单位是纳米，而 3 米就是 30 亿纳米，这远非图中尺度所能衡量。

人眼中的色彩感受器

我们再来看看图 8.2。图中含有彩虹的所有颜色。你注意到缺失了一些"颜色"吗？洋红色或青色在哪儿？当然，也没有白色。事实证明，这些颜色都不是纯色，而是其他颜色的混合，就像你同时弹奏钢琴上不同琴键时所获得的音符组合一样。

很多动物感知不到颜色。它们只能看出某样东西是明是暗。有时我们会把这种情况描述成

它们只能看到"黑白"——但是它们也能看到灰色。人类能够感知颜色,但是我们的能力也非常有限。我们的眼睛拥有四种类型的感受器。有一种叫作**视杆细胞,**大部分动物都有,它能感知亮度,却无法感知颜色;还有三种视锥细胞:红色视锥细胞、绿色视锥细胞以及蓝色视锥细胞。

图 8.3 展示了每种视锥细胞的敏感范围:

请注意,红色视锥细胞的最大敏感度对应的是绿光,而不是红光!事实上,红色视锥细胞的敏感度和绿色视锥细胞惊人地相似。那么眼睛是如何分辨红色和绿色的呢?先想一想。你能想出来吗?

答案就是,眼睛既会从绿色感受器接收信号也会从红色感受器接收信号。如果来自绿色视锥细胞的信号更强,大脑就会将这个信号解读为绿色。再看一看这张图。要想看到红色,红色感受器发出的信号就需要达到绿色感受器信号强度的两倍。只有在红色区域,红线才会比绿线高一倍。

请注意,三种视锥细胞都能检测到绿光,在这方面绿色视锥细胞最强,红色视锥细胞稍弱,蓝色视锥细胞最弱。当大脑收到细胞感知绿色的多种信号时,就会把颜色看成绿色。如果它收到的信号对应强烈的红色、稍弱的绿色,并且完全缺失蓝色,大脑就会告诉你这种颜色是黄色。(你能在图中找到吗?)

假设三种感受器全都收到了强信号。那么我们的眼睛就会将其解读为白色。图 8.4 显示了太阳发出的不同颜色光的强度。当眼睛的三种感受器看到这些颜色时,显示出来的就是白色。

看看图表中太阳发出的多种颜色的光。你会看到在不可见的红外部分有很大一部分光。事实上,到达地球表面的约一半能量都属于这个红外部分,这是全球变暖现象中的一个重要因素,所以你需要记住这一点。

阳光中的混合颜色并不是唯一能让眼睛看到白色的颜色组合。任何以同种方式刺激红色、绿色和蓝色视锥细胞的混合颜色都会给人以白色的感觉。因为人眼只有三种颜色感受器,要想骗过它是很容易的。

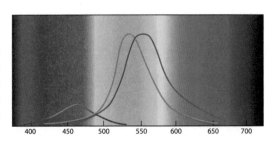

图 8.3

人眼中的蓝色、绿色以及红色视锥细胞的敏感度。蓝色视锥细胞的敏感度在 450 纳米处达到最大,绿色视锥细胞的敏感度顶点接近 525 纳米,而红色视锥细胞的敏感度顶点接近 550 纳米

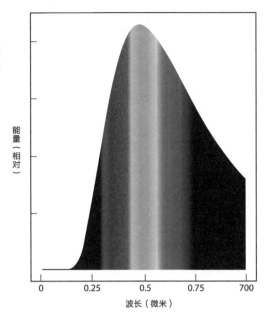

图 8.4

太阳发出的多种颜色的光，也被称为白光。曲线指出了不同波长的相对亮度

虚假的白色

要想欺骗眼睛，最简单的方法就是使用色点（color dots）。找到计算机屏幕上的一块白色，然后近距离观察它。你可以使用放大镜，如果你近视的话，也可以把眼镜摘掉紧贴着屏幕看。你会看到，在近处，白色根本就不是白的，而是由红色、绿色和蓝色的点组成的。和自然光有所不同，计算机屏幕不显示纯黄、橙色、青色，而你的眼睛辨识不同色彩成分的能力非常有限，它无法分辨三种颜色组成的白色和真正的白色。计算机系统骗了你的眼睛，通过调整红绿蓝三色对你视锥细胞的刺激量来让你的大脑以为自己看见的是白光。如果做得恰到好处的话，你的眼睛将无法分辨"虚假"的白色和纯白的阳光。当然，能够测量多种频率强度的科学设备可以轻松看出其中的区别。

色盲

你是色盲吗？约有 5% 的男性和 0.5% 的女性缺少红色感受器或绿色感受器，或者两种感受器中有一种敏感度较低。（在一个有 500 名学生的班级中，平均有 25 个男生和 2.5 个女生有红绿色盲或色弱。）他们虽然能看到很多颜色，但还是被称为**色盲**，因为他们经常无法分辨红色和绿色。这些人只有两种感受器（比如蓝色和绿色感受器）是完全没问题的，而蓝色感受器无法检测到红绿区域的光。如果只有一个信号，而没有相关的比例，大脑就无法猜测光的频率。

有没有哪个伟大的画家其实也是色盲？你会让一个色盲为你挑选家居软装或者挑一件衬衫吗？

我们其实都是"色盲"

假设你的眼睛中有四种不同的视锥细胞，而非三种，那么一件神奇的事情就会发生：过去看来颜色完全相同的东西将会变得不同——就像非色盲能看到红与绿之间的不同而色盲却无法区分一样。一张被阳光照亮的纸将变得和计算机屏幕上的白色完全不同。因为屏幕上的三种颜色只能欺骗三种视锥细胞，要想欺骗四种视锥细胞，屏幕就需要有四种颜色的点。事实上，确实存在拥有四种不同类型颜色视锥细胞的人。

一些照相机就是为此而生的。这样的相机可以有数十、上百，甚至上千种感色度（color sensitivity）。在我们看来两个完全相同的绿色对于这种相机来说却是不同的。它们能用这种多色（敏感）的能力检测到我们遗漏的东西，比如农作物的疾病，或者鉴别出不同类型的岩石。这些系统被称为**多光谱相机**。卫星携带的多光谱相机可以为你拍摄和分析你的农场，当然你得出钱。加州的葡萄酒厂用多光谱相机来检测草翅叶蝉对葡萄园造成的影响。随着我们对各种多光谱颜色的模式加以了解并鉴别出它们的意义，多光谱相机在未来甚至会变成一种更加重要的技术。现在，我们在这方面并没有太多建树，因为我们有那么多关于颜色的经验仅仅是以三种颜色为基础的。

所以从某种角度上说，我们都是色盲。被称为色盲的人其实只是比其他人更色盲了一点。但是如果我们有了四种视锥细胞——蓝色、绿色、黄色和红色——我们将会看到怎样的世界呢？

感知：没有答案的讨论题

色盲会把红色感知成红色，把绿色也感知成红色吗？还是他会把红色感知成绿色，把绿色也感知成绿色？想一想。

这个问题有意义吗？有答案吗？这是物理学领域的问题吗？

很多科学家会说这个问题是没有意义的。我们可以测量不同颜色刺激到的大脑区域，但这并没有回答这个关于色盲的问题。他看到的是红色还是绿色？

很多科学家喜欢说如果我们没有办法回答一个问题（即使在原理上），那么这个问题就是没有意义的。你同意吗？

一位学生最近让我注意到了一个特殊的案例：有一位女士，她只有一只眼睛有色盲！莱特曼、弗雷隆德、赖斯伯格在他们合著的书《心理学》中描述了这个案例。她的一只眼睛能看到红色和绿色，而另一只色盲眼睛看到的红色和绿色，符合她那只正常眼睛看到的绿色。

这是否回答了这个问题？

她用色盲眼看到的红色和她用普通眼看到的绿色相同。但是有可能她的普通眼会把红色看成绿色，把绿色看成红色，所以她看到的其实都是红色……

我认为这是一个科学上无法回答的问题。

印刷的颜色

印刷颜色和计算机屏幕显示颜色的原理类似，但是因为油墨通常都是叠加在一起的，所以我们使用的颜色需要有所不同。因为颜色在油墨中会被吸收，而非散发，它们显色时会从反射光中拿走一部分光。印刷中常见的颜色是青色、洋红以及黄色。这些颜色都不只含有一种频率，而是混合体。青色染料会吸收所有光，除了被我们称为青色的频率组合，这就是为什么青色能从纸上反射出去。要想得到黑色，你需要把所有三种颜色叠加在白纸上，所以，在需要黑色时采用第四种颜色的油墨——黑色油墨，才是更加便宜而且轻松的做法。黑色就是四色印刷中的第四种颜色。大多数杂志都采用四色印刷流程。用放大镜仔细看看彩色杂志上的照片，你会看到由这些颜色组成的点。

但是人们通常不会在白光下看杂志。日光灯中的蓝光实际上比日光多，而这会影响眼睛感知颜色。一些印刷过程使用的颜色比标准四色多，为的就是在不同光照条件下显现正确的颜色。

浮油的颜色

两条光波可以相消也可以相长，这证明了光是一种波。我们在肥皂泡薄膜上看到的颜色就是这样的叠加造成的。同样的现象还有我们在一块浮油上看到的颜色。在一个黑色盘子里混合一点水和一点机油，你会看到微妙的颜色。我这样试了，结果就是图 8.5 展示的图片，这里我把颜色稍稍加强了一些。

我们现在用下面这种方式来理解浮油的颜色:因为油比水的密度小,几滴油会漂浮在表面上。

图 8.5

我们在一片浮油上看到的颜色。不同的颜色是油层的不同厚度造成的

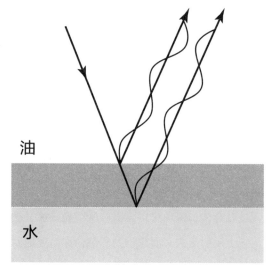

图 8.6

光从漂浮着油的水上反射出来（光也会从水层的底部反射出来，在这张图中没有显示）

油

水

油一旦扩散开来（机油在这方面快于食用油），就会制造出一层薄膜。事实上，这个薄膜通常只有几微米厚，可以与光的波长相比。这种情况可以让我们注意到光波叠加的现象。图8.6展示的就是一块被极大地放大了的浮油横截面（从侧面看过去）。

光从左侧进入。我用线标出了它的方向（我没有展示单独的振荡）。一部分光从油的顶部反射走，同样多的光从水的顶部反射走（一些光继续穿过水，但是在这张图中没有表现），所以有两条反射波，两条波会重叠。我为反射波画出了振荡。请注意，我之所以这么画是为了让它们大体上能够相消。如果发生了这种情况，那么反射出的总的波就是零。

如果入射光的波长改变，而油层的厚度不变，那么这两条波可能会变成相长而不是相消。事实上，白光充满了不同颜色的波，一些会相消，一些会相长。我们在反射光中看到的颜色来自相长的光。因为浮油在不同位置有着不同的厚度，所以不同位置上相长的光颜色也是不同的，这就是造成浮油颜色大面积变化的原因。

大多数人觉得浮油恶心，那是因为他们把浮油和污染（比如溢油或者湖中腐烂的植物）联系在了一起。但是当我看到浮油时，我会想起牛顿，如果他足够聪明的话，就应该通过这些颜色认识到光是一种波。

照相机镜头上也覆盖了类似的镀层，从表层反射的光被从底部反射的光抵消，为的是将反射光最小化。这样的镜头更贵，但能拍出更好的照片。

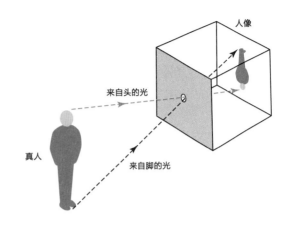

图 8.7

针孔照相机制造成像过程

人像

来自头的光

真人

来自脚的光

图像

当然,光最为无与伦比的特性就是我们能用它来看东西。眼睛向我们提供了物体惊人的细节,即使相距遥远。这都是因为我们能在眼睛中制造出关于物体的像。**像**这个概念,对理解全息图、镜子、照相机、显微镜以及望远镜都是至关重要的。我们先从能制造图像的最简单的设备——针孔照相机——说起吧。

针孔照相机

针孔照相机是有史以来最简单的照相机,[1] 它所利用的原理概括起来就是:光以直线传播。光之所以能做到这一点,是因为光的波长非常短,所以光运动起来会非常像粒子。

针孔照相机包含一个盒子,盒子的正面有一个小孔,背面有胶片,如图 8.7 所示。来自物体的光穿过小孔并到达背面。在图中,你能看到来自头部的光落在了胶片下方,而来自脚的光落在胶片上方。如果你从盒子背面看,会看到一个物体的像。

请注意,和物体相比,像是颠倒的。当然,人们在冲洗胶片时不会在意这一点,把照片倒过来不就行了!

你可以制作一个不用胶片的针孔照相机来玩玩,只需要随便找一个箱子,开一个小孔,再在后面放一张纸就可以了。普通纸的效果不是最好的,蜡纸(在超市可以买到,它是塑料保鲜膜的前身)的效果比较出色,因为它能让光更好地传播,所以你能透过它看到图像。(浸过植物

---

[1] 有些人说针孔照相机(pinhole camera)是在加州的皮诺尔市(pinhole)发明的,而且这就是它名字的由来,但我不相信这种说法。

油的纸效果也不错。）如果针孔过大，图像就会模糊，因为来自物体不同部位的光会到达纸上的同一位置；但要是针孔太小的话，图像就会非常暗，难以辨识。

照相机的工作原理与此完全相同，只是针孔换成了镜头，纸也被能记录光的材料——胶片——所取代。我们稍后会谈到镜头，相比于针孔，它的主要优势在于能让更多的光进入。

摄影的发展

如果图像对放在照相机背部的材料造成了永久性的改变，那么我们就制作出了一张照片。最初，这是通过放在照相机机背的一块板子上的化学品来完成的。第一张已知的照片摄于 1827 年，摄影师是约瑟夫·涅普斯。

涅普斯用了一种名为**沥青**的化学品，沥青在被光照射后会变硬。如果他随后洗掉材料中所有柔软的部分，剩下的就是被拍摄物体（比如人的脸）的薄薄一层蚀刻。在当时，甚至连这种粗糙的图像都被赞美为科技的奇迹，因为除此之外捕捉人脸的唯一方式就是雇一位画家，或者做一张剪影。大多数人认为照相机捕捉的这些图像无比真实，虽然从今天的标准来看，它们真的是非常粗糙。

路易斯·雅克·达盖尔用金属底片改良了摄影术。他的艺术品位同样超乎寻常，他用达盖尔银版照相法拍摄的很多照片都闻名于世。威廉·塔尔博特和乔治·伊士曼随后用卤化银改良了金属底片，卤化银在遇光时会分解，而银粒子就被释放了出来。"冲洗"底片的过程首先是去掉未遇光的卤化银，然后将曝光反转。（虽然经过了曝光，银粒子却呈现为黑色。所以我们必须要通过二次曝光来逆转它，从而让图像显现出真实的黑灰白。）他们生造了一个拟声词用来描述这种照相机发出的声音："柯——达"，柯达公司的名字就是这么来的。

20 世纪，照相底片升级换代成了更灵敏的感光胶卷，后者表面涂着相同的化学品。从此以后，胶卷成了银的主要用途之一！但是在今天，我是不会投资银的，因为数码相机已经淘汰掉了以银为基础的胶片。

针孔照相机的更多细节

其实，你自己就可以制作一台针孔照相机，然后用普通感光胶卷拍照。世界上有专门做这种事的俱乐部。我想你也猜到了，还有一个售卖这种照相机的网站。

当然，你自己就能很轻松地制作一台针孔照相机，因为这个任务并不需要什么特殊的东西，前面已经描述了基本方法。对一台使用胶卷的针孔照相机来说，最难的部分就是防止杂散光落在胶卷上，所以我们得保证到达胶卷的光都必须经过针孔。从针孔进入的光并不多，所以针孔照相机需要很长的曝光时间。

如果你用更大的针孔，那么曝光时间就可以减少。但是更大的针孔就意味着目标物体上任何位置的光都会分散在胶卷上像针孔一样大的区域上（甚至稍大），导致图像模糊。所以在拍摄针孔照片时，你需要确定自己能托举照相机多长时间（颤抖也会让照片模糊）以及你需要用多大的针孔。

人的视力

你眼睛的工作原理很像针孔照相机：瞳孔的作用就像针孔，视网膜（带有视杆细胞和视锥细胞）的作用像胶片，每个感受器都会向大脑发送信号，然后由大脑来解读图像。

事实上，有了后面的晶状体，瞳孔才能达到更好的聚光效果。我们稍后会谈到晶状体。

但下面是我希望你了解的关键事实：眼睛是测量来自不同方向的光的亮度及颜色的设备。这是一个简单的陈述，但仔细想一想，你的眼睛会告诉你来自视野中每一个方向的光的颜色和亮度，这些是它能够测量到的全部。

当我们看三色的计算机屏幕时，眼睛就被欺骗了，把等比混合的红色、绿色和蓝色认作白色。但还有另外一种更绝妙的欺骗眼睛的方法——使用**镜子**。在镜子的欺骗下，眼睛会相信一个物体存在于事实上不存在的地方。

在讨论完晶状体之后，我们还会在本章中谈到更多关于人眼的内容。

▎镜子

镜子是我们很少注意到的一种生活物品，因为它实在是太常见了。**镜子**是易于反射光的表面。当我们的眼睛看到有光进入时，它无从分辨光是直接来自一个物体的还是被镜子反射回来的。在眼睛看来，镜子后面的"光源"也是**像**，尽管它和针孔照相机的像有很大的区别。关键的不同点在于：镜中图像的位置其实没有光。图 8.8 展示的就是这种情况。

研究一下图 8.8。来自物体的光在镜子上反弹出去，进入了图中三个人的眼中。请注意，来自镜子的光和来自物体的光是一样的，但是表面上看，光来自标注为"像"的位置。这就是为什么镜子中的图像如此吸引人。即使你把头移动到不同的位置，图像的位置也不会改变，它表现得就像真实的物体一样。

如果你喜欢数学，可能会尝试着证明，同一个发散点的光经过镜子的反射以后，看上去也

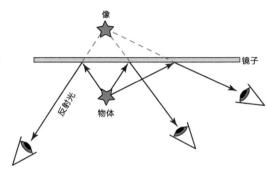

图 8.8

一面镜子的反射。源自物体的光从镜子上反弹出去。无论观察者在哪儿，光看起来都来自镜子后面

像

镜子

反射光

物体

都来自镜子反面的同一个点。你要先假设光的反射角等于物体到镜子的入射角。

镜子和魔术

我们对镜子司空见惯，因为在现代社会中高质量的镜子随处可见，尽管如此，我们仍然会被它们欺骗。它们是魔术师和游乐场幻景制造者的最爱。假设你想要制造出一个鬼魂坐在一个人身边的效果（迪斯尼乐园的幽灵公馆就有这种项目），秘诀就是使用**半镶银**镜子，这种镜子会反射一半入射光，然后透射一半入射光。

如果你凝视这样一面镜子，你会看到反射出的你自己，同时你还会看到透射光。如果我们把镜子后面的物体弄得像幽灵一样，你会在看到你自己的同时看到仿佛坐在你身边的幽灵。只要照在幽灵模型（镜子后面）上的光消失，幽灵也就会马上消失。

这种幻象利用的就是我们对于镜子的熟悉，当我们在镜子中看到像我们的人时，我们就会假设自己看到的所有光都来自反射。这种假象对从未见过镜子的人来说是不奏效的。

角反射器

当光进入一个角落时，如果角落的每面墙上都有镜子，那么光就会被反射到一条平行于入射光的路径上。如果光只打在两面镜子上，我们就很容易观察到这种现象，如图 8.9 所示。

如果你喜欢几何学的话，我就给你出一道练习题，证明如果两面镜子形成一个正确的角度的话，反射光就会平行于入射光，无论入射光是以什么角度投射在第一面镜子上的。

图 8.9

角度合适的两面镜子组成了一个角
反射器——能把光沿着入射方向发
送回去的镜子组合

入射光

镜子

反射光

镜子

只有在两面镜子的夹角呈 90° 时才会有这种效果。记住，入射光与镜面的夹角跟反射光与同一镜面的夹角相同。

我在课堂上演示了角反射器。我把一束激光照进一个镜子角，而这束光冲我反射了回来，只是向侧面移了一点。我使用的角反射器有三面镜子。图 8.10 描绘的就是这种情景。

光实际上在三个平面上发生了反射。有一种类似的情形，如果你把一个光滑的球扔到房间的一角，球就会朝着你的方向弹回。对于某些室内运动来说，比如短柄壁球和壁球，这应该是一条很有用的知识，但实际上这些运动中的球通常有很大的摩擦力。当球旋转时回弹，它们的方向会发生改变，所以角反射规则（反射方向平行于入射方向）就失效了。

除了角反射器之外，还有其他光学器件可以完成相同的工作（朝着光源把光反射回来）。这类器件的总称就是**回射器**（retroreflector）。我稍后会说明，照相机和眼睛就是回射器，这还是造成照片中讨厌的"红眼"现象的原因。

雷达的角反射器

雷达信号是一种光（电磁波），但是频率稍低，而且波长比可见光长得多。通常来讲，雷达信号的波长范围约为 1 厘米到 1 米（可见光的波长约为 5×10^{-5} 厘米）。

你也可以为雷达信号制造角反射器，使用普通金属就可以，不需要把金属抛光得像镜子一样反光，因为雷达信号的波长很长。

雷达中大量地应用了角反射器。例如，如果你正在驾驶飞机并且用雷

图 8.10

立方隅角反向回射器（corner
cube retroreflector）。激光束经
过两面或三面镜子的反射，沿着
一条平行于入射路径的线路返回

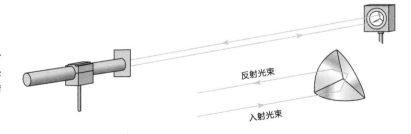

反射光束

入射光束

达来导航，放置在机场跑道附近的角反射器就能帮你找到跑道。如果你把雷达发射器指向很多不同方向，只有一个方向的雷达信号会沿着原路返回——就是瞄准角反射器的那一个。船只上或者挂在气球上的雷达角反射器可以让雷达更容易找到这些目标。

雷达的角反射器最著名的应用，就是莫古尔计划中的巨大麦克风串。这样的物体太过奇怪，以至于附近的居民认为他们肯定是看见了外星物体。图 8.11 展示的是带有角反射器的莫古尔计划麦克风串。为了应对反射器随风改变方向的问题，每个模块上都有 8 个角。

月球上的角反射器

在 20 世纪 70 年代，人们做了一个实验，将地球发出的光从月球上反射回来。我们用一道强劲的激光照射一个小点，然后用望远镜观察那个点。为了确保尽可能多的光能够反射进入望远镜，宇航员把角反射器放在了他们的着陆地点。通过记录光往返的时间，科学家们测量出了地球到月球的距离，精确到厘米。这般精确度可能听起来很没必要，但正因如此，我们才能在月球绕地旋转时探测到月球轨道中广义相对论曾预言的微小变化。

图 8.12 展示的照片上是月球表面上的角反射器组。

绝密飞行

在雷达上看，无线电设备会发出强信号，然后拾取反射。如果目标物体上有一个直角，那么返回来的信号就会非常强。所以你要是不想让某个物体被雷达发现，就不应该在上面安放任何直角状的材料，现代军用隐形飞机就没有直角，甚至连机尾都是沿着机翼倾斜的，这样就不会形成直角。这都是"隐形"技术的一部分：不要一不留神带上了角反射器！

绝密飞行的另一个秘诀就是用吸收雷达信号的材料铺满飞机表面，千万不要反射雷达信号。据说这种材料"在雷达中看来是黑的"，黑在这里用来比喻不会发生反射的东西。如果一个物体不反射可见光，它就是黑色的。但是没有任何材料完全是黑色的，如果真有，就不用避免出现角反射器了。

▌ 慢光

图 8.11

莫古尔计划的角反射器挂在气球上。气球坠毁后，人们在地面上发现了角反射器，一些人认为这些都是外星设备（美国空军报告，1995）

光并不总是以光速传播。

我故意写下这句自相矛盾的话，目的就是让你记住。接下来我来解释一下这句话的真正含义。

当科学家们使用**光速**这个词时，他们说的其实是**太空**中的光速，由 c 表示，这样的速度下我们只需要约 1.3 秒就能到达月球。

但是只有在真空中传播时，光才具有这个速度。当光进入材料后，它的传播速度会慢下来。在空气中，光的传播速度约为 c 的 99.97%；在水中，光的传播速度只有 c 的 75%！在玻璃中，它传播得甚至更慢，只有 c 的 2/3。当然，这还是很快的，但毕竟不如在真空中快。在某些奇特的材料中，物理学家已经成功让光速下降到接近 0。

c 的值不仅仅代表真空中的光速，它还是引力波的速度，以及任何静止质量为零的东西的速度。我们在第 12 章讲相对论时会讨论更多这方面的内容。也许 c 更恰当的名字应该是"相对论的速度常量"，或者"无质量粒子在真空中的速度"，或者，出于我将在第 12 章中谈到的原因，我们应该将 c 称为"爱因斯坦常数"。但是出于历史原因，它通常都被称为**光速**。你只需要记住，当光穿过材料时真实的光速并不总是 c。

如果我们在发现光之前先发现了中微子，同样的量可能会被称为**中微子速**而非光速。几十

图 8.12

宇航员放在月球上的角反射器组。矩形表面有 10 排小型角反射器把光反射到右上方。你还可以看到宇航员在月球尘土上留下的脚印（图片来源：NASA）

年来，我们一直相信中微子的质量为零。但是最近发现的证据表明，一些中微子实际上拥有很小但非零的质量。世界上一共有三种中微子，我们称其为电子中微子、μ 中微子以及 τ 中微子。电子中微子实际上仍然有可能是无质量的，但是我们还无法确定这一点。

现在，我们知道有些中微子有质量了，我们自然也应该问问光子是否也有质量。（你会看到，量子力学认为每种波都是粒子，而和光有关的粒子则被称为**光子**。）我们认为……光子很可能没有质量。我们确切地知道，它们即使有质量，数值也比任何已知的粒子都小得多。

折射率

真空光速和不同材料中的光速（比如玻璃中或水中的光速）的比值可以定义折射率 n：

$$n = \frac{c}{v}$$

v 是材料中的光速，c 是真空中的光速。

通过这个等式，你可以看出光在折射率为 n 的材料中的传播速度为 $v=c/n$。海平面上的空气的折射率约为 1.0003，所以空气中的光速就是 $c/1.0003=0.9997\,c$；水的折射率约为 1.33；玻璃的折射率约为 1.5，所以在玻璃中，$v=c/1.5=(2/3)\,c$。在玻璃中，光的传播速度 v 为真空中速度的 2/3。

海市蜃楼　　　　在炎热的某一天沿着一条路向前看，有时你会看到路上似乎有一个水坑；在沙漠中，你会看到地平线附近有一片像湖泊一样的东西。但是在这两种情况下，前方其实什么都没有——这就是名为**海市蜃楼**的视觉错觉现象。

还记得声音是怎么在空气中弯曲的吗？当地面温暖时，声音就容易从地面向上弯起；当地面较冷时，声音就容易朝着地面向下弯。光也是一样的。当空气很热时（例如在夏天炙热的马路上），光速就比在冷空气中快。结果就是，光往往会向上弯。来自天空的蓝光也会因此向上弯，同时造成蓝光来自地面（水潭）的假象。图 8.13 就是这样的情景。

光线会弯曲，但是你的眼睛并不知道，所以你以为蓝色来自地面，并将其解读成水坑。

图 8.13

海市蜃楼。当你望向地面时（虚线），你会看见蓝光并以为自己看到了水。事实上，你看到的是因为地面附近的热空气而向上弯曲的来自天空的蓝光（在真实情况下，造成海市蜃楼的光线弯曲程度没有这么大，因而水出现的位置接近地平线）

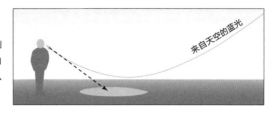

来自天空的蓝光

钻石、色散和火彩

当光射入钻石时，除非它的入射角度完全垂直于表面，否则就会产生弯曲。之所以如此是因为首先打到钻石上的光被降速了，其他的光接着就弯向了速度更慢的光所在的方向。

这种弯曲和海市蜃楼的原理完全一样，声道中发生的声音弯曲以及夜间容易听到遥远的声音也基于同类效应。光朝着传播更慢的方向弯曲。这里的唯一区别就在于钻石有表面，所以光会突然进入，但是这种弯曲其实跟光进入了一个折射率不同的空气区域时所发生的弯曲是完全相同的。

图 8.14 描绘的就是这种情况。钻石的折射率是 2.4，所以钻石中光的速度是 c/2.4。绿光在进入三角形的钻石后就被弯曲了。请注意，光在进入时被弯向了钻石，离开时还是弯向了钻石，两种情况下，光都弯向右边，因为那是光传播得更慢的一侧，即先进入钻石的那一小束光的右侧。

所有颜色的光弯曲程度都一样吗？差不多，但不完全一样。光速取决于频率（也就是颜色），所以不同颜色的光弯曲时的程度也不一样。这种效应被称为**色散**（dispersion），因为白光会由此分散成不同颜色的光。彩色光芒因此出现，这也是钻石如此美丽的原因。

图 8.15 描绘了色散的情况。现在有一束来自左侧的白光打到了名为棱镜的三角形玻璃上。我把所有东西都放在了黑色的背景下。白光束在棱镜中分散开来（因为不同颜色的光速度不同）变成红光、绿光以及蓝光。

图 8.14（左）

光穿过玻璃棱镜

图 8.15（右）

不同颜色（红、绿、蓝）的光折射程度不同

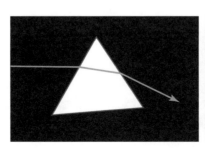

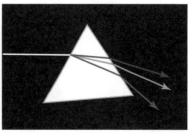

事实上，三种光之所以被分开完全是因为在玻璃中（或钻石中），三种颜色的光移动速度稍有不同，所以红光、绿光以及蓝光的折射率有着微小的差异。如果我们把一种材料（比如钻石）的折射率列在表格中，我们通常写的是中间颜色（黄色）的折射率，而色散的数值等于蓝色折射率和红色折射率之间的差。在宝石行业中，色散被称为**火彩**（fire），色散更高的宝石，火彩也更强。

最初，当人们通过棱镜看别人时，他们虽然会看见人，但是这些人却像是被彩色光环或者光晕环绕着一样。今天你可以在奇趣商店买到制造这种效果的眼镜，环绕在人们周围那种鬼魅般的颜色曾被称为"spectra"，意思是"幽灵"。甚至在今天，当科学家仔细测量一束光中出现的不同频率时，使用的仍然是这个术语：他们说自己在测量**"幽灵"**[1]。

表 8.1 列出了普通玻璃、水，以及钻石的折射率。（你不需要记住这些数字！）

表 8.1 不同颜色光的折射率

	玻璃	水	钻石	氧化锆
红光	1.514	1.331	2.410	2.22
黄光	1.517	1.333	2.417	2.23
蓝光	1.523	1.340	2.450	2.28

通过这张表，你可以看到玻璃的色散（红光和蓝光的折射率之差）是 1.340-1.331=0.009，但钻石的色散是 2.450-2.410=0.040。这可比水或玻璃的 4 倍还多！正是如此高的色散值为钻石带来了光辉——当你稍微挪动钻石时，它看起来就闪耀着不同颜色。

---

[1] spectra（spectrum 的复数形式）在这里是一个英语双关语，科学家测量一束光中出现的不同频率，得到的是这束光的光谱（spectrum），但在中文里光谱没有"幽灵"的意思，为沿袭原文中科学家们的幽默感，我们在这里只保留"幽灵"二字，但读者须注意它的双关义。——编者注

人造的钻石

氧化锆石（Cubic Zirconia，CZ）是一种比钻石要便宜得多的人造水晶，但是它的火彩甚至比钻石更强。它经常以"仿钻"的名义出售。在网上查一查，钻石的色散（火彩）是 0.040，而氧化锆的色散范围却在 0.060到 0.066 之间。因为这种高色散，氧化锆在阳光下会闪耀出比钻石多得多的颜色。既然正是火彩让钻石变得如此抢手，那么至少在传统的评估标准下，氧化锆应该算比钻石更漂亮。

氧化锆也要便宜得多。宝石品质的钻石每克价值 30000 美元，或者 6000 美元每克拉；氧化锆的价格约为 20 美元每克拉。天哪！它更好看而且价格只要 1/300！不同的流程可以制造出色散不同的氧化锆，你猜哪种价值最高？是火彩最强、最漂亮的 0.066 吗？

错了。大多数人喜欢色散值更低的。为什么？你猜得到吗？

下面就是这个有意思的答案：人们之所以喜欢色散更小、火彩更弱的氧化锆，是因为它们看起来更像"真"钻石！很多人不喜欢过于闪耀的氧化锆，因为那会让所有人都知道这不是钻石。讽刺的是，人们最初欣赏钻石就是因为它比其他宝石色散度高。但它也非常昂贵。现在我们有了更漂亮却更便宜的东西，很多人就不想要了。如果你送给别人一件漂亮然而便宜的东西，你怎么能让他们知道你是爱他们的呢？

人们之所以欣赏钻石是因为它很昂贵，而它之所以昂贵则是因为人们欣赏它。换句话说，钻石之所以昂贵是因为它花费巨大。我预测有一天钻石的价格会大幅下跌，因为它的价值没有真正的基础，[1] 这只是另外一种泡沫。郁金香就曾被卖到惊人的高价，但是随后郁金香市场就崩溃了。

郁金香并没能恒久远，我预测钻石也是如此。所以当你订婚时，只需要买更漂亮的那种石头。把你那一大笔钱省下来，嘲笑所有那些浪费钱财却给戴比尔斯钻石同业联盟 [2] 填了腰包的人吧。

---

[1] 除非你喜欢钻石是因为它是已知的最硬材料。但是，这也不是什么浪漫的特性，而且新的人造钻石也是非常硬的。

[2] 戴比尔斯（De Beers）是全球钻石业的头号同业联盟，控制了全球四成的钻石开采和贸易。——编者注

图 8.16

光在离开水面时弯曲了

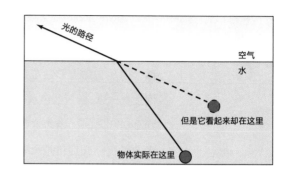

游泳池、叉鱼、牛奶杯

因为水的折射率是 1.33，所以光在离开水面时被弯曲了，而这会造成很多假象，其中最奇怪的一个就是游泳池假象：从某一个角度观察时，游泳池似乎比实际深度浅得多。从图 8.16 我们可以看出原因。来自游泳池底某个物体的光在离开水面时被弯曲了（注意：是朝向水弯曲），而这会让底部的物体看起来比实际深度浅。

当你望向站在水中、离你几英尺的朋友时，这种效应造成的现象很是好笑，因为他的脚看起来就在头不远处。

另外，这也会给想要抓鱼的人造成潜在问题。假设你被困在了一个遥远的岛上，想通过用鱼叉捕鱼来维生，正如电影《荒岛余生》中的情况。看看图 8.16，如果红色物体是鱼，你应该瞄准哪里？高于还是低于眼睛看见的鱼的位置？

答案是瞄得低一些。鱼看起来很浅，但是事实上位置更深。不要瞄准它看上去所在的位置。

同样的现象也发生在牛奶杯上，只是这次错觉出现在侧面。拿一个圆形玻璃杯并倒上牛奶，看向玻璃杯的一侧。你注意到牛奶看起来像是要冲出玻璃杯侧面的边界了吗？就好像侧面玻璃没有厚度一样。图 8.16 也可以解释这种现象，现在，"物体"是牛奶，物体的"深度"是玻璃杯的厚度，光在穿过玻璃杯后，会朝着玻璃杯弯曲。所以如果有人从玻璃杯侧面观看来自牛奶的光，相比于实际情况，牛奶看起来会和玻璃杯的外表面贴得更近。

彩虹

水滴的色散（火彩）塑造了最美丽的自然景观之一——彩虹。彩虹比你想象得更难理解。每当你看到彩虹，太阳一定都在你的身后，而你实际上看到的是许多圆形小水滴。水可以来自瀑布、洒水车、雾滴，或者你可能压根都没注意到的一片下雨的云。无论何时下了雨，当暴风雨过去，太阳出来时，你就可以在太阳的反方向寻找彩虹，如果那边的雨仍在下，你就会看到彩虹。

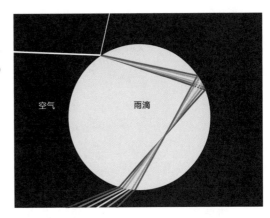

图 8.17

光穿过一个雨滴，分散成彩虹的颜色（紫色、蓝色、绿色、黄色、红色）

空气　　　　雨滴

小雨滴是球形的，光从雨滴的前面进入时就会发生弯曲，到达雨滴的后边缘时又会发生反射，然后从底部以不同颜色的光射出。图 8.17 展示的就是光的路径。

事实上，一些光会从雨滴的后边缘离开，但是在这张图中并没有显示，因为这跟彩虹无关。你可以看到不同颜色的光穿过一个表面时是如何弯曲然后分离的（我夸张了分离的效果）。但是这种分离的模式是如何形成彩虹的？

请注意出来的光。光朝着特定方向传播，除非那个方向站着一个人，否则没人能看到彩虹。站在水滴正左面的人不会收到反射光（除了从表面上反射出的那一点。）

每个水滴都传递这些彩色光，但是只有来自特定水滴的光才能抵达某个人。这些就是组成彩虹并且看起来色彩斑斓的水滴。对每个水滴来说，只有弯曲角度合适的那种颜色，才能抵达观看的人。如果这个人站在蓝光的路径中，那么水滴看起来就是蓝色的，红光会错过他的眼睛，从眼睛下面经过。（你在图中能看出来吗？红光出来的时候比蓝光低。）

有一些水滴在蓝色水滴上方足够高的位置，它们的红光会投射到观察者的眼中。这些水滴对观察者来说就是红色的而不是蓝色的，因为这些水滴的蓝光会从他的头顶经过。

透镜

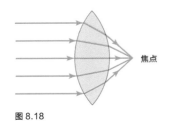

焦点

图 8.18

光穿过透镜聚焦在一个点上

透镜是一种绝妙的发明，它能把来自一个源头的分散光全部聚集于一点。透镜通过弯曲的表面来完成这项工作，所以边缘处的光相比于中心处的光会弯曲得更多。图 8.18 描绘的就是这种场景。光跨越很长的距离从左侧过来，所以全部光都互相平行。当光进入弯曲的玻璃表面时，如图所示，它们就被弯曲了。它们在离开玻璃时会弯得更多，而且都朝着一个焦点射去。（光在到

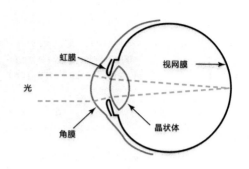

图 8.19

人眼的结构

虹膜　视网膜

光

角膜　晶状体

达焦点后也不会停止，除非那里有一块胶片能挡住光。)

透镜最了不起的特性就是它能把分散的光集中到一个点上。这就是为什么我们可以用透镜来聚焦阳光、生火。这也是我们眼睛的瞳孔可以比针孔更大的原因：如果我们把针孔照相机的针孔开口扩大，图像就会变得模糊；但是如果我把透镜放到宽阔的开口之中，宽光束就会被引向一个小焦点，这样我们就可以让很多光进入，同时也能获得不模糊的图像。除此以外，照相机——或眼睛——和针孔照相机的工作方式完全相同。

▍眼睛

人眼实际上有两层透镜，其中一个被贴切地称为晶状体[1]，另一个被称为角膜。如图 8.19 所示。虹膜则是眼中比较漂亮的部分，它有颜色，可以开合，能控制光的进入。

角膜负责大部分的聚焦工作。但是晶状体是可变的。如果晶状体受到了眼部肌肉的挤压，就会改变聚焦的程度。

我们为什么需要可变的晶状体？原因在于近处的物体比遥远的物体需要更强的聚焦作用。如果你在看一朵花，而它又离你的眼睛很近，那么来自每片花瓣的光在抵达你的眼睛时就会稍微扩散一点。如果你想在眼睛的后面取得一个好的焦点，这些光就必须弯曲得更多（相比于来自遥远恒星的近乎平行的光）。挤压晶状体使其适应(从而聚焦)近处物体的过程被称为视觉调节。

近视

如果你的角膜弯曲得太厉害（或者视网膜太靠后），你就很容易使近处的物体聚焦，但却很

---

[1]　晶状体的英文是 lens，也有透镜的意思。——编者注

难甚至无法让远处的物体聚焦。如果发生这种情况，我们就说这个人是**近视眼**。重塑角膜可以修复这个问题，从此眼睛就不会过度聚焦了（这就是激光眼角膜手术的作用）。或者，如果你不想让别人在你的眼睛上做切割，你可以选择佩戴隐形眼镜或者眼镜。

有人推测，如果人在小时候读很多书就会变成近视。可以想象，这可能是持续挤压晶状体造成的，最终晶状体会因此保持在一个被挤压的状态。但是大多数专家对这种说法提出了异议，他们认为这种情况不会发生。还有一种可能性就是，天生近视的孩子只是比视力"正常"的孩子阅读时眼睛更不吃力而已。

远视与衰老

随着你变老，晶状体就不再那么有弹性了。最终，你不再能挤压晶状体使其聚焦近处的物体。（也有例外。一些人在变老之前就是近视眼，当他们丧失视觉调节能力时，他们只能为近处的物体聚焦。）

每个人随着年岁增长都会逐渐丧失视觉调节能力（这个过程从 15 岁左右开始），所以我们所有人（除了已经近视的人）最终都会变成老花眼。

年龄超过 35 岁的人无法通过挤压晶状体随心所欲地聚焦。通常，他们可能会戴上双光眼镜（bifocal lenses）。双光眼镜其实就是上下组合在一起的两块拥有不同长处的透镜，佩戴这种透镜的人用下半部分聚焦效果更强的透镜来阅读，用上半部分聚焦效果稍弱的透镜看远处的物体。

当你到了 40 岁时，可能就需要考虑戴"老花镜"了。这种眼镜并不贵，而且到处都有卖的。有时候这种眼镜是半圆形的（half lenses），当佩戴者想要看比书更远的东西时就可以从眼镜的上方看。如果碰到佩戴这种半圆形阅读眼镜的人，你可以判断他或她的年龄应该在 40 岁以上。

因为只有岁数大的人才会戴双光眼镜，所以那些想让自己看起来年轻的人就不愿意戴。眼镜制造商费了好大的劲才把两个透镜之间的分割线隐藏起来，从而掩盖眼镜是双光镜的事实。另一方面，通过佩戴半圆形阅读眼镜或者将报纸举得很远，演员可以让自己显得更老——暗示他们是远视，所以更老。有趣的是，即使年轻人也能认出这种行为，虽然他们并不理解为什么这个人看起来更老了。如果你只看到年长的人这么做，那么你就会把这种行为和年龄相联系。

另外一种避免双光镜"显老"的做法是为你的两只眼睛选择两个不同的透镜，一个在看近处时聚焦，一个在看远处时聚焦。然后你就可以假装自己比实际年龄年轻了。双光隐形眼镜通常就是这么回事。无论你看什么距离的东西，你每次只会用一只眼睛看。你可能会遇见一些年长的人很骄傲自己不需要佩戴眼镜，甚至阅读时也不需要。对这类案例的所有研究都证明，这些人的两只眼睛是不同的，一只只看近处（可以看书），另一只只看远处（可以看标识牌）。

红眼和停车让行标志

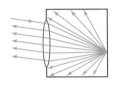

图 8.20

基于透镜的回射器。即使光在打到焦点后分散到了不同方向上，重新穿过透镜的光还是会射向同一个方向

眼睛还会像回射器一样工作，把射到眼睛上的一束光返回到光源处（就像角反射器一样）。这种情况之所以会发生，是因为眼睛有聚焦的功能。看看图 8.20，入射光（来自左边，朝向晶状体的箭头）聚焦在右侧的表面上。一些光会发生反射，反射光会分散到各个方向。但是所有打在晶状体上再经过反射的光都被偏转回了光源方向。你可以在图 8.21 中看到这种现象——反射光平行于入射光。

当你为某人照相时，闪光灯发出的光有不少会直接返回闪光灯中。如果照相机的镜头在闪光灯附近，那么很多光就会直接回到镜头中，制造出一种难看的现象，我们称之为**红眼**（red-eye）。图 8.22 是我女儿伊丽莎白的照片中的红眼现象：进入眼睛瞳孔的光往往会直接返回到相机中，这让眼睛中心本该暗下来的地方看起来很亮。

用一个球形的珠子就可以造出一个小回射器。如果玻璃的折射率恰好是 $n=2$，那么打在前表面上的光就会聚焦在后表面上；光会反射然后折射回光源，如图 8.21 所示。

这些珠子可以像沙粒一样小，而且现在也可以低成本量产。如果我们把这些颗粒铺到路标的表面上，它们就会让车头灯发出的光直接返回汽车。如此一来，车里的人就会感觉路标非常亮。我们也可以用这样的珠子来覆盖任何需要在车头灯的照耀下看起来非常亮的表面（比如夜行衣）。

在约塞米蒂国家公园，如果你把手电筒照向一棵树并且碰巧有一头熊在上面，你就能清楚地看到两只熊眼由于反射光而发亮。我很清晰地记得，有次我在荒野深处，看到一棵树的高处有这样的两点光，而且听到了它大嚼从我们这里偷走的巧克力的声音。

图 8.21

玻璃珠回射器

图 8.22

红眼，一种让眼睛中心显得非常亮的恼人效应，这是因为眼睛就是一种透镜回射器

头条物理学

望远镜和显微镜

我们已经学习了所有了解望远镜和显微镜所需要的知识。这两种系统都通过透镜来产生物体的像。如果物体很远，我们就把这种系统称为**望远镜**；如果物体小且近，我们就将其称为**显微镜**。

再来看看针孔照相机的那张图（图 8.7）。如果物体离针孔很近，那么图像就会比物体大，这就是显微镜的原理。为了能近距离观看这幅图，我们还需要把第二个透镜——**目镜**（ocular）——放到眼睛前。

对于望远镜来说，图像来自远处的物体，通常会投射在眼睛前，有时可能会呈现在一个半透明屏上。然后我们把**目镜**（eyepiece）放到眼睛前面使其在近处聚焦，帮我们看见物体的细节。事实证明，半透明屏是没有必要的。光在屏幕所在的地方形成了一个焦点，然后继续进入目镜。

凯克望远镜和哈勃望远镜

在天文学中，挑战并不只关乎放大，我们还需要收集足够的光以看到遥远的昏暗物体。这就是为什么大部分天文学家在谈到他们的望远镜时都会提到望远镜的直径。世界上最"强大"的望远镜是凯克天文台（Keck Observatory）的 10 米望远镜。它利用曲面镜，而非曲面透镜，来聚集光。10 米指的是镜子的直径，只有如此之大的镜子才具备收集大量光的能力，正是这一点奠定了该望远镜在天文学中的"强大"地位。

虽然凯克望远镜位于山顶，但是它的图像却仍然会被更高处的空气湍流（turbulence）影响，因而变得模糊。任何以地面为基础的望远镜都要面临的问题就是，气穴（air pocket）会形成小透镜，而这些透镜会持续扭曲光线，干扰聚焦。这就是我们把天文望远镜放进太空的主要原因之一。这些太空望远镜中最重要的要数哈勃望远镜。它的直径仅有 2.4 米，但因为它位于大气层以外，可以避开大气的干扰，所以聚焦得更好，相比于地面上的望远镜，它能看到表观尺度（apparent size，例如因遥远而显得很小的恒星和星系的直径）更小的东西。但是气穴所造成的畸变至少促成了一个讨人喜欢的特质——让星星闪烁。

你可以通过行星不会闪烁这点来将它和恒星区分开来。为什么行星不会闪烁？事实上，行星很宽 [1]，所以行星顶部的闪烁和行星两侧与底部的闪烁并不同步。所以这种闪烁很容易相消。

---

[1] 根据近大远小的透视原理，肉眼能看到的行星距离我们较近，它看起来是一个光面，因此可以说它"很宽"；遥远的恒星虽然质量远大于行星，但看起来是一个光点。——编者注

衍射

在制作强大的望远镜和显微镜时，波的本质再次变得重要起来。正如我们在第 7 章中所说到的那样，任何波，在穿过一个开口后从另一面出来时，都会发生扩散。在物理学中，这种扩散被称为**衍射**（diffraction）。扩散程度 S 的计算公式是：

$$S = \frac{L}{D} R$$

这里的 L 是波长，D 是开口的直径，而 R 是到开口的距离。请注意波长小的波扩散得更少。（如果波长 L 比较小，那么扩散 S 也会比较小。）这就是为什么人们很少会注意到光的扩散。对于可见光来说，L 只有半微米，所以大部分扩散通常都是可以忽略的。因为这种扩散会导致模糊，所以当你关心很小的细节时，避免扩散就会变得非常重要。对于望远镜和照相机的精致细节来说，情况就是这样。

类似的等式可以用来确定光学系统（照相机、眼睛或者望远镜）能够分辨的距离最近的物体。距离 B 有时候被称为**分辨率**（resolution），通过和 S 相同的等式得出：

$$B = \frac{L}{D} R$$

这里的 B 是物体之间的间隔（模糊距离或分辨率），L 是波长，D 是透镜或开口的直径，而 R 是和物体之间的距离。

现在我们把这个等式应用到侦察卫星上。

把太空望远镜对准地球

假设我们想把哈勃望远镜放到地球同步轨道上，用来观察西亚的一片山区中正在发生的事情。我们希望望远镜是对地同步的，这样它就能始终处于同一个地方的上空。我们会看到什么？我们能识别出人吗？我们能看清车牌吗？事实证明，答案是否定的。衍射会导致严重的模糊，所以我们无法看到小于 7 米（约 23 英尺）的细节！

下面就是计算过程。对于地球同步轨道来说，我们设 $R=22000$ 英里 ≈ 35000 千米 $= 3.5 \times 10^7$ 米。我们让光的波长符合可见光的值——0.5 微米 $=5 \times 10^{-7}$ 米。哈勃太空望远镜的直径是 2.4 米，所以它对地面上的物体的分辨率就是：

$$B=R=（5×10^{-7}/2.4）3.5×10^7$$

$$=7 \text{ 米}$$

$$=23 \text{ 英尺}$$

所以地面上相隔不到 7 米的物体，在太空望远镜中会无法分辨！

假设我们把凯克望远镜放到地球同步轨道上。它的直径大约是哈勃的 4 倍大小，所以它可以做得更好，能够分辨出 1.7 米以上的细节。更好，但仍不是非常好。

现在我们来计算把哈勃 2.4 米望远镜放进 LEO（近地轨道）的情况，设高度 H=150 英里 ≈ 240 千米 =$2.4×10^5$ 米 =R。相比于前面的计算，我们改变的唯一量就是 R。所以对于近地轨道来说，我们得出：

$$B=（2×10^{-7}）R$$

$$=（2×10^{-7}）（2.4×10^5）$$

$$=0.05 \text{ 米} =5 \text{ 厘米}$$

所以它在近地轨道卫星上差不多就能读到车牌了（如果车牌朝上）。相比之下，同样的望远镜在地球同步轨道卫星上就差得比较远，因为光在通过望远镜光圈时会扩散。

人眼的分辨率

我们可以利用同样的等式来估计人眼的分辨率。白天时，瞳孔孔径大概是 5 毫米 =0.005 米。我们要再次用到光的波长 0.5 微米 =$5×10^{-7}$ 米。通过这些数字，我们可以算出人眼分辨任意两个物体的前提条件：

$$B=\frac{L}{D}R=10^{-4}R$$

如果 $B/R=10^{-4}$，条件就满足。换算成角度，这相当于 0.007 度 =0.25 分的角度。在人类中堪称优秀的视力(20/20 视力[1])可以分辨 1 分的物体,这约等于视网膜中视杆细胞之间的间隔，所以，我们在衍射极限的情况下是无法真正分辨物体的。

---

[1] 站在 20 英尺外辨识斯内伦视力表是检查视力的方法。如果视力是 20/20,说明在距视力表 20 英尺处,你能看清"正常"视力所看到的东西。——编者注

如果我们眼中的视杆细胞更加紧密，我们的视力就会更好。这可能就是特定动物（比如鹰）比人类视力更好的原因。

全息图

很多人认为全息图非常神秘，但事实上全息图并不比镜子更神秘。当一条光波打在镜子上时，它会和镜子的金属表面的电子互相影响。镜子因这种影响发回的波就是我们看到的图像。

假设我们只有光而没有物品，但镜子已经记录了物品映在其中时电子和光是如何相互影响的，那么镜子仍然可以发出能够制造出物品虚像的光。这就是全息图的形成原理。能制造出虚像的波被记录了下来，然后在有光照时，设备就可以发出同样的波来。

把激光照在目标物体（比如你）上，就能制造出全息图。从你身上反射出的光会落到胶片上。除此之外，激光器还会发射第二束光直接照在胶片上。这束激光和从你身上反射的光会互相干涉，留下由暗点和亮点组成的微观图案（当胶片冲洗完后）。

随后，当你想要观看全息图时，就把光直接照在全息照片上。光打在亮点和暗点上，反射回来时已经形成了正确的模式，可以再现最初的画面了。因为全息照片反射的光和目标物体反射的光是一样的，所以观察者无法看出其中的不同。当然，图像看起来并不完全真实，因为它复制的是激光照耀下的物体所发出的光。

如果光不是一种波，全息图就不可能奏效。从本质上说，全息照片就是一面冷冻镜。它记录了反射出来的那些波，然后在遇光时重新制作出图像。

偏振光

作为电磁波，光是一种横波。这意味着电场的方向垂直于波的移动方向，就像一根振动的绳子发出的波垂直于绳子一样。

电磁波和绳子上的波一样，都是偏振的。如果电场指向垂直方向，我们就说波是**垂直偏振**的。

波也可以是**水平偏振**的。根据惯例，任何其他方向的偏振都被视为垂直和水平偏振的结合。比如，和水平方向呈45度的偏振可以简单被描述成在垂直和水平方向上同时进行振荡。

偏振在现代科技中有着极其重要的作用。计算机和电视屏幕的液晶显示器（LCD）的基础就是可开关的偏光镜（polarizer，我们稍后谈）。偏振让我们对材料、岩石以及微生物有了有趣的认识。我们稍后将会谈到这些应用。

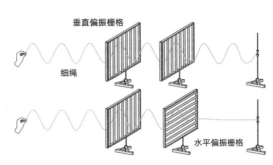

图 8.23

我们可以让绳子上的波穿过栅格，获取特定的偏振（根据 Rusty Orr 的画作改编）

垂直偏振栅格

细绳

水平偏振栅格

普通光（来自灯泡或太阳）通常含有同一时间发出的很多不同的波。光源发出的光来自内部不同的原子，因而光波的每个小部分都会有不同的偏振。这种光就是所谓的**非偏振**（unpolarized）光。让光穿过一种名为**偏光镜**的材料，我们就可以制造出某一种偏振的光。要想理解这种现象，你可以想象一根绳子上的波穿过栅栏时的情景。如图 8.23 所示，栅栏只会让偏振方向相匹配的波穿过。

埃德温·兰德发明了可以完成同样工作的偏振片，并注册了商标"宝丽来"（Polaroid）。（宝丽来公司随后制造了照相机，但是其最初的产品只有偏振片。）偏振片也被用在了今天的太阳镜中。就像发生在绳子上的情况一样，偏振片每次只允许通过一种偏振。

非偏振光穿过偏振片后就会变成偏振光。如果随后又打在第二片偏振片上，它会直接穿过去——前提是两片偏振片允许通过的偏振方向相同。（总是有少量光会被吸收，因为偏振片也不是完美的。）而如果第二片偏振片垂直于第一片，那光就会停下。图 8.24 描绘的就是这种情况。

偏光太阳镜

还有其他能让光偏振化的方法。当光从玻璃、水，甚至柏油马路（以及其他非金属）的表面上反射时，光往往会在水平方向上偏振。如果你在钓鱼，想看到水中的东西，并且不被水面上的反射光所影响，那么你就可以利用反射光是偏振光这个特点。你可以戴上用特定偏振片做成的太阳镜，只让垂直偏振光进入视野。这样的眼镜会阻止反射光，但是来自鱼儿的光仍然有

图 8.24

正交偏光镜（crossed polarizer）。两片有光通过的偏光镜。在左图中，两个偏光镜都会通过垂直光。在右图中，上面的偏光镜会通过垂直光，而下面的偏光镜通过水平光；没有光能通过中间这片重叠区域

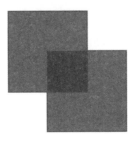
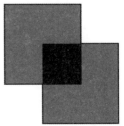

一部分是可见的。

　　偏光太阳镜的广告说它能"防眩光"，其实真正防的是从非金属表面反射的光。而光从金属表面反射出来后不会变成偏振光，所以这种太阳镜无法解决这类眩光问题。

正交偏光镜

　　当光穿过像塑料这样的透明材料时，材料中的内应力（通常不可见）可能会旋转偏振的角度。此外，不同颜色的光被旋转的程度也不尽相同。如果我们把一片水平偏光镜放在物体下面，把一片垂直偏光镜放在上面，那么任何光都无法透射过去，除非物体内部的应力旋转了光。图 8.25 中的塑料 CD 盒的图像就展示了这种效应。

　　这种效应在工程结构设计中非常有用。你用塑料搭建一个模型，然后通过正交偏光镜来观看。当你对模型施力时，被挤压最大的部位会显现出颜色。用这种方法你可以确定结构的哪部分最容易损坏，从而改变设计方案来缓解一些应力（如果有必要）。

液晶和液晶显示器

　　液晶材料的特性很像偏振片，区别在于，它使光偏振化的能力可以通过电压进行开关。如果你有一组正交偏光镜，而其中一个是液晶材料，那么透光情况就可以通过电信号来改变。

　　很多超薄计算机显示器和平板电视显示器利用的都是这一点。LCD 指的是"液晶显示器"。笔记本电脑的显示器通常都是后面带有荧光灯或发光二极管的液晶显示器。如果偏光镜完全正交，那就没有光可以穿过。如果它们互相平行，通过的光就是最多的。如果偏光镜被调整为（记

图 8.25

两片偏光镜之间的塑料 CD 盒。这些斑斓的颜色表明，制造过程在塑料上残留的应力大小不均；黑色区域的应力很小或根本没有。这种现象在现实生活中也可以看到，你只需要把两副偏光太阳镜交叉重叠在一起直到没有光能够穿过这个组（如图 8.24），然后把一片加压塑料放于两副太阳镜之间

住，是通过电子手段）45 度角交叠，那么就会有一半的光通过。

为了匹配眼睛视网膜上的感受器，每个像素都被涂成了红色、绿色或者蓝色。通过调整每个像素的出光量，屏幕可以为人眼营造色彩的视觉效果。

如果你还没有用放大镜看过计算机屏幕（我在前面已经建议过），现在就来看一看。找一个白色的区域，然后贴近看，你会看到其实完全没有白色——只有红点、绿点以及蓝点。当你后撤时，你就无法分辨这些单独的颜色了，它们全都融合成了白色。这是最令人惊异的光学效应。

3D 电影

当你观看一个近处的物体时，你的两只眼睛是从不同角度看它的。你的大脑会注意到这一点，并解读为物体离得很近。如果物体离得很远，进入两只眼睛的光就几乎来自相同方向，你的大脑就会将其解读为物体离得很远。

要看 3D 电影的话，你就要佩戴特制的眼镜。这类眼镜中最常见的就是偏振眼镜，眼镜的两个偏振片是正交的，所以它们会看到不同的光，可以一个是垂直的，另一个是水平的。[1] 放映的电影实际上为两只眼睛各自提供了一部电影：一部电影显示你左眼会看到的东西，另一部显示的是你右眼会看到的东西。正是两套图像的不同造就了 3D 图像。

还有其他不使用偏光镜的 3D 成像技术。一些为 3D 而设计的计算机屏幕可以在两个图像之间来回闪烁显示，特殊的闪烁眼镜可以让你的每只眼睛只看到对应的图像。3D 明信片实际上有两幅图像，每幅图像都被切成了条形，两幅图像会互相交替排列。图像之上是一系列塑料棱线，它们会把一幅图像弯向你的左眼，另一幅图像弯向右眼的，所以每只眼睛看到的图像不同。

▎小结

可见光是一种波长约 0.5 微米、频率约 6×10^{14} 赫兹（周期每秒）的电磁波。如此之高的频率让光每秒可以携带数量巨大的比特，而这一点对通信来说是无比珍贵的。

颜色是光的频率决定的。我们通过眼睛中的三种感受器（分别对红色、绿色以及蓝色敏感）来探测颜色。我们可以用计算机屏幕来刺激三种感受器进而欺骗眼睛，令自己相信看到的是全

---

[1]　在实际操作中，两边的光通常一个来自垂直方向右侧 45 度，另一个来自左侧 45 度。这样的话，它们彼此之间的角度仍然是 90 度。

光谱的白光。多光谱分析仪能完成更加完整的工作并且看到我们无法分辨的颜色。而印刷使用的颜色是洋红、青色及黄色，因为这些颜色不发出光，而会吸收光。

通过观察肥皂泡或浮油的颜色，我们就能看出光是一种波。从前表面和后表面反射的光会相长和相消（即干涉）并产生出变化的颜色。

最简单的成像设备是针孔照相机。它产生的图像是上下颠倒的。如果针孔很大的话，图像就会更亮但更模糊。镜子可以制造"虚"像——看起来像有真实物体的位置没有任何光线经过。三面镜子组成的隔角镜把光反射回光源。如果你想把光发送到一个地方然后让光反射回你这里，这种构型就会非常有用。在测量地月距离时，我们利用激光做过这样的尝试，这种现象对于雷达信号（一种低频光）来说也非常有用。

绝密飞行是一种可以避免因反射雷达信号而被探测到的军用系统。它基于两点：没有角反射器、高吸收（它是"黑"的）。

光在空气、水或者玻璃中传播时，速度比在真空中慢。减速的系数被称为**折射率**（n）。光弯曲的方式和声音相同，都是朝向速度更慢的一边。这种现象解释了海市蜃楼和透镜聚光。通过聚集光线，透镜让照相机拥有"大针孔"的同时还使图像不至于太模糊。波长为 L 的光，在穿过一个直径为 D 的光圈（它与光源间的距离为 R）之后，光的模糊程度是 $B=R$。这种模糊意味着地球同步轨道上的侦察卫星无法分辨相距 28 英尺（8.5 米）以内的地面物体。但如果是在近地轨道上，卫星可以分辨相距 2 英寸（5 厘米）的物体。

不同颜色的光有着不同的折射率，这解释了棱镜散射、钻石的光彩，以及彩虹的形成。这种属性被称为**色散**，在珠宝界被称为**火彩**。火彩让钻石和立方氧化锆晶体看起来五颜六色，非常美丽。

眼睛就像照相机一样。它们有两层透镜，即角膜和灵活的晶状体。随着我们年龄增长，晶状体会失去弹性，而我们会使用阅读眼镜和双光镜来补偿视力。

像凯克望远镜这样的大型天文望远镜需要很大的孔径才能收集来自昏暗物体的光。而像哈勃望远镜这样的太空望远镜则可以看到更小的物体，因为它不受地球大气层引起的畸变干扰。

全息图的工作原理就是复制物体在实际存在的情况下会从镜子上反射出的光。

光是横波，如果一条波中所有的光都在沿着相同的方向振动，我们就说它是**偏振**光。偏振可以被描述为水平的、垂直的或者某种组合的。偏振片可以把非偏振光变为偏振光。从非金属表面上反射出来的光会变成偏振光，这种眩光可以通过偏光太阳镜来减少。放在正交偏光镜／偏振片之间的塑料材料会显示出其内应力，而这一点对于分析内应力来说非常有用。

讨论题

1. 大多数人对视力的依赖比对听力的依赖高多少？为什么？相较于声音，光有哪些物理特性能给人提供更详细的信息？

2. 在本章中，我举例说明了光的弯曲能够制造出的假象，比如游泳池"很浅"，以及马路上的海市蜃楼。你能想到其他因光的弯曲产生的假象吗？光的反射呢？

3. 讨论一下珠宝之"美"。珠宝真的漂亮吗？还是它的价值其实取决于它的花费？想想钻石以外的例子。为什么有人认为"人工培养"的珍珠没有天然珍珠有价值？红宝石和蓝宝石呢？其他美丽的东西呢？如果彩虹更稀有的话是否会显得更美？

4. 想象一下 3D 视觉。闭上一只眼睛，你看到的东西还是 3D 的吗？可能还有一点立体？在多大程度上，3D 知觉只是大脑向你描述其结论的一种方式？

5. 把全息图描述为冷冻的镜子是否帮助你理解了它？或者只是让你对镜子感觉更加困惑？如果全息图随处可见，但镜子更加稀有，那么哪种东西才是更神奇的装置？

搜索题

1. 老式 3D 电影和 3D 漫画都是以红绿系统而非偏振系统为原理的。事实上，因为我们可以在网上传送这样的图像，所以 NASA 使用类似的系统发布了一些其他行星的图像。试试看你能不能找到这样的照片，你理解它们的工作原理吗？你大概可以找到红 / 蓝塑料眼镜。你能找到出售上述图像和眼镜的网站吗？如果你有这种眼镜的话，你自己就可以用彩笔或蜡笔画 3D 图像了。

2. 与其佩戴眼镜或隐形眼镜，一些人选择给自己的眼睛做手术。这些手术的原理是什么？手术会对眼睛做什么？如果你认识的人做了这项手术，跟他们谈谈，了解一下发生了什么。他们改变了角膜还是晶状体？

3. 找一找钻石的广告。看看你是否能发觉他们在微妙地表达钻石比其竞品（比如氧化锆石）更优秀。他们明确提到氧化锆石的名字了吗？关于戴比尔斯公司和钻石市场你能找到哪些信息？

论述题

1. 牛顿认为光是一种粒子，但是我们现在知道光也是波。光的哪些表现让它看起来像是粒子？我们是怎么知道它是波的？

2. 有些人惊异于"光并不总是以光速传播"这句话。这句话意味着什么？"慢光"暗示了什么？光的传播速度有时低于 $c=3 \times 10^8$ 米/秒，由此产生了哪些现象和实际应用？

3. 如果你正在设计一个给地面拍摄照片的侦察卫星，你会考虑哪些因素？根据所需分辨率和在目标上空飞行的时间，讨论一下卫星的高度以及你的选择标准。

4. "我们都是色盲"——讨论这句话的含义。仪器是如何超越人眼的？这类仪器的价值是什么？

5. 一位科学家坚持认为苍蝇的视力比人类强，因为相比于人类，苍蝇能分辨更近的东西。这合理吗？讨论一下与之相关的物理知识。

6. 有时老师会在科学课上说光是沿直线传播的。但这并不总是事实。为什么大家都认为光是如此表现的？举几个反驳这句话的例子，尽量使用数据。

选择题

1. 以下选项哪个暗示了光是一种波（多选题）

A. 衍射产生的图案中存在暗色带

B. 光会穿过玻璃

C. 光遇到表面会反射回来

D. 光的速度很快

2. 浮油的颜色说明

A. 光是一种波

B. 光在进入材料时会弯曲

C. 光在穿过油时会改变波长

D. 油是由很多具有不同颜色的化学品组成的

3. 折射率度量的是

A. 光的频率　　B. 光的速度　　C. 光的周期　　D. 玻璃的密度

4. 光波是

A. 纵向的　　B. 横向的　　C. 循环的

5. 人眼能分辨的最小距离约为

A. 4 毫米　　B. 2 厘米　　C. 1 微米　　D. 1/60 度

6. 以下哪个东西的折射率最低？

A. 水   B. 玻璃   C. 空气   D. 水晶

7. 随着光的波长减少，频率

A. 减小   B. 增大   C. 不变

8. 在百万分之一秒中，光能（小心，这是一道陷阱题）

A. 传播约 1 英尺   B. 传播约 1000 英尺

C. 从计算机芯片的一边到达另一边   D. 从地球到达月球

9. 有一块形如金字塔的玻璃，侧面和水平方向呈 45 度。玻璃内部有一道光束在沿着水平方向移动。当光从玻璃的倾斜表面射出时，它的移动方向

A. 是完全水平的   B. 是向上倾斜的（所以最终会进入太空）

C. 是向下倾斜的（所以最终会打到地面上）

10. 当你用汽车的前车灯照停车标志时，它是非常亮的。停车标志上最有可能覆有

A. 荧光涂料   B. 磷光涂料   C. 氖   D. 小玻璃球

11. 钻石之所以会闪烁五颜六色的光彩是因为

A. 光传播得很慢   B. 光传播得很快

C. 存在某种取决于颜色的吸收   D. 光速取决于光的颜色

12. 以下哪项属于回射器？（多选题）

A. 自行车反光片   B. 人眼   C. 停车标志   D. 动物眼睛

13. 来自同一块肥皂的两个肥皂泡看起来颜色不同，它们可能

A. 大小不同   B. 吸光不同   C. 温度不同   D. 厚度不同

14. 如果 c 是光在真空中的速度，那么光在玻璃中的速度约等于

A. $1.5c$ B.（2/3）c C. c D. $0.999c$

15. 隐形炸弹不会被雷达探测到，部分原因是

A. 它们的排热量小

B. 它们速度很快

C. 它们是半透明材料做成的

D. 它们没有角反射器

16. 彩虹之所以会展现出不同的颜色是因为

A. 水滴的大小不同

B. 在水中，不同频率的光有着不同的速度

C. 光波发生了"扩散"（因为波长很短）

D. 水滴会改变空气分子的颜色

17. 以下哪项是偏振光？

A. 蓝天的光

B. 直射的阳光（黄色）

C. 蜡烛发出的光

D. 电视发出的光

18. 一根光纤每秒发送的信息比电线多得多，因为

A. 光的频率非常高

B. 玻璃比电线更利于电的传导

C. 声音在玻璃中传播得非常快

D. 光传播得比电快

19. 哪种颜色的光在光纤中的比特率最高？

A. 红光   B. 白光   C. 蓝光   D. 红外线

20. 香农是因为发明或发现了什么而出名的？

A. GPS   B. 全球鹰侦察机   C. 声道   D. 比特

21. 人眼的视锥细胞可以探测到

A. 红色、黄色、蓝色

B. 青色、洋红、黄色

C. 黄色、绿色、红色

D. 绿色、蓝色、红色

22. 人们会为了看得更清楚而眯眼，因为眯眼能

A. 减少光

B. 弯曲晶状体使其更强

C. 减少模糊

D. 这样不会看得更清楚，他们只是在自欺欺人而已

23. 老人阅读需要老花镜是因为

A. 他们的瞳孔不能像以前那样收缩了

B. 他们的眼睛对可见光的敏感度下降了

C. 他们的晶状体不那么有弹性了

D. 他们忘了如何阅读了

24. 照片中出现红眼的原因是

A. 胶片探测到了红外线

B. 拍摄照片用的相机对眼睛的聚焦不佳

C. 闪光灯的光从视网膜上（眼睛后部）反射出来

D. 闪光灯的光从角膜上（眼睛表面）反射出来

25. 红眼现象表明

A. 光是一种波

B. 空气吸收蓝光比红光多

C. 相机胶卷对红光敏感

D. 眼睛是一种回射器

26. 你的每只眼睛

A. 有一个透镜，叫作晶状体

B. 有两个透镜——晶状体和角膜

C. 有两个透镜——晶状体和视网膜

D. 没有透镜，只是表现得像针孔照相机一样

27. 当光从什么介质上弹开时会变成偏振光？（多选题）

A. 水

B. 玻璃

C. 空气

28. 太阳镜可以帮助你看到水下的鱼，因为

A. 反射光是偏振光

B. 来自鱼的光是偏振光

C. 眼镜会把光线变暗，让你的瞳孔扩张

D. 眼镜会把水面的蓝光屏蔽掉

29. 看 3D 电影的时候会用到偏光片，因为

A. 它能减少来自表面的眩光

B. 它为每只眼睛提供一个不同图像

C. 它将光偏振化

D. 它会减少色散

30. 想要探测塑料中的应力就要观察

A. 不同颜色光的传输　　B. 不同颜色光的反射　　C. 干涉　　　　　D. 偏振光（正交偏振片）

31. 在针孔照相机中，以下哪种情况会使图像模糊得更严重?

A. 小孔非常大（小就没问题）

B. 小孔非常小（大就没问题）

C. 小孔要么非常大，要么非常小

D. 不存在模糊的问题，因为针孔照相机中没有透镜。

32. 全息图之所以能奏效，是因为光

A. 含有红色、绿色以及蓝色　　　　　B. 是量子化的

C. 是一种波　　　　　　　　　　　　D. 可以聚焦

33. 一个成功的渔夫会把鱼叉扔向哪里?

A. 鱼的像的上方　　B. 鱼的像的下方　　C. 鱼的像的位置　　D. 取决于鱼有多近

34. 可见光的波长最接近

A. 人类头发的直径　　B. 血红细胞的直径　　C. 原子的直径　　D. 原子核的直径

35. 凯克望远镜之所以"强大"是因为

A. 它的放大倍数更大　　　　　　　　B. 它能利用紫外线

C. 它用更大的镜子来收集光　　　　　D. 它的焦距比其他望远镜大

36. 当我们说一个人是色盲时，通常指的是

A. 对这个人来说所有东西看起来都是黑白的（或灰色的）

B. 这个人看不到紫外线或者红外线

C. 这个人只能感知三种颜色

D. 这个人无法分辨红色和绿色

37. 凯克望远镜用什么来聚光?

A. 计算机　　　　　B. 一个透镜　　　　　C. 一面镜子　　　　　D. 它不聚光

38. 真空中的光每纳秒走 1 英尺。在水中，光每纳秒能传播约

A. 1 英尺

B. 1.5 英尺

C. 0.66 英尺

D. 0 英尺（光在水中不会传播）

39. 当下的 3D 电影利用了哪种技术？

A. 偏光镜

B. 全息图

C. 色散

D. 海市蜃楼

40. 计算机屏幕上没有以下哪种颜色的点？

A. 红色

B. 绿色

C. 蓝色

D. 白色

41. 假设有一台处于地球同步轨道的优质望远镜（比如哈勃），它在观察地面物体时能分辨的最小距离通常为：

A. 4 英寸（约 10 厘米）

B. 3 英尺（约 1 米）

C. 20 英尺

D. 300 英尺

42. 光纤的一个主要用途是

A. 通信

B. 让手电筒更亮

C. 为激光器聚光

D. 交通信号灯

第 9 章

不可见光

偷渡者的故事

　　1989 年，我在新墨西哥州圣伊西德罗附近与负责守卫美墨边境的巡逻队一起待了一个晚上。在参观了他们的设施并用过晚餐之后，太阳落山时，我们爬上了一道能俯瞰边境的山坡。有很多人聚集在墨西哥那侧的边境附近。（据说）有些卖炸玉米饼和热狗的摊子，主要的客源是那些前一夜被抓住、不得不在这里等候天黑之后再次尝试的人。

　　天越来越黑，边境的另一边也变得越来越拥挤。我仍然能看清每个人。忽然，一个男孩跑向了围栏，翻了过来，然后跑到美国这边躲了起来。这似乎引发了一场雪崩。上百号人涌向了围栏，无论老少，有一些人甚至还需要用梯子，几分钟过后，他们都跨过了边境，消失在美国这侧的沙漠水沟中。

　　负责接待我的边境巡逻官在一段时间内什么也没做，随后，他开车沿着一条土路把我送到了一个山顶上。等我们到达那里时，天已经黑了。墨西哥提华纳镇的灯光在远处闪烁着，但是我们和边境之间的沙漠一片漆黑。边境巡逻官在一辆吉普车的尾部装上了一架特制的双筒望远镜，用于观察黑暗中发生的事。双筒望远镜用液氮冷却着，并和电池相连，这就是夜视双筒望远镜。他们允许我使用这架望远镜来扫视下面的村庄。从双目镜向外看，我的眼前是一片黑色，依稀可见丘陵的轮廓，以及（从我们位于高处的有利位置望过去）山谷的黑暗中闪闪发光的人群。他们的脸和手都是亮的，但他们身体的其他部位有些昏暗。他们在等待。在某个地点，他们生了一小团火（即使单凭肉眼也能观察到一个微小的红点），在双目镜中，这团火呈现为非常明亮的白色。

　　"他们在等什么？"我问道。

　　"他们的向导。"边境巡逻官回答说。有人给了这些移民简单的地图，指示他们如何逃到一个距离边境 1 英里内的地方。这就是他们将和他们雇的向导见面的地点。

　　他们等了很久，我们也是。最终，一个小时之后，这群人开始在水沟中移动。我很好奇他们是否知道我们在绝对黑暗中也可以轻松地看见他们。随着一群人向大路靠近，我们驱车往他们那儿开去。他们听到了汽车的声音，等在了那里。

　　我问道："他们为什么不跑呢？"

边境巡逻官回答说："因为太危险了。他们可能会跑丢。另外，如果他们被抓的话，我们只是会把他们送回墨西哥，而他们明天就可以再试一次了。"

——理查德·A. 穆勒

在这个故事中，望远镜有什么神奇之处？它是如何在黑暗中看见东西的？照明的光从哪里来？为什么需要液氮？

图 9.1 是一张和我当时看到的景象很相似的图片。

红外辐射

我在边境上使用的神秘的双目镜是一种能够看到红外线的光学系统。红外线是一种光，它的波长比可见光更长。红外线的波长在 0.65 微米到 20 微米之间。因为红外线的波长更长，所以它的频率也以相同的比例降低了。

人体之所以会发出红外辐射是因为我们是温暖的。组成我们身体的原子中的电子会振动，因为它们不是绝对零度。一个振动的电子就拥有振动的电场，而振动的电场会制造出电磁波。这种效应和所有其他波的发射类似：振动大地的力度够大，你就能获得地震波；振动水，你就能获得水波；振动空气，你就得到了声音；振动玩具弹簧，就会有一条波沿着弹簧移动。

结果就是，所有东西都会发光，除非其温度处于绝对零度。虽然万物都发光，但是大部分东西发出的光太少，所以我们注意不到。当然，如果这些光的波长大部分位于我们眼睛不可见的范围，那我们也肯定看不见。

图 9.1

红外图像上有两个人在割围栏，还有一个人在翻越围栏。请注意图像中热的部分（脸和手）比稍冷的衣服更亮（图片来源：Indigio Systems）

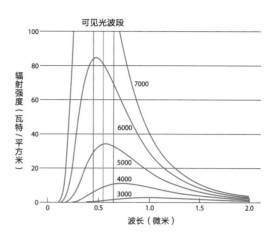

图 9.2

不同温度的热辐射。每条曲线都把
辐射强度作为波长的函数显示出来

哪些东西会因为热而发出可见光？以下是其中一些：烛火、被火加热到"赤热"的任何东西、太阳、60 瓦灯泡中的钨丝，以及用来烧制陶器的窑。这种发光现象经常被称为**热辐射**。

热辐射和温度

用热力学定律可以计算出热辐射量。图 9.2 显示了答案。横轴表示波长，纵轴表示每平方米发出的辐射强度。你会注意到可见光波段中的单位是千瓦 / 平方厘米。

请检视这张图，因为它会告诉我们很多关于热辐射的知识。竖直线显示了对应蓝色、绿色，以及红色的波长。位于这些线中的光是可见的，叫作**可见光波段**。波长更短的光是不可见的紫外线；波长更长的光是不可见的（除非使用特制双目镜）红外线。这类辐射也被称为**黑体辐射**。之所以叫这个名字是因为好的吸收材料（黑色的东西）其实也是好的发射材料。黑色的东西不会反射很多光，但是它振动的电子却很善于辐射。

每条曲线都标记了一个温度。最低温度是 3000K，最高温度是 7000K。所以说这张图只呈现了非常高的温度。

赤热

看一看 3000K 所对应的曲线。它在可见光波段中的功率非常小，大部分功率处于红外区。对于可见光波段中的光来说，红光比蓝光更强。一个被加热到 3000K 的物体会发红，我们称这为**赤热**（red-hot）。

白热

现在来看看 5000K 和 6000K 对应的曲线。太阳表面的温度接近于 6000K 这条线。请注意，这条线最高的一段有相当一部分落在红光、绿光，以及蓝光的区域。虽然蓝光的辐射强度最高，但所有颜色的光辐射强度都很高。而所谓**白光**，就是红绿蓝光强度相当时的组合。太阳是**白热**（white-hot）的。（有件事我觉得很有趣：虽然太阳内部进行着各种各样的核反应，但到头来，让它发光的却仅仅是太阳表面的高温振动电子！）

蓝白热

图 9.2 没有显示 7000K 曲线的顶部，但是你可以猜到，在这个温度下辐射最强烈的应该是蓝光。

下面这条重要的定律总结了颜色随温度而改变的现象：我们可以根据颜色定律 [1] 计算出特定温度下最强烈的光的波长 L：

$$L = \frac{3000}{T}$$

在这个等式中，如果温度 T 的单位是开尔文（K），那么 L 的单位就是微米。所以，如果温度是 T=6000K，那么辐射峰值的波长就是 3000/6000=0.5 微米。你已经知道这符合事实（太阳的温度接近于 6000K，而日光的波长约为 0.5 微米）。等我们回过头来解释夜视双目镜中移民的发光图像时，这条定律会非常有用。

这条定律有个出人意料之处。大部分人认为红色是热的，蓝色是冷的。那是艺术的表达方式，这一点来自火和水给人的感觉。但是对于火焰来说，最热的火焰并非只闪着赤热光，它也闪着蓝热（blue-hot）光。燃气灶的火焰通常是蓝色的，比燃气灶温度更低的烛火则是红色的。陶工们根据摆在窑边上的石块的颜色就可以估计窑的温度，天文学家利用恒星的颜色来估计其温度。

下面就是定律背后的物理学：当物体更热时，内部的电子就会振动得更快。记住，正是电子的振动制造出了电磁波。更热的电子会发出更高

---

[1] 在一些物理教科书上，这个颜色定律称为维恩位移定律（Wien displacement law）。

频率（更蓝）的辐射，而更高的频率就意味着更短的波长。

冷色

建筑的热量一部分来自房顶吸收的日光。如果房顶是白色的，就意味着有很多阳光会被反射走。白色的房顶能极大降低使用空调的开销。但是人们不喜欢白色房顶，因为邻居们抱怨这样的房顶实在是太亮了。

不过即使是使用深色（黑色或棕色）房顶，也有很厉害的一招可以反射掉一半的光。窍门就是使用能反射红外辐射但吸收可见光的涂料。我们再来看图9.2，注意对应6000K的曲线——这是太阳的温度，它显示了日光的辐射情况。对比可见光的区域和波长较长的红外区域，结论是，超过一半的功率都在红外区域！（虽然不包含最高点，但在这里曲线延伸得更长。）所以如果你用的涂料会反射红外线但能吸收可见光，那么这种涂料在人类眼中虽然是深色的，但仍可以反射掉大部分的入射能量。

这种涂料已经有人用了，特别是在美国的炎热地区。物理学家有时喜欢用一个短语来形容这样的涂料，虽然他们理解这个短语，但对于不了解不可见光的人来说它却相当费解。他们说，这种涂料是"红外白色"。你能理解它的意思吗？

这是一个很适合在网上研究的话题。这个概念的常用名称是冷屋顶（cool roofs）。

辐射的总功率

图9.2明确显示出的一点就是，当物体变热时，它们会发出多得多的辐射。对比物体在3000K时发出的总辐射与6000K时的总辐射，6000K时的数值要高得多。事实上，后者居然是前者的16倍之多！规则就是，辐射总功率和温度的4次方成正比：[1]

$$P = A \sigma T^4$$

在这个等式中，A 是以平方米为单位的表面积（越大的面积会发出

[1] 在一些物理教科书上，这条定律有时称为斯蒂芬定律（Stefan's Law），而 σ 则被称为斯蒂芬–玻尔兹曼常数。

越多的辐射），T 是绝对开尔文温度，而希腊字母 σ（西格玛）是一个常量 $=5.68 \times 10^{-8}$。但最重要的一项是温度的 4 次方。这意味着如果一件物体的温度增加到 2 倍，它的辐射总功率就会增长到 2^4=16 倍。如果温度增加到 3 倍，辐射就会增长到 3^4=81 倍。所以，温度只要升高一点，辐射就会加强很多。

太阳表面的温度约为 6000K，大概是室温 300K 的 20 倍，那么太阳表面要比地球表面亮多少？太阳发出的辐射总功率是地球的 20^4=20×20×20×20=160000 倍。这就是为什么太阳如此亮。

钨丝灯泡

普通的旋入式灯泡包含一个空心玻璃球及其内部的一根小钨丝。流经钨丝的电流使钨丝变热，通常能达到 2500K。在这种灯丝发出的光中，红光比蓝光多得多。因为图 9.2 没有很好地显示 2500K 的曲线，所以我在图 9.3 中重新画了一条，只显示 2500K 的物体所发出的辐射情况。

记住，我们只能看见可见光波段中的光，所以光并不真是"白色"的。大部分人都能发现这一点，尤其是当他们用钨丝灯泡发出的光对比日光灯或太阳发出的光时，钨丝灯泡光是微微发红的。

事实上，正是这种微红让很多人觉得他们在普通灯泡的灯光下看起来更健康。摄影中使用的灯泡通常温度更高，一般是 3300K，这是为了获得更多的绿色和蓝色，但是即便如此，如果不进行额外的修正，得到的照片仍微微发红。

图 9.3

钨丝灯泡发出的辐射。请注意，大部分辐射都处于不可见的红外区，这意味着这类灯泡在把能量转化为光时是非常低效的（红外辐射是热的辐射，也就是说，这类灯泡生产的"热"比光还多）

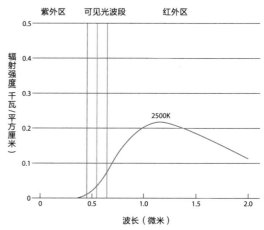

灯泡消耗的能量比自身辐射的能量多。灯泡上标注的瓦数代表的是需要多少功率你才能点亮这个灯泡，而不是灯泡会发出多少光。通常来讲，只有 1.6% 的能量变成可见光，大部分都变成不可见的红外线，被房间吸收并转化成热。

选做题

下面就是得出 1.6% 这个数字的选做计算。如果你拆开一个 100 瓦的灯泡（就像我在写这段文字之前做的），你会发现灯丝的直径约为 1/10 毫米，长度约为 20 毫米。算上灯丝的两面，总面积约为 4 平方毫米 =0.04 平方厘米。如果它在 2500K 下工作，根据图 9.3，我们就能计算出可见光波段发出的功率是 0.04 千瓦 / 平方厘米 =40 瓦 / 平方厘米。用这个数字乘面积就能得出功率 40×0.4=16 瓦。

一些照相机能够"看见"这种红外辐射，它们有一些特殊设置可以实现在"完全黑暗"中进行摄影。完全黑暗（没有可见光）对于我们的意义不同于对于特殊照相机的意义，因为照相机的传感器可以"看见"红外辐射。这类照相机上经常安装有小型红外灯，用于为照相机提供光线并照亮它正在瞄准的物体。

当你用这类照相机时，取景器会把红外信号转化为可见图像。但是，当然，图像不会有颜色，因为照相机探测到的都是红外线。它无法探测到有多少红光、绿光或蓝光从物体上反射回来，只能看到有多少反射的红外线。

加热灯和"热的辐射"

假设我们制作一盏灯，它正常运作时的光源温度在 1500—2000K。它发出的可见光量就接近于零，而且会有大量的红外辐射产生。这样的灯的确存在，它们被称为**加热灯**。这种灯的功率大部分都用于发出不可见光，但是你的皮肤会吸收这些能量。加热灯仍会发出一小点可见光，看上去通常是暗红色的。当你坐在一盏明亮的灯前面时，同样会感到温暖，而加热灯的好处就是在不发光的同时满足你温暖身体的需求。很多人之所以把红外辐射称为**热的辐射**，就是因为它会产生不可见的温暖。

偷渡者的故事（续）

现在回到我在本章开头举的例子。如果所有热的东西都会发光，那我们就来思考一下人类。

我们的体温约为 98 ℉ =37℃ =316K。皮肤更冷了一些，约为 85 ℉ =29℃ =302K，我们取近似值 300K。利用颜色定律，首先我们来弄明白人体辐射的波长。代入后，我们可得出波长为 L=3000/300=10 微米。这已经是很长的波长了，但是仍然处在红外区域中。

那么辐射的功率有多少？用总功率定律，我们来对比一下人体热辐射的功率和太阳表面辐射的功率。人体体温不是 6000K，而是 300K，即前者的 1/20；因此人体对应的功率应该减小到 1/20^4，即 1/（20×20×20×20）=1/160000。所以人体发出的单位功率不是大致等于 16 千瓦/平方厘米 =16000 瓦/平方厘米（从图 9.2 中读出），而是 16000 / 160000=0.1 瓦/平方厘米。人体的表面积有多大？我估计我的总体表面积约为 500 平方厘米。所以我的总辐射量应该约为 50 瓦。

50 瓦的辐射还是挺大的。但是这个数字不值得你惊讶。你知道在很大程度上一个人可以温暖一个房间；此外，你也知道一个人即使在不活动状态下，每天也需要进食约 2000 大卡能量的食物，这等于约 100 瓦的总功率使用（要想了解这个计算可以参看脚注[1]）。如我们所见，只要我们还是温暖的，就要发出 50 瓦的辐射。难怪我们可以设计出一种能探测到这种辐射，并且让我通过双目镜看到图像的设备。红外辐射被一个表面吸收，制作图像，就像电视图像一样，而我通过双目镜看到的就是这种图像。

当然，我们通常都被物体所环绕（如衣服、房屋、地面），它们只比我们稍微冷一点，而我们也会吸收它们发出的辐射。所以我们不需要食物为我们提供全部能量。但是这个数字仍然说明了为什么人类只靠每天 1000 大卡的能量几乎无法生存。我们燃烧这些能量只为了保持体温。在美国，十几岁的青少年每天会摄入 3000 大卡的能量，而成人需要 2000 大卡。

晴夜露宿

当背包出门旅游时，我经常在户外睡睡袋，不用帐篷，这样我就可以观察星星并寻找流星。但是我也了解这样做的问题：清晨时，我的睡袋外面会盖满露珠。我得等待直射的阳光出现，从而温暖睡袋直到晒干露珠。但是我发现，如果我睡在树下，早晨我就不会被打湿（不过也看不见太多的流星）。这是怎么回事？

答案就是，树不同于夜空，它会发出红外辐射，就跟我一样（虽然没有我这么多，因为它比我还要冷几度），因此我睡袋的外侧被树温暖着。当我上方除了黑色的夜空之外什么都没有时，我就会向天空发出红外辐射，而除了一点星光之外，什么也不会返回来。所以相比于树下，在

---

[1] 每天 2000 大卡也就是每天 2000×4200=8.4×10^6 焦。1 天有 24 小时，1 小时有 60 分钟，1 分钟有 60 秒，所以 1 天有 24×60×60=86400 秒。所以 8.4×10^6/86400=97 瓦≈100 瓦。

图 9.4

一颗带有红外照相机的卫星所测量的地球表面温度。红色代表更热，蓝色代表更冷（图片来源：NASA）

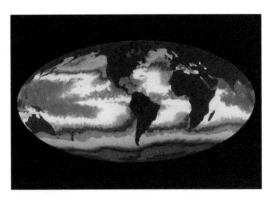

夜空下我的睡袋表面会更冷，水蒸气往往会在冷的表面上凝结（形成露水）。

多云的天空也会为地面保温，从而防止露水的形成。有人说云就像是一块"毯子"，但是这并没有解释清楚真实情况。在现实中，如果一块厚到不透明的云向我发射红外辐射，这些辐射在一定程度上补偿了我所发出的红外辐射，那我就不会那么冷了。

地球的遥感　　　　　　红外卫星可以通过地球发出的红外辐射量来测量地球表面的温度。图9.4 展示了卫星对海洋表面温度（SST）的测量。

气象卫星

现代气象卫星在可见光（波长 0.5 微米）和红外线（波长近 10.7 微米）中获取图像。可见光对于观测云层来说非常有用，红外线则被用来测量温度。某些现代卫星也配备了红外多光谱相机，这种相机对其他一些波长（能够提供关于地表的额外信息）也很敏感。其中最重要的一种对 6.5 微米波长十分敏感，可以帮我们探测水蒸气。水蒸气浓度高的空气在转冷时会形成云（和雨），所以展示水蒸气流动的照片可以帮助我们预测哪里可能形成暴风雨。图 9.5 展示的就是这种图像，它叠加在了地图上。（别傻了，在太空中不可能看到美国各州的轮廓。）

夜间作战

美国特种作战司令部有一句座右铭："夜晚是我们的。"（We own the night.）这是因为他们计划在夜间完成几乎所有的作战行动。他们佩戴夜视镜，在夜间训练。有些夜视设备只是简单的**图像增强器**，只能放大已有的光线。此外还有两类红外目镜。一类对波长较长（约 10 微米）

图 9.5

气象卫星图像展示了美国西部上空水蒸气的情况（图片来源：美国国家海洋和大气局）

的红外线敏感，并拾取温暖的人体所发出的红外辐射。另一类拾取波长仅为 0.65—2 微米（仍然比可见光长）的红外线。这有什么用？人不会发出太多这个范围内的光。确实，如果特种部队不携带红外手电筒的话，这确实没什么用——红外手电筒会发出敌人看不见、但佩戴着红外目镜的人能看见的光。我在网上找到了一副配有内置红外灯的眼镜。它能在 950 纳米 =0.95 微米的波长下工作，这几乎是可见光波长的两倍。

红外目镜也可以有效地探测比周围温度更高的东西。用红外目镜看一辆汽车，就能分辨出这辆汽车最近是否发动过，因为它能显示发动机附近温度高不高。红外目镜能够在营火熄灭很久之后探测到它发出的热。它能分辨出哪些山洞中有人，因为这些山洞会流出温暖的空气。美国军队知道当地面有雪覆盖时，红外目镜会变得更有效，因为地面辐射的背景"杂波"会减少。

除地面部队外，美军还操纵带有红外成像设备的无人驾驶飞机，称为**无人机**或**无人驾驶飞行器**（UAV）。其中最先进的是**全球鹰无人机**。如果你想看一种外形奇特的航空器，就用谷歌搜索一下全球鹰无人机的图像。这种无人机可以在无人驾驶的情况下飞行，由 GPS 定向，从德国飞到阿富汗，在阿富汗上空盘旋 24 小时，再飞回来。与此同时，它的（红外和可见光）相机和雷达一直都在通过无线电把图像发回美国。它的飞行高度为 65000 英尺（约 20 千米），和经典的 U-2 侦察机的飞行高度相同，在这样的高度上，敌方远远没有能力将其击落。事实上，这样的高度足够让飞行器在侦察的同时不被对方发现。在尾翼上，无人机似乎结合了隐形技术，使飞机的雷达特征信号变弱。这大概就是其发动机安装在飞机后部的原因，因为地面雷达很难探测到这个位置。毕竟，发动机的多角外形可能会将雷达信号返回发射源，就像回射器一样。

毒刺导弹

毒刺导弹的目标是在低空飞行的飞机或直升机，它们可以通过掌握在单个士兵手中的一个设备来启动。毒刺导弹的重量仅为 35 磅，并且可以达到 10000 英尺高度。我之所以要在这里谈论毒刺导弹是因为它的工作原理。毒刺导弹具有一个设备,可以把它们导向任何发出强烈红外辐射的物体,也就是任何在空中发热的东西,比如飞机或直升机的排气管。为了防止导弹击中飞机,有时飞行员会扔出发热弹,而导弹就会选择攻击这些东西。但是有些毒刺导弹拥有特殊的装置,可以防止受骗。因为毒刺导弹非常小,所以它转向的速度比直升机更快,想要用计谋来对付它是非常困难的。

响尾蛇和蚊子

响尾蛇是一种剧毒蛇,它们脸的侧面有一些部位称为"凹陷"。有趣的是这些凹陷可以探测红外辐射!所以说响尾蛇在完全黑暗(当然,指缺少可见光的情况)的环境中也能感觉到猎物离它有多近。图 9.6 展示的是响尾蛇的头。对红外辐射敏感的"凹陷"是白箭头和黑箭头交会处的一小块深色区域。

蚊子也会被红外辐射所吸引。为什么其他动物不探测红外辐射?可能是因为它们的眼睛还算好使。温血动物想要拥有红外感受器是非常困难的,因为这些动物自己就会发出大量的红外线。当然,响尾蛇是一种冷血动物。

其实人类确实有一些探测红外线的能力,我们能感受到红外线在物体表面上产生的热。把一个热东西放到嘴唇附近,在不接触的情况下,嘴唇也能感觉到温暖。这种情况下,你探测到的其实是物体吸收红外线产生的热。把脸贴到别人脸附近(经对方允许),你就能感觉到温暖。这种现象中的大部分热来自人或物发出的红外辐射。但是做这项实验时一定要小心——如果距离太近的话,可能会导致意外后果。

即使红外辐射对我们眼睛来说是不可见的,它也确实是另一种形式的光。红外辐射(只是波长稍长)也会从玻璃或金属表面反射,就像可见光一样。我们可以用镜子让红外线反射,然后像聚集可见光一样聚集它。

图 9.6

响尾蛇头。箭头指向了小"凹陷",
这个部位对红外线敏感。响尾蛇用
这个部位来感知温暖猎物的位置(图
片来源:J. V. Vindum)

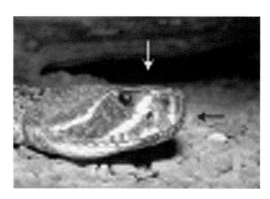

家中的红外：遥控器

假设你把一块太阳能电池安装到电视上，使它一旦探测到明亮的光脉冲时就打开，那么你就能用手电筒来开关电视了。

事实上当你使用遥控器控制电视时，你已经这么做了，区别只在于遥控器用的是红外线，所以你看不见。当你按下遥控器上的按钮时，它会发出一系列脉冲信号，脉冲的数量和相对间隔取决于你按下的功能键。对红外信号敏感的接收器会收到信号，然后向电子设备发出指令，让它换台。

打量一下遥控设备。你会看到一个深红色的塑料点，就是用来发送红外线的装置。现在看看你的电视机，你会发现某个地方有一个类似的点，这就是接收器。挡住这个位置，你会发现遥控器不再起效了。红外线"手电筒"会把光投向所有方向，这样你就不用小心翼翼地把光束对准接收器了。

一些遥控器会用无线电信号，但是这样的遥控器一般都更贵。大部分遥控器使用红外线。

黑色的光：UV

有一种光，它包含的可见光很少，或根本不发出可见光，却会让其他东西发光，这就是**黑光**（black lights）。在很多五金店都能买到黑光灯，售货员很有可能会警告你盯着黑光灯看是很危险的。原因在于，黑光虽然肉眼看不见，却在紫外频段发着强光，并携带能量。紫外线可以烧坏你的视网膜，并且会导致皮肤晒伤和癌症。

某些化学品在吸收了紫外线后会发出可见辐射。我们将这种化学品称为**荧光体**或**磷光体**。荧光灯得名于它有趣的工作原理：灯内气体有电流流动时会发出紫外辐射，这种辐射被灯泡内部的涂层吸收，并且作为可见光重新发出。

五金店出售的优质黑光灯一般含有一个普通的荧光灯泡，但是去掉了（更有可能是从来没有过）荧光涂层。你可以在某些商店买到便宜（不太令人满意）的黑光灯，但它用的是被涂成黑色的普通灯泡。事实上，这种灯只有在可见光下才是黑色的，灯丝发出的紫外辐射会直接穿出去。用这种方式制作的黑光灯只能发出非常少的紫外线，一点也不好玩。

黑光灯在万圣节期间非常受欢迎，因为它们能让本来黑暗的房间中的特定物体发光。地质学家用黑光灯来探测某些会发出荧光的矿物。如果你去过迪士尼乐园或者其他使用黑光灯的展览，你可能已经注意到某些衣服，特别是白衣服，会发出很亮的光，而彩色的衣服则不会。为什么会这样？答案就在下一小节中。

比白更白

几十年前，有一条广告鼓吹某种洗衣皂能让衣服"比白更白"。听起来真荒唐，不是吗？很多物理学家本能地认为这条广告纯粹是无视物理学定律的胡扯。如果一个表面上的所有入射光都被反射了出去，我们就说这个表面是白色的，但怎么会有比白更白的东西呢？

事实证明，物理学家是错的。一些聪明的洗衣粉商家找到了一种让衣服比白更白的方法！他们在洗衣皂中加入了荧光化学品。所以当你洗完白衬衫之后，衬衫上面就沾满了这些东西。你可能会觉得这真是太糟糕了——洗了衬衫，却让衬衫更脏了！没错，但是洗衣皂的确卖得更好了。

为什么？怎么会这样？当人们洗白衬衫时，他们注意到了区别。把衬衫放在阳光下，它看起来更亮了，事实上，你可能会说，它看起来"更白"了。衬衫像往常一样反射所有的红光、绿光及蓝光。但是，除此之外，它还在吸收不可见的紫外线，并将其作为可见光重新发射出来。衬衫在发光，但不是在黑暗中，而是在阳光下。任何看到衬衫的人都会注意到它变得更亮了，所以（根据这时的逻辑）也就更干净了（虽然衬衫已经被化学品所覆盖）。

衬衫制造商也开了窍，他们开始在白色面料中加入荧光染料。在太阳下（阳光中充满了紫外线，参见图 9.2 中 T=6000K 所代表的曲线），由此而来的亮度是显而易见的，在室内效果则没有那么明显，因为钨丝灯泡是在 3000K 的温度下工作，所以不会产生很多紫外线。广告不是告诉过你吗，如果真想知道你的衣服是不是干净，就要在阳光下看看。

晒伤

紫外线对晒伤、晒黑、风炙病（windburn）和大部分皮肤癌病例都负有责任。最有能力造成灼伤和癌症的紫外线的波长约为 300 纳米。这类辐射可以被普通窗玻璃所吸收（窗玻璃对于紫外线来说是"黑色"的）。太阳镜比窗玻璃薄得多，如果紫外线照射进去，你的眼睛就会晒伤；因此如今大部分太阳镜都是由吸收紫外线能力强于窗玻璃的特殊玻璃制成的，这些眼镜的标签上会注明各自的吸收紫外线的能力。

用于消毒的杀菌紫外灯

黑光灯可以发出大量波长为 254 纳米的紫外线；事实证明，这种波长在破坏 DNA 方面非常有效，可以有效破坏细菌繁殖能力。在要求绝对清洁的地方，比如手术室，我们经常可以见到紫外灯，也称为**杀菌灯**。

紫外线供水系统

在印度农村和其他欠发达地区，紫外灯最吸引人的用途起到大作用。这些地方的人安装了这种灯后，将灯光照在从污染的河流和水井中抽出的水上。用强紫外灯照上几秒之后，细菌的基因就会开始变异，再也无法繁殖。需要注意的是，在紫外灯下方经过时，水必须是薄薄一层，只有这么小的水量才不足以吸收紫外线。这种紫外灯是由带有发电机的汽油机驱动的，功率为60瓦，每吨水净化的成本大约只有4美分！

这个项目为世界各地的贫困村庄提供水净化系统。只要12秒钟的紫外线照射就能杀死微生物。在利用手动泵供水的情况下，这套系统每分钟可以净化4加仑（约15升）水。

风炙与日食

只有感受到阳光照射的温暖，你的皮肤才能知道自身处于明亮的阳光下。如果天气寒冷，特别是在风大的时候，你的皮肤可能会感觉很凉爽，而你就不会意识到自己被晒伤了。其实更具欺骗性的是阴天。如果你连太阳都看不见，又怎么会被"晒伤"？事实上，你会的。

就像云层不会阻拦可见光而会将其扩散出去一样（阴天的阳光仍然可以很强烈），云层也拦不住紫外线。于是，在凉风习习又多云的一天，你可能会在毫无觉察的情况下被严重晒伤。这样的灼伤经常被称为"风炙"，这个名称会让你误以为是被风灼伤的。事实上，你是被紫外线晒伤的，而风只是误导了你的注意力。

在日偏食（月亮挡住了太阳的中心）的过程中，人们喜欢盯着太阳看并且观察月牙形的太阳。你可以透过一片深色的玻璃来观察，但是最好先保证玻璃对紫外线来说也是深色的。如果不是，你就等于盯着一个明亮的紫外线源，这会让眼睛晒伤。

▎臭氧层

当阳光穿过空气时，紫外线很容易把一些氧分子（O_2）拆解成单独的氧原子。这些原子依附在未破损的 O_2 分子上就成了 O_3，也就是**臭氧**。臭氧能高效地吸收太阳发出的紫外辐射。

如果我们没有臭氧层，那么太阳的紫外线就会穿透大气层，直达地面（并伤害我们的身体）。当臭氧在高海拔处形成时，它能防止紫外线到达低海拔地区，所以抵达地面的紫外线就会少之又少。于是，地面上几乎很少有臭氧形成。大部分臭氧都位于海拔40000—60000英尺（约

12—16 千米）的**臭氧层**。

高海拔臭氧会保护我们不受紫外线伤害。如果臭氧层消失的话，紫外线就会穿过大气然后抵达地面，晒伤和皮肤癌的问题就会加重。

在南极上空，太阳每年只会升起一次，同时，臭氧层就会形成。放置于南极洲的紫外线传感器正在研究这个现象。20 世纪 70 年代，科学家注意到臭氧的含量每年都在下降，人们随后把这种下降称作臭氧层空洞。图 9.7 展示的是 NASA 标绘的臭氧下降的图示。图 9.8 展示的是臭氧消耗的真实数据图。

这种下降是自然发生的吗？它是会扩散到整个地球，还是仅局限在南极洲？当时没有人知道，但有人提出这可能是由人类排放在大气中的污染而导致的。后来大家发现，情况就是如此。我将在下一节讨论有关氟利昂和含氯氟烃（Chlorofluorocarbon，CFC）的问题。

臭氧层会吸收足够的紫外线从而使上层大气升温。所以，当云在较冷的大气中上升时，它们在抵达臭氧层时就会停下来。（那里暖空气的密度没有上升云朵的暖空气密度大。）云散开来，制造出所谓的**积雨云**或砧状云。图 9.9 展示了这种扩散。要想知道臭氧层在哪里，只要寻找积雨云的最高层就可以了，在那个海拔时，云就开始扩散。

图 9.7

1981—1999 年南极大陆上空的臭氧层空洞。南极的空洞很明显，南美洲的最南角位于右上方。颜色越深代表臭氧消耗越大（图片基于 DoE 图像绘制）[1]

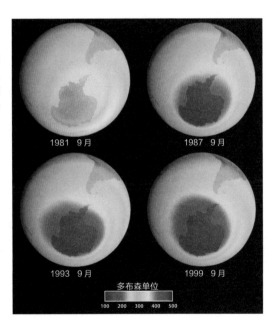

1981 9月   1987 9月

1993 9月   1999 9月

多布森单位
100 200 300 400 500

---

[1] 多布森单位（DU）是衡量大气中臭氧柱状密度的单位，1 个多布森单位指在标准温度与标准压力下臭氧层达到 0.01 毫米厚。——编者注

图 9.8

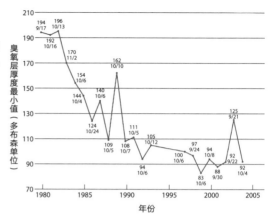

每年南极上空臭氧厚度最小值的变化图。我们相信臭氧的减少是大气中的含氯氟烃污染造成的

氟利昂和含氯氟烃

　　一种名为氟利昂的化学品被广泛应用在冰箱和空调中，同时它还是一种溶剂（清洁剂）。但氟利昂这种化合物属于一种含氯氟烃，含氯氟烃含有元素氯和氟，而且高度稳定；它不会轻易分解，所以当它因为冰箱和空调报废而被泄漏，进入大气后，会在大气中存留很长时间。它会扩散到高层大气中，那里的紫外线会击中氟利昂并将其分解为氯原子和氟原子。事实证明，氯能够非常有效地将臭氧转化为普通氧气，1 个氯原子可以毁掉 10 万个臭氧分子。所以氟利昂实际上破坏了臭氧层。

　　臭氧层破坏最严重的地方就是南极上空。当时没人知道为什么，直到大气科学家了解到每当早春时节，平流层里会形成特定的硝酸晶体，在这些晶体的表面，氯破坏臭氧的效率异常出众。南极地区气温最低，平流层也最低，所以问题最先在南极洲上空凸显出来。

　　没人确切地知道臭氧的破坏是否会继续扩张到人口更加稠密的地区，但是整个世界都提起了足够的重视，禁用了氟利昂。我们希望从此之后臭氧的破坏会停止，至少在大气中现存的氟

图 9.9

砧状云在臭氧层扩散开来（图片来源：克里斯蒂安·赖恩）

利昂都用尽之后，情况不再恶化。人们为此订立的条约名为《蒙特利尔议定书》。

氟利昂也曾被用作各式各样喷雾罐的推进物，从剃须膏罐到驱虫剂罐。现在，在这些应用中氟利昂已经被其他气体取代，替代品包括一氧化二氮。一些人仍然在抵制喷雾罐产品，因为他们没有意识到新产品已经对臭氧层没什么威胁了。

有些人认为这次经历的真正教训在于，我们知道了人类制造的污染物可能会影响大气，而且这些影响有时会超出我们的预计，所以我们应当小心谨慎。于是，我们需要开始面对另一个不同、但是相似的问题：化石燃料带来的潜在大气污染。这就是**全球变暖**的危险，这个议题是如此重要（而且新闻时常提起），下一章我们将用整章的篇幅来探讨。

消防和红外天文学

波长较长的波在经过障碍物时很容易发生衍射。波长较长的水波似乎能直接绕过伸出水面的塔楼。同样的原理也适用于红外线遇到烟雾颗粒和灰尘时发生的衍射，长波长的红外线很容易绕过烟雾颗粒，而且不发生偏转。

这个原理现在对消防员来说极其重要。他们进入烟雾弥漫的建筑物时，会把红外设备戴在头上，把一个屏幕放在眼前。很多烟雾中含有的颗粒都大于可见光的波长，但小于红外线的波长。所以，红外线会直接穿过烟雾，而设备会显示出不被烟雾遮盖的景象。

同样的原理也应用在天文学中。当天文学家想要透过环绕在银河中心的尘埃观察另一侧的物体时，他们就会用红外设备。这种技术对发现银河中心位置的黑洞来说非常重要。

电磁辐射

表 9.1 列出了光的所有形式，包括不可见光。有些光我们已经详细讨论过，包括可见光、红外线和紫外线。我们在第 4 章中简单地提到过另外两种光，X 射线和伽马射线。

我依照电磁波频率从小到大的顺序列出下表。这些波在真空中的传播速度都是相同的。

无线电波

无线电波是一种电磁波，频率从几千周期每秒到几千万周期每秒都有。无线电波每秒携带的信息量受自身频率限制，但也能满足普通广播的需要了。我们把最高的频率用在高品质的音乐（FM 广播）和电视上，因为相关信号每秒需要传递更多的信息。

表 9.1 电磁波谱

名称	备注	一般波长	一般频率
AM（调幅）广播	普通无线电波	300m	1MHz
模拟电视信号、FM（调频）广播	频率更高，每秒容纳的比特数更多	3m	100MHz
微波	应用于雷达、微波炉、手机	10cm	3GHz
热红外线（IR）	由温热的物体（如人体）发出	0.002cm=20μm	15000GHz
近红外线（NIR）	来自太阳的一种强烈颜色，肉眼不可见	1μm	3×10^{14}Hz
可见光	可被人眼观测到	0.5μm	6×10^{14}Hz
紫外线（UV）	会造成晒伤和皮肤癌	0.3μm	10^{15}Hz
X射线	能穿过水，但不会穿过骨头	10^{-9}m	3×10^{19}Hz
伽马射线	由原子核发出，可以导致癌症，在遥远的星系也能探测到	10^{-11}m	3×10^{21}Hz

因为无线电波的波长很长（3—300米，甚至更长），它们在穿过开口时会发生很大的扩散。（回忆一下，扩散 S 取决于 L/D，所以更长的波长 L 意味着更广的扩散。）更长的波长甚至还能绕着地球的地表轮廓传播，所以相隔很远也可以听到，这解释了为什么相比 FM 广播和电视信号，AM 广播通常可以被发送到距离传送天线更远的地方。FM 广播和电视信号通常都需要"无阻挡的视野"，因为这种无线电波不像 AM 广播那样能以更长的波长利用衍射绕过山丘和建筑。AM 广播没有攻占所有市场的唯一原因就是它较低的频率无法在每秒内携带很大的信息量，所以 AM 广播的音质没有 FM 的好。（信号压缩方法后来改善了这一点。）

微波

微波很像无线电波，只是波长更短，通常只有几厘米。雷达、微波炉和手机都使用了微波。就像普通无线电波一样，微波会直接穿过云和烟雾，这意味着用微波来发送信号是非常可靠的。我们的一些卫星用微波来发送电话和互联网信号。因为微波的波长非常短，所以它可以在不发生很多扩散的情况下从碟形天线上（瞄准遥远的目标）反射出去。这种天线的作用就像曲面镜一样，微波在焦点附近发出，借助蝶形剖面反射，平行发射出去，瞄准某个遥远的目标。在山顶上，你会看到带有小型碟形天线的塔楼，它们会把微波从一个天线反射到相距 10—50 英里的另一个天线。(距离其实受限于地表轮廓。)因为微波的高频特性,它可以同时携带大量电话或互联网信号。

雷达

雷达(Radar)一词,最早来自"无线电探测和定位"(Radio Detection And Ranging)的缩写 RADR。这是一种向天空发出无线电波(主要是微波)然后寻找从金属物体(比如飞机)上反射回来的波的方法。通过计算信号返回所用的时间,我们就能测量出自己与飞机之间的距离。雷达之所以要启用微波是因为它的波长短,不会从一个小天线上扩散出去很多,如此你才可以准确地用微波来瞄准并且确定飞机的方向。当然,对于这个应用需求来说,微波能够轻松穿过云和烟雾的特性也很重要。

雷达最初投入使用是在第二次世界大战期间英国探测纳粹的飞机上。雷达很有可能通过以下方式避免了英国被入侵的命运:在不列颠之战的早期,纳粹发射了无数颗袭击伦敦和其他城市的炸弹。每当炸弹抵达英国海岸时,都会遭遇英国战斗机。纳粹因而错误地假定英国有上千架战斗机,因为他们总能在正确的时间在海岸上巡逻。事实上,英军飞机数量并不多,是雷达指示了飞机要去哪里寻找入侵者。因为这个骗术,纳粹高估了英国的实力,并且推迟了很有可能会成功的入侵。

雷达可以用来定位飞机、导弹,以及雨云。大部分大型飞机为探测其他飞机和风暴地区的位置,都配有雷达。你可以为你的游艇买一个相对便宜的雷达系统(需要几千美元),用它来寻找其他船只以及穿过大雾。

雷达照相机(SAR)

雷达作为一种成像工具和测绘工具正在得到越来越广泛的使用。我们可以把雷达放到飞机上并朝向大地,用雷达收到的信号组成地面的图像;或者试试更有意思的,我们可以把飞机在飞行时获得的图像叠加起来,把所有的信号(在 5 分钟的飞行中)融合成一种只有巨型雷达接收器才能获得的图像,就是说,你从雷达接收器那里会得到的那张图像能达到几英里长(和飞机跑道一样长)。这样的系统因为可以合成图像,所以被称为**合成孔径雷达**(Synthetic Aperture Radar,SAR)。图 9.10 展示了两幅合成孔径雷达图像:**全球鹰**无人机拍摄的五角大楼和卫星合成孔径雷达拍摄的纽约。

微波炉和雷达作用距离

微波炉的发明人有一次站在了雷达发射器前面，发现可以通过发射器取暖。因为这个原因，最初的微波炉曾经被称为**雷达作用距离**（radar range）。我们现在知道，微波能被你身体中的水所吸收，而微波的能量转化成热。在微波炉中，微波被限制在了金属外壳里，所以它会在内部来回反射，被任何含水物质吸收。

总有人提醒你不要把金属放进微波炉中，这有几个原因：微波可以在金属部件之间制造足够高的电压，由此产生的火花会造成伤害；除此之外，金属还会反射微波从而造成烹饪的食物加热不均匀。

虽然微波炉实际上可以供你取暖，但是现在我们知道它对你的眼睛来说是很危险的。原因是你眼睛内部没有什么好办法能摆脱那种水平的微波产生的热。那个站在雷达发射器前面的人很幸运，没有因此损伤视力。

手机的风险

手机也用微波来承载信号。你敢把手机放到耳朵附近吗？关于这件事也有很多都市传说。事实上，低水平的微波只会造成低水平的加热，在这种情况下你的眼睛可以毫无压力地解决散热问题。微波没有能力像 X 射线和伽马射线那样损伤 DNA。大部分对于微波致癌的恐惧只是因为微波有时被称为**微波辐射**，而**辐射**这个词总是会吓到一些人。

X 射线和伽马射线

X 射线和伽马射线是频率非常高、波长非常短的光。我们在第 4 章讨论过这两种辐射。快

图 9.10

两幅雷达图像。它们都是用合成孔径雷达拍摄的。左边的是华盛顿特区的五角大楼，右边是纽约市

速加速的电子会发射 X 射线。你的牙医使用的 X 射线机会发出一束电子，射向一块重金属（比如钨），当电子束突然停止时，它们会发射和电子移动方向相同的 X 射线。

当一束电子击中一台老式的阴极射线管电视机的屏幕时，也会发生同样的情况，X 射线会朝观众发射出去。为了阻挡这种辐射，电视机屏幕前面加上了一种特殊的玻璃，名为**铅玻璃**。恰如其名，这种玻璃含有大量的金属元素铅，而铅会吸收 X 射线。

处于放射性衰变中的原子核会发出伽马射线。因为波长非常短，而频率又非常高，X 射线和伽马射线的波包都含有大量的能量。X 射线包通常含有 50keV—100keV 的能量，伽马射线则含有超过 1MeV 的能量。如此高的能量使这两种射线在早期科学家的眼中成为了充满能量的粒子。实际上，充满能量的粒子也是波，所以两者之间的界限开始变得模糊起来。但是跟质子和电子不同的是，X 射线和伽马射线是电磁波，即它们具有电场和磁场。

X 射线和伽马射线最有趣的应用是在医学成像领域。当威廉·康拉德·伦琴第一次发现 X 射线时（1895 年），他用 X 射线制作了一幅他妻子手掌骨骼的图像（图 9.11）。这件事轰动了世界，很多人认为"伦琴射线"（X 射线最初的名称）是一个骗局。人们不愿相信这样的奇迹（看到身体内部）是真的。

医学成像

任何能够穿透身体的辐射（或多或少都沿着直线移动）都可以被我们用来获取有关身体内部的信息，这一点在医学上的价值是显而易见的。

图 9.11

伦琴妻子的手掌骨图像，这是人类最早的 X 光片之一（1895 年）

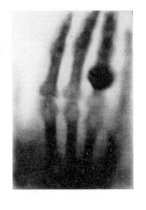

X 光片

X 光片很像是半透明物体的影子。重元素（比如你骨骼中的钙）比轻元素（比如你血液和肌肉中的碳、氢和氧）更容易吸收 X 射线，X 射线成像利用的就是这一点，它在观察骨骼方面尤其有效。

要想拍一张 X 光片，X 射线通常需要从一个点发出，一般需要用一束聚焦精准的电子击中一块重金属（如钨）。当电子突然停下时，它们会发出 X 射线。我们把待成像的对象，可能是一块折了的骨头或者一颗头骨（图 9.12），放在发射器和一块胶片之间。感光胶片里的卤化银会被 X 射线曝光，这至今仍是探测 X 射线最常用的方法。电子记录（比如数码相机）如今也投入了使用，但是它无法提供和感光胶片一样高的分辨率，而大部分医生仍需依靠高分辨率图像来作出准确的诊断。

图 9.11 显示的是伦琴拍摄的人类最早的 X 光片之一。图 9.12 展示的是人类头骨的 X 光片。记住，这和影子很像。X 射线会让胶片颜色加深，所以背景是黑色的；图像明亮的部分是少量 X 射线穿过的位置，所以白色区域代表骨骼；这一点让图像易于解读。

X 射线也应用于工业和国家安全领域。我们可以通过用高频 X 射线和伽马射线照射汽车、卡车及集装箱（海运）来检测重金属。这类射线对于重金属元素（比如铀或钚）特别敏感。每天都有上千个集装箱进入美国，美国政府已经启动了一个计划，要求尽可能多的集装箱接受 X 射线检查，为的就是截获铀和钚这样的材料。

图 9.12

人类颅骨的 X 光片（图片来源：
Shutterstock）

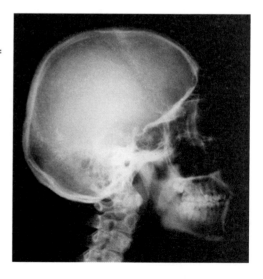

磁共振成像（MRI）

　　图 9.13 是人类颅骨的**磁共振成像**（MRI）。如果你的第一反应是这是一幅画，或者一个被切开的真实头骨，你大概就能理解人们在一百年前看见第一张 X 光片时的感觉了。在我看来，这幅图是现代物理学的真正奇迹。对于内科医生及其患者来说，这样的图像具有巨大的价值。

　　医学磁共振成像测绘出了氢的分布。在软组织（碳水化合物和水）中，氢的密集程度是最大的，这就是为什么你能如此清晰地看到大脑和舌头。请注意，你看不到牙齿，这就跟 X 光片不同了，牙齿中并没有很多氢。

　　磁共振成像曾经被称为**核磁共振成像**（Nuclear Magnetic Resonance Imaging，NMR）。但是"**核**"（Nuclear）这个字会吓到那些潜在的病人，所以它被医学界去掉了。（我没开玩笑，事实就是这样。）

　　MRI 的工作方式就是探测氢原子核（质子）的晃动。患者被放置在一个强磁场中，通常身处一个圆柱形的磁体中。（有些患者不喜欢待在如此狭窄的地方。）患者体内的质子同样也是磁体（因为有旋转的电荷），而外部磁体会让这些质子朝着相同方向排列。接下来我们用无线电发射器来发射电磁波，制造出一个旋转的磁场，让质子晃动离开原来的位置，当质子重新回归原来的位置时，会发出无线电信号，无线电接收器可以探测这种信号。真正的技巧在于，通过质子制造并发出的信号辨别质子的位置，这一点是通过改变无线电波频率、调节磁场，以及其他一些手段完成的。

　　据我们所知，MRI 不会对身体造成任何伤害。磁场和无线电波不会影响 DNA，而且我们也没有发现任何副作用。MRI 的唯一问题就是它成本很高，因为磁体很昂贵。有些人认为磁体

图 9.13

人的头部 MRI 图像（图片来源：NASA）

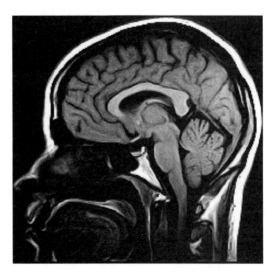

的价格会下降。现如今已经有一些公司在提供相对便宜的 MRI，你甚至可以将其作为礼物送给你爱的人。我们还不太清楚 MRI 在其他一些方面是不是真的有价值，比如能否用 MRI 扫描健康的人，从而寻找疾病的早期信号，或者提前诊断那些极有可能罹患某些疾病的人。

CT 扫描

X 射线计算机辅助断层成像（Computer-Aided Tomography，CAT，也叫 CT 扫描）会从很多不同方向进行 X 射线成像，这就是 **X 射线断层**的意思。就像其他 X 光片一样，这种扫描也对重元素（比如钙）最为敏感，计算机随后便可以结合所有层面的图像来计算和建立一张 X 射线吸收状况的 3D 示意图。这就是**计算机辅助**的意思。当所有数据都进入计算机时，医生就可以展示数据的任何部分。在图 9.14 中，计算机将数据绘制成一张图像，该图像看起来就像是头颅内部的一个薄切片。

你会注意到，尽管用的是 X 射线，CT 扫描仍包含了很多大脑的细节。因为 X 射线的吸收即使在软组织中也会发生，所以在没有骨骼的区域，我们可以将对比度加强，从而显示出 X 射线吸收情况的微小区别。

X 射线计算机辅助断层成像的不足（相较于 MRI）在于它使用的是 X 射线。因为我们必须获取很多图像，所以 X 射线的剂量可能会很大。工业领域经常使用 CT 扫描来透视结构，从而确定是否存在小裂缝或其他瑕疵；在这种情况下，剂量大小就不再重要了。

图 9.14

从正上方看到的人类头部 CT 扫描（图片来源：NASA）

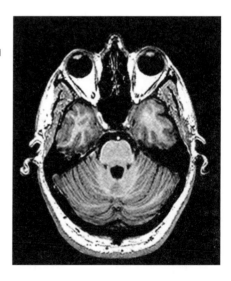

头条物理学

PET 扫描

正电子是一种形式简单的反物质。特定同位素会发射正电子（而非阿尔法粒子或者贝塔粒子），这类同位素在医学中极其重要。下面列出了一些作为正电子发射体的同位素及其半衰期：

碳-11——20分钟

氮-13——9分钟

氧-15——2分钟

氟-18——110分钟

碘-124——4.2天

要想使用 PET（正电子发射计算机断层扫描），你要准备内含正电子发射体的物质。例如，你可以给患者一些碘-124（通过药片或血液注射皆可）。碘往往会聚集在患者的甲状腺上，但是如果一部分腺体功能紊乱，那部分腺体可能就无法获得应有的碘。

如果碘-124发出一个正电子，该正电子在不远处就会击中一个电子。这种情况下，两个粒子就会消失（称为**湮灭**），而两条伽马射线会朝着反方向发射出去。离开甲状腺的伽马射线被伽马射线探测器找到，由此就能测量出正电子和电子相撞的精确位置。

仪器不知道伽马射线是从哪儿来的，但是它知道发射点就在两个探测点的连线上。制作一张图像需要上百万条伽马射线。每条射线都会给计算机提供一条直线，然后计算机就会计算碘-124在甲状腺上的分布，这部分就是**计算机断层扫描**。任何功能紊乱的甲状腺部位都会出现一个空白点，而极度活跃的部分则是亮的。

正电子发射体，比如碳-11，能被生物体吸收，随后我们可以通过 PET 扫描测量出它们的位置。如果你给患者服用氧-15，你就可以通过观察氧的流向来探测更加活跃的大脑部位。图9.15显示了这种用于观察大脑活动的 PET 扫描图像。不同的颜色是由计算机生成的，指出了不同位置发出的信号的不同强度。

这个方法很难执行，因为放射性同位素衰变实在是太快了；但从另一面来说，它们在身体中的存留时间也不长，所以患者体内的雷姆剂量通常也很小。

红外热成像

我们讨论过，不同温度的物体会发出波长不同、强度也不同的红外辐射。所以红外线辐射成像可以为医生提供一幅关于皮肤温度的图像。

图 9.15

用反物质成像:大脑的 PET 图像(图片来源：美国能源部)

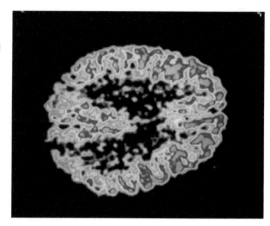

这是一种相对较新的技术，而且我们还不清楚这种技术的价值在哪儿。话虽如此，**红外热成像**已经在诊断乳腺癌、代谢障碍症以及特殊损伤中派上用场。图 9.16 展示了用温度记录照相机生成的本书作者的图像。颜色是计算机加上的，意在指示温度。

超声成像

我们已经谈到了利用不同的光波来成像的方法。为什么不用声波呢？基本的问题就是大部分声波的波长都非常长。一条 1000Hz 的声波，以 $v=340$ 米 / 秒的速度移动，那它的波长就是 $L=v/f=34$ 厘米。对于医学成像来说，问题就更严重了。回想一下（第 7 章），声音在水中的速度是 1482 米 / 秒,在身体组织中的速度约为 1540 米 / 秒,此时 1kHz 的声波的波长已达 1.5 米。

但是我们可以寻求高频声波的帮助，比如 100kHz 时，声波波长就只有 $1540/10^5=1.5$ 厘米。这类高频波称为**超声**，关于超声的研究和应用就称为**超声学**。我们可以利用超声振动物体的方式来清洁珠宝和其他小物体与零件。这种设备称为**超声波清洗机**。

图 9.16

本书作者的人体温度记录，由对红外线敏感的照相机拍摄。计算机用"假彩色"(false color)重制了图像，右面的标尺显示了温度和颜色的关系。注意，头发和衣服比皮肤更冷

头条物理学

图 9.17

胎儿的超声图像（图片来源：
Shutterstock）

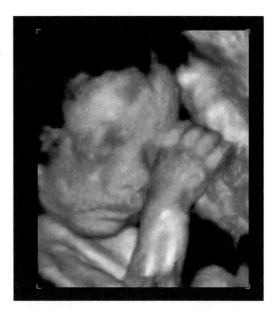

　　医用超声发生器使用的频率约为 1M—1.5MHz，波长约为 1 毫米。我们完全听不到超声，但是可以用灵敏的麦克风来探测它们。超声成像经常被用来观察未出生的胎儿，检测可能出现的发育问题。图 9.17 展示了通过超声获得的还在子宫中的婴儿头部图像。

蝙蝠与潜艇

　　蝙蝠也使用超声，主要是为了寻找猎物和躲避障碍，这种能力让它们能生活在完全黑暗的洞穴中。大部分蝙蝠的视力并不好，这就是"像蝙蝠一样盲目"这句谚语的由来。但是它们不需要视力。几年前飞进我家的一只蝙蝠绕着房间快速地移动，就像一只被困住的鸟。但是跟鸟类不同，蝙蝠不会撞上任何东西。事实上，我非常从容地看着它在房间里飞，因为我知道它不会撞到我或其他东西。后来它发现了向室外打开的门，消失在了黑夜中。

　　蝙蝠用的频率正好略高出人类的听力范围，约为 20kHz。在空气中，对应的波长 $L=R=340/20000=0.017$ 米 =1.7 厘米。这已经足够它们定位飞行中的昆虫[1]，从水面上掠过时喝水，以及躲避屋子里的物理学教授了。

　　潜艇使用类似的系统来探测物体和其他水下潜艇。潜艇会发出声波然后探测反射波从而确定对方的方向。对不想因为自己发出的声波而被定位的潜艇来说，**被动声呐**更受欢迎。不同于

---

[1] 蝙蝠无法"解析"两只接近的昆虫，但是如果它们获得了来自一只昆虫的声波反射，它们就能找到最强信号的方向，这可比一个波长准确得多。

上文提到的方式，被动声呐会通过倾听水中的声音（可能在声道中）来探测发出声音的物体。声呐（sonar）一词是"声音导航与测距"（sound navigation and ranging）的缩写。

X 射线反向散射

X 射线在经过物质时会被重金属元素吸收，但是也有一部分会从物质上（主要是因为电子）向后漫反射回来。这就是**康普顿散射**（Compton scattering），发生这种情况时，X 射线会失去一些能量（给了电子）。

物质中的电子越多，发生的反向散射就会越明显。鉴于每个电子都对应着一个质子（而且中子的数量也大致等于质子的数量），所以电子的密集程度约等于物质的密度。因此可得，反向散射的程度大致取决于物质的密度。

反向散射现象开始变得重要起来，是因为在某些应用场合你无法让 X 射线一路穿过某个物体；另外，相比探测重金属元素（比如骨骼中的钙），人们有时更想观察密度的变化。图 9.18 显示了躲在香蕉运输车中的偷渡者试图从危地马拉进入墨西哥南部的情景。

你可以看出这里利用了 X 射线反向散射成像，因为图中的物体没有通透感——X 射线进入材料几厘米就发生了康普顿散射。当然，有一些 X 射线从卡车货箱上反向散射，但是只要散射在各个位置都是统一的，图像中就是整体统一的灰色，我们通过提高对比度就能去掉这种颜色。你还可以看到支撑车厢的柱子。

我们也可以用 X 射线的反向散射来搜查一个人是否夹藏武器。但是，这种应用面临一些反对意见。即使辐射剂量极其低，很多人仍然对此感到恐慌，从而拒绝接受 X 射线的检查。但是即使克服了恐惧，还是有人会因为隐私方面的考虑而反对这种检查。

反向散射 X 射线可以轻松穿过轻薄的衣物并返回皮肤表面的图像，在这样的图像上人看起来是裸体的。有人告诉我有些不重视个人权利的国家用 X 射线反向散射来检测所有飞机乘客是否携带武器；这种事情确实有可能，但我没有亲自验证过。

图 9.18

X 射线反向散射图显示了偷渡者试图通过香蕉运输车从危地马拉进入南墨西哥的情景（图片来源：美国科学与工程公司）

开锁

当你不知道密码锁的密码但还想打开它时，你可以用 X 射线反向散射来观察密码锁内部的机械装置。我曾经跟一位高级锁匠聊过，他向我展示了一种设计，他们把一层特殊的重金属插在自家最好的保险箱的机械装置的前面，为的就是防止有人用 X 射线反向散射来撬锁的。

▌小结

所有温度高于绝对零度的物体都会发光。根据颜色定律，物体发出的最大波长 $L=3000/T$。在 300K 时，最大波长对应红外线（$L=10$ 微米）；在 3000K 时，光的颜色是红色，在 5000K 时，颜色变白，而到了 7000K 时，就变成蓝色。辐射的总功率和温度的 4 次方成正比，所以如果绝对温度翻倍，辐射总功率就会变成原来的 16 倍。钨丝灯泡之所以会发出红光是因为它的温度是 2500K。加热灯发出的主要是红外线。人体会发出波长较长的红外线，我们可以用特殊照相机看到红外图像。树发出的红外辐射可以温暖地面并且防止形成露水。军事特种作战士兵使用红外目镜以便在夜间看东西。毒刺导弹可以自动追踪发动机排气发出的红外辐射。蚊子和响尾蛇用红外线来探测天敌和猎物。

紫外线辐射（UV）是波长比可见光稍短的一种光。"黑光灯"会发出紫外线。当紫外线击中磷光体时，磷光体就会吸收它并发出可见光。这样的磷光体能让材料发光，甚至可以让白色看起来更白。紫外线会导致晒黑、晒伤以及皮肤癌，它也是风炙的元凶。大部分现代太阳眼镜都能阻挡紫外线，防止眼睛受到伤害。由太阳发出的紫外线进入大气后，在海拔约 50000 英尺处制造出了臭氧层。臭氧是一种很强的紫外线吸收物质，能防止强烈的紫外线抵达地面。臭氧可以被含氯氟烃化学品（CFC）破坏，而这种物质在被禁用前，曾大量应用于冰箱、空调、喷雾剂和去污产品。

地球被可见光所温暖，又因为红外辐射而冷却。因为温室效应，地球甚至变得比以前更热了，大气还在一如既往地吸收红外线从而防止地球变冷。温室气体包括水蒸气、二氧化碳以及臭氧。人类一直在向大气排放二氧化碳，而这可能就是有目共睹的全球变暖的原因。当汽车停在太阳下时，汽车内部就发生了类似的过程。

不可见光包括无线电波、微波、X 射线以及伽马射线。它们由不同的频率和波长来区分。但是这些波有一点是相同的，即 $fL=c$，这里的 c 代表光速。我们把微波用于烧水和雷达。微波可以通过使眼睛内部升温而损害到眼睛。X 射线和伽马射线在医学成像方面有很多应用，其中包括 X 射线计算机辅助断层成像（CAT）。磁共振成像（MRI）曾经被称为核磁共振（NMR）。MRI 能提供含氢软组织的清晰图像。正电子发射计算机断层扫描（PET）可以显示化学物质（如碘）进入了身体的哪个部位。当正电子和电子相遇而湮灭时，会发出方向相反的伽马射线。

我们可以利用红外辐射获得显示皮肤温度的图像，这种图像可以在检测乳腺癌和其他生理疾病时派上用场。超声可以用来给身体内部成像，例如获得胎儿的图像。蝙蝠用超声来探测昆虫和障碍物，原理是让高频声波从物体上反射回来，然后探测这种反射。当用在潜艇上时，我们称这种应用为**声呐**。

当目标物体太厚导致 X 射线无法穿透时，我们还能用 X 射线反向散射来勘察物体表面下的东西。

讨论题

1. 一些晚期癌症患者拒绝用核磁共振成像做检查，因为他们怕辐射。核磁共振真正的风险和好处是什么？这种现象反映了人们对"核"的哪些看法？

2. 在寒冷的早晨，有时你会在汽车表面看见霜，但停在树下的车却可能一点霜都没有。为什么？

3. 有人害怕超声成像吗，为什么？有人在网上反对超声成像吗？你觉得他们是对的吗？超声成像是否会对胎儿带来危险，危险有多大？有没有一些好的医学理由能支持超声成像？

搜索题

1. 是否有某些动物能看到人类无法看到的紫外线？有哪些植物通过反射紫外线来应付这些动物？

2. 日光浴店是怎么让人晒黑的？为什么人们在做这件事时要戴眼罩？用这种方式晒黑是否有危险？获得这种"看起来很健康"的肤色有哪些长远后果？

3. 在网上找一些使用不可见光制作的图像。X 光片很常见，红外线图像呢？你能找到用紫外线制作的图像吗？你能找到的最神奇的医学图像是什么？再找找用红外线制作的电影。

论述题

1. 红外辐射也被称为红外线。描述一下红外线和可见光之间的区别。什么东西会发出红外线？动物能利用红外线吗？为什么有时候发射红外线会"浪费"能量？举例说明红外线在现代技术中的使用场景。

2. 现代医学成像能做的事可比简单的 X 射线应用多得多。定义并解释四种用于医学成像的方法。解释一下这些技术背后的物理学，描述这些技术测量的对象，以及说一说它们的应用。

3. 可见光是一种电磁波。列举 5 种名称不同但都属于电磁波的东西。（试试选出非物理学专业学生不知道其实是"光"的东西。）这些波之间有什么区别？简短描述每种波都有哪些应用。

4. 不可见光包括紫外线。紫外线是什么，它如何影响我们的日常生活？它有哪些实际用途和应用场景？

5. 人类对大气层持续的污染足以对子孙后代造成持久的影响。哪些化学品被排放到了空气中并导致了这样的局面？造成的影响是什么？尽你所能描述出相关的物理知识。

6. 解释一下紫外辐射的危险和好处。它是如何造成伤害的？它在商业中有什么用途？我们如何用它来获利？

7. 讨论一下不可见光的军事用途。

8. 如何用不可见光来净化水？

9. 讨论一下冷色（cool color）是什么意思，特别是对涂料来说。冷色能解决什么问题？它的工作原理是什么？

选择题

1. 以下哪种波的频率最高？

A. 伽马射线　　　　B. UV　　　　C. IR　　　　D. 微波

2. 以下哪种波的频率最低？

A. 电视信号　　　　B. AM 广播　　　　C. 可见光　　　　D. 伽马射线

3. 如果你把一个物体的绝对温度加倍，它发出的光的波长

A. 会增长到 2 倍　　B. 会增长到 16 倍　　C. 会缩短为 1/2　　D. 会缩短为 1/16

4. 哪种光的波长最长？

A. 红光　　　　　B. 蓝光　　　　　C. 红外线　　　　　D. 紫外线

5. 不可见光包括

A. UV、夸克，以及胶子　　　　　B. X 射线、UV，以及 IR

C. 蓝光、蓝外线，以及红外线　　　D. 量子、反白，以及光子

6. 当一个物体变得越来越热时，它发光的颜色会如何变化？

A. 从白色到黄色，到红色，再到蓝色　　　B. 从蓝色到白色，到黄色，再到红色

C. 从红色到黄色，到白色，再到蓝色　　　D. 从黄色到白色，到蓝色，再到红色

E. 以上都不是

7. 无线电波和 X 射线

A. 频率相同　　　　B. 速度相同　　　　C. 波长相同　　　　D. 能量相同

E. 以上都不是

8. 如果你把绝对温度加倍，那么总辐射（功率）会

A. 减半　　　　　B. 加倍　　　　　C. 增加到 4 倍　　　　D. 增加到 16 倍

9. 普通钨丝灯泡的大部分能量是以什么光的形式（颜色）发出的？

A. 紫外线　　　　B. 绿光　　　　　C. 红光　　　　　D. 红外线

10. 热的辐射也被称为

A. IR　　　　　B. UV　　　　　C. 白光　　　　　D. 伽马射线

11. 哪种颜色的星星最热？

A. 蓝色　　　　　B. 红色　　　　　C. 橘色　　　　　D. 白色

12. 阳光的哪种成分最亮？

A. UV　　　　　B. 红光　　　　　C. 绿光　　　　　D. 蓝光

E. IR

13. 以下哪种技术涉及的辐射会让人致癌（多选题）？

A. X射线计算机辅助断层成像　　　　　B. 磁共振成像

C. 正电子发射计算机断层扫描　　　　　D. 热成像

14. 因为身体温度，人类主要会发出

A. 声波辐射　　　B. 红外辐射　　　C. 紫外辐射　　　D. 可见光

15. 如果你在树下睡觉，就不会被晨露打湿身体。这是因为树

A. 吸收了星光　　　B. 防止了空气上升　　　C. 发出了红外辐射　　　D. 阻挡了云层

16. 露水的形成是由于地面因 _____ 而变冷

A. 发出 UV　　　B. 发出 IR　　　C. 发出可见光　　　D. 向下的热传导

17. "寻热"导弹探测的其实是

A. 红外线　　　B. 紫外线　　　C. 可见光　　　D. 无线电波

18. 制造臭氧层的是什么？臭氧层吸收的是什么？

A. 含氯氟烃　　　　　　　　　B. 化石燃料释放的二氧化碳

C. 宇宙射线　　　　　　　　　D. 紫外辐射

19. 臭氧消耗是什么造成的（多选题）？

A. CFC　　　B. 二氧化碳　　　C. 化石燃料　　　D. 宇宙射线

20. 几年前，有一类喷雾器被禁止了。这些喷雾器使用的是

A. CFC　　　B. 二氧化碳　　　C. 臭氧　　　D. 从没有喷雾器被禁止

21. 多光谱指的是

A. UV、IR，以及可见光　　　　　B. 可见光中的众多颜色

C. UV、IR，以及 X 射线　　　　　D. "比白更白"

22. NMR 这个名字被改成了

A. CAT　　　B. MRI　　　C. 超声　　　D. PET

23. 以下哪条关于臭氧层的陈述是不正确的？

A. 臭氧层位于对流层顶。

B. 臭氧层会导致雷暴侧向传播。

C. 臭氧会被氯破坏（例如通过氟利昂和其他 CFC）。

D. 臭氧是最重要的温室气体。

24. 雷暴中的云会上升，直到抵达

A. 二氧化碳层　　　B. CFC 层　　　C. 大气层顶　　　D. 臭氧层

25. 微波炉的最初的名字是

A. 光波炉　　　B. 雷达作用距离　　　C. 无线电波炉　　　D. 微波

26. 微波炉使用的辐射的波长

A. 约为 1 微米　　　B. 和雷达相同　　　C. 和激光相同　　　D. 和 AM/FM 广播相同

27. 微波炉中的微波主要加热

A. 碳　　　B. 空气　　　C. 水　　　D. 氧气

28. MRI 通过测绘哪种元素的分布来成像？

A. 碘　　　B. 碳　　　C. 钙　　　D. 氢

29. 以下关于 UV 的说法正确的是（多选题）

A. 会造成晒伤和风炙

B. 可以用于杀死印度偏远乡村的水源中的细菌

C. 也可以被称为黑光

D. 也可以被称为热辐射

30. 以下哪种技术最适合观察骨骼中的钙？

A. X 射线　　　B. MRI　　　C. PET　　　D. EEG

31. 黑光灯会发出

A. UV　　　B. IR　　　C. 无线电波　　　D. X 射线

32. 正电子

A. 是一种反电子　　　B. 和电子相同　　　C. 是一种夸克　　　D. 是一颗假定的恒星

33. 一般而言，造成晒伤的是

A. UV 辐射　　　B. IR 辐射　　　C. X 辐射　　　D. 伽马辐射

E. 可见光　　　F. 以上都对

34. 以下哪种技术使用了反物质？

A. CAT　　　B. MRI　　　C. PET　　　D. X 射线

35. 要想为身体中的氢 5 做成像，可以使用

A. PET　　　B. MRI　　　C. CAT　　　D. X 射线

36. 风炙是什么造成的？

A. 风带来的寒冷　　　B. 风带来的摩擦　　　C. 太阳发出的 UV　　　D. 太阳发出的 IR

37. 对电视进行遥控通常需要用到

A. UV　　　B. IR　　　C. 微波　　　D. X 射线

38. 响尾蛇和蚊子可以感受到

A. UV　　　B. IR　　　C. 伽马射线　　　D. 微波

39. 红外辐射能（多选题）

A. 帮助蛇定位猎物　　　B. 制造臭氧　　　C. 致癌　　　D. 造成晒伤

40. 最有可能引发癌症的是

A. 红外辐射　　　B. 微波辐射　　　C. 紫外辐射　　　D. 白光

41. 广告语"比白更白"意味着材料本身会

A. 发出 IR　　　B. 发出可见光　　　C. 吸收 IR　　　D. 发出 UV

42. 为了让衣服看起来特别干净，制造商用上了

A. 红外辐射   B. 电子束   C. 紫外辐射   D. 荧光染料

43. 一道 X 射线的能量通常是

A. 1eV   B. 1000eV   C. 50000eV   D. 1000000eV

44. 在完全的黑暗中，如果你有对____敏感的照相机就能看到人

A. 紫外辐射   B. 红外辐射   C. 伽马辐射   D. 远紫外辐射

45. 手机会发出

A. 微波   B. X 射线   C. 伽马射线   D. P 波

46. 下面的每一项都会用到红外辐射，除了

A. 逮捕非法移民   B. 军事"夜视"

C. 在海洋中测量波速   D. 利用树防止晨露弄湿露营者

47. 蝙蝠在洞穴中导航依靠的是

A. 超声   B. IR   C. 黑光   D. 雷达

48 荧光灯的荧光体把下面选项中的哪个变成了可见光？

A. X 射线   B. 红外线   C. 紫外线   D. 阿尔法射线

49. "冷屋顶"

A. 在可见光下必须是白色的   B. 必须反射红外线

C. 在可见光下必须是棕色的   D. 不吸收 UV

51. 用于净化水的最佳辐射类型是

A. 可见光   B. IR   C. UV   D. 微波

52. 以下哪项是电磁波（多选题）

A. 雷达信号   B. 可见光   C. UV   D. X 射线

53. 要想为大脑中的氢成像，最好使用哪项技术？

A. MRI   B. CAT   C. PET   D. X 射线

54. 以下哪个选项是使用 X 射线的先进方式？

A. MRI   B. PET   C. CAT   D. SAR

第 **10** 章

气候变化

全球变暖

看看图 10.1。这张图显示了 1850—2006 年地球的平均温度。图中陡峭的温度上升就是**全球变暖**。

报纸和政客几乎每天都说起全球变暖。有时你会看到一篇新的科学研究报告，但更多的是在灾难背景下提到全球变暖的新闻报道，这些灾难包括飓风、严重的龙卷风、某地的干旱，以及作物减产，而科学家们说这些都有可能是全球变暖造成的。证据似乎是如此"势不可当而且无可争议"，很多人宣称"争论已经结束"。但是争论仍在继续。

事实上，你每天听到的大部分信息都在夸大其词，有时甚至是有意为之。人们对气候变化的反应是如此强烈，对于可能的未来充满恐惧，以至于有意夸张了自己的说辞（无论是支持还是反对），为的是招募更多的同道者。争论的热度有时会超过全球变暖（顺便说一下，这是真的）的热度。在本章，我会试图给出有关全球变暖的冷静描述，努力不夸大其词，不偏向任何一方。

当前地球的温度（过去 10 年的平均值）是过去 400 年中最高的。图 10.1 显示，从 1850 年到 2006 年的温度变化接近 2 ℉（约 1℃）。这个数字看起来似乎不大，从某些角度说也确实不大。很多人担心的理由是，他们害怕这只是未来的前兆。温度的变化在很大程度上非常可能是由人类活动（特别是化石燃料的燃烧）造成的。如果的确如此，那么我们预测温度还会持续上升。虽然便宜的石油正变得越来越稀有，但是价格在 60 美元 / 桶及以上的石油储量似乎还很丰富。（我会在本章后面展示相关数字。）需要大量能源的国家似乎都拥有巨大的煤炭储量。燃烧化石燃料会把二氧化碳排放到大气中，这就成了问题。

二氧化碳极有可能会造成严重的气候变暖，当我们燃烧更多的化石燃料时，温度极有可能会继续上升。在接下来的 50 年中，最乐观的估计是额外增加的温度将会介于 3 ℉和 10 ℉之间（1.7—5.6℃）。这是个大数目。从 1900 年到现在的气候变暖已经造成阿拉斯加很大一部分永久冻土融化。再来一个 10 ℉的温度上升足以使美国肥沃的地区变得干旱，并引发世界范围内大规模的经济破坏。同时我们也有理由相信，极地变暖情况将会更加严重。

图 10.1

全球变暖。用温度计测量的地球
从 1850—2006 年的平均温度

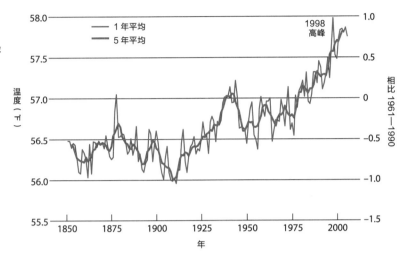

科学的"共识"

每隔几年，一个享有声望的国际委员会就会对气候变化状态做出一个新的评估：我们了解多少、可能的结果是什么，以及我们能够做什么。这个组织是联合国和世界气象组织委任的，名称是**政府间气候变化专门委员会**（IPCC）。IPCC 非常重要，如果要谈论气候变化就不能不知道它，就像当你谈论国际事务时必须要对**联合国**有所了解一样。

IPCC 的目标是完成一个不可能的任务：让数百位科学家、外交官和政客达成共识。于是 IPCC 的结论经常是温和而混杂的，但是它的报告包含有丰富的数据，可以帮助所有人评估正在发生的情况。2007 年，IPCC 和美国前副总统阿尔·戈尔分享了诺贝尔和平奖。你需要知道 IPCC，但不用记忆每个字母都代表了什么。

知道存在这么一个科学共识是重要的——虽然并不是所有人都同意。你也需要知道这个共识的真相是什么，因为意见双方都会夸大并歪曲它，试图误导你相信他们所说的就是 IPCC 的结论。

有很多人报告了大量的异常天气状况。在副总统戈尔的纪录片及其配套的书《难以忽视的真相》（*An Inconvenient Truth*）中，他告诉人们，飓风、龙卷风以及野火问题越发严重。他所说的大部分话都言过其实；我将在本章中讨论这些细节。当这种夸大之词被曝光，一些人就试图把相应的警示全盘解除掉，但是这种逻辑是错误的。支持假说的理由是错误的，并不说明假说本身是错的。仍旧有很多理由需要我们关心。

当然，我们在行动之前必须首先分清真伪。人们提出的某一些行动只是象征性的；还有一些是为了树立榜样；另有一些则是为了抢占先机。这些提议中只有为数不多的几个（几乎不包含任何主流政客的提议）会真正解决问题。你需要知道象征性姿态和有效行动之间的区别。

更糟糕的是，燃烧化石燃料还有除了全球变暖之外的另一种效果——一个虽然获得了科学界的关注但却并未得到公众重视的效应。通过化石燃料排放的二氧化碳约有一半最终进入了海洋，而二氧化碳会增加海洋的酸性。这导致的问题并不会像酸雨那样及时现形，但是它会对海洋中的生物造成潜在的灾难性影响。海洋的酸化对生态圈造成的危险可能比温度额外升高几度还要严重。我不会在本章中继续讨论这个问题，但是你不应该忘记这一点。

气候简史

　　气候历史上最准确的数据来自 1850—2006 年的温度计记录，图 10.1 展示的就是这些数据。这张图的制作并不轻松。南半球和北半球的情况并不总是一致，这大概是因为三分之二的陆地都处于赤道以北。请注意不要过分强调城市。城市经常被称为热岛，因为人造材料（比如街道上的沥青）相比于它所替代的植物群会吸收更多的阳光，所以城市会比周边乡村更热。但是，炎热的城市更像是一种局部效应，而非全球变暖的标志。关于这张 IPCC 图表仍有一些争论，但是我认为这是现有所有图表中最好的。[1]

　　图 10.1 中的粗线代表变动的平均值，意味着这条线上的每个点实际上都是更细那条线上几个临近点的平均值。粗线会引导你看出图中的趋势。这些温度计数据揭示了几件非常有趣的事。1860—1910 年（图左侧），世界平均温度约比现在低 2 °F。别忘了这个 2 °F 代表的是平均值；有些区域的温度并没有升高这么多（比如毗邻美国的地区），而其他地区的温度则增长得更多。在此前的几个世纪中，欧洲几乎每年冬季的温度都低得足以使英国的泰晤士河及荷兰的运河结冰。没有这样的寒冷，我们就不会有像《汉斯·布林克与银冰鞋》[2] 这样的文学作品。如今运河很少会结冰。"小冰期"是全球范围内的一次寒期，而寒冷是该时期的尾声。小冰期的长度尚有争议，但是它极有可能是紧随"中世纪暖期"（medieval warm period，大约在 1350 年结束）发生的。

　　有些人认为全球变暖不是人类活动造成的，地球只是正在从造成了小冰期的自然现象中恢复过来而已。IPCC 无法排除这个可能性；事实上，从 1850 年到 1950 年的温度上升很有可能就是自然发生的，也许要归因于太阳的变化。但之后（从 1957 年到 2006 年）的变暖则是另外

---

[1] 数据是哈德利气候预测和研究中心（Hadley Center for Climate Prediction and Research）收集的，该中心坐落于英国。他们在收集数据方面非常小心。美国国家海洋与大气管理局（NOAA）发布了另一张图表，但是和这一张基本上是相同的。

[2] 英国女作家玛丽·梅普斯·道奇所著的小说，又名《银冰鞋》。荷兰小男孩布林克看到水堤上有个孔在漏水，就把手指塞进去堵住了水流。这则故事深深地迷住了美国读者。为了纪念这一虚构的英雄和事件，荷兰人为小英雄树立了一尊雕像。——编者注

一回事；IPCC 认为这段时期的全球变暖很有可能（至少一部分）是人类活动造成的。他们判断，过去 50 年的温度上升只有 10% 的可能性是自然现象，即不是由人类活动造成的。如果温度升高是自然现象，那么我们就很幸运，因为如果过去的记录显示了温度自然变化的极限，那么温度的升高不太可能会继续太久。

很多人误解了全球变暖的科学共识。下面就是该共识的摘要：在最近（2007 年）的研究中，IPCC 发现人类有 90% 的可能性需要为过去 50 年中观察到的全球变暖负责，至少需要负责一部分或者（极有可能）大部分。很多人感到惊讶，因为他们认为该共识的声明是"势不可当而且无可争议的证据表明，人类要为过去 120 年中的所有全球变暖负责！"这可能是真的，也可能不是，但这不是 IPCC 的共识。你可以在脚注 [1] 中找到共识报告的确切用词。

虽然行动的成本很高，但是 90% 的可能性是不能忽视的。甚至在毫不夸张的表述下，IPCC 的共识结论仍然强而有力。

我们再来看看图 10.1 中的温度。请注意记录中最温暖的一年是 1998 年。你可能会觉得奇怪，在持续的全球变暖下，最暖的一年实际上竟然出现在 20 世纪，而不是 21 世纪。但这不是一个合理的疑虑。温度变化不是平滑的，而是颠簸的。我们不清楚是什么导致了这种波动，有可能是云量的自然变化。如果你扔 100 次硬币，并不总能得到 50 次正面和 50 次反面，与此类似，如果气候在变化，那么仍然会有一些年份比温度走势更暖，而另一些年份则更冷。图 10.1 显示，自然变化通常会围绕平均值曲线在 0.2—0.4 ℉（约 0.1—0.2℃）的范围内上下波动。这就是为什么科学家们更愿意观察趋势。我们在观察记录时发现，过去 50 年里的全球变暖实际合计仅为 1 ℉，因而得出了这样的结论，波动很容易使趋势变得模糊。

如果我们回顾更久远的时代会如何？可惜的是，好的温度计在之前的时代并不存在，所以我们没有好的记录。但是，我们可以在古代冰块记录中找到气候的痕迹，以此为基础我们可以推导出一些关于古代温度的信息。这是我进行过深入研究的一个课题，我写了很多这方面的论文以及一本相关的专业图书。图 10.2 这张图显示的是格陵兰的冰量记录。在冰中，我们测量了不同种类的氧（更重的氧同位素）的含量，根据别处的经验，这些含量似乎可以反映温度差别。然后我们加入了基于近期已知温度的近似温标。

在这张图上，全球变暖看起来程度非常低——只是最右边一小部分曲线的微小上扬，在

---

[1] 这里是 IPCC 2007 报告的真实引述："已观察到的大气和海洋的普遍变暖以及冰山消融支持了以下结论：过去 50 年间的全球气候变化极不可能在没有外部力量参与的情况下发生，而且很有可能并不仅因已知的自然因素引起。"IPCC 定义的很有可能，指的是 90% 的置信度。这就相当于说有 10% 的可能性全球变暖完全不是由人类造成的。在报告的其他部分有一个类似的陈述，但是增加了大部分这个词，意指人类有 90% 的可能要为大部分的变暖负责。IPCC 报告没有解释词语之间的矛盾。如果我们把大部分考虑进来的话，那么 IPCC 的结论说的就是有 10% 的可能性大部分人类观察到的变暖是由人类以外的因素造成的，比如太阳变化或云层的自然波动。

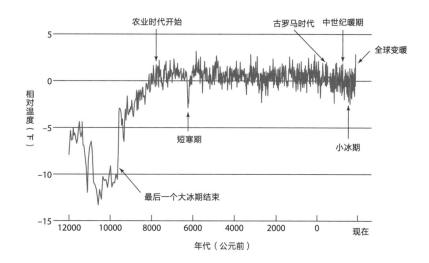

图 10.2

从公元前 12000 年至今的温度，通过对格陵兰的冰中的氧同位素进行测量得出

农业时代开始 古罗马时代 中世纪暖期

全球变暖

短寒期

小冰期

最后一个大冰期结束

相对温度（℉）

年代（公元前）

杂乱的数据中几乎隐形。但是请记住，令我们担心的并不是现在 2 ℉ 的变暖，而是未来潜在的 10 ℉ 变暖。请看标有**小冰期**的区域，它在图上显示为一次轻微的下降，约比之前 1000 年的水平低 1 ℉ 或 2 ℉。在公元前 6000 年，还有一个**短寒期**，我们并不知晓其原因。

这张图上最具有戏剧性的一点就是从图最左侧开始的极度寒冷期在约公元前 9000 年突然停止。这就是最后的冰期。虽然图中没有显示，这次冰期大约从 80000 年前开始。这个时期存续的时间比它终止后至今的时间长得多。当时的温度比现在冷 10 ℉ 以上。这个冰期让小冰期显得非常弱小。

我们知道大冰期的到来是规律性的，模式如下：每隔 80000—90000 年的极寒时期，就会出现一个持续 10000—20000 年的温暖间冰期。人类在当下这个间冰期的开端发明了农业，如图 10.2 所示。所有文明都基于农业，少数人从此可以通过高效的食物生产为多数人提供足够的食物，这就意味着商人、艺术家甚至物理学教授都有了食物。

大冰期将会重现的事实在 20 世纪 40 年代晚期惊吓到了一些人，那时候下降的温度让人恐惧大冰期是否即将开始。一些科学家推测气候变冷可能是由核试验对大气的污染引发的。（美国和苏联在 1963 年结束了大气层核试验，法国在 1974 年结束。）

我当时正在上小学，我们的一本教科书中有一幅画描绘了 1000 英尺（305 米）高的冰川推倒纽约的摩天大楼的情景。图 10.3 展示的是一张类似的图片，这张图片曾经出现在科幻杂志《惊奇故事》某期的封面上，上面画的是纽约伍尔沃斯大楼被重现的冰川碾过。

让很多人感到安慰的是，温度在 1970 年后开始上升，冰期并没有迫近。虽然气候变冷停止了，但是今天的科学家都不再认为核试验是罪魁祸首。相互关联并不意味着因果关系。

很多专家现在把那段短暂的降温期归结于当时超乎寻常的火山喷发数量，那几十年发生的

图 10.3

《惊奇故事》杂志封面展示了冰期回归对曼哈顿的影响。在上一次冰期中，一块同样巨大的冰川确实穿过了纽约所在的位置，那些冰川留下的遗迹现在被称为"长岛"

火山喷发把灰尘喷涌到了大气的高处。这种物质往往会反射阳光，于是减少了日照（insolation），也就是说减少了到达地面的太阳能。一旦尘埃落定，火山活动停止，地球就又开始变暖了。

温度一直持续上升，现在我们又开始担心气候变暖。这是先前趋势的一种延续，是小冰河期的尾声？还是某种更不祥的东西的序曲？随着对气候更深入的理解，现今大多数科学家认为是后者。我们现在将要讨论，为什么燃烧化石燃料可能是全球变暖的原因。话虽如此，但是如果我们足够聪明就应该谦虚，要意识到即使理论能解释现状，它也依然可能不正确。

二氧化碳

只要燃烧碳，就会产生二氧化碳。二氧化碳的化学符号是 CO_2。C 代表碳，O_2 代表两个氧原子。在氧气中燃烧碳，你就会释放能量并制造出 CO_2。我们可以把二氧化碳拆分为其组成成分，但这样我们就必须把先前拿走的能量再放回去。如果我们已经把能量用掉，比如用来发电，那就不得不留下二氧化碳。

二氧化碳是大气的一个微小组成部分，只占 0.038%，相比之下，氧气约占 21%。但是二氧化碳对生命有着重要的意义。几乎所有植物（我们的食物来源）中的碳都来自空气中这一小点二氧化碳。植物用阳光中的能量结合二氧化碳和水，制造出像糖、淀粉这样的碳水化合物，这个过程就是光合作用。碳水化合物恰如其名，主要成分是氢和碳。碳水化合物是我们的食物和燃料的基础材料。光合作用还会向大气中释放从水（H_2O）中提取的氧。当我们吸入氧气、将其与食物结合时，我们就获得了植物从阳光中吸收的能量，并且重又制造出了二氧化碳。

科学家按惯例把 0.038% 写作 0.000380=380/1000000=380ppm，此处 ppm 即百万分率。图 10.4 展示了大气中的二氧化碳水平在过去 1000 年中是如何变化的。请注意二氧化碳含量从公元 800 年一直到 19 世纪晚期都几乎没什么变化，保持在 280ppm 左右。在 20 世纪，因为煤炭、石油及天然气的燃烧，二氧化碳含量升到了 380ppm（增长了 36%）；有一些上升是毁林开荒时对雨林的大量焚烧造成的。如果我们继续燃烧化石燃料，二氧化碳含量应该会继续上升。

如果你在别处看见这种图，会发现坐标轴上的 0 通常都被省略了，所以 y 轴会从 260ppm 开始。我之所以没那么做是因为这会让你很难看出在 20 世纪出现的 36% 的增长。人们担心的正是近期发生的这种增长。其他测量值（图中未显示）告诉我们，现在大气中的二氧化碳含量比过去 2000 万年中的任何时候都要高。这是一个不争的事实，虽然令人震惊但是并不出乎意料。我们心知肚明自己燃烧了多少碳，这些足以引起大气中二氧化碳含量的上涨。（其中有一些二氧化碳会溶入海洋，使海洋变酸，还有一些会被新生的生物摄取。）

下面是图中所示内容的概述：在约 800 年的时间里，大气中的二氧化碳百万分率都很稳定地维持在约 280ppm，即占据大气的 0.000280。接下来，在公元 1800 年后的某个时间点，二氧化碳含量开始增长，这是我们加大化石燃料使用以及焚烧巴西热带雨林的结果。我们把煤炭用在供暖和铁路上；然后用"煤气"来点亮街道和家庭；接下来我们发现了石油，并将它用于

图 10.4

从公元 800 年至今，大气中的二氧化碳含量水平（以百万分率为单位）。过去 100 年中发生的 36% 的增长主要是由化石燃料的燃烧及雨林开荒时的树木燃烧造成的

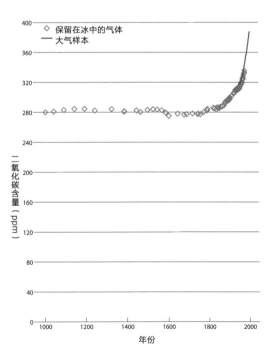

照明和供暖；当我们发现更大的石油储量的同时，汽车业开始发展了。（在汽车之前，洛克菲勒就已经通过石油积累了巨量财富。）

现在，再来看看图 10.1 中的温度计记录。恰好在地球开始变暖时，二氧化碳含量也开始增长，它该对此负责吗？ IPCC 宣称，二氧化碳要为过去 50 年（1957—2006）很大一部分变暖负责。把二氧化碳和变暖现象联系起来的物理过程，就是**温室效应**。

温室效应

地球被来自太阳的光所温暖。如果地球没有办法排掉它吸收的能量，就会越来越暖；但是地球是有办法的，它可以利用红外辐射。如果我们假设到达地球的所有辐射都被吸收，并且地球会向外发射出等量的辐射，我们就能通过计算得出下面这个出乎意料的结果：地球的温度约为太阳温度的 1/20。太阳表面的温度为 6000K，这就意味着地球的温度应该约等于 6000/20=300K=80 °F。这个数字和实际情况差不多。

在计算中，我假设所有到达地球的阳光都被吸收并且被转化成了热，但事实上只有 60% 的光被吸收，其他光则被反射了。（反射量被称为地球的**反照率**。）如果我们加入这个因素再次计算，就会发现地球的温度实际上应该约为 26 °F，远远低于冰点。如果真是这样，海洋就会冻结，而我们所知的生命也无法在地球上生存。但地球没有那么冷，平均温度约为 57 °F（再看看图 10.1）。多余的温度来自所谓的**温室效应**，如图 10.5 所示。

阳光到达地球，地球变暖，然后地球发出了红外辐射。但是正如你在图中看到的，大部分辐射并**没有**直接进入太空，而是被大气吸收。这是因为水蒸气和二氧化碳是红外辐射的有效吸收物质。大气自身变暖后也会发出红外辐射，一半辐射进入了太空，一半回到了地球。所以地球是被太阳和大气共同温暖的。这就是地球重新回到宜居温度的原因。

图 10.5

基本大气温室效应。请注意地球的表面被太阳和大气共同温暖

发向太空的红外辐射

阳光

大气　　H_2O, CO_2

地表

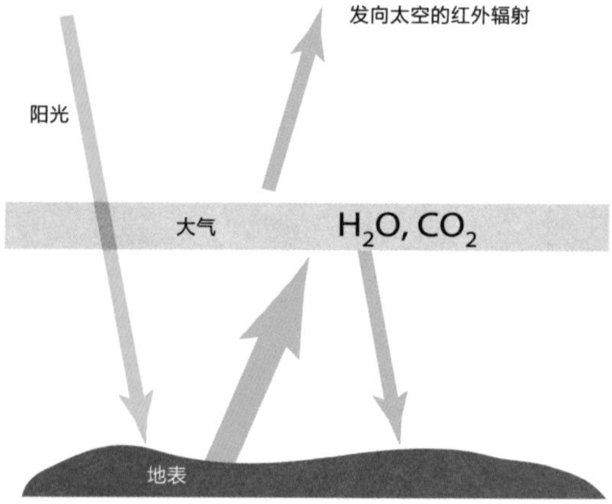

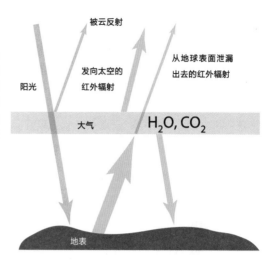

图 10.6

温室效应（补充了泄漏和云层因素）。因为有一些红外辐射泄漏到了太空中，所以变暖没那么严重。如果这种泄漏因大气中的二氧化碳增多而阻绝，那么地球表面就会进一步变暖。如果云量增加，地表温度就会下降

（图中文字：被云反射　阳光　发向太空的红外辐射　从地球表面泄漏出去的红外辐射　大气　H_2O, CO_2　地表）

请注意，太阳主要通过**可见**光温暖我们，然后地球会发射出**红外线**，而这就是地表能保持凉爽的原因。当红外辐射被大气吸收并被重新发射到地表时，就发生了温室效应。[1] 类似的情况也发生在花园的温室中。阳光穿过玻璃并温暖土壤。土壤发出红外辐射，但无法穿透玻璃而逃离，所以温室内部变得越来越热。这就是这种现象会被称为温室效应的原因。现在，更多人在停车场的汽车里体验到这种效应，也许它更时髦的名字（至少在美国）应该是"停车场汽车效应"。

图 10.5 显示了大气温室效应：地球发出的所有红外辐射都被大气吸收了，但这是一种夸大。有一些红外辐射泄漏出去，所以真实的温室效应没有那张图里那么严重。图 10.6 的展示更加准确（虽然复杂了一些）。

请注意，有一些阳光被云层反射回去了，而且地球发出的部分红外辐射直接泄漏到太空中，没有被反射回来。在这种情况下，结果就是，地球变得更冷了——世界平均温度稳定在了 57 ℉（14℃）左右。

如何增强温室效应

如果想让地球表面的温度再提高一点，我们应该阻止红外辐射的泄漏，让大气覆盖率变得更高。我们可以在大气中加入一种吸收红外辐射的气体。这样的话，泄漏出去的红外辐射就会

---

[1] 为了更准确，我们不能只说可见光和红外线。这里涉及三种光：可见光、近红外线、远红外线。近红外线是一种几乎可见的不可见光，它的波长只比可见光稍微长一点。太阳会发出可见光和近红外线，这些光会被吸收；然后地球会发出远红外线，这种辐射的波长约为可见光的 20 倍。大气吸收的正是这些远红外线。

减少，更多的红外辐射会回到地表。

我们现在就是这么做的，虽然不是有意为之。二氧化碳是良好的红外辐射吸收物质，可以阻止大气层泄漏红外辐射。而且，二氧化碳的效应会被放大，因为气候只需要变暖一点点就会让更多的水从海洋和湿土中蒸发出来。水也会帮助堵塞有漏洞的云层；这就是为什么水和二氧化碳一起出现在了图中。一点点二氧化碳就会导致一点气候变暖；这使得水蒸发，也会导致水变暖；总数大约是没有水的两倍。二氧化碳和水共同导致的气候变暖，要为地球过去50年中升高的1℉负起一部分责任。

现在我们来说一说不确定性。如果二氧化碳造成大气中的水分增加，那么会使得云量上升，而云会反射阳光，所以反而会导致地球变冷！我们很难知道确切情况，因为我们还没有发明出一种计算云量的好办法。事实上，正因为云层可能会抵消大部分额外的温室效应，IPCC对自己的分析非常谨慎。云量增长的不确定性让他们得出了结论：他们只有"90%"的信心相信，过去50年（1957—2007）中发生的变暖，至少有一部分是人类直接造成的。

两极变暖最多

温室效应导致的变暖的特征之一就是所有模型都预测极地温室效应会比赤道地区更严重。部分原因在于，融冰和融雪的反照率都很高——它们会反射阳光。

夸大宣传

重申一下，关于全球变暖，科学家群体是有一个共识的。这个共识以IPCC的报告为代表。比如，2007年度报告称，人类有90%的概率要为过去50年观察到的1℉（2℃）的全球变暖负一部分责任。温室效应是真实的，但现在还很微弱。正如我前面所说的，真正的忧虑在于我们预测（基于90%的可能性）温度会在接下来的50年出现巨大增长。

阿尔·戈尔最著名的观点是，人类造成全球变暖的证据是"压倒性的且无可争议的"（overwhelming and incontrovertible）。你需要知道，当他说这些话时他并不代表科学家们的共识（IPCC的结论），除非他对于压倒性的和无可争议的定义是有90%的可能性。

或许，在这种大肆宣传的背后有一个合理的目的。有90%的概率会发生灾难，这是非常糟糕的。但是微不足道的效果（上升1℉）往往不会吸引公众。如果威胁不是迫在眉睫而且显而易见，我们能不能以后再担心？答案是**不能**，因为二氧化碳往往会在大气中停留很长时间。虽然有一部分二氧化碳会立即溶解在海洋中，但我们相信剩下的部分会留在空气中。我们现在造成的任何危害都会持续，而且还会累积。

尽管如此，直到环保活动家对证据进行了夸大，公众才开始关注这个问题。那些夸大其词的人，查看了最近的气候记录，挑选出所有最糟糕的信号，忽略那些可能有乐观结论的信号，然后，把所有不好的效应全都归咎于全球变暖。这种方法被称为"采樱桃"（只挑选给人好印象的樱桃，然后告诉别人这些樱桃能代表整个收成），它在短期内可能在政治上是有效的，但却需要面临最终发生反弹的风险。公众最后可能会认为科学家们在夸大其词或是撒谎，然后对科学失去信任。

在本书中，我想准确描述那些已确知的事实。我假设你对此感兴趣，所以不需要夸大其词的说法。准确地描述情况，代表我不仅要指出事实（比如温度记录），还要指出很多你们曾经被告知是真的、但其实是假的事情。在我们一起审视这份"事实清单"时，请提醒自己，虽然很多关于气候变暖的说法是假的，但并不代表全球变暖是不存在的。这只能说明，迄今为止的效应仍很微弱，不像很多人描述得那么夸张。

IPCC 关于变暖的结论基于 3 种主要效应：温度计记录下的平均气温上升、海平面上升（大部分是因为海洋表层海水变暖导致的膨胀），以及北极浮冰群融化。我们现在来看一些被很多人归咎于全球变暖的现象，这些案例虽然刺激了公众，但只是几颗被刻意挑出来的"烂樱桃"。

卡特里娜飓风

你听别人说，在 2005 年摧毁了大部分新奥尔良市的毁灭性 5 级风暴（美国风暴最高等级）卡特里娜飓风，是全球变暖的一个结果，而且随着变暖继续，我们将会遭遇更多的卡特里娜。

而事实上，当卡特里娜袭击新奥尔良市时，它并没有到 5 级，而是弱得多的 3 级。它之所以被泛称为 5 级风暴，是因为它在海上非常强大，但袭击城市时早已经减弱了。在过去 40 年中，袭击新奥尔良的任何一场中级（3 级）飓风都有可能摧毁这座城市。新奥尔良之所以如此脆弱，是因为它有很大一部分建在低于海平面的陆地上，与此同时，用来抵挡海浪的防洪堤在设计、施工和维护方面都做的很糟糕。但新奥尔良只是一个小目标，美国平均每年只有不到 2 场飓风，所以难怪这座城市一直以来都能幸免于难——直到 2005 年。新奥尔良的灾难，并不是过去 40 年中任何变化的预兆，它仅仅说明，只要你等的时间足够长，一些小概率事件（一场 3 级风暴击中小目标）确实会发生。

你有时会听到新闻记者（甚至科学家）说，飓风的数量和强度在过去几十年中增加了，而这种增长是全球变暖导致的。事实上，飓风数量**并没有**增加多少。IPCC 没有在报告中作出这样的声明。我们现在发现的飓风，确实比前些年更多，但这很有可能是因为我们现在采用了卫星

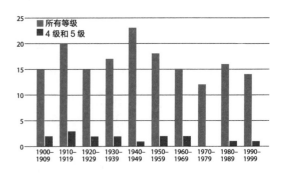

图 10.7

20 世纪袭击美国海岸的飓风数量

和海洋浮标自动报告系统来报告远海的风速。[1] 被报道的飓风数量变多，并不代表飓风数量真的增多了，这可能只说明我们更善于观测了。

要想获得对飓风频率的客观观点，我们可以用标准的科学技巧——观察飓风袭击某个区域（比如美国海岸线）的次数。当飓风袭击那里时，**总会**有人注意到，无论是在 1900 年（当时没有卫星），还是现在。图 10.7 展示了一张此类飓风的图表，该图根据马洛·路易斯的报告，以美国国家飓风中心的数据为基础绘制。

蓝竖条显示的是每 10 年间袭击美国海岸的飓风数量，平均约为 15 场，也就是每年约 1.5 场；红竖条显示的是强飓风（4 级和 5 级）的数量，平均每 10 年 1—2 场。这两类风暴的数量都有一个略微下降的趋势，但在统计学上并不显著。通过这张图我们可以说，显然没有证据表明袭击美国的飓风正在增加，无论是在总数上还是在强度上。没错，我们每年确实观察到了更多的飓风，但这主要归功于我们在远程海域探测风暴的技术发展，以前被忽略的风暴，现在也能探测到了。

记住：有足够的证据可以证明气候正在变暖，到目前，大约有 1 °F 的责任要归在人类头上。你会预测 1 °F 的变暖将导致暴风增加吗？可能会，可能不会，两方都有很好的理由。一种论据是增加的能量（来自更高的热量）会为风暴提供能量。另一种相反的论据是我们预测变暖在北极会更加强烈（加拿大北部的海冰已经在减少），但是这种效应会减少南北方的温度差，而更均匀的温度会让风暴形成的可能性降低，因为飓风需要温度差为自己提供能量。

风暴会增加还是减少？我们不知道。这就是 IPCC 指出风暴**可能**会增加但不做出确定性预

---

[1] 关于飓风数量增加的报道曲解自克里斯多夫·W. 兰西的文章《对 1990 年以来大西洋热带气旋的计算》，他在文章中展示了更加完整的飓风探测，该文章于 2007 年 5 月 1 日发表在科学期刊《EOS》第 88 期，197—200 页。

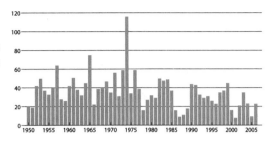

图 10.8

美国境内（从强烈级到剧烈级）龙卷风的数量（图片来源：美国国家海洋与大气管理局）

测的原因。风暴也可能会减少。那些声称风暴增加是全球变暖证据的人并不严谨，也不科学。但是他们确实获得了公众的注意力，特别是在卡特里娜飓风灾难之后。这可能会带来一些好处。

其他类型的风暴，比如龙卷风状况如何呢？在戈尔制作的纪录片《难以忽视的真相》中，他声称不止飓风在增多（我们刚刚证明这一点值得怀疑），龙卷风也在增多。

龙卷风

美国政府每年都会发布一张美国境内的龙卷风活动图，强度从强烈级到剧烈级不等。图 10.8 是从 1950 年到 2005 年的情况。

这张图显示，随着时间向前推进，龙卷风的数量并没有增长。事实上，还出现了统计学意义上的显著下降——请看图左侧的风暴数量，与右侧对比。那么戈尔为什么说风暴在增多？他没有解释他的说法的基础（他没展示数据，只展示了结论），但是如果他绘制了一张关于龙卷风总数的图，把那些出现但从未落地的龙卷风也包括进去，他可能会得出那样的结论。得益于雷达，我们现在能探测到比过去更多的风暴，所以这样的增长其实只是观测手段带来的。图 10.8 显示，对美国造成伤害的龙卷风的数量其实在**下降**，甚至这种下降可能也是全球变暖造成的，因为变暖降低了南北方之间的温差，而这可能减弱了能够引发暴风的温度梯度（gradient）。我们不清楚事实到底如何。但是"全球变暖正在减少龙卷风"没有什么好宣传的，这可能会让一些人错误地认为全球变暖是好事。

全球变暖的确应该会削减温度梯度。IPCC 支持全球变暖的一个证据就是北冰洋海冰的融化。海冰的消失是一个眼见为实的后果（虽然它尚**没有**造成大量北极熊的死亡），阿拉斯加的融化也是真的。

阿拉斯加

毫不夸张地说，阿拉斯加州正在融化。这个州很大一部分建立在名为**永久冻土**的冰冻土壤上，这种土壤条件是全年平均温度低于冰点造就的。但是在阿拉斯加的大部分地区，这条标准现在只能勉强达到，余地仅在几华氏度之内，只要一小点的变暖就会造成很大的不同。

2003 年的夏天，我在阿拉斯加的 4 号公路上开车时，地形看起来虽很平坦，但是感觉就像是在起伏的群山上驾驶一样。因为部分永久冻土融化，路面起起伏伏；每年夏天，那里都要进行耗资巨大的道路翻修。路边上都是"喝醉的树"（当地人的说法），它们靠在彼此的肩膀上就像是醉酒的苗条巨人，原因是它们的根扎得不深，而融化的土壤使其松动了。那里还有斜着陷入土地中的"喝醉的房屋"，以及比周围森林低 3 米的下陷草地。当树木倒下后，直射的阳光为土地带来了额外的一点温暖，于是下陷的草地就形成了。

当温度升高到 32 ℉（0℃）以上时，生态自身似乎也发生了熔毁。阿拉斯加的温暖天气使小蠹虫泛滥，杀死了 1.6 万平方千米的云杉林。这种现象被媒体称为——有记载以来北美洲最大的由昆虫引发的树木死亡传染病。

阿拉斯加经常被引用为毁灭性全球变暖即将到来的早期警示证据。现在来看图 10.9，该图是受人尊敬的阿拉斯加气候研究中心发布的温度记录，我在 2003 年的旅途中曾拜访过这家机构。

这张图上第一个值得注意是 25 ℉和 29 ℉之间的平均温度。该温度低于冰点——这就是费尔班克斯的土地冻结成永久冻土的原因。如果平均温度升高到冰点以上，那么永久冻土就会融化。费尔班克斯还没有发生这样的情况（受损地区有相当一部分在该地区的南面），但是即使在这座城市中，也有一些小块土地温度稍高。

图 10.9 还显示阿拉斯加的变暖是真实可靠而且有据可查的。看看图表的左侧，请注意，那里的平均温度约为 26 ℉，现在来看看右侧，你会看到这里稍暖一些，平均温度在 28 ℉，高

图 10.9

阿拉斯加 1950—2005 年的温度记录，在费尔班克斯测量。红线显示单年平均值；蓝线显示几年间的平均值（图片来源：阿拉斯加气候研究中心）

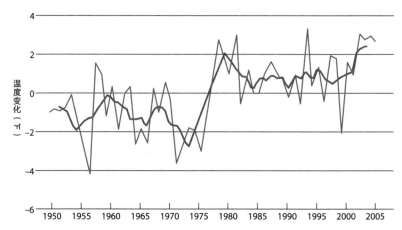

了 2℉。精确的数学平均值证实了这些结果。阿拉斯加在整个 20 世纪里温度升高了 2℉，这个数据和全美国的数据大致相同，如图 10.1 所示。

为什么 2℉ 的变化就很糟糕？图上的数据来自费尔班克斯，如果你往南再走几百英里，平均温度就会更高一些，那儿就是损害最严重的地方——那部分阿拉斯加地区过去的平均温度低于 32℉，但现在已经超过了 32℉。房子和公路不再立于稳固的地面之上，而是扎根在软塌塌的沼泽里。即使在费尔班克斯，这一点多出来的温暖也足够让小蠹虫到处为害。

我们再来看图 10.9，你可能会注意到有些地方有些奇怪。如果你只有 1950—1975 年的数据，你会得出"阿拉斯加正在变暖"的结论吗？或者，阿拉斯加看起来是否似乎在变冷？思考一下，看你会得出什么样的结论。

现在，挡住图左侧，只看 1980—2005 年的记录。阿拉斯加的气候在过去 28 年中变暖了吗？似乎没有。

再来看看整个图表。请注意，变暖似乎是在很短的一段时间内发生的，就在 1975—1980 年。1975 年以前，曲线相对较平，平均为 26℉，而它的右侧也相对较平，平均为 28℉。

将这张图和图 10.1 中的全球变暖情况相对比，阿拉斯加升温的模式似乎和全球变暖的模式非常不同，再将图 10.9 和说明二氧化碳增长的图 10.4 相对比，二氧化碳增多和全球变暖主要发生在 1980—2005 年。但阿拉斯加的温度在这段时间内异常稳定。

阿拉斯加的融化并没有对应二氧化碳增多的趋势，这种奇怪的模式和事实是否说明阿拉斯加的融化不是全球变暖造成的？不，完全没法说明。阿拉斯加的温度趋势也包括了全球变暖导致的温度上升，最近 10 年的一段下降波动则可能是由其他因素造成的。但是，活动家却不太可能向你展示这张温度图，因为它会引发关于融化起因的尴尬问题。这是另外一种采樱桃战术：只展示能够哗众取宠的数据，回避任何似乎会反驳简单结论的东西。

想要找出真实原因的科学家们一定不能容许自己这么做，他们必须研究所有证据。这就是我展示这张图的原因，虽然我同意 IPCC 关于全球变暖的观点，它是真实的，而且很有可能（至少一部分）是人类造成的。我当然也认同，持续的温暖天气对于阿拉斯加来说和升温一样糟糕，因为一旦温度高于冰点，土地就会融化。主要问题并不是阿拉斯加正在变暖，而是它在经历了 1980 年之前的一次变暖后就保持着这种温度。

图 10.9 还指出了一个有趣的问题：阿拉斯加的变暖程度大约等同于（或者仅仅稍高于）整个地球的变暖程度。费尔班克斯的数据至今没有证明那个被广泛预测的效应——阿拉斯加的变暖效应将会比美国大陆高得多。

南极洲

南极洲也在融化。数据着实引人注目。通过测量冰体对卫星的引力作用，名为 GRACE 的卫星，准确地测出了冰体的质量。数据显示，南极洲的冰川每年都要流失 150 立方千米的冰！关于全球变暖的程度，这样的现象似乎使人不得不关注且担忧。

值得注意的是，表象并没有反映现实。2000 年，当 IPCC 得知 GRACE 卫星的测量即将开始时，他们请科学家们来计算全球变暖预计已经造成了多少冰量变化。令人惊奇的是，所有参与的科学家都预测全球变暖会**增加**南极洲的冰体。该结论背后的原理并不难理解：即使变暖了 1 ℉或 2 ℉，大部分南极洲仍然很冷。冰量流失并非因为融化，而是因为裂冰，也就是当冰体流向海洋时发生的断裂。这种情况加上变暖的因素，产生的主要影响（根据计算）应该是额外的海水蒸发，因为温暖的天气会加剧水分蒸发。而当水蒸气飘到南极大陆上空时，就会造成额外的降雪，然后雪就会压缩成冰，于是冰川增长。所以科学家们预测全球变暖会增加南极洲的冰体质量。假使他们看到了冰量增长的数据，科学家们可能会总结说他们的预测得到了证实，且这种增长是全球变暖的附加证据。

人们观察到的情况却正好相反。这是否和全球变暖的局面相违背？是的。这是否证明全球变暖是假的？没有——温度的证据非常有力。这一失误确实表明我们目前对全球变暖的理解还不够，甚至都无法预测南极洲巨型冰体的改变。人们对于这些微妙之处的误解非常严重，直到 2009 年 6 月，美国政府还发布了一份全球变暖报告，里面错误地引用了南极洲冰体融化的例子作为支持全球变暖模型的证据。

那北冰洋呢？南极洲的情况是否意味着：当我们将海洋中的冰量下降解读为全球变暖的证据时应该慎之又慎？

是的。那么谨慎的底线在哪里？答案是：从 19 世纪 80 年代末到 21 世纪初，人们观测到的全球变暖约为 2 ℉，其中自 1957 年开始的 1 ℉升温中的一部分（也可能是大部分）极有可能是人类造成的。证据很有力，但是温度增长（还）不是很多，我们可以在个别地区很轻易地观察到这种情况，比如阿拉斯加或南极洲。然而，总体证据，特别是温度证据，给了我们担心的理由。不要把炎热天气（或者南极洲减少的冰体）归咎于全球变暖，全球变暖的效应比这更加微弱。但是全球变暖是真实的，而且在过去 50 年中发生的变暖至少有一部分很可能是人类造成的，主要原因则是化石燃料的燃烧。

你不时会听到新闻报道说，一大块冰体从南极洲断裂出来。通常这种新闻还会伴有科学家的解释，说这可能是全球变暖的证据。确实有可能是，但也有可能不是。冰体增加（以及南极洲部分地区正在形成冰川）的消息没有那么令人揪心，所以上不了新闻。鉴于我们对该地区的理解实在有限，那里的**任何**变化都容易被看成全球变暖的结果。这确实有可能，但也可能并非如此。

波动

还有一种夸大的逻辑，允许支持者把**所有**恶劣天气都归咎于由人类引发的全球变暖，甚至连冷天气也包括在内。背后的论据是，即使变暖程度很微弱，增加的热量也会加剧气候变动的可能性。这种效应是由一些基于计算机的气候模型提出的，但是有模型也不代表它一定是正确的。事实上，气候变暖反而可能减少气候波动，因为高纬度地区的变暖比赤道更甚，会导致不同纬度之间的温差减少。

IPCC 认为，过去 50 年发生的 1 °F 升温中，一部分或大部分是人类造成的。当然，任何一天内的温差都可能达到 20 °F 以上，明天的天气极不可能只跟今天相差 1 °F。所以全球变暖是很难直接发现的。它是巨大波动中的一个微弱效应。你能探测到全球变暖的唯一方法就是根据大量数据进行仔细而广泛的平均数计算。

气候的变动也是巨大的。波动（有些是因为火山）很有可能造成了 20 世纪 50 年代的变冷，这种变化引发了人们对于冰期回归的恐惧，没人认为那是全球变暖造成的。天气，素以**多变**著称。在任何一天，某一时刻的气温都不太可能正好等于当天的气温平均值。再来看看图 10.1 中出现于 1998 年的温度峰值。这种高温在接下来的几年中引发了大量的恐慌。观察一下这张图中的起伏变化。这些变化让探测全球变暖变得如此困难，也很容易被政客（以及善意的科学家）用来鼓动公众的担忧情绪。局部地区的变化比图 10.1 中的变化大得多，因为这张图代表的是上百个地区的平均值，单个地点的测量值，比如费尔班克斯的数据（图 10.9）会显示出更大的波动。请注意，大约在 2000 年，费尔班克斯的平均温度达到了 35 年来的最低值！但这可能只是一次波动，并不表明阿拉斯加正在变冷，事实上，图 10.9 中的平均值曲线说明阿拉斯加变暖了。

实际情况是，1998 年仍保持着最热一年的记录，至少截至 2006 年是这样（本书是在 2007 年撰写的）。而新千年（从 2001 年往后）中最冷一年则是最近的 2006 年。这是反驳全球变暖的证据吗？如果过去 10 年的变冷再持续 5—10 年，那么全球变暖模型就会备受争议，而且那可能暗示了云量的作用比我们想象的要大。

古气候

通过观察冰川深部样本以及沉积岩（主要来自球石粒，即微型动物的遗骸，一般沉积在大洋底部），我们就可以探测从前发生过的大型气候变化。图 10.10 就是一个例子，该图根据阿尔·戈尔在他的纪录片和同名书《难以忽视的真相》中展示的图表进行了修改。

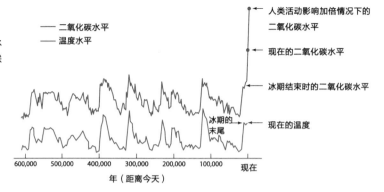

图 10.10

过去 60 万年中的气候和二氧化碳水平。接近的轨迹暗示两者是相关联的，但哪个是因，哪个是果呢？

—— 二氧化碳水平
—— 温度水平

人类活动影响加倍情况下的二氧化碳水平

现在的二氧化碳水平

冰期结束时的二氧化碳水平

现在的温度

冰期的末尾

600,000　500,000　400,000　300,000　200,000　100,000　现在

年（距离今天）

先来看看温度变动（低处曲线）。图表中没有气温刻度，但是温度波动大概对应 10 °F 到 15 °F 的变化。较低的区域是冰期，而高点则是温暖的间冰期。请注意最末端（右侧）是当前的间冰期，在这个短暂（就这张图而言）的时期人类发展出了农业和文明。这段时间只有 12000 年（到目前为止），相比于这张图覆盖的 60 万年真的很短暂。注意，温暖的间冰期大约每隔 10 万年就会发生一次，这就是我之前说过的大冰期的循环。大冰期的回归方式相当规律。我们认为这种循环的成因是地球轨道受到金星、木星及其他行星的扰动。这种与轨道相关的解释通常被称为米兰科维奇理论（Milankovitch theory）。[1]

现在来看看上面那条曲线，它展示的是大气中的二氧化碳含量。这条线也在变化，跟温度的变化呈现出明显的同步。在阿尔·戈尔的纪录片中，他让人感觉这张图证实了确实是二氧化碳导致了气候变化。事实上，虽然这是大部分看完这部纪录片的人都会得出的结论，但是他从来没有这么说过。他说情况是"复杂"的。确实如此。在总结这张图时，他说，每次出现大量的二氧化碳时，气候就变暖，而当二氧化碳水平降低时，气候就变冷。

但是大部分地球物理学者认为，是温度导致了二氧化碳含量的改变，而两者之间的关系颠倒过来则并不成立。大部分生物圈中的二氧化碳都溶解到了海洋中。当水变暖时，二氧化碳就被挤了出来（气体在更暖的水中溶解得并不好）。气候变暖导致二氧化碳含量改变的可能性已经被其他测量证实，这些测量指出二氧化碳的改变**滞后于**温度改变 800 年左右。换句话说，首先发生的是温度改变，然后需要 800 年的时间，二氧化碳才能完成从海洋中跑出来的过程。这是一个合理的数字，因为我们知道深海中的水大概需要这么长时间才能到达海洋表面，也就是二氧化碳可以逃离的地方。

图中还有其他东西能说明二氧化碳是变暖的结果而非起因。看向位于右侧最近的二氧化碳增长。最近的这段增长量，大致等于冰期末期的二氧化碳增长量，所以如果是二氧化碳导致了

---

[1] 我与戈登·麦克唐纳合著的一本书的主题就是这个，书名是《冰期与天文成因》（2000）。

变暖，我们应该会得到 10—15 ℉的温度增长，而非我们正在经历的 1—2 ℉的温度增长。

　　有的科学家不同意这个说法，他们认为二氧化碳可能确实是气候变暖的原因。情况是"复杂"的。或许 800 年的滞后被错误地解读了。事实上还确实存在着一种合理的争论。你真正要知道的是，古气候图（图 10.10）并不是一份证明二氧化碳在历史上决定着气候的确凿证据。但是即使如此，你也不应该下结论说，可见二氧化碳导致温室变暖的观点站不住脚。证据只是不在这张图上。证据基于我们观察到的温度增长（过去 50 年升高的 1 ℉），以及我们已知的二氧化碳对温室效应可能造成的影响。

"全球变暖"和"人类引起的全球变暖"

　　新闻常犯的另一个错误就是混淆**全球变暖**和**人类引起的全球变暖**。两者经常被当作同义词。但是请牢记 IPCC 的结论：1957 年以来的全球变暖有一部分（或者说大部分）很有可能（90%可信度）是人类引起的。相关结论没有说从 1850 年到 1957 年的变暖是由人类引起的，因为那可能只是小冰期结束后的自然恢复，或许那一时期的变暖是太阳活动强度的变化造成的，这种可能性无法排除。IPCC 的报告展示了太阳黑子和地球温度之间的关联。直到 1957 年，两者似乎一直都有关系，到 1957 年以后，两者才开始出现显著的分歧。你需要知道，当一个政客或科学家宣称 1957 年之前的变暖是人类引起的时，他说的是个人的结论，并不代表 IPCC 的科学共识。他可能是对的，也可能是错的。

　　是否存在全球变暖？是的。是人类引起的吗？过去 50 年中的一部分，甚至大部分变暖，很有可能是的。有 10% 的可能性（根据 IPCC 的说法）不是。我之所以要重复这句话这么多遍，是因为很多人认为这个共识另有深意。

我们能阻止全球变暖吗？

　　人类很有可能促进了全球变暖，而这说明最坏的影响还在前面等着我们。我们能做些什么？有很多听起来不错的方法，我们可以减少使用汽油，或者关闭恒温器来节约燃料。然而，这类方法的效果跟我们需要达到的目标相差十万八千里，所以如果做这些事的人以为这就是切实可行的解决方案，那么这样的错觉还真是危险。接下来，我会解释为什么问题这么难解。

　　图 10.11 展示了不同国家人均使用能量（纵轴）和人均收入（横轴）之间的关系。这张图为每个国家都标绘了数个点，用来表示 1982—2004 年的数值变化。请注意，美国人均使用的能量比其他所有大国都要多。之所以会这样，一部分原因在于美国幅员辽阔，一部分原因在于美国的能源一直以来都很便宜，所以我们不需要节约。澳大利亚人均能量使用偏高的原因也与

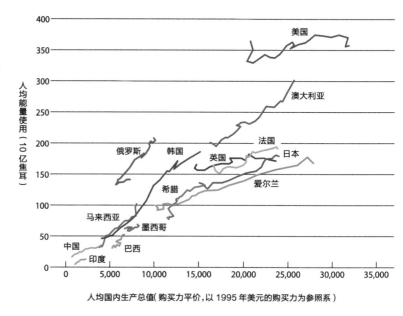

图 10.11

不同国家人均能量使用和人均收入的关系（数据来自联合国、美国能源部、美国能源信息署）

人均能量使用（10亿焦耳）

美国

澳大利亚

俄罗斯　韩国　　法国　　日本
　　　　　英国
　　希腊　　　　爱尔兰
马来西亚
　　　墨西哥
中国　　　巴西
　印度

人均国内生产总值(购买力平价,以 1995 年美元的购买力为参照系)

之类似。你还要注意美国的人均能量使用在最近几年并没有增长很多。当俄罗斯经济在 20 世纪 80 年代崩溃时，俄罗斯的曲线实际上出现了下降，而俄罗斯曲线尾部附近的弯钩显示出了一些复苏。

看看这张图中的总体情况。几乎每个国家的曲线都有延伸出对角线的趋势，这意味着对所有国家来说，能量和收入之间或多或少都有一个线性关系。每 25 兆瓦·时的能量使用都大致对应着 10000 美元的收入变化。我们不知道为什么会这样。一些人猜测能量对收入来说可能是必需的，但是美国在过去 20 年中相对不变的能量使用说明这并不是一条严格的经济学法则。其他人提出，富人负担得起更多的能量使用，因为他们重视照明、取暖、高科技产品以及旅行，所以能量使用可能是一个结果，而非原因。

图中数据令人担忧的事实在于，大部分世界人口目前都位于左下角：能量使用和收入都很低。但这些地区尽管很贫穷，经济却在迅速增长。印度就展示出了惊人的增长，人均收入已经翻倍。这就是为什么这些国家被称为发展中国家！大多数富有爱心的人期待看到在这些国家里不再有贫穷，但是如果这些国家也遵循总体趋势（到目前为止情况就是这样），那么世界能量使用量将会在接下来的几年中发生巨大的增长。

我们是否有足够的能量可以让这些国家维持这种趋势？很多人认为我们的化石燃料快用光了，但这不准确；我们真正快要耗尽的是便宜的石油。我们在很长一段时间内都不会耗尽昂贵的石油。我们先看看石油在全球市场上的售价，如图 10.12 所示。

这张图显示了 1970—2006 年的石油价格变化，以"不变美元"为单位（就是消除了通货膨胀影响的美元，事实上，1970 年的 1 美元的价值相当于 2006 年的 5 倍）。图中显示了**购买**

图 10.12

根据通货膨胀调整后的石油价格（美元 / 桶）

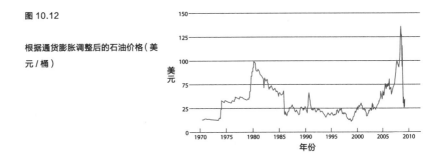

石油的成本，这和钻取石油的花销差异很大。在沙特阿拉伯，钻取石油仅需 3 美元一桶，其售价却能达到 100 美元 / 桶，利润极其巨大。但是在其他一些地区，钻取石油的成本超过了 20 美元。眼下石油的高价更多是由有限的供给决定的。

现在来看复杂的图 10.13。这张图值得我们研究，因为它会告诉我们在接下来几十年中关于石油的重要见解。下面就是读懂这张图的方法：横轴表示可获得的石油总量；纵轴表示获得石油的成本。（这里的成本不是购买石油的消费者价格，而是石油公司从地下获得石油的成本。）位于左下角区域标有**已生产**的长方形显示的是在全球范围内，历史上我们已经生产了约 1 万亿桶石油（横轴），成本是 0—20 美元每桶（纵轴）。箭头指向我们预计从现在到 2030 年期间需要的石油总量。石油输出国组织仍然可以供应这些石油。EOR 代表"提高原油采收率"（Enhanced Oil Recovery）。它意味着当石油售价为 20 美元 / 桶时，生产商负担不起采收的成本，但是当售价介于 20—50 美元 / 桶时，生产商就负担得起了。

过去（20 世纪 90 年代），人们以为没人会为石油支付高于 20 美元每桶的价格。而不高于这个价格的石油总共只有约 2 万亿桶，这仅仅是我们已经开采出来的石油的 2 倍。这就是为什么人们认为到 2050 年石油就会用完。但是石油价格曾一度涨到每桶 145 美元，然后再次下降。在高价时，图 10.13 中显示的所有石油都是可用的。这就是为什么我说我们不会用尽石油，但

图 10.13

石油的可用量和价格之间的关系。请注意，当石油价格介于 20 美元每桶和 70 美元每桶之间时，可获得的石油量比价格低于 20 美元 / 桶时大得多（图片来源：国际原子能机构，2005）

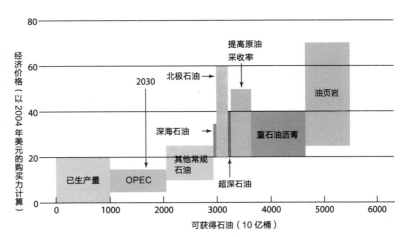

是会用尽便宜的石油。对地球环境来说,这其实是个坏消息,在所有这些石油中存在着大量的碳。

这张图上的长方形值得我们仔细看一下。标有 OPEC 的长方形指的是从这家垄断组织(严格说是一个卡特尔集团)可获得的石油,OPEC 全名为石油输出国组织。这些国家聚集起来决定石油的销售价格;他们这么做是为了避免可能的价格战。下一个长方形是**其他常规石油**,包括德克萨斯州和全世界其他地方标准钻井的石油。然后,我们就看到了**深海石油**(海面漂浮有石油钻井平台)和北极石油——两者的采收成本都很高。**重油**的产地是像加拿大的阿尔伯塔省这样的地方,那里的石油非常厚重,就像焦油一样,只有通过把热蒸汽送到地下加热石油使其不那么黏滞后才能开采出来。现在的石油价格已经足够高,所以这种方法如今已经投入使用。图表上最后一个长方形是油页岩——美国存有大量油页岩,但是要想从那儿提取石油就需要把岩石加热到 600 ℉以上,在这个温度下重沥青分子会分裂成更轻、更易流动的分子。

表 10.1 化石燃料储备(10 亿桶油当量)

	石油	煤	天然气	总量	油页岩	总量(包括油页岩)
美国	21	1284	200	1505	2500	4005
俄罗斯	60	831	280	1171	250	1626
中国	48	442	13	503	16	519
澳大利亚	130	418	5	553	–	553
印度	5	489	7	502	–	502
伊朗	136	–	157	293		293
沙特阿拉伯	260	–	–	260	–	260
加拿大	179	32	9	220	–	220
卡塔尔	15	–	152	167	–	167
巴西	8	49	2	59	80	139
伊拉克	115	–	18	133		133
阿拉伯联合酋长国	97		35	131		132
科威特	99	–	9	108		108
委内瑞拉	80	2	25	107	–	107
墨西哥	12	17	5	34	100	234

* 这张表上的数据把复杂的形势过度简化了。可采收储量一直都是估计值,有不确定性,而储量本身又是人们愿意出多少采收价格的重要依据之一

化石燃料

当我们考虑石油以外的化石燃料时，情况就更戏剧化了。煤和天然气似乎储量都很充裕，特别是在那些将会需要这些能源的国家。表 10.1 展示了几个主要国家的化石燃料储备量，以 10 亿桶的"油当量"（oil equivalent）来表示，所以煤和天然气的储量换算成了能产生等量能量的石油桶数。来自油页岩的石油是最昂贵的，但是正如你在图 10.13 中看到的，它能以远低于 100 美元每桶的价格采收。

仔细看这张图。为了方便，把这页做上标记，因为当你讨论世界能源形势时，你可能会需要回来引用这些内容。请注意，美国的石油储量较少，但是煤炭储量巨大。事实上，美国的化石燃料储量大于其他任何国家；如果你把油页岩也加进来的话，美国就远超其他国家了。其他人口大国（正是这些国家未来需要使用大量能源）包括了俄罗斯、印度等，它们都在列表顶部位置。

通过图 10.13，你可以看到 OPEC 未来可提供的石油总量约为 10000 亿桶。通过表 10.1，你可以看到美国有 37370 亿桶油当量，约为 OPEC 的 3.7 倍，但是形式是煤和油页岩，并非液体石油。

所以，我们不会用尽化石燃料，耗尽的只是便宜的石油。请注意，加拿大拥有世界上第二大的石油储量。其实只有在价格足够高的时候这句话才是正确的。加拿大的油砂的采收成本约为 60 美元每桶。所以如果石油的售价远超 60 美元每桶，那么加拿大就可以在有利可图的情况下采收石油了。但是只要价格下降到 60 美元每桶以下，这些石油就会突然变得"不可采"。最近几年石油价格的跳跃让该国的可采石油数量以同样剧烈的方式上下起伏。

美国人进口如此大量石油的一部分原因在于，我们无法在汽车中烧煤。或许我们可以？想一下机车的历史。在美国早期，机车以生物燃料——长在铁道边上的树——为动力。随着我们伐光了这些树，宾夕法尼亚州发现了煤，于是人们把发动机改成了燃煤式。那时没人担心煤炭制造出的 CO_2 几乎是石油的两倍，因为没人担心全球变暖。最终，这些煤炭燃烧器被柴油机所取代，机车开始使用一种名为**柴油**的燃料。柴油更易使用，因为它不像煤炭一样会留下残渣，产生煤灰。

事实上，我们可以通过化学方法用煤来制造石油，包括柴油和汽油。

费-托合成　　　　我们可以通过一种名为费舍尔-托普西（简称费-托）的化学工厂将煤转化成柴油，过程是把煤中的碳（C）和水（H_2O）结合，制成石油（CH_2 的长链）和 CO（一氧化碳）气体。我们可以把 CO 当作运行发电

机的燃料。费–托合成装置是那些拥有大量煤炭但缺少石油的国家开发出来的，包括"二战"期间的德国，以及种族隔离时期的南非，当时其他国家拒绝向它们出口石油。这种方法并没有被世界其他地区采用，因为石油一直以来都很便宜。费–托法生产石油的成本介于每桶 40—60 美元。当石油售价超过这个价格时，通过煤来制石油就会变得有利可图。

美国的石油越来越少，我们在 OPEC 那里购买的石油价格过高，那么为什么不开始使用我们充裕（而且便宜）的煤来制作我们自己的石油呢？

主要原因似乎在于搭建这种装置的成本过高。虽然各种估算有所不同，但是我所听说的价钱介于每家工厂 1 亿—10 亿美元。这可能是一项不错的投资，但是也可能很不划算——如果石油价格下跌的话。从图 10.13 你可以看出，还有其他渠道可以提供价格更低的石油。如果石油价格降到了每桶 40 美元以下，10 亿美元的费–托合成装置投资就会变得一文不值。一些投资者决定推进建造费–托合成装置的计划，但前提是美国政府许诺以最低每桶 60 美元的价格购进石油，即使 OPEC 将价格降到了每桶 60 美元以下。

很多人更大的担忧在于开发这些煤炭资源会带来的产物——CO_2。

能源安全

除价格外，还有另外一种巨大的压力在驱使我们使用更多的煤。那就是"能源安全"。现在，美国使用的超过一半的石油都是进口的。对石油的需求推高了价格，并且让支持恐怖分子的国家获得了资金。有人说我们和石油之间的"恋情"意味着我们在为反恐战争的敌对**双方**提供资金。

对能源安全的渴求（减少进口并且只依靠美国的储量来运行经济）非常强烈。但是如果我们朝着这个方向发展，我们就会使用越来越多的煤（煤比油页岩更便宜），而在提供能量相同的情况下，煤产生的 CO_2 大概是石油的两倍。这就意味着我们减少 CO_2 的意愿和我们对能源安全的渴求之间存在一个矛盾。

从京都到哥本哈根

即使人类引发的全球变暖并未完全得到确证，IPCC 的共识也指出风险是巨大的。很多专家总结说，甚至在危险被证实 100% 真实之前，我们就必须采取**风险管理措施**。

我们能做什么？很多人建议说我们需要大幅度减少CO_2排放。在1998年，当时的美国副总统戈尔在日本京都签署了一个名为"联合国气候变化框架公约"协议的修正议案。从那时起，这份文件就被称为《京都议定书》（也称《京都协议》《京都条约》），或者直接简称为"京都"。美国参议院如果批准了这份协议，就代表美国同意将CO_2排放量降低到比1990年低7%的水平。因为排放量从1990年开始已经增长，实际减少的排放将是2010年预计排放水平的29%左右。《京都议定书》在2012年过期失效，于是2009年年末，各国在哥本哈根制定了替代协议。

　　一共有164个国家签署了《京都议定书》（几乎是整个世界了），但不包括美国，这让很多美国公民汗颜。事实上，美国前总统比尔·克林顿和小布什甚至没有递交请求批准的申请，大概是他们知道国会不会通过的。后来美国对《京都议定书》和《哥本哈根议定书》的兴趣增加了，这很大程度上要感谢阿尔·戈尔。

　　对于《京都议定书》的主要反对之声在于所有计划中的减排要求都施加在了发达国家，而非发展中国家和贫穷国家身上。看一看图10.14，该图展示了不同的国家群体的CO_2排放情况，包括西欧和东欧（包括俄罗斯），但是美国孤身领先，不属于任何群体。美国向大气中排放的CO_2比整个西欧都要多。这就是为什么很多人要求美国减少排放。

　　根据这样的数据，我们的确可以说美国要为过去50年升高的1℉气温负有约1/4的责任。但是，预期中21世纪将要升高的3—12℉，则很有可能**不是**美国的责任。看看这张图，想象一下美国把化石燃料的使用降低到1990年的水平，每年的CO_2排放量会减少2亿吨。现在假设美国保持在这个水平上，但是发展中国家继续增长。在3年之内，这些国家就会新增另外2亿吨，足以抵消美国的减排量。如果美国把CO_2排放保持在低水平，而发展中国家（在CO_2排放方面）继续发展，那么我们只是把潜在的全球变暖推迟了3年。

　　既然这样，为什么还有那么多人对《京都议定书》如此推崇呢？很多支持者认为，美国

图 10.14

不同国家和国家群体的CO_2排放情况

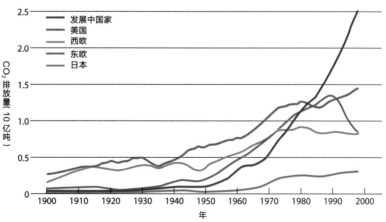

必须树立榜样，让其他大国效仿。反对者认为，很多大国无法学习这种榜样，除非效仿的成本很低。这些国家有可能会以尽可能快的速度发展自己的经济，就像美国一样，然后，当这些国家的人民像美国人一样富有之后，他们就会有更经济的方法来控制 CO_2 排放了。虽然这些国家现在生产的 CO_2 已经超过了美国，但是他们的人均 GDP 却还不及美国的 1/4。很多人害怕美国在减少排放方面使用的技术比较昂贵，会使很多发展中国家望而却步。事实上，美国参议院虽然没有批准签署《京都议定书》，却就它进行了一次投票。投票内容涉及《伯德哈格尔决议》（Byrd‐Hagel Resolution），该决议以获得两党共同支持的 95∶0 票通过。这项决议声明，美国不会批准《京都议定书》，除非该议定书被修订，加入针对发展中国家的约束目标和时间表。参议院就是无法相信美国减排 CO_2 的示范作用足够有说服力。

大多数人认为并不存在一个简单的解决方案，要想管理风险，我们就要同时采取多种的方案。

▌一些合理的解决方案

这次讨论的结论是，即使美国按照《京都议定书》要求的水平进行减排，来自发展中国家的增量仍会导致巨大的 CO_2 增长。那么我们毫无希望了吗？我想不是。但是除非减排 CO_2 的方法是发展中国家也能承受的，否则人们所能做的顶多就是把预期中的变暖推迟几年而已。重点必须是所有人都能用的 CO_2 减排方法。到目前为止，最简单的做法就是提效与节能。

提效与节能

想想下面这个物理问题：从旧金山开车到纽约**应该**耗费多少能量？物理角度的答案令人吃惊。从原理上讲，这可以**不**耗费任何能量。毕竟，你可以毫不费力地从冰面上滑过去，唯一耗费的就是克服摩擦时需要的能量。如果你消除了摩擦呢？是否需要其他能量？通过高效的混合动力发动机，你可以回收用于加速汽车的能量并且在减速时将其放回电池。这就是**回馈制动**（regenerative braking），这种方法利用汽车的运动来发动一台发电机为电池充电。所以上坡时汽车会耗费能量，但是当你下坡时汽车会利用同样的原理回收能量。基本结论是：通过更好的汽车设计，我们可以**极大**地减少汽车的能量消耗。我的丰田普锐斯如今在进行长距离往返旅行时的油耗是 50 英里每加仑（每百公里油耗约 4.7 升），未来的汽车没有任何理由不能达到每加仑 100 英里以上的水准（即每百公里油耗 2.4 升以下）。当然，发展中国家很难选择昂贵的混合动力车，但是他们可以在卡车和公共汽车上利用这样的原理。

家庭供暖的情况也类似。我们需要为住宅供暖的唯一原因就是大部分能量会通过热对流(打开的或漏气的窗户和烟囱)以及热传导(通过窗玻璃和不保温的墙和屋顶)流向室外。有了好的保温层(包括双层玻璃)之后,我们所需要的加热量就非常少了。事实上,有一项研究(由受人尊敬的麦肯锡公司主导)已经证明这么做会为你省钱,购置良好保温层的成本在几年内就能收回,在此之后就是纯利润了。这使它成为你回报率最高的投资之一,把钱花在保温层上,然后你在房屋取暖上省下的钱就是你的"利息",而且你不需要为这样的利息交税。

使用更少的能量实现同样的功能,这就是提效与**节能**。节能是减少温室排放的最简单方法,而且这是花费最少的方法,所以对于像中国和印度这样的发展中国家来说尤为可贵,因为人们可以在短时间内收回投资成本。

关于节能可以说的还有很多。在消费者眼中,节能的名声并不好,因为它经常和不舒适相联系。20 世纪 70 年代,吉米·卡特总统鼓励冬天住在寒冷房子($65\,°F$)里人们穿毛衣节能。但是舒适的节能应该更吸引人。在墙上(而不是身体上)安装保温层,然后把恒温器调到任何你想要的温度,通过减少泄漏来节省能量。这是一项很棒的投资,你投入在节能上的金钱回报比把这笔钱存在银行里的利息还高。

类似的原理也可以用来节省在夏季用空调所耗费的能量。照射在我们屋顶上的太阳辐射大约一半是红外辐射的。如果你使用反射红外线的屋顶材料,那么房屋的加热量就会大幅度降低,于是空调降温所需要的能量也就降低了。对看不见 IR 的人眼来说,"冷屋顶"仍可以是他们喜欢的棕色,或者想要的任何颜色。

关于舒适的节能方式我可以说上一章或一整本书。这是避免向大气排放二氧化碳的最便宜方法。但是,我们还需要讨论其他可能性。

洁净煤

美国超过一半的电力都是通过燃煤(同时制造出 CO_2)生产出来的。从原理上讲,中心发电厂生产的二氧化碳有可能被收集和存储。这就是**碳捕集与封存**,即 CCS——这个缩写你**需要**知道,它已经成为一个重要的国家议题。另一个相关术语是**固存**(sequestration),指的是将二氧化碳灌到地下的过程,在那里二氧化碳要么被储存在洞穴中,要么被溶解在卤水(盐水)中。

根据 IPCC 的说法,这个过程似乎是可行的。固存已经在世界范围内的几个地点进行了尝试,虽然这些试验另有目的:把二氧化碳灌到油井中能帮助提取出额外的石油。CCS 的安全程度存在争议。二氧化碳会在千万年间一直待在那里,还是最终会泄漏出来? IPCC 就这个主题写了一份全面的报告。大部分专家认为如果二氧化碳能在地下稳定地存放几年时间,那么它很有可能会在那里稳定地待上几千年，所以我们很快就能知道固存是否可靠了。

在过去，当人们提到**洁净煤**时，他们指的是不会以煤烟、氮氧化物（会制造烟雾）、二氧化硫（会产生酸雨）和汞污染附近地区的煤。但是今天，当我们使用这个词时，很多人把可以进行 CCS 的煤也包括了进来，而这种煤是会产生二氧化碳的。当你读到关于洁净煤的内容时，首先应该确定文中洁净煤的定义是什么。

最大的问题可能不在于 CCS 是否可行，而在于它是否能以低成本方法实现。记住，中国拥有大量的煤炭供给并且正在积极地建造新的发电厂。在 2007 年，中国平均每周都要新建一座以上的吉瓦级燃煤发电厂。CCS 会让电力的成本增加，也许增加 50%—100%。某些国家可能会说，在该国人民的生活水平达到发达国家水平之前，它不该支付这笔额外的费用。如果它这么做了，那么比它更富裕的国家可能就得支付差额了。该举措可以通过碳排放**限额与交易**来完成，我们将简要谈一下这个话题。

美国曾计划建造一座大型洁净煤示范发电厂，名为**未来发电厂**（Future Gen），它的目标是展示通过 CCS 方法，洁净煤可以高效而便宜地生产电力。该计划在 2008 年取消。一些人认为取消这样一种核心科技示范，是个严重的错误。其他人则认为取消没有错，示范发电厂太急于求成，结果成本很高，CCS 的支持者们担心这会给人一种错误的印象，让人觉得洁净煤比人们所期待的贵得多。

生物燃料

生物燃料是植物制成的燃料，包括树木、果肉以及像乙醇这样用植物制成的液体燃料。早期铁路运输用的就是轨道边上生长的树木，这就是生物燃料的例子。生物燃料燃烧时会释放二氧化碳，但是总量不会多于它们在生长时从大气中吸走的二氧化碳。所以，我们把生物燃料形容为**碳平衡**。但事实并非总是如此，因为很多农场上的作物需要肥料和机械来种植，拖拉机也需要石油才能运行，而这些通常都需要用到化石燃料。运输生物燃料同样会制造二氧化碳。由玉米制乙醇的情况更糟糕——你在收割玉米、制造乙醇的过程中消耗的燃料，几乎和后来从乙醇中得到的燃料抵消了。与此相比，来自甘蔗的乙醇就是很好的生物燃料，前提就是你不用砍掉整片森林来创造种植区。但是我们现在正在研发新一代的生物燃料，使用的是像高茎草（比如柳枝稷和芒草）这样需要少量水、生长快、真正碳平衡的材料。要想把这些草用作液体燃料，我们需要找到把植物茎秆中的纤维素转化成乙醇的方法。全世界都在积极地研发这种方法，这是一家新的伯克利能源生物科学研究所的目标，这个大型研究所的部分资金资助来自 BP（英国石油公司）。

美国的一些州已经通过法案，要求汽车使用汽油和生物乙醇的混合物——一种被称为**乙醇**

汽油的组合。很多这类法案的通过时间都比较早，之后才出现了分析报告，证明以乙醇为基础的酒精并不是真正能量平衡的燃料。（或许该法案的目的是资助对爱荷华州总统预选来说很重要的农民群体。）但是在新作物和新技术的帮助下，生物燃料可以对二氧化碳减排和能源独立都做出重要的贡献。

核能

美国有 104 座核电站，每座平均能生产 1 吉瓦的电力，占美国总电力的 20%。美国核电站的建造在 1986 年的三里岛事故后几乎停滞，但是当时在建的核电厂还是投入了使用（比如 1996 年的瓦茨巴核电站）。

这种停滞源自对事故的恐惧，对废料贮存的担心，以及高昂的运行成本。得益于人们对化石燃料也有风险的新认识，以及核反应堆趋于零事故风险的设计（在网上搜索"球床反应堆"），人们现在已经没那么恐惧核能了。很多人认为，废料贮存问题被夸大了。除此之外，运行核电站的成本也下降了，这主要归功于良好的管理。1980 年时，核反应堆的**利用率**（核反应堆实际进行工作并产生功率的时间占比）刚刚过 50%，而 2008 年已经接近 90% 了。这些发展让核能变得比以前任何时候都要便宜。

一些环保主义者表示，煤在产生二氧化碳方面的表现非常糟糕，所以我们应该使用更多来自核能的电力。中国每年都要建造约两座核电站，相对于每年新建的 70 座燃煤发电厂来说数量不大；法国 80% 的能量都来自核反应堆；在美国，好几家公司都在申请开始建造新核电站的许可证。

风能

风能发电最近在美国得到极大发展。在最近 4 年（2004—2007）中，美国已安装的风力产能设施已经翻了一倍，风能发电从占美国电力生产的 0.5% 提升到了 1% 以上。虽然比例仍然很小，但是改变是巨大的，而且我们预期发展还将扩大。这项技术虽老却又有所创新，新的风力涡轮机[1] 既安静又高效。美国最大的风力发电厂在得克萨斯州，这里的区位优势是风与人口中心的距离很近。眼下，这种技术的发展似乎被美国制造风力涡轮机的有限能力所制约。

风的问题在于它是不规则的，在你最需要电力的时候，可能就是不刮大风。为了解决这个

---

[1] 风车这个词通常指用风力运行的磨坊，也就是用来磨面粉的结构。指发电风车时，我们用的词是风力涡轮机。

问题，人们在研究能量存储的办法，比如电池。最实用的一种方法可能是听起来最令人吃惊的一种：使用多余的功率来压缩空气，把它贮存在地下，当需要电力时，用这些压缩空气来运行另外一座涡轮机。与此同时，飞轮是另外一种被认真考虑的手段。

太阳能

依靠太阳能发电，1平方千米就能产生1吉瓦，你从一座大型核电站或化石燃料发电厂获得的功率也不过如此。太阳能发电听起来很合理，但目前存在几个难题：天空经常是多云的；太阳不像燃料那么可靠；不是所有的太阳能都可以被转化成电力，转化效率通常在10%—40%，取决于电池价格。而且最重要的是，这种方法仍然比其他方法昂贵。太阳能的支持者则说，一旦把其他方法的环境成本算进来，太阳能就不是更贵的了，而且假如我们找到向燃煤发电厂收取排放二氧化碳的费用的方法，那太阳能就会变得具有竞争力。

2008年，居民安装太阳能电池每瓦特要花费3—10美元。一些经济学家说，成本必须降到1美元每瓦（相当于花费10亿美元建一座产能1吉瓦的发电站）才行。这种下降可能在不远的未来就会发生，这多亏了科技的进步，以及用**碳信用额**来支付安装费的可能性，我们稍后讨论这个话题。

太阳能有很多传统用途，从晒干衣物到温暖房间（通过窗户）再到为洗澡水加热。这些用途对于节能来说很重要——例如，这可以减少我们对化石燃料的依赖。但接下来，我将把话题限制在有关**大**太阳能的讨论上——大到可以代替燃烧化石燃料的大型发电厂。下面的内容就是有关这类可能性的一个速览。

太阳热能　　　　　我们用镜子把太阳能集中到一个小区域上去加热某种液体，比如水。（热还能使盐液化，这是一种不时会用到的方法。）加热后产生的蒸汽可以为涡轮提供动力以带动发电机。

有好几座这样的太阳能热电厂已经投入了运行。其中著名的一座就是西班牙塞维利亚附近的"发电塔"，这座发电厂有一座高塔，塔上有一个锅炉，而周围乡村的镜子都瞄准了这个锅炉。镜子必须随着太阳的移动重新定向。这座发电厂现在生产的电力单位价格相对较高，约为每千瓦·时28美分；比起在美国通过化石燃料获得的平均每千瓦·时10美分的电力来说，确实贵。为鼓励太阳能设施建设、研究控制成本，以及达到《京都议定书》所订立的目标，西班牙政府对这座发电厂的电力价格做了补贴。

加利福尼亚州也有一个太阳能发电系统（SEGS），该系统利用的是安装在长抛物槽中的小反射器。加利福尼亚州和内华达州的沙漠地区还有其他一些太阳能热电厂正在运行，那里的阳光充裕，而且离工厂和使用电力的城市都不太远。美国的电力传输线损耗平均为7%，而且如果传输线的长度超过了几百千米的话情况还会更差。太阳能聚光器技术的缺点在于它只在晴天工作，如果光被云分散，那么镜子就无法聚集足够的光来加热水。

如果考虑到只有一小部分光照区域能被镜子所遮盖（很多阳光都落在了地面上），那么这些发电厂的效率是低的。但是在世界的很多地方，关键问题在于成本，而非覆盖区域的大小，所以这种效率度量方法并不对。照射在镜子上的光中，通常有20%—40%被转化成了电力。

太阳能电池

太阳能电池也被称为**光伏电池**（Photovoltaic Cell，PV），这个名字源自光子（光）在电池中相互作用，使得电子向金属板移动，于是产生了电压。我们将在下一章关于量子力学的内容中讨论光子是如何做到这一点的。传统的太阳能电池是基于硅晶体的，它们通常能把约10%的阳光转化成电。如果太阳是从头顶直射下来的，那么一座1吉瓦的发电厂就需要1平方千米的电池。传统的太阳能电池每瓦特的成本大约为10美元，所以和化石燃料相比，太阳能电池并没有什么竞争力。这种电池正是很多人在自己的房子上安装的那种，他们这么做有时是为了省钱，但是更常见的原因是他们想要减少个人生产的二氧化碳。这个领域正在飞速发展。

最近几年中，最有希望的进步之一就是高效太阳能电池的发展。这些设备很复杂，因为要想从阳光中提取尽可能多的能量，就要用隔离层来转化不同颜色的光。人们正在建造这些精密的太阳能电池，而且其中最大的生产商波音（没错，就是那家飞机公司，当太空中的设备开始需要太阳能电池时，这家公司就开始生产了）已经在销售可以把41%的入射太阳能转化为电能的太阳能电池。他们说在不久的将来效率就会提高到45%。哇！

当然，这是有条件的。即使大批量购买，这些特殊的电池也需要花费10美元每平方厘米，相当于70美元每平方英寸，或者1万美元每平方英尺。1 英寸尺码的电池能产出 41 瓦——对于 1 万美元的投资来说不算多。那我为什么还要说这是充满希望的呢？原因在于，（如果没有云）阳光可以用透镜或镜子来聚集。你可以用不到 1 美元的价格做一个 1 平方英尺的塑料透镜，把阳光聚焦到一块边长 1 厘米的电池上。这个尺寸的电池成本约为 10 美元。现在，41 瓦特的总成本已经被你降到了 10 美元，外加 1 美元的透镜以及你用来构建模型的其他一切成本。这块电池每瓦特的成本只有 25 美分！听起来**非常**吸引人。比较棘手的部分在于，你必须让电池时刻对准太阳，而这需要机械系统。如果我们的目标是把每瓦特的成本保持在 1 美元以下，那么 1 平方英尺（0.09 平方米）设备的总成本就不能高于 41 美元。能做到吗？这不是不可能，加州有几家公司已经在建造这样划算的系统来测试它是否省钱。即使系统的成本是这个目标的 3 倍，该系统仍然会成为最便宜的太阳能发电形式。这种方法被称为**太阳能聚光器技术**。它最大的缺点是只能在晴天工作，也就是在太阳可见、光线可以被聚集的情况下。

想象一下，一批 1 英尺见方的太阳能聚光器电池，覆盖在内华达 1 平方英里（2.6 平方千米）阳光灿烂的土地上。因为 1 英里包含有 5280 英尺，于是就有了 5280×5280=27878400 个模块。每个模块都只有 1 英尺高，所以不会受到风的影响。在微型电动机的驱动下，模块都会指向同一个方向，朝向太阳。每个模块 41 瓦特，正午时输出的总电功率会超过 1 吉瓦。当然，可能还有其他开销，比如要保持反射器的清洁。在我最近一次去内华达州的时候，我发现我拜访的很多地区在风吹起时都会扬起超过 1 英尺高的"粉尘"。

另外一个充满希望的发展方向，就是不需要晶体的廉价太阳能电池；这些电池被称为**非晶**电池（amorphous cell）。有一种名叫 **CIGS**（其中包含铜、铟、镓、硒等元素）的特殊电池很令人期待。CIGS 的制作工艺和喷墨打印类似，大致是喷到一块塑料上的。CIGS 的效率已经达到 19%，已经有不少人认识到这种技术的前景，正在花费上亿美元建造生产 CIGS 电池的工厂。出于商业原因，很多细节还没有公布。电池的价格最后可能会由竞争决定，因为电池的销售必须偿还投入在这些工厂上的巨大投资。很多人开始担心既然工厂正在生产数量巨大的太阳能电池，铟的供应可能会跟不上！但是人们对太阳能生意的乐观态度不言而喻，仍然有很多投资者在不断涌入。他们相信太阳能的未来是充满阳光的。

碳信用

如果把二氧化碳污染的环境成本也纳入考虑范围，清洁技术相比于传统技术就会更具有竞争力。达到这个目标的一个办法就是拟定国际条约，要求污染大气的发电厂为自己造成的破坏购买碳信用额；无污染的工厂，比如太阳能或风能发电厂会获得信用额。于是这些发电厂就能通过向排放二氧化碳的组织销售信用额来获得额外利润。整个安排的管理目标是达到二氧化碳的净减少，我们希望通过市场力量让这个过程做到经济上的高效。

《京都议定书》建立了一个体系，支持这项协议的国家正在使用信用额。这种方法被称为**限额与交易**。一个国家会获得一个排放二氧化碳量的限制，这就是限额。如果该国的排放低于限制，就会获得用来交易的信用额；如果超过限制，就要为污染购买信用额。这个过程的其他两种称呼是**二氧化碳交易**和**碳交易**。名虽如此，其实信用额也被用在了其他造成温室变暖的气体上，比如甲烷。

反对者们说，该系统容许了太多的作弊行为。比如，俄罗斯衰退的经济让该国可以卖掉大量他们本来也不会产出的二氧化碳信用额。在这种情况下，信用额的交易致使排放到大气中的二氧化碳增加，超过了本来可能的排放量。

签署协议的发展中国家没有被限额，限额会限制它们的发展，而这被认为是不公平的。协议的反对者们争论说，21 世纪的大部分污染都将来自这些国家，所以除非它们也有限额，否则问题不会得到解决。有些人认为可以给予发展中国家慷慨的碳信用额，因为这会补贴这些国家的清洁能源建设。如果一个发展中国家建造了一座只排放现有发电厂一半二氧化碳量的设施呢？它是否应该因此获得信用额，尽管事实上是往现有二氧化碳量上又加了一笔？在京都体系下，答案是**肯定**的。这种过程被称为**清洁发展机制**。

《京都议定书》没有设置为新核电站派发信用额，虽然这些核电站几乎不排放二氧化碳。原因在于人们害怕核电站所制造的另一种污染：放射性。但是放射性问题需要重新评估。现在很多人认为二氧化碳的危险已经远超过掩埋放射性废料的危险。

请记住以上这些复杂问题。二氧化碳污染的解决方案，如果真有的话，可能是涉及很大范围的多种方法，包括节能、碳信用额、太阳能、风能、生物燃料、核能，以及二氧化碳固存。用全球变暖研究领域里的行话说，这许多方法都是**楔子**（wedge），而我们需要很多楔子。没有哪种方法能够单独解决问题。

小结

在过去的 120 年里，世界平均温度已经升高了约 2℉，其中从 1957 年到 2009 年，温度升高了 1℉。IPCC 是联合国资助的一个负责研究气候变化的委员会，该组织提供的结论是，有 90% 的可能性是人类造成了一部分或大部分最近这 1℉的升温。到目前为止，这还不属于大型气候变化，但是人们害怕这种升温是由于燃烧化石燃料而释放二氧化碳等温室气体造成的。今时今日，大气中二氧化碳的含量水平已经达到了 2000 万年以来的最高值，其中 36% 的增长主要发生于 20 世纪。当地球发出的红外辐射所携带的热量被困在大气中时，就会发生温室效应；如果把大气看作一块能够盖住特定频率电磁波的毯子，增加的二氧化碳则帮助填补了毯子上的一些破洞。在 IPCC 关于全球变暖的估计中，不确定性很大程度上来自云的未知特性。

虽然全球变暖是真实存在的，但是政客和某些科学家却在夸大变暖的效应，声称越来越多的飓风、龙卷风，甚至阿拉斯加的融化都是全球变暖的结果。南极洲的融化似乎和全球变暖相矛盾，但是不确定性如此之大，所以最好还是仅仅将结论建立在温度记录和海平面升高上。

因为气候持续变暖的风险非常大，所以很多人想减少温室气体的产生。然而鉴于化石燃料不仅是最便宜的能源，而且可能还是发展中国家唯一负担得起的能源，所以，要实现这一目标就很困难。而且清洁能源的高成本也会造成经济压力。我们不会用尽石油，只是会用尽便宜的石油。价格达到 100 美元每桶的石油储量足够使用 100 年以上。需要能源的大国的煤炭储量都很丰富，包括美国、中国、俄罗斯和印度。通过费–托合成法，我们可以将煤转化成液体燃料，但是当汽车使用这些燃料时，二氧化碳污染仍然无法避免。

有 164 个国家批准了《京都议定书》，但是美国参议院没有批准。该议定书呼吁减少温室气体排放。它还建立了一个名为**限额与交易**的碳限制体系来管理排放。在未来，我们预计发展中国家的排放将会占主要地位。《京都议定书》在 2012 年失效，确立新的替代协议的会议在哥本哈根举行。

解决方案还是有的。这些方案涉及广泛的节能（节能也可以是"舒适"的）、生物燃料、洁净煤（包含碳收集和储存）、核能、风能（最近 4 年美国的风能设施量翻倍）以及太阳能。太阳能包括太阳热能和光伏，也就是太阳能电池。太阳能电池的效率为 10%—40% 不等，而最大问题在于成本，我们要知道如何在每瓦成本低于 1 美元的情况下生产太阳能电力。为了解决二氧化碳问题，可能有必要综合采用所有手段。

讨论题

1. 温室变暖增强后可能出现的诸多效应具有不确定性。你觉得什么样的举措才是合适的？如果变暖最终被证明是自然发生的，它是否还存在不利影响？评估一下公共政策的风险与收益。

2. 为了引起公众的重视而夸大技术或科学问题是好的（正确的/有道德的/必要的）吗？这么做的危险是什么？不这么做的危险是什么？如果你觉得有必要这么做的话，描述一下能用来夸大全球变暖问题的各种方式。

3. 关于全球变暖你青睐的解决方案是什么？你为什么倾向于这个方案？这和你在阅读本章内容前选择的方法相同吗？

4. 你认为什么样的节能方法才会在发展中国家奏效？混合动力车？更优质的住宅保温层？节能灯？

5. 根据图 10.11，美国的人均能量使用的增长比例比其他任何国家（除了俄罗斯）都要低。美国人是否应该为此感到自豪？还是美国人应该为人均生产的二氧化碳量居世界之首而感到羞愧？

6. 根据图 10.11，每 10000 美元年收入大致对应着人均 25 兆瓦·时的年平均能量使用。看起来有问题吗？计算一下你家的情况（或者你父母家的情况）。你可以从这里开始：如果你一年（包括 24×365=8760 小时）使用 1 千瓦，那么家庭每年就要使用 8760 千瓦·时 =8.76 兆瓦·时能量。你的家庭人均收入是多少？

搜索题

1. 查一查美国在 2008 年取消的"未来发电厂"的历史。你能找到其支持者和反对者两方的理由吗？看看这种技术。有惊喜吗？请注意，相关计划要在燃煤之前把氧气从空气中隔绝出来。

2. 读一读"球床反应堆"（pebble bed reactors）的相关内容。它为什么叫这个名字？它的历史是什么样的？为什么早期的球床反应堆被取消了？为什么它现在被认为是安全的？废料如何处理？

3. 风力涡轮机是在哪里建造的？它们之间的距离如何？（你可以用照片估计。）一部分环保主义者反对风力涡轮机的理由是什么？

4. 太阳能电池现在是什么状态？你能搜到不同种类太阳能电池的价格（以每瓦计）吗？或许你能找一家本地安装公司，看看他们如何收费。这个市场有多大？太阳能发电厂生产的电力占全世界电力总量的多少?

5. 在互联网找到两个以上在气候问题上选择性提供证据(或者至少有此嫌疑)的例子。努力找到两方面的例子——人们要么为了夸大,要么为了低估全球变暖的现实而挑选例子。

6. 巴西的汽车主要使用生物燃料。关于这类项目你能找到哪些信息?巴西人使用的生物燃料是什么?还有哪些国家可能采用?这些国家是因为二氧化碳问题还是能源独立问题才这么做的?

7. 化石燃料排放的二氧化碳有很大一部分溶解到了海洋中,使海洋酸化。关于这个问题看看你能找到哪些信息。目前海洋酸度的变化有多大?预计未来还会怎样变化?

8. 一些人提出了**气候工程**或**地质工程**的方法,以免我们没法减少全球二氧化碳。一种方法是增强地表的反射,从而减少太阳能加热,减少变暖。其他方法包括把营养物质倒进大海,促进植物的生长。人们都提出了哪些方法?需要种植多少树?(大气中的二氧化碳总量约为 3 万亿吨。)

论述题

1. 很多人把**温室效应**和**臭氧层**互换使用,仿佛两者是一回事。请解释两者的区别。为什么温室效应和臭氧层在公共辩论中是"有争议"的议题?分别描述一下人们现在对两者的担心,以及合适的举措。

2. 描述一下温室效应。起因是什么?有多严重?它在全球变暖中的角色是什么?温室效应是怎样加重的?

3. 全球变暖最有力的证据是什么?其中哪一部分是人类活动造成的?

4. 讨论一下阿拉斯加的变暖。关于这件事我们知道什么?它是真的吗?它与预期相符吗?人们是如何被观测所得的波动所误导,要么肯定阿拉斯加在变暖,要么否定这种想法的?

5. 很多人担心我们的石油快用光了。这是真的吗?描述可用石油及其价格之间的关系。我们能用煤代替石油吗?

6. 描述一下**舒适节能**的含义。还有哪些类型的节能?为每种类型举出几个具体的例子。

7. 二氧化碳问题有哪些可能的解决方案?列举出来,为每一种找出优势和劣势。哪种方案最容易被发展中国家采纳?

8. 全球变暖的哪些"证据"并不是真正的科学证据,而只是选择性挑选出来或夸大的例子?

选择题

1. 地球大气上一次出现比目前的二氧化碳水平还要高的情况是在

A. 600 年前　　　　B. 2000 年前　　　　C. 13000 年前　　　　D. 200 万年前

2. 每年人均生产二氧化碳最多的国家是

A. 美国　　　　B. 俄罗斯　　　　C. 中国　　　　D. 沙特阿拉伯

3. 温室效应目前让地球升温了大致（小心，这是一道陷阱题）

A. 1 °F　　　　B. 2 °F　　　　C. 4 °F　　　　D. 35 °F

4. 哪种化石燃料在燃烧时每磅产生的二氧化碳最多？

A. 石油　　　　B. 天然气　　　　C. 煤　　　　D. 汽油

5. 下面哪种方法可以把煤转化成石油？

A. 球床反应堆　　　　B. 费−托合成法　　　　C. 提高采收率　　　　D. CIGS

6. 大气中的二氧化碳在过去 100 年里升高了约

A. 0.6%　　　　B. 6%　　　　C. 36%　　　　D. 96%

7. 南极洲的冰

A. 在融化，和全球变暖预测的结果一致　　　　B. 在增加，和全球变暖预测的结果一致

C. 在融化，和全球变暖预测的结果相矛盾　　　　D. 在增加，和全球变暖预测的结果相矛盾

8. 美国签署了但国会其实并未批准的协议是

A. IPCC　　　　B. CIGS　　　　C. SEGS　　　　D.《京都议定书》

9. 根据本书中的内容，风能

A. 在遥远的未来有望发展起来，但是直到价格下降之前都不现实

B. 在快速发展，现在风力涡轮机生产的电力是 4 年前的两倍

C. 在欧洲被广泛使用，但是对美国不适合

D. 在美国正逐渐式微，因为人们发现风力涡轮机会杀死鸟类

10. 洁净煤

A. 有一个自相矛盾的名字，因为煤产生的二氧化碳比其他任何化石燃料都多

B. 指的是被转化成汽油的煤

C. 指的是被移除了碳的煤

D. 指的是在发电厂用碳收集和储存方法使用的煤

11. 在法国，有多大比例的电力是核能生产的？

A. 2%   B. 20%   C. 37%   D. 80%

12. 在美国，有多大比例的电力是核能生产的？

A. 少于 1%   B. 3%   C. 20%   D. 80%

13. 研究气候变化的组织是

A. IPCC   B. NAACP   C. AFL-CIO   D. IAEA

14. 截至 2010 年，在世界范围内，下面哪个年份的气候最热？

A. 2008   B. 2005   C. 2001   D. 1998

15. 如果美国把碳排放量减少到《京都议定书》要求的水平，而发展中国家继续以当前的速度增加排放，那么全球变暖会推迟约

A. 3 年   B. 10 年   C. 30 年   D. 70 年

16. 温室效应关乎大气发射的

A. IR   B. 可见光   C. UV   D. 微波

17. 要想在没有补贴或碳信用额的情况下正常运转，一座 10 亿瓦的太阳能发电厂的成本必须不能超过

A. 1 亿美元   B. 10 亿美元   C. 300 亿美元   D. 100 亿美元

18. 地球的平均温度（包括两极和赤道）现在约为

A. 42 °F   B. 57 °F   C. 65 °F   D. 80 °F

19. 下面哪个国家随 GDP（国内生产总值）增长产生的温室气体最多？

A. 中国   B. 俄罗斯   C. 美国   D. 日本

20.《京都议定书》的一个关键特点是

A. 要求发展中国家减少二氧化碳排放

B. 不要求日本减少排放

C. 减少二氧化碳但是忽略其他温室气体，比如甲烷

D. 建立了交易碳信用额的方法

21. 上一次大冰期降温在公元前 12000 年左右结束，造成的温差约为

A. 2 °F   B. 4 °F   C. 11 °F   D. 32 °F

22. 最近的小冰期（1350—1850 年）时的降温约为

A. 2 °F   B. 4 °F   C. 11 °F   D. 32 °F

23. 下面哪种不是主要的温室气体？

A. 水蒸气   B. 二氧化碳   C. 甲烷   D. CFC（比如氟利昂）

24. 以下哪种方法能以最低的成本减少二氧化碳排放？

A. 使用核能   B. 使用太阳能   C. 使用风能   D. 节能

25. 因为人类，大气中的二氧化碳已经

A. 降低约 35%   B. 增长约 36%   C. 加倍了   D. 降低到以前的 50%

第 11 章

量子力学

以下这些东西的共同点是什么？

· 激光
· 太阳能电池
· 影印机
· 晶体管
· 计算机电路（集成电路）
· 数码照相机
· 超导体

答案是，它们都利用了人类在 20 世纪发现的量子力学。我们甚至可以这样说，大部分被我们称为**高科技**的东西，都建立在量子力学基础上。但是量子力学又是什么呢？

量子力学主要涉及一种认识：波和粒子之间的区别比我们想的要小。关键如下：

所有我们认为是粒子的物体，同时表现出波（或波包）的特性。
波仅以量子化数量（量子跃迁）获得或失去能量，所以波具有与粒子一样的属性。
当一个粒子被探测或测量到时，它的波通常会突变成一条新的波。

当然，这些简单的陈述并不容易理解，但是正是这些认识解释了量子力学的所有神秘行为。其中不仅包括上面列出的应用，还包括著名的海森堡**不确定性原理**，这个原理的结论不仅在哲学上具有重大影响，甚至还使不熟悉物理的人改变了思考生命的方式。不确定性原理说明了物理学在理论上就无法预测未来将要发生的所有细节。

但是，在我们进入关于**波粒二象性**的讨论之前，先来看一下由此产生的量子物理特性。首先就是仔细观察当一个电子有了波的属性后会发生什么。

▌电子波

在一个原子中，电子环绕原子核移动的方式很像地球环绕太阳运行的方式——除了一点，把电子留在轨道上的力是电磁力，而非万有引力。但是在量子力学中，我们还必须认识到电子也具有波的一部分属性。波的频率的计算方法由量子力学的第一关键方程给出，该方程有时也被称为**爱因斯坦方程**。它把波的能量与波的频率相关联。

爱因斯坦方程：$E=hf$

常数 h 称为普朗克常数。马克斯·普朗克在研究光的行为时发现了这个常数。如果 f 的单位是赫兹，E 的单位是焦耳，那么 h 就等于 6×10^{-34}。你不用记忆这个数。

对于约为 1eV 的标准原子能（1 电子伏 $=1.6 \times 10^{-19}$ 焦耳）来说，这个频率是很高的。代入这些数字解出 f，你会得出 $f=2.7 \times 10^{14}$Hz。

所以，电子波在以极高的频率振荡。这就是为什么你不会注意到它们。电子波振荡得如此之快，以至于你无法看出这是一种振荡。还记得吗？在音阶中，比中央 C 高的第一个 A 的频率是 440 周期每秒 [1]，然而，即使是这么低的频率你也无法察觉出这是一种振动，你听到的只是一个音调。电子的振荡也与之类似。有了正确的仪器，我们就能测量出这些频率（通过观察电子与其他振荡的差拍），但是我们无法直接感觉到频率。

原子中的电子：量子化能量

接下来讨论的是波的特性真正产生影响的方式：在一个原子中，波包通常比圆周长。这就说明当电子波绕原子运动时，它会撞到自己的尾巴。既然电子波是一种波，那么它实际上就能把自己抵消掉。

如果电子波把自身抵消掉了，电子就消失了。所以如果电子还在环绕原子核运动，它就只能处于无法自我抵消的轨道上。这就意味着电子波只可能出现特定的频率。

根据爱因斯坦方程，频率和能量有关。所以如果只可能出现特定的频率，那么也就只能出现特定的**能量**。有时我们将这个结论这样表述：电子能是**量子化**的。

---

[1] 乐器调音可能各不相同，因为相比于绝对频率，人类的耳朵对相对频率更敏感。现在一个比较通用的标准是把高于中央 C 第一个 A 调到 440Hz。依这个惯例，中央 C 就是 262Hz。

我们计算了氢原子中允许出现的动能（环绕原子运动的波的电子能量），结果和我们计算出的不会抵消自身的波的能量相匹配。**允许出现**的能量包括：13.6eV、3.4eV、1.5eV 以及 0.85eV 的能量。这些就是不会自我抵消的能量。还有其他允许出现的能量，可以通过尼尔斯·玻尔发现的一个简单方程来描述这些动能：

$$E=\frac{13.6}{n^2}$$

这里的 n 是一个整数（$n=1,2,3,...$），能量的单位是 eV。不同的 n 值产生上面列举的不同能量。当 $n=1$ 时，我们得出 13.6eV；当 $n=2$ 时，我们得出 3.4eV，以此类推，就能得出所有可能的能量。请注意，允许出现的能量的数量是无限的，但是有很多禁止出现的能量（位于允许出现的能量之间的能量）。如果动能不匹配玻尔的方程，电子就不可能环绕氢原子核运动。

虽然绕轨道运行的电子的能量总是量子化的，但是在真空中沿着直线移动的电子可以拥有任何大小的动能。氢原子之所以会具有量子化的能量，是因为电子在轨道中移动，而且不能抵消自身。但是如果轨道不是**闭环**，就不需要这样的条件。这样的**自由**电子（没有被捆绑在轨道中）的能量并不是量子化的。

量子跃迁

当一个氢分子和另一个氢分子碰撞时（就像在气体中发生），氢分子就能把电子从一个容许轨道推到另一个能量更高的容许轨道上。换句话说，碰撞可以改变存储在原子中的能量。如果碰撞使电子的能量增加了，我们就说原子被**激发**了，而且电子处在受激轨道（excited orbit）上。而通过电磁波辐射，电子又可以失去额外获得的能量，跌回原轨道。在我们的量子力学的新语言中，我们说电子变换了轨道（完成了量子跃迁）并发出了光波。如果两条轨道之间的能量**差**是 E，那么 E 就是光波所携带的能量。我们可以通过爱因斯坦方程算出光波的频率：

$$E=hf$$

请注意，我们现在已经两次使用这个方程了，一次是为了了解轨道中的电子，一次是为了了解电子改变轨道时发出的光。

光谱指纹

量子化能级之间的量子跃迁说明，对于一个给定原子来说，发出的光的频率只能是特定的值——对应量子化能级之间的能量差。而频率对应光的颜色，所以这就意味着原子发出的光的颜色也是量子化的，只能发出特定的颜色。

让热氢气发出的光穿过棱镜并析出颜色，我们就可以看到颜色的量子化情况。我们眼前的不是（像阳光那样）连续的光谱，而只是几种颜色，如图 11.1 所示。光的波长的刻度以纳米为单位：500 纳米就是 0.5 微米。

观察一下光的模式。注意，波长的刻度是反向的。每种颜色（比如 700 和 600 之间的红色，以及 500 和 400 之间的 3 条蓝线）都来自量子跃迁，也就是电子从一条轨道跳到另外一条上。两条轨道之间没有颜色，因为没有跃迁，无法制造出具有那些颜色（即能量）的光子。

在光谱图中，颜色是在垂直方向展开的。这使颜色看起来像线一样。这是源自制图方式的一种人为结果。但是这就是我们最初研究这些颜色的方式，也是因为这个，这些量子化的颜色在历史上（现在经常也是）被称为**光谱线**（spectral line）。光谱线其实指的就是气体发出的不同波长或频率。热的氢气会产生大量的碰撞，所以热氢往往能发出像图 11.1 这样的光谱线。如果你看到这张图谱，你就知道这种气体是氢气。这是鉴定氢气的一种好方法——通过它发出的光。

如果气体变得非常热，就像在太阳表面上一样，那么电子就会在碰撞中离开原子。我们就有了单个氢原子核（也就是质子）和电子，而这种气体被称为**等离子体**。如果发生了这种情况，电子就不再环绕氢原子核运动，而且它们的轨道也不再是量子化的。它们可以拥有任何大小的能量。当它们在碰撞中失去或者获得能量时，这份能量的大小也不是量子化的。它们不必发生量子跃迁，所以这里可以出现任何大小的能量。因此，阳光拥有彩虹的所有颜色——当你把阳光照在棱镜上时会得到的颜色。这时我们会说光谱是连续的（也就是说，阳光的光谱是连续光谱，氢的光谱不是连续光谱）。图 11.2 就是这样一组颜色。我把这张图和图 11.1 中的氢光谱对齐摆放在了一起。

图 11.3 对比了氢光谱和氦光谱。这两张光谱和图 11.2 中的彩虹光谱也对齐了，所以相同的颜色出现在了相同的位置上。

图 11.1

氢的光谱。短竖线显示了氢气被加热时所发出的光的颜色

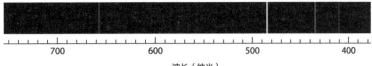

700　　　　　600　　　　　500　　　　　400

波长（纳米）

图 11.2

彩虹的颜色。这些颜色来自太阳表面的热气所发出的光

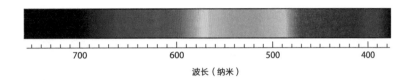

700　　　　　600　　　　　500　　　　　400

波长（纳米）

图 11.3

光谱指纹。通过观察氢和氦的光谱，我们可以轻松地区分它们

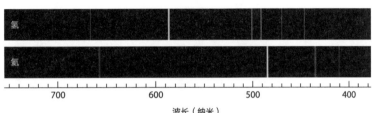

700　　　　　600　　　　　500　　　　　400

波长（纳米）

请注意，氦的光谱和氢的有所不同。原因在于氦原子核中有两个质子，所以氦原子核吸引力更强，而电子环绕原子核的速度会相应提高。这就意味着氦的量子化轨道的能量不同于氢。

因为这样产生的光的颜色对于每种元素来说都是独一无二的，所以我们认为这些光的作用跟指纹很相似。即使氢气和氦气混在一起，我们也很容易将两者区别开来，于是我们就可以知道气体中的氢气和氦气各占了多少。

这类光谱的形成原因曾经是一个大谜团。最终我们通过量子力学理论解释了这种现象（我上面解释的）。爱因斯坦在 1905 年提出了他的方程，而玻尔在 1913 年提出了可以解释氢光谱颜色的方程。现在这些线的存在不再是个谜了。光谱指纹为鉴别元素和分子提供了一种无与伦比的强大手段。像这样的光谱测量使我们可以确定遥远恒星表面上的气体，我们甚至还可以以这种方式探测烟囱排放的气体，确定其是否为违法污染物。

电子只能通过量子跃迁来改变能量，这个事实，让很多高科技量子物理设备成为可能，我们将在后面讨论这些设备，其中涉及激光、晶体管以及计算机。

光子

当爱因斯坦第一次提出他的方程 $E=hf$ 时，他并没有将其应用到电子上（虽然该方程确实适用于电子）。事实上，他当时考虑的是光。他曾经（以其他人的观察为依据）总结说，当光波被发出或吸收时，波的能量变化总是量子化的（具体数值由方程给出）。但是我们现在知道，他的方程适用于所有具有能量的东西。所有这样的物体都像波一样振荡，其频率（通常都非常高）可以通过该方程得出。

这个方程表示，频率为 f 的光所具有的能量 E 只能由方程中的另外两个量决定。但是如果我们把光的亮度提高呢？我们难道不能让一束光具有任何大小的能量吗？答案是可以，但是能量必须包含 h 和 f 的乘积。光所能拥有的最低能量就是 hf。如果发生了这种情况，我们就说这里只有 1 个**光子**。一束光也可以有 2 个光子，那样它的能量就是 $2hf$，以此类推。你可以把 1个光子看成光的 1 个量子。如果光的能量刚好是 hf 的整数倍，那么它就可以被吸收。

如果你知道一条光波的频率，那么你就可以通过爱因斯坦方程得出光子的能量。非常亮的光之中有很多光子，微弱的光之中则没有多少光子。

在量子力学的语言中，我们说光是一种**量子化波**（或者有时称作一个**波包**）。每次光获得或失去能量，都是通过一次一个光子的方式完成的。光的行为既像波，也像一堆光子的集合。

▎激光：一种量子链式反应

激光可以用来在金属上打洞、在光纤上以极高的速度发送信息、读取超市标签、测量无可替代的雕塑作品的确切形状、表演令人叹为观止的灯光秀、充当方便好用的激光笔、制作全息图，以及算出到达一个遥远物体（包括月亮）的距离。未来激光的用途可能包括触发受控核聚变及击落军事飞机和弹道导弹。

激光的工作原理是受激发射（stimulated emission），这是爱因斯坦预测的另外一种效应。回想一下，当一个电子从一个轨道量子跃迁到另一个能量更低的轨道时，它会发出光。如果已经有光存在，那么已有的光就能加强电子发出的光。发生这种情况时，发射出新能量的概率就增加了。

让我用量子力学的新语言再来描述一下这件事。当已经有一个光子在场时，电子发射出另一个光子的概率就会更高。这种提高的概率被称为**受激发射**。受激发射的一个至关重要的特性就是，第二个光子的频率和方向都和激发它的第一个光子相同。激光（laser）是一个首字母缩略词：

Light（光）

Amplification by（放大）

Stimulated（受激）

Emission of（发射）

Radiation（辐射）

一道典型的激光需要大量（比如 10^{20} 个）原子。我们要做的第一步就是保证其中很多原子的电子处于**激发态**（excited state），也就是说它们所在的轨道具有多余的能量。为了达到这个目的，有时我们会用另外的光源照射这些原子，或者借助电流，让电子拥有更大的能量，使它们进入激发态。最终这些电子会发生量子跃迁，转换到能量更低的状态，并且发出光子。但是在激光中，电子的激发态不会维持很长时间。电子**受激后**马上就会跃迁并发出光子。

在人们观察到受激发射之前，爱因斯坦就曾经预测过它的存在。根据他的计算，如果一个光子经过一个被激发的原子（带有一个处于激发态的电子），光子就会使电子跃迁。所以 1 个光子变成 2 个，2 个变成 4 个，4 个变成 8 个，以此类推。这就是他所预测的光子发射的链式反应。当越来越多的能量被释放出来时，光就会变得越来越强。这就是这个缩写词中所说的**放大**（amplification）。一场光子崩发生了。激光（laser）中的 a 虽然也可以被解释为"崩塌"（avalanche），但人们依然把它定为"放大"。

还有一则有趣的故事：根据激光最初发明者查尔斯·汤斯的说法，他曾经想到过另外一个命名——辐射的受激发射所引发的电磁辐射（electromagnetic radiation by stimulated emission of radiation）。如果当初保留了这些词，今天激光的首字母缩略词可能就变成 eraser（橡皮）。

第一个关于这种效应的实验，使用的是微波而非可见光，当时的设备被称为**微波激射器**（maser，辐射的受激发射所引发的微波放大）。现在的激光器可以使用红外线和紫外线，而且将它们和 X 射线结合的研究也在进行中。所有这些光在产生激光时的原理都是相同的：制造一场光子崩，也就是说，发动一个光子的链式反应。

就像在核弹中发生的情况一样，激光涉及的链式反应可以发生得非常快。当这种情况发生时，激光中的能量都被快速释放了（经过 60—80 代反应），所以光脉冲虽然持续时间很短，但却可以是极具威力的。当激光以这种方式运行时，就被称为**脉冲激光**（pulsed laser），这就是最具威力的一种激光。美国的国家实验室正在尝试运用脉冲激光实现在不使用裂变初级反应的情况下点燃核聚变。军方在开发激光武器时所使用的也是脉冲激光。

但是，我们也可以用连续的方式来运行激光，让光的输出保持稳定（可以类比为核反应堆中的可持续链式反应）。为了做到这一点，我们必须持续地激发新原子，激发的速度需要与原子受激发射的速度相同。利用气体激光（使连续的电流穿过气体）就能实现这个目标。我们用**连续激光**（continuous lasers）来完成激光通信（有时通过空气，但是大部分时候通过光纤）以及测量（距离测定和水平测量）。连续激光也被用在了激光笔和读取超市标签上。

激光的特殊属性

激光有两个重要属性有别于我们之前学过的其他链式反应，而且这两种属性为激光带来了极大的价值。我在前面也说过，这两种属性是：

- 发出的光子都具有完全相同的频率；
- 发出的光子都具有完全相同的方向。

既然光子的频率完全相同，那么光就只有一种颜色，即光是**单色**的（monochromatic）。这是激光对于通信来说真正有价值的特性。激光束通过调制亮度（调幅）或频率（调频）来承载信息。比如，具有极高频率的光束，它的 1000 周期每秒的强度变化，可以表现小提琴发出的 1000 周期每秒的音频音调。但是如果光中存在好几个频率（比如钨丝灯泡发出的光），那么不同的频率就会引发差拍，产生错误的亮度调制。因此，单一频率是非常重要的。

你有时会听到人们说激光发出的光是相干的（coherent）。**相干**这个词虽然听起来很厉害，但是它的意思其实就是只存在一种频率——或者至少频率的范围非常窄。

你可能想不到电子发出的光子具有完全相同的方向有多么重要。这意味着激光发出的光束都是平行的。这就是为什么激光束看起来不怎么会扩散，不像手电筒或者汽车大灯发出的光束。甚至太阳的光也来自不同的方向，因为太阳覆盖了天空中约一半的角度，所以来自太阳不同部分的光的方向稍有不同。但是激光束不是这样。激光束也会扩散一点点，因为它们也是波，但是激光的扩散角度非常小，它的波长非常短。[1] 有时候，使激光束发生扩散是很有必要的——比如当你想要照出一幅全息图时。为了达到这个目的，你可以让激光穿过透镜或从弯曲表面上反射回来，但是最初的激光初始状态都是平直的。

---

[1] 扩散的计算方法和我们在第 8 章中讨论的一样：$B=(L/D)R$。对直径为 $D=5$ 毫米 $=5×10^{-3}$ 米，$L=0.5$ 微米 $=5×10^{-7}$ 米的光束来说，$(L/D)=10^{-4}$。所以当 $R=100$ 米时，光只会扩散 1 厘米。在 1 千米内，光会扩散 10 厘米。如果你欣赏一场灯光秀，当光束的尾端延伸到 1 千米外时，激光看起来仍然很细。

激光测量

细激光束的准直特点使其能够完成其他方法难以进行的测量。我们可以用脉冲激光束瞄准一个遥远的物体，然后通过望远镜观察物体上的亮点。通过光束返回的时间，就能算出我们与该物体之间的距离。

这是激光测距的基础。如果你从很多方向上测量距离，你就能得到一个物体的整体形状。我们曾经用激光测量过火山的形状变化，建筑物与洞穴的内部，还有像罗马竞技场这样的历史性建筑。根据类似原理制造出来的激光扫描仪现在已经被用在了物体形状的精细测量上，测量对象包括很多无比珍贵而且无可替代的雕塑。

我们还可以在建筑工地上使用激光束（激光水平仪），使它们沿着水平方向照射，为建筑结构提供基准线。我们有时会用激光标记不动产之间的界限，从而观察哪些物体在不动产内，哪些在外。对于测量员无法排线的丘陵地区来说，这种方法尤其有用。我们还可以用激光为工地工人指示出打地基或立柱子的精确位置。

在电影《指环王：双塔奇兵》（2002）的拍摄中，激光测量发挥了一种有趣的用途。演员安迪·瑟金斯要用四肢行走，移动方式很复杂，而他的肩膀、头部、手，以及其他身体部位都被装上了角反射器，以便用激光探测他的动作。一台计算机随后生成了一幅全新的图像，显示的是一个幻想生物，名叫"咕噜"。

超市激光扫码器

超市激光扫码器会发出非常细（直径小于1毫米）的单色激光束。这些激光器会用一种复杂的模式快速移动激光束方向。超市收银员会把条形码（商品上向计算机指示价格的一组线）放在激光扫描束的下面。

除了激光外，激光器上还有一个探测反射光的探测器，用于测量符合激光频率的光。（有一个过滤器用于消除所有其他光。）

当激光束扫过产品上的条形码时，反射光会随着条形码上的明暗点快速改变。探测器会探测到这种快速的闪烁，并记录下图案。根据这个图案，收银机会在商品目录中寻找价格，或者仅仅记录该商品已经被购买的事实。激光的精细特性在记录精细图案的过程中非常重要。

事实证明，激光束瞄准的最简单方法不是移动激光，而是使其从旋转的全息图上反射。全息图的不同部位会让光束指向不同方向。所以超市扫描器利用了两种高科技设备：激光器和全息图。

CD 和 DVD

CD 和 DVD 利用的是激光束能够集中在一个小点上的特点。CD 把音乐记录在一张薄铝片上，铝片外还包裹了一层塑料。记录音乐的是小突起以及突起之间的凹陷，约为 0.5 微米宽，1 微米长。每个点都代表 0 或 1，我们通过测量反射的强度来读取模式。激光每次反射 1 比特信息。CD 旋转时，每秒约有 140 万个点会经过聚焦的激光束。CD 播放器可以通过以兆赫级频率返回的散射光的量来分辨 0 和 1。

因为我们可以聚焦激光束，所以我们也可以通过在磁盘上叠加多层铝片来记录更多的信息。这种方法结合更小的突起，应用在了先进的 DVD 录制上，从此我们就可以录下时长较长的电影了。DVD 的最外层必须是半透明的，这样我们才能让光穿过表层并到达更深的地方。要想读取两层中的某一层突起，光就必须聚焦在该层上面。任何抵达错误铝层的光都无法聚焦。因为点变深了，所以突起和凹陷反射的光需要更长时间才能穿过表层，于是反射脉冲的持续时间就会更长。这些更长的脉冲（来自错误的铝层时）可以通过电子设备来消除。今天的大部分 DVD 播放器都只有一层，但是在不远的将来，层数可能会达到 4 层（正面两层，背面两层），从而存储下一整部电影的信息。利用这个改进和更小的突起，一张先进的 DVD 可以承载 7 倍于 CD 的信息。第一张 DVD 光碟是在 1997 年进入市场的。

可刻录的 CD 和 DVD 不用铝来做反射器，而是用一种具有反射性的化学品，这种化学品会因为加热而改变。当你用这样的磁盘进行刻录时，就会对一个小区域施加足够的热从而使其改变。之后你在"播放"这张磁盘时，激光的强度很低，不足以改变这个点，但是反射的光量会显示这个点是明还是暗。测量反射光的探测器接下来就会把信号提供给计算机。然后计算机就会把 0 和 1 变成音频（或 DVD 视频）输出。

激光清洁

我们会用激光来清洁古老而珍贵的雕像，这种方法不会损伤其表面。激光的优势在于它能在非常短的脉冲中传递极高的功率。接触到物体表面的激光脉冲会产生非常强的加热效果，使烟灰和油脂汽化，但它的持续时间非常短（通常来说只能持续几纳秒），只有雕像外表很薄的一层才会被加热。

当一样东西因为科学或艺术目的而被创造出来后，就会有人想办法从中牟利。激光清洁和激光牙齿美白已经在美国广泛流行，而且牙医正在认真地寻找用激光去除龋齿以及做其他手术的方法。

激光武器

自从激光被发明以来,军队就一直在探索它潜在的武器应用。激光能以光速传递巨大的能量。起初,这种应用具有局限性,可用的激光器虽然威力巨大,但是体积都过于庞大。而最近开发的使用二氧化碳的便携式激光器再次唤起了人们的兴趣。从原理上讲,这样的激光器可以带上飞机。

请注意,重量是个问题,不是因为人们需要瞄准。激光不需要转动,激光的瞄准可以通过移动镜子来完成,而这种装置可以很轻。

我们已经在使用激光击落小型**无人机**了。在提到激光的应用时,击落导弹是经常被谈到的一种。在这种应用场景下,速度是最为关键的,因为导弹的移动速度很快,而你需要在导弹击中目标之前摧毁它。

激光束通过在物体表面制造高温进行破坏。如果表面在移动,激光束就必须跟踪表面上相同的某个点。这样的系统所面临的一个潜在的问题就是激光束会被反射。如果目标的表面像镜子一样,那么只有很少的光会被吸收,激光"武器"就不会造成任何损害。同样困难的还有在导弹旋转的情况下加热导弹的表面,因为被光束照射的点总是在变化。由于这个原因,激光武器可能没什么前景。

对于军队来说,更加重要的一个应用是反卫星武器(ASAT)。激光可以在几分钟之内向卫星传递大量的能量,而卫星除了在升温后发生热辐射之外,没有什么可以散热的方法。大多数卫星只要被升温几十摄氏度,就会受到严重的损害。

激光和受控热核聚变

第 5 章我们讨论过国家点火装置 NIF。这是一个容纳了 192 个大型激光器的大型建筑,该装置将会用氢(具体来说是同位素氘和氚)组成的小靶丸来点燃受控热核聚变。

NIF 利用了激光的两个关键属性。第一个是激光能在一个非常小的目标上集中能量。第二个是激光器发出的激光可以具有非常短的脉冲。有了这两点,目标就能在因能量过大而爆炸之前,迅速被加热。你可以回想一下,氢弹也利用了同样的原理。为了点燃氢,裂变炸弹制造了剧烈而快速的能量传递。所以在 NIF 中,激光实际上只是取代了裂变初级反应。

我再来说一遍这些数字:激光传递的功率为 500 万亿(5×10^{14})瓦;这是全美发电功率的 1000 倍,但是持续时间只有 4 纳秒。在这段时间内释放的能量是 1.8 兆焦。回想一下,2 克 TNT 的能量就超过了 5000 焦。所以 720 克 TNT 的能量就超过了 1.8 兆焦。这不算多。但是如果我们能以极快的速度将能量传递到一个非常小的物体上,就能触发氢的聚变。

激光影响视力

激光会对眼睛造成危险的原因有几个。一个最简单的原因是，激光具有能集中在一个小点上的高功率，而眼睛是娇嫩的。但是还有其他原因。激光通常都是高度准直的，而平行光会被眼睛的晶状体聚焦在眼角膜上。即使是相对弱的激光，被这样聚焦后也会变得很强。如果激光是红外线或者其他不可见光，那么受害者甚至都不会知道自己的眼睛受伤。因为这些原因，在激光实验室工作或者去那里拜访的人通常都需要佩戴特制的目镜，以屏蔽掉所有激光频率的光，同时让其他光进入。

激光眼科手术

激光在外科手术中有着重要的应用，尤其是对于眼睛。一束宽激光可以进入眼睛然后聚焦在一个小点上。因为光束在到达小焦点之前并不集中，所以除了目标点之外不会造成很大的加热效果。可能对于这种技术来说，最令人兴奋的应用就是把脱离的视网膜"焊接"到眼睛后表面。这种手术现在很常见，而且已经让成千上万人免于失明。讽刺的是，正是激光的危险之处让它在医学上变得有用。（当然，手术刀也是这样。）

我们还使用激光来切除部分角膜，从而重塑角膜使其更好地在视网膜上聚焦。这种手术使本来佩戴眼镜或隐形眼镜的人拥有了"正常"的视力。该手术可以在医生的办公室进行，只需要几分钟就能完成。这类手术中最受欢迎的是一种激光视力矫正手术。在这样的手术中，医生用刀在角膜上开一个皮瓣，用激光来汽化并移除其下那部分角膜。然后皮瓣被重新放回，接着患者就可以直接走出医生的办公室了。患者马上就能复明。但是眼睛要想初步康复则需要几天时间，要想变得完全正常还需要几个月。当然，这种手术无法治愈随着年龄增长而造成的视觉调节能力丧失，因为这种症状是晶状体弹性丧失造成的。

激光也被用在其他类型的眼科手术上。其中一种手术是为了给视网膜中的血管止血，从而阻止一种名叫**黄斑变性**（macular degeneration）的疾病。激光所产生的热被精确地传导到了血管上，由此产生的血液凝块会阻止血液漏出。这种针对血液的效果被称为**激光光凝术**（laser photocoagulation）。黄斑变性如果不加以治疗将会导致大部分视力丧失。

我们也把激光用在其他类型的外科手术上。高度聚焦的光束可以切开一个非常小的区域，而激光所产生的热会自动烧灼组织创口（使其止血）。除此之外，我们还不需要对激光束进行消毒，而手术刀却必须要消毒。

发明者的故事

激光的应用似乎怎么说都说不完。上网找一找,你还能找到更多关于激光的应用。有人问微波激射器和激光[1]的最初发明者查尔斯·汤斯,是否想象过激光将会变得如此重要。他用一个故事回答了这个问题。他说,他感觉自己就像站在大古力水坝旁边的一只海狸。一头鹿问:"这是你建的吗?"海狸说:"不是,但那是根据我的想法建的。"

光电效应

当光照到物体表面上时,每个光子都可以有足够的能量从一个原子上敲下一个电子。因为这个过程涉及一个光子和一个电子,所以它被称为光电效应。发生这种情况时,我们可以用被解放出来的电子制造电流。这是很多设备的运行基础。要想记住**光电**(photoelectric)这个词,只需要想想发生了什么:一个光子击中一种材料从而让一个电子得以移动。对于这么简单的过程来说这个名字真够拉风的。但是很多高科技都利用了光电效应,包括太阳能电池、数码相机、夜视眼镜、激光打印机,以及影印机。

太阳能电池

太阳能电池包含有一块晶体和两片金属板。当一个光子击中晶体时,一个电子就获得了足够的能量,从而可以跳到其中一个电极上。通过在电线中移动,这个电子可以回到另一个电极。这样,太阳能电池就利用阳光制造了电流。阳光的能量被直接转化为有用的电能,我们可以用这些电能来运行发动机或任何其他电气设备。这样的太阳能电池经常被称为 PVC(光伏转换器),或简称为 PV 电池。这些电池可以把太阳能转化为电能。

从卫星到电池充电器,在很多应用中我们都能找到太阳能电池的身影,但是它们还不是运行整个世界的主要能源之一,其主要问题在于性价比。当然,阳光是免费的,其主要成本来自电池的生产、安装,以及维护。有些人自己在家安装电池并且省下了钱,这是因为他们没把自

---

[1]　查尔斯·汤斯成功建造了一台微波激射器,也就是在微波频率下运行的激光器。第一个构建出高频(光)微波激射器的人是他的学生戈登·古尔德。因为这种光设备有一个不同的首字母缩略词,所以激光的发明经常被归功于古尔德。如果汤斯使用了 eraser(橡皮)这个缩略词(前面提到过),那么人们就会把这两种发明看成彼此的变种。

己的时间成本算进来。如果想把太阳能电池纳入工业流程，你就需要为工钱买单，而这会增加成本。在某些地区或国家（比如美国的加利福尼亚州和德国），政府对太阳能有着极高的补贴，这让使用太阳能电池在经济上变得可行。

经济学家可能会说，如果你把环境成本（比如污染和全球变暖）考虑进来，太阳能电池的成本并不比化石燃料高很多。但是现如今，大部分使用"脏"能源的人并不需要支付环境成本。

如果太阳能电池的成本降下来或者化石燃料的成本大幅上升，太阳能电池的未来会变得更加光明。在制造廉价的太阳能电池方面有一种很有希望的技术，它使用的是非晶硅，你可以在网上找一找这种技术以及其他便宜的光电池的新闻。另一种方法是使用太阳能集中器。这种设备可以大面积获取阳光，并把阳光集中在一个小型太阳能电池上。还有一种极具潜力的技术称为 CIGS（太阳能薄膜电池），该技术使用的太阳能电池是由一种很像喷墨打印机的机器制造出来的。

数码相机

数码相机的工作方式和太阳能电池完全相同：它们都利用光子使电子移动。在数码相机中，光被集中在光电池阵列上，每个像素（即每个图片元素）都对应着一个光电池。800 万像素的相机有 800 万个光电池。当光子击中任何一个电池时，电池发射出的电子都会形成电流，而内置在每台数码相机中的小型计算机就会读取这些电流。有两种常用的光电池阵列：一种被称为 CCD（电荷耦合装置），另一种是 MOSFET（金属氧化物半导体场效应晶体管）。两者之间的区别对本书并不重要；你需要知道的关键点是它们都是光电探测器阵列，利用的都是光电效应。

历史上最早的一批数码相机中，有一部分被搬上了美国侦察卫星。这些相机可以拍摄图像并利用无线电信号把图像发回地面。在当时，甚至连这种技术的存在都是高度机密的。

数码相机的问题之一在于像素太小。在光线不足的照片中，每个像素可能只能获得不多的电子。具体数量取决于运气；对于特定强度的光来说，你可能会得到 100 个电子，或者 110 个、90 个。（变差通常等于这个数字的平方根，所以如果一个给定光度预期的电子数是 100 个，那么 10 个电子的上下浮动是很正常的。）但是这类变差会导致一些像素获得的信号比其他像素更强，所以在最终的照片上，两个本应看起来一致的像素会具有不同的亮度。相机评论杂志会告诉你相机在光线不足的情况下会拍摄出"有噪点"的照片。实际上，噪点源自光电效应激发的电子在数量上的随机浮动。我们能制造出更灵敏的相机，但是这样的相机通常需要更大的像素，只有这样才会有更多的光子击中像素。如果你想要低光度的数码相机，你就需要买一台 CCD 尺寸更大的。这通常意味着镜头以及所有其他东西也都要更大。如果你买了一台小相机，你就不会获得微光敏感性。

类似的数字噪声也会影响依赖光纤的激光通信。

光纤噪声

在第 9 章，我解释了光是一种绝佳的信号发送方式，因为它的频率很高。（回忆一下信息论，波的频率会限制每秒传送的比特数。）但是现在我们能从量子力学中获得一个有趣的结果：只有高频率是不够的，我们还需要高功率。

下面就是原因：一道 1 毫瓦的激光束（普通激光笔）的功率为 10^{-3}J/s $=6\times10^{15}$eV/s。因为每个光子都具有 2.4eV，这就意味着光线中每秒都会有超过 2×10^{15} 个光子。绿光的频率是 6×10^{14}Hz。所以平均来讲，每个周期只会有约 3 个光子。

这个数字很小。你无法发出比光子速率更快的信号，每个周期就算有 3 个光子也很少。3 还只是一个平均值，统计计算说明如果平均值是 3，那么光子的实际数量往往是 5、4、2，或者只有 1。事实上，即使理论上每个周期都应该有 3 个光子，也有约 5% 的时间，给定周期中不会出现任何光子。这就是说如果你发送一个表示 1 的比特，有 5% 的可能不会出现任何光子，而该比特将会被解释为 0。这是个错误。所以结论就是，我们必须使用足够的功率来避免这种**光子限度**（photon limit）。为了避免高错误率，你所需要的每周期光子数要比 1 多得多。

所以光纤通信需要高频率（每秒可以发送大量的比特）和高功率（每个比特都可以借助大量光子来传播）。

图像增强器和夜视仪

人的眼睛和大脑的敏感程度，难以感受到单个光子发出的光。普通数码相机也不能。但有一种电子设备可以——**图像增强器**（image intensifier）。它利用光电效应，就像光电池一样，用光子制造电流。不同点在于，图像增强器会用光来制造出人眼可见的即时图像。

现代图像增强器包含大量的细管，这些细管被紧密地包裹在一个名为**多路板**（multichannel plate）的结构中。当一个光子通往一根细管的末端时，它在继续往下走之前通常都会先撞到管壁。可见的光子，即使在非常昏暗的光线下也具有 2.4eV 的能量，而这些能量足以把一个电子从表面上敲下来。（这是光电效应的又一个例子。）然后电场会让电子在管中加速，很快电子就会撞到一边并敲掉其他电子。这个过程会像雪崩一样持续发生，等到所有电子都抵达细管末端的时候，电子信号就会变得非常大，达到 10 亿个或以上电子。这些电子会击中一个磷光体，而如果数量足够，它们就会形成一个亮点。

我们可以把全部细管装在相机的背面。光子会击中多路板而非胶片，并引发最终在细管末端出现的电子崩，这些电子又会击中一块涂满磷光粉的玻璃。如果光子进入这些细管的前端，那么亮点就会出现在另外一端，其亮度足够让人眼看见。大部分便宜的图像增强器都会使用多路板，这样的增强器在网上就可以买到。

人们用最初的图像增强器来制作一种名为**星光夜视仪**（starlight scope）的设备。人们把这些跟相机类似的系统戴在头上（就像戴双筒望远镜），用它们来看暗处的东西。当然这些夜视仪也需要一些光——这就是为什么它的名字中要有**星光**。这是夜视仪所使用的技术之一。如果把这种眼镜和 IR 夜视镜对比，你会发现 IR 成像器可以在彻底的黑暗环境下工作，只需要人或物体的温度所发出的 IR 就足够。而星光夜视仪还需要一点可见光，它只能是放大这些光。

影印机和激光打印机

最初的施乐复印机（专业术语是**影印机**）利用了元素硒非同寻常的属性。如果你把电荷放到硒表面上，电荷就会待在那里。硒不是电的良导体。但是当你把光投射在硒表面的一个区域时，被吸收的光子的能量就足以驱逐电荷。这也是光电效应的一个例子。

施乐复印机的工作原理是，首先把电荷放在一个硒鼓或硒板上。因为硒不导电，所以电荷会粘在表面上。随后，硒会暴露在你要复印的东西的图像上。在光线亮的地方，电子会被射出，从而不留下任何电荷。在光线暗的地方，电荷会被保留下来。

如果硒之后被暴露在大片碳烟下，那么碳烟就会被电场吸引至带有电荷的区域。结果就是在没有电荷的地方，表面是干净的（即光打到的地方），而在没有光线驱逐电子的地方，颜色就是加深的。一旦充满碳烟的硒准备就绪，我们就让一张纸与其接触并获得碳。这张脏纸就变成了静电复印本（xerox copy）或影印本（photocopy）。碳烟含有黏合材料，当纸被加热后（在离开机器的路上），碳烟会被永久性地束缚在纸上。

如果纸在加热前被卡住，而你需要打开影印机把纸取出来，你会发现碳烟并没有粘在纸上，而你的手，以及任何其他接触到纸的东西，都会变脏。

激光打印机其实就是一台施乐复印机，只不过这一次暴露给硒的不是光学图像而是激光。激光用亮度不同的精确光束扫描表面，从而完成制作图像的过程。

制造商已经发现了硒以外的材料，这些材料一样能奏效，效果有时甚至超过了硒。但是鉴于施乐公司关于硒的使用方式的专利已经过期，所以任何公司现在都可以使用硒来进行这种影印了。

伽马射线和 X 射线的量子物理

通过爱因斯坦方程，我们来比较一下，一个伽马射线光子的能量和一个可见光光子的能量。

前面我说过，一道普通伽马射线的频率约为 3×10^{21}Hz，可见光的频率约为 6×10^{14}Hz。所以伽马射线频率是可见光频率的 $3 \times 10^{21}/6 \times 10^{14}$，也就是 500 万倍。

这就意味着伽马射线光子的能量也是可见光光子能量的 500 万倍。一个普通的可见光光子的能量是 2.5eV。一道普通伽马射线的能量是它的 500 万倍，约为 10MeV。这些能量足以把氖的原子核打碎成质子和中子。释放能量达到这个级别的放射性衰变通常会发出伽马射线。

我们再来为 X 射线做一个类似的计算。根据第 9 章的表 9.1，普通 X 射线的频率约为 10^{19}Hz，大约是可见光频率的 20000 倍。根据爱因斯坦方程，X 射线光子的能量是可见光的 20000 倍。因为可见光的每个光子通常有 2.5eV，这就意味着一个 X 射线光子的能量为 $20000 \times 2.5=50000\text{eV}=50\text{keV}$。

通常，我们通过将 50keV—100keV 动能的电子砸向钨或其他金属，来制造 X 射线。这个计算显示出电子的大部分能量都会以 X 射线光子的形式射出。

假设我们有一束可见光，总能量为 10MeV。因为每个光子只有 2.5eV，这就说明一共存在 400 万个光子。每个光子在撞击一个分子后就会失去 2.5eV。但是相同能量的伽马射线却只有 1 个伽马射线光子。当这个光子被吸收后，它就会把所有能量都留在一个地方。伽马射线永远都不会一点一点地被吸收。[1] 从这个角度说，这两种射线更像是粒子，而不像可见光，因为可见光所含有的光子太多，以至于量子吸收完全不会被人所注意。

正是每个光子所具有的大能量，让伽马射线和 X 射线具有了很多独特的属性。单独一束伽马射线就可以向一个细胞传递足够的能量从而将其摧毁。与此相比，单独一个 UV 光子顶多能使 DNA 突变。500 万是一个巨大的因数。因为伽马射线在一次爆发中会释放掉如此大的能量，所以它比任何电磁波都更像粒子。

---

[1] 也有例外，比如康普顿散射。但即使是康普顿散射，每次也会带走伽马射线能量中的很大一部分。

▌半导体晶体管

从根本上说，所有现代电子器件都建立在"电子是波"这个事实之上。当电子流经像半导体这样的晶体时，电子的波属性就会变得非常重要。（**半导体**这个名字的来由就是它的导电性能不如金属那么好，但却仍然导电。）最重要的半导体是硅和锗，它们的晶体中通常还掺有少量的铝或磷。半导体的重要应用包括：你计算机里的微处理器、光盘播放器里的激光二极管，以及几乎所有其他用在电视、汽车甚至旋入式荧光灯泡上的电子器件。

半导体的关键特性，也就是使其如此重要的特性，就是电子在其中不会拥有任意的能量。在这方面，半导体就像氢原子和氦原子，而它的性质体现在能隙（energy gap）上。

能隙是电子作为一种波所带来的后果。当电子波在晶体中穿过时，它们能从原子上反射。两次反射后，它们就会沿着最初的方向移动。发生了这样的反射后，电子波会和原来的波相干涉（相长或相消）。事实证明，特定能量的电子会抵消自己——所以这些能量是不可能存在的。这就会让可能存在的能级之间出现能隙。和氢原子中的情况一样，晶体中电子一般的能隙就是几电子伏。

当你让两个具有不同属性（比如具有不同的能级）的半导体彼此接触时，半导体就构成了实用的电子元件。这样的组合被称为**晶体管**。两个彼此接触的半导体就组成了一个**二极管**，而三个就会组成**三极管**。在这种基本体系之上产生了很多不同的元器件。半导体物理学是一门广阔的学科，而且它还孵化出了一个巨大的产业。我们在这里只会讲解最基本的方面——通过能隙而产生的应用。[1]

▌二极管

二极管是一种非常简单的电路设备，但是在特定电路中，它能把交流电转化成直流电。在这个过程中，二极管构成的电路被称为**整流器**。整流器之所以如此重要是因为几乎所有的电子器件都需要直流电（电子只朝一个方向流动）。但是正如我们在第 6 章讨论过的那样，进入我们

---

[1]　大部分对半导体的介绍都着重于讲解电子和一种名为**空穴**（hole）的物体（你可以把它看成电子海中的泡泡，即电子的缺失）的重要性。空穴的特性很像带有正电荷的电子。另一个重要的问题是**掺杂**，这是一种把额外的电子或空穴加入缺少这两种东西的区域的方法。电子和空穴的扩散通常都会造成失配的能隙。

家庭的电是交流电。二极管可以是把交流电转化为直流电的关键，因为它只让流动方向正确的那一半电流通过。这就是为什么二极管可以构建整流器——它只允许电流朝着"正确"的方向流动。

想制作二极管，你要让具有失配能隙的两种半导体互相接触。[1] 一旦接触，电子就开始从能量更高的半导体流向能量较低的半导体。当足够多的电荷累积起来从而排斥额外的电子时，电流就会终止。球从山坡上滚下来时也会发生同样的事情。如果球带有电荷，最终排斥力会阻止其他球往下滚。

积累的电荷会在结点附近制造出强大的电场。这个场会防止额外的电荷流动。如果你通过施加反向电压的方式（比如利用电池）减弱了电场，那么额外的电子就会流动起来重建电场。但是如果你通过施加额外的同向电压来加强电场，则不会发生电流流动。这是半导体二极管的基本工作原理。它让电流沿着一个方向流动，并阻止另一个方向的电流。把交流电放进来后，电流只有一半的时间在流动——流动方向正确的时候。这就是整流器把交流电转化为直流电的方法。（直流电的大小仍然会随着时间变化而上下起伏，但是永远都不会朝着另外一个方向流动。要想使电流变得平稳，还需要其他的电子器件。）

二极管的历史很长。就像超导体一样，人们在理解二极管之前就已经在使用它了。人类最早使用的一种二极管是老式晶体收音机的"猫须"，很多业余爱好者把制作这种收音机当作一种爱好（本书的作者也不例外）。我们把一根细电线小心地放在一块晶体上，然后四处移动，直到发现一个点，在这个点电流只朝着一个方向流动。那根电线应该像猫胡须一样细，所以这种二极管就被称为猫须二极管。但是人们从来没有真正使用过猫胡须，这只是一种比喻。

发光二极管

如果你在**发光二极管**上施加电压，这种半导体元件就会发光。那些让你知道你的计算机（或者其他任何东西）正处于工作状态的小红灯通常都是 LED。在体育馆中使用的大型电视显示器以及一些街道上的显示器都是红色、蓝色和绿色 LED 组成的大型阵列。当你按下手表上的按钮后，是 LED 照亮了表盘。因为 LED 更高效，所以很多红绿灯都采用了。LED 不会产生废热，也不会像钨丝灯泡一样烧毁。在不久的将来，大部分手电筒都会使用 LED，而非小钨丝灯泡。（手电筒已经用 LED 了。）你的电视遥控器上的红外 LED 会把不可见光的脉冲信号发送到电视上，

---

[1] 选读：两种材料通常都是硅制成的，但是它们通常都被有意地混入了不同的杂质——例如，一个加入了铝，一个加入了磷。这会产生**施主能级**（donor level），正是这些施主能级间的能量差扮演了关键性的角色。电荷载体的扩散会去平衡这些施主能级，而这种扩散会在结点处制造电场。

指示它开关机或者换频道。

LED 的工作方式很简单：施加的电压给了电子多余的能量。[1] 因为能隙的存在，电子无法仅仅失去能量的一小部分，它只能一次性失去一定量的能量。这个失去的过程是通过发出光子来完成的。光的颜色关乎能隙，可以通过爱因斯坦方程 $E=hf$ 计算出来。具有小能隙的 LED 会发出红光，具有大能隙的 LED 会发出蓝光。

观察你的周围，看看有多少你每天都会接触的 LED。你可能要离交通灯很近才能注意到那是 LED。本书写作时，很多红色交通灯都采用了 LED，但是绿灯却仍然在用白炽灯。看一看计算机和音响上指示电源工作的小灯。在公共场所（比如纽约时代广场和各个橄榄球场）的大电视屏幕上发光的也是 LED。

LED 在照明上的重要用途正在变得越来越多。它们正在取代荧光灯，成为计算机屏幕和平板电视的光源。

二极管激光器

二极管激光器的应用包括超市扫码器、激光笔，以及 CD 和 DVD 播放器（用来制造射向碟片的激光）等。二极管激光器和 LED 很像，包含一个小型半导体元件，其中的电子从低能量轨道被激发到了高能量轨道上。LED 和二极管激光器之间的区别在于二极管激光器利用了受激发射，即一个光子可以激发另外一个光子。为了达到这个目的，科学家需要找到一种半导体，该导体的光子在达到激发态之前不会自动发出。

既然二极管激光器是一种激光器，那么发出的光子就都会朝大致相同的方向运动。这种程度的准直没有大型激光器那么好，但是却比普通 LED 强得多，因为后者发出的光会去往各个方向。准直特性允许激光形成一道扩散程度不大的非常细的光束，我们可以把这道光束聚焦在一个非常小的点上。这种特性对于上面提到的大部分应用来说都非常重要。

将激光器真正改造成日用设备的正是二极管激光器。要知道以前的激光器就像是尾部会发光的荧光灯泡，它需要特殊的电源供给，而且寿命很短。

---

[1] 大多数课本会详细地描述能量是如何传递到电子上的。这个过程通常涉及两个半导体之间的一个结点，这两个半导体掺杂了不同的材料，从而拥有不同能级。但是发光的关键原因在于能隙。

晶体管

　　大部分电子产品（收音机、电视、电脑、音响、iPod）的核心元件是一种叫**晶体管**的微型元件。在现代语境下，曾经的晶体管收音机现在经常被叫作晶体管。但是我在这里所说的晶体管不是这个意思。在提到晶体管时，我指的是构成晶体管收音机组件的电子元件。

　　晶体管是放大器的一种现代版本，这种东西可以被输入微弱的信号（可能来自 CD 表面反射的光，或者天线传来的微弱电压），然后输出非常强的信号，足以驱动扬声器或者呈现电视画面。

　　放大器这个词可能会造成一些误解，因为放大器并没有真正获取微弱信号并将其变强（这样违背了能量守恒定律）。放大器真正做的是获取一个微弱的信号并制造出一个以同样方式振荡的强大信号。你可以说它为原来的微弱信号制作了一个克隆体。克隆体的能量来自电池或者其他电源，比如从墙上插座传过来的电流。

　　放大器在某些方面也很像水阀。想一想水阀的运作方式。你转动小手柄，只需要很小的能量，就能控制巨大的水流。

　　电路中最初的放大器使用一种名叫**真空管**的装置。一些老电视机和音响仍在使用真空管。（一些音响发烧友声称真空管的声音更好。）真空管的运用基于一个事实，只要用很小的电压，就能控制在真空中流过的大电流。[1]（真空位于玻璃管内部，这就是**真空管**这个词的来源。）这就像转动阀门来控制水流。事实上，美国人所说的真空管在英国称为电阀。

　　20 世纪 60 年代，一种名为晶体管放大器的装置开始代替真空管。新的收音机被称为晶体管收音机。这就是一场伟大的高科技革命的开始。晶体管不使用真空或金属电子发射体。它们转而使用半导体。

　　最初的晶体管放大器包含两个背对背放置的二极管，中间插入一层非常薄的薄层。施加在薄层上的非常小的电压就能控制从一端流向另一端的巨大电流。和二极管一样，该装置的工作原理就是三个区域之间存在能隙，这些能隙引发的电荷流动阻止了进一步的电流。电压上的小改变就能影响能隙的相对能量。这就像是一座拥有巨大蓄水池的大型水坝，水坝高度上的小变化，就能造成流经水量的巨大改变。

　　相比于真空管，晶体管更加可靠、快速和节能，并且产生的废热也更少。晶体管发明于

---

[1]　在真空管的真空中，一根钨丝加热了一片名为**阴极**的金属，该金属在受热时会发出电子。电子会通过真空流到另外一片名为**阳极**的金属上。两者之间是一个网格（栅极）。施加在网格上的小电压可以极大地影响流过的电流。CRT 显示器仍然在使用这种设计。为了使真空管变热，受热钨丝消耗了大量的能量。真空管需要很大的空间才能让电子流过真空，所以真空管的体型都很大。

1947 年。[1] 在 20 世纪 60 年代，好的（也贵的）便携式收音机通常包含有 8 个晶体管。但是晶体管的大小和成本一直都在下降。

计算机电路

当工程师们搞清楚如何把多个晶体管放在一片硅芯片上，制造出一种名为**集成电路**（Integrated Circuit，IC）的装置时，一个重要的突破就发生了。杰克·基尔比因为这项发明获得了 2000 年诺贝尔物理学奖。

集成电路真的让摩尔定律运作了起来。当晶体管变小时，电路的复杂度就可以增加。第一个完整的**微处理器**（把所有复杂电路都放在一片硅芯片上的计算机）诞生于 1971 年。现在我们的一片硅芯片上已经有超过 10 亿个名为晶体管的量子设备。对于家用计算机中的芯片来说，这是一个普通的数字。而仅仅在几年前，这样的数字还是我们不敢想象的。

所有在计算机中完成的"计算"都是由一种名为开关的特殊晶体管放大器搞定的。它们就像水阀一样，但只有两个状态：全开和全关。成组工作的开关可以计算加法、乘法、除法，也可以进行逻辑运算。

这些开关传统上被称为"门"。门就像阀一样：打开门，东西就可以进出了。一组能进行逻辑运算的相连接的开关被称为**逻辑门**。请注意，门并不是因比尔·盖茨命名的，也不是因阿尔·戈尔命名的，运行逻辑门所依据的算法（algorithm）也不是。

计算机已经变得非常复杂。我们把晶体管做得非常小（只有几微米长），所以它们不需要多少功率，就可以被一起放进非常小的芯片中。小体型对于速度来说非常重要，因为电线里的信号速度总是比光速慢。在一个标准时钟周期中，光只能前进 30 厘米。所以为了让计算机的不同部分交换信息，整个器件必须非常小。

选读：关于逻辑门的小知识　　用一组开关可以进行逻辑运算，这是件很神奇的事。下面就是描述其工作方式的一个简单例子。考虑两个可能的陈述：（A）莱斯利是玛丽的父亲；（B）莱斯利是男性。请注意如果 A 是真的，就说明 B 是真的。但是如果 B 是真的，却不一定说明 A 是真的。在计算机中，这种逻辑是由逻辑门来运行的。比如，如果连接器 A 获得了一个正电压（因为 A 是真的），

---

[1] 1956 年，贝尔电话实验室的肖克利（W. Shockley）、巴丁（J. Bardeen）和布拉顿（W. Brattain）因发明了晶体管而获得了诺贝尔物理学奖。

那么 B 也会获得一个电压（表明 B 也是真的），一些门（开关）需要两个输入才能打开；而其他一些门只需要开启两个开关中的任何一个就能打开。

所以计算机中的计算都是通过像这样的门的连接来完成的。计算机中最吸引人的定理就是，所有已知（用逻辑或数学可以完成的）计算都可以通过使用这样的开关结合起到存储功能的装置来一起完成。

▍ 超导体

在前面谈到超导体时，我没解释为什么电子可以在超导金属中移动而不损失能量。事实上，H.K. 欧姆尼在 1911 年发现了超导特性（因此获得了 1913 年诺贝尔物理学奖），然而他和其他任何人在其后的几十年中都没能理解这种现象。在 20 世纪大部分时间里，没人理解超导体为什么有超导特性是量子物理的一个显著失败！

事实证明，原因确实和量子物理有关，而且跟光谱指纹以及半导体一样，答案都在于能隙的存在。和那几种材料相同，超导体之所以会有这样的特性，也是因为电子是一种波，而特定晶体会有能隙——当电子穿过这些晶体时不可能具有的特定能量。超导体的能隙只有 0.001eV，但是这已经足以提供零电阻。

接下来就是超导体能够具有其非凡属性的关键原因：流动的电子都只具备低能量。在普通金属中，比如在铜线中，电子会和其中的杂质发生碰撞，从而获得或失去能量。想象一下，你和电子在一起移动（在超导体中，所有电子都以相同的速度一起移动），在这个参照系中，你没有能量，但是原子的核在移动。这个参照系中存在一个能隙——这就意味着你不能每次只获得一点能量。即使你和一个原子核（或杂质，或材料中一个"位错"[1] 的裂痕）相撞，你也必须获得至少一个能隙的能量，否则你将什么也得不到。在超导体中，你通过这样的碰撞所获得的能量要比能隙小。而这在几乎违背常理的量子物理的逻辑中，就意味着电子不会和杂质相撞，因为它不可能失去大小合适的能量！所以电子会继续在没有能量损失的情况下流动，这就是超导体。

上一段出现的奇怪概念并不新鲜。物理学中违背能量守恒的情况不太可能发生。超导体最

---

[1] 位错（dislocation）即晶体内部原子的不规则排列。——编者注

奇怪的地方在于，杂质对于电子杂质是不可见的，因为如果电子完成和杂质的撞击，它们就会拥有非法（不该有）的能量。

并不是所有金属在低温时都会变成超导体。我们现在知道，要想使一种金属变成超导体，就必须发生一件有趣的事：电子必须成对移动。当慢速电子把金属的正电荷拉近，而金属的变形又趋于吸引来另一个电子时，这种有趣的情况就会发生。最终结果就是电子会吸引其他电子。电子们永远都不会挨得太近，所以要把它们分开也不需要多大的能量。这就是为什么超导现象只会在低温时发生。这两个电子被称为**库珀对**（Cooper pairs），根据第一个预测它们存在的物理学家而命名。

完整的超导性量子理论是约翰·巴、利昂·库珀和罗伯特·施里弗在 1957 年研究出来的。他们的理论以他们的姓氏首字母命名，被称为 **BCS 理论**。因为这项研究他们在 1972 年获得了诺贝尔物理学奖。通过该理论，他们可以预测哪种金属能变成超导体、哪些不能，以及在什么温度下才会发生超导现象。他们理论的一个最奇怪的结果，就是氢在高压状态下可以变成超导体。这就意味着木星的核心可能就是一个超导体，还有一种被称为**脉冲星**的恒星也一样。这些预测还没有得到证实。

虽然我们理解低温下的超导特性，但是，超导仍有一个谜团。这一次是高温超导体，也就是在温度达到 150K 时会产生超导特性的材料。150K ≈ –150℃，所以这好像也不算什么高温，但是它却比绝对零度高得多。BCS 理论并没有预测到这种情况的存在，而且也没有人知道为什么这些化合物可以在如此高温下变成超导体。（事实上存在一些理论，但是没有哪一个能够压倒性地胜出。）我们知道电流包含库珀对。但是没人能成功提出理论来预测哪种材料将会变成高温超导体，或者超导温度可以高到什么程度。如果我们发现了一种可以在室温下出现超导特性的材料，那么我们将会目睹一场新技术革命，规模将会比晶体管引发的革命还要大。能量传输会变得很简单，计算机中的能量损失将会变得非常小，而我们可能会将家庭用电从交流电改换成直流电。

▍电子显微镜

尺寸小于 1 微米的物体是无法用普通光来辨别的，因为你无法把一束光集中在一个几乎比光的波长还要小的点上。如果你想要看比这还小的东西，你需要一种波长更短的波。人们有时会使用 X 射线，但是 X 射线容易直接穿过物体，特别是当物体只有几微米厚时。更普遍的选择

图 11.4

扫描电子显微镜拍摄的一只昆虫的
图像（图片来源：达特茅斯学院）

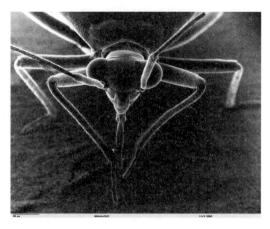

是电子。带有 50keV 能量的电子束的波长比原子的尺寸还要小。[1]

有好几种不同的电子显微镜，但是最有趣的当属**扫描电子显微镜**（Scanning Electron Microscope，SEM）。SEM 用一束电子扫过物体，当电子束扫过材料表面时，往特定方向反射的电子数被测量了。这个数值被称为**亮度**，以此为基础，计算机会制作一张图像。这些图像看起来非常像普通照片，大概是因为阴影使画面看起来更真实。（之所以会有阴影是因为击中物体背面的电子束被反射出了探测范围，所以探测器在这部分只收集到了很少的电子。）图 11.4 展示的是一只昆虫的 SEM 图像。

上网找一找其他的 SEM 图像。你会发现非常神奇的东西。搜索关键词 **SEM** 或**电子显微镜**，寻找相关的图像。

一些更深的量子物理问题

在这部分，我们会讨论一些大多数物理专业学生会研究的问题，也就是量子物理的抽象问题。这些问题包括电子波的本质、波粒二象性、当你测量时会发生什么，以及不确定性原理。这些主题引人入胜，这些知识对于一种未来应用很重要，那就是量子计算机。

顺便说一下，前面所讲的很多内容（例如影印机、LED、SEM、激光笔，以及半导体计算机）大部分物理专业的学生不会学到。这是因为他们在学习如何计算上花了太多的时间。

---

[1] 选读：因为电子具有质量，所以根据量子力学理论（我们并没有讨论理论的全部），波长 L 必须通过德布罗意方程 $L=h/(mv)$ 来计算。如果你知道能量 $E=1/2mv^2=(mv)^2/(2m)$，我们就能算出动量 mv。

光子真的存在吗?

我们已经把光子当作粒子来讨论了。但是我们也知道光是电磁波。所以我们该怎么看呢?光子真的存在吗?它是粒子,是波,还是两者都是?现在我们讨论的就是量子物理的核心。不要指望这些简单的问题能有简单的答案。这些答案注定是令人困惑的。但我们还是要来试着理解一下。

光的表现很像波——除了在被发出或被吸收时。所有的量子特性只有在这种时候才会显现。当然,这就是我们和光子互动的时候,所以量子特性很重要。但是在这两种状态之间,也就是发射后和吸收前,光作为"光子"的本质似乎完全不存在。

如果你觉得这很奇怪,那我会觉得高兴。这就是很奇怪,而且对于很多物理学家来说这也仍是一个问题。接下来我用一个简单的例子来说明,这个例子就是肥皂泡。

回想一下,肥皂泡之所以拥有不同颜色是因为一些光波从泡沫的内表面反射出来,一些光波从前表面反射出来,当这两条波聚到一起时就会发生干涉。一些颜色(那些彼此同相的波)加强了,而另一些(相消的波)则变弱或者消失了。

这种干涉跟光子的情况有什么契合之处?想象一下,我们把光的强度变小,直到每分钟只能探测到一个光子从浮油或肥皂泡上反射出来。你可能会认为光子是从泡沫的外表面或者从内表面反射而来的,很明显它不可能从两个表面一起反射。所以当光的亮度很低时,你认为所有因为波的抵消而产生的颜色都会消失。当只存在一个光子时是不可能有差拍的!对吗?

不对。这个实验已经有人做过了,用的不是肥皂泡,而是镜子。事实上,这个实验并不难,物理学专业的本科生在初级或高级实验室中就能完成。实验结果是清晰明了的——光子像分成了两半,在两个表面上都发生了反射。所以光子的表现就像波,直到你开始探测它。只有在这时,粒子的特性才会显现出来。

事实上,看待光的最好方式是将其看作一种只能以量子形式被发出或吸收的波——在发射和吸收之间,光是一种波。它像波一样移动、衍射、弯曲和干涉。但是当光被发射或吸收时,它不像波,而像粒子。这就是我在前面提到过的,量子物理中著名的**波粒二象性**,这种特性让很多人感到困惑。人们之所以困惑是因为他们认为粒子和波是不同的东西。我喜欢使用**粒波**或**波粒**这样的词,因为现实的东西兼有一部分这两种属性。**量子波**可以算是另外一个好名字。当我们讨论海森堡不确定性原理时还会再回到这些问题上。

普通波也是量子化的?

光波是量子化的。电子波是量子化的。你认为水波也是量子化的吗?水波只能具有特定的、允许出现的能量吗？你怎么看？

答案是肯定的。怎么会这样？我们为什么没有注意到？

我们来看看一般的水波。水波的频率可以是 $f=1$ 周期 / 秒，这样的水波的波长约为 1.6 米。能量会根据爱因斯坦方程进行量子化，$E=hf=6.6×10^{-34}$ 焦耳。能量不大。如果一条水波击中了你并传递了 1 焦耳的能量，那么其中就含有 $1/（6.6×10^{-34}）=1.5×10^{33}$ 个量子。有这么多的波量子，能量是量子化的这一事实是不可能被观察到的。这个案例中所包含的**量子跃迁**确实非常小。

事实上，因为量子非常小，所以我们在水波上从来没有观察到过量子。它们甚至连个正式名称都没有（应该叫水子？氢子？）。但是根据量子理论，它们确实存在。

类似的量子化适用于所有我们眼中真正的波：声波，低频无线电波和电视信号波，绳子和弹簧玩具波。它们都是量子化的，但是在低频率的限制下，量子太小，因而我们注意不到。

地球轨道是量子化的？

是的。至少我们这么认为。为什么我们从来都没注意到？原因在于能级之间的间隙太小了。根据量子力学进行的计算显示，地球不同轨道之间的能隙约为 0.001eV——是一般原子中能隙的千分之一。跟地球运动的能量相比，这个"间隙"只是 $1/10^{55}$。这就是为什么我们从来都没有观察到它，而且可能根本就无法观察到。我们认为地球轨道是量子化的，因为每个轨道上可以被观察到的预测都证实了量子物理的预测结果。

整个地球难道就是一个波？答案仍然是肯定的。但这是一种复杂的波，有很多组成部分。说话声也是复杂的，风暴发生时海洋中的波是复杂的，你阅读的这页纸上反射出的光波也是复杂的。这些波中都混杂有很多不同的波长。因为这种复杂性，把地球看作一种波并没有什么好处，虽然地球确实是波。在原子中，能隙和电子能量之间相差不大，所以波的概念不仅有用，而且至关重要。

波粒二象性

粒子真的是波吗？波真的是粒子吗？为什么量子物理学家就是决定不下来？到底哪个是哪个？对于刚开始学习量子物理的人来说，这是最令人困惑的问题之一。

真实的答案是，粒子不是波，而且波也不是粒子。（现在你是不是更迷惑了？耐心点。）事实上，并不存在所谓的粒子或波。只有一种"东西"，而它没有名字。（可能这就是你感到迷惑的原因。）我们可以编出一个名字来。**波子**怎么样？或者我们也可以把它叫作**粒波**。就用这个吧。

其他图书都没用过这个词，所以当你阅读其他量子物理的书时这个词不会帮到你，但它却可能会帮你理解量子物理。

所有的东西都是粒波。电子是粒波，光子也是。粒波具有一些波的属性，也具有一些粒子的属性。粒波之间可以互相干涉，就像波一样。正因如此，当粒波处于环形轨道时（也就是当它们可以绕回来干涉自身的时候），它们的能级是量子化的。

不确定性

既然粒子具有波的属性，那就说明粒子的位置是不确定的。波并不存在于某个单独的位置，它会扩散。这就是著名的**不确定性原理**的核心。粒子没有明确清晰的位置。如果真的对位置进行度量，那么粒子就会出现在波域内的某个点上。

波既可以被延长，也可以只包含几个周期。一个短时间爆发的振荡就是**波包**，图 11.5 展示的就是一个典型例子。

在这个波包中，粒子不会位于两个最末端的位置上，而是会在振荡最有力的中段上。[1] 但是量子力学不需要波包具有像图 11.5 那样的精致形状。波包很容易就会出现图 11.6 所展示的形状。

这看起来像两个粒子是吧？但是它也可能只是一个粒子，只是位置非常不确定。事实上，我们不太有可能在中间（这里的振幅接近于 0）或者最末端的位置发现粒子，更有可能在左侧或者右侧的振荡区域发现粒子。但是对于单个粒子来说这是一个有效的波函数，即使它被分成了两半。事实上，任何形状函数都是有效的，至少对于一个在真空中移动的粒子来说是这样，因为在这里我们不需要担心环形轨道会让它把自身抵消掉。我们现在已经远离了传统思考方式。这种感觉很奇怪。接下来让我们来看看更奇怪的事。

不确定的能量

我在上一个例子中展示的是，一个电子的波可以是两个分离的部分。如果你可以接受这一点，就来看看这个：把一个电子放到环绕两个原子核的两个单独的环形轨道中。

这听起来很疯狂。但是这并不比图 11.6 展示的两条分开的波更疯狂。这没有任何违背量子物理理论的地方。事实上，在量子实验中这是经常发生的情况。这是电子作为波（至少具有像波一样的属性）带来的结果之一。

---

[1] 选读：在量子物理的数学计算中，我们把波包表述为一种复杂的函数，它通常被称为 $\psi(x)$。那么粒子出现在任何特定位置上的概率就是 $|\psi(x)|^2$。

图 11.5

一个典型的波包

图 11.6

另一个典型波包。虽然波已经分裂
到了两个离散的区段，但是这些波
代表的只是一个粒子

这两条不同轨道可能具有不同的能量吗？当然。但是这个电子的能量又是多少？答案是：能量是不确定的，就像位置是不确定的一样。

我们能把电子同时放入围绕同一个质子的两个不同轨道上吗？答案：当然可以。同样，电子的能量还是不确定的。

可以接受这种操作的轨道很多。我们能把一个电子同时放进 17 个轨道中吗？答案：你猜猜，然后看脚注。[1]

量子波的度量

假设一个光子的一个非常宽的波包击中了数码相机中的感光器件 CCD。你甚至可以假设波包的宽度比整个相机都大。既然波包如此大，那么它会为 CCD 的每个像素都提供一个信号吗？不会。它只能在一个像素上敲掉一个电子，因为它只有足够影响一个电子的能量。哪一个？量子物理提供了一个奇怪的答案。被敲掉的电子是随机的，但是必须位于波包击中的区域内，波包更强（振幅更大）的位置概率更高。事实上，根据量子物理的数学计算，概率跟振幅的平方成正比。

所以量子物理在本质上是一种随机理论。我们没法预测电子会在哪里被敲掉。

一些人喜欢说"被敲掉的电子的位置代表了光子**真正出现**的**真实**位置"。但这是错的。波在空间中扩散，而光子并没有躲藏在其中。我们之所以知道这一点是因为肥皂泡——光子既可以

---

[1] 当然，它甚至可能出现在无限条轨道中。

从肥皂泡的前面也可以从肥皂泡的后面反射，因为它是一种波，而不是一个被局限的粒子。

我们在之前讨论放射性衰变时谈到过这个概念。氚的两个完全相同的中子会在不同时间发射贝塔粒子，即使两个中子是完全相同的。量子力学只能给出发射贝塔粒子的概率。

能量仍然守恒吗？

如果能量是不确定的，是否意味着我们可能会失去一些能量？好问题。答案出乎意料，我们不会失去能量。能量，即使是不确定的，仍然是守恒的。（注意，人们在量子力学的讨论中使用"出乎意料""奇怪""奇特"这些词的频率很高。这说明，大部分对这些问题进行深入思考的物理学家也仍然感觉量子力学很奇特。）

假设我们有1份确定的能量，并将其送给2个电子。假定每个电子所具有的能量是不确定的。这2个电子在围绕不同质子的轨道上移动，它们也许相隔1英里，也许相隔100万英里。最终我们探测到了每个电子。我们所获知的能量可以是可能范围内的任何值。但是当我们把2个测量到的能量加在一起时，总和将会等于开始时的能量。能量是守恒的。

这是否意味着电子其实有确定的能量，只是我们不知道而已？不是，这种可能性被称为**隐变量理论**（hidden variable theory）。该理论所做出的其他预测已经被证伪了。隐变量理论出现过很多版本，但都已经被证伪了。

爱因斯坦不喜欢量子物理，因为他感觉不确定性原理在根本上和他的相对论是相互矛盾的。具体来说，他认为，当粒子被探测到时，波突然发生的改变，并不能像量子物理所要求的那样突然，因为改变发生的速度似乎比光速还要快。他一直都青睐隐变量理论，直到这些理论被实验证明是错的。到今天，所有我们测试过的隐变量理论都被证明是错的。可能某一天，会有一个说得通的新隐变量理论横空出世，到时候爱因斯坦在天堂也会笑吧。

选读：海森堡不确定性原理

通过制造一个非常小的波包，你可以确定一个粒子的位置。但是在量子力学中，这样的波是由具有不同速度的很多不同的波组成的，但所有波中却只存在一个粒子。所以一旦你探测到粒子，所有其他波就不得不突然消失。这种突然的消失在量子力学中有一个特殊的名字，叫作**波函数坍缩**（collapse of the wave function）。

所以，虽然我们知道了电子的位置，速度却是不确定的。这就意味着它的能量也是不确定的。这些关系正是著名的**海森堡不确定性原理**的核心。该原理表示，如果你制造了一个位置非常确定的电子，位置的确定性（不确定性）为 Δx（可以比原子更小，也可以比太阳更大），那么速度的不确定性 Δv 至少符合：

$$\Delta v = \frac{h}{2\pi m \Delta x}$$

在这个等式中，你可以把 Δv 看成一项，它代表"速度 v 的不确定性"。同样也在这个等式中，m 是电子的质量，h 是普朗克常数，而 Δx 是 x 的不确定性。所以如果你增加了对位置的了解（例如让波穿过一个小洞从而让波包和 Δx 很小），那么速度的不确定性就会变大。

类似的事情也会发生在光身上。我们来看看对于一束沿着 y 方向传播的光来说，我们如何知道 x 方向上的光子的位置。为了确定 x 方向上的位置，你让光波穿过了一个宽度为 D 的开口。但是在这个过程中，波就因衍射而扩散了。这就意味着 x 方向上的速度不再是确定的，波的一部分移到了左边，一部分移到了右边。当我们探测到光子时，它可能正在向侧边移动（至少一部分）。事实证明，我们在第 8 章讲的光的模糊距离方程，也是海森堡不确定性原理的体现，只不过它适用于光的特殊形式。

隧穿

隧穿（tunneling）是量子物理中一种比较出名的现象。该效应表示粒子可以穿越到似乎违反能量守恒的地方。隧穿是不确定性原理的一种结果，具体说来，就是对波包来说，波的能量是不确定的。之所以叫隧穿，是因为从效果上讲，一个粒子可以从山的一边移动到另一边，哪怕该粒子没有足够的能量翻越这座山。

当你知道山的高度和宽度时，隧道效应的计算相对简单。我们向物理学专业的低年级学生教授这种计算方法。就像量子物理中的其他情境一样，计算能得出概率性的结果。你不能肯定一个东西会发生隧穿，但是你可以计算它在给定时间里发生隧穿的可能性。我们在这里不会进行计算，但是我们会讨论隧穿的结果以及它在隧道二极管中的实际应用。

阿尔法衰变与隧穿

还记得第 4 章中释放阿尔法粒子的放射性现象吗？事实证明，这类放射性之所以会出现正是因为隧穿。阿尔法粒子在衰变前就在原子核中，但原子核中的力阻止了阿尔法粒子射出。根据一般物理学法则，阿尔法粒子没有足够的能量克服核力的吸引。但是因为有了不确定性原理，它就有了隧穿出去的可能性。它的能量是不确定的，所以在任何时刻它具有足够逃逸能量的可能性都有那么一点点。因为没人能计算出它具体何时逃逸，只能计算出它在任何一段时间内发射的可能性，所以衰变是随机发生的。

有必要指出一点，并非所有放射性都是隧穿造成的。在贝塔衰变中，电子和中微子都是在发射时被创造出来的。它们就像你说话所制造出来的声波一样，直到衰变的那一刻它们才诞生，但是一旦被创造出来，它们就能带走能量。与此类似的是，X 射线和伽马射线放射性也不是隧穿的例子。

所以每当你看到阿尔法衰变时，你就知道发生了隧穿。能量守恒被打破了，但是只在非常短的一段时间内。一旦阿尔法粒子发射出去，它具有的能量就和在原子核中拥有的能量完全相同。我们从来没有真正目睹阿尔法粒子打破能量守恒，只是计算得出了这个结论。但是这段时间很短暂，所以在最后，能量是守恒的。衰变后的能量没有比衰变前更多。阿尔法粒子用某种方式悄悄溜了出去。这就是我们所说的隧穿。

扫描式隧道显微镜（STM）

扫描式隧道显微镜（Scanning Tunneling Microscope, STM）是最新最强大的显微镜之一，它让我们探测到了单个原子的位置。回想一下我在第 4 章开篇所展示的 IBM 的图像（图 4.1）。那张图像就是用 STM 拍摄的。

一台 STM 含有一个锋利的带电小针尖。我们把针尖放到距离待检查表面非常近的位置，但是不让两者接触。针尖在表面上方扫描（这就是 STM 中的扫描部分），来回移动，最终覆盖整个表面。它通过隧穿拾取小电流（我们回头会解释），电流量随即被记录下来。最终，计算机根据不同位置的电流制图，电流更大的地方可能会更白，电流更小的地方颜色更暗，最终呈现出图像。

这个过程很像是盲人摸雕像。他的手指在雕像上移动，当手指摸过了整个表面后，他对雕像的了解丝毫不亚于（可能更强于）别人从各个角度用眼睛观察得出的结果。（在有颜色的情况下，视力健全者可能更加了解颜色，但是盲人对质地的了解更加深刻。）

STM 的关键就在于隧穿过程。通常来说，电子不能离开针尖的表面，因为它不具备足够的

头条物理学

能量。但是如果针尖与另一个原子挨得非常近，那么这么短的距离可能就会引发隧穿。距离越短，隧穿越大。所以测量电流的流动能告诉我们物体表面的形状（起伏）。

必须小心不要让针尖真的碰到表面。这样我们就可以用不同的模式来运行STM。针尖被连接在一个压电晶体（piezoelectric crystal）上，这种晶体的厚度可以通过向其施加电压（晶体电压）进行高精度调节。当针尖离表面更近时（通过调整压电晶体上的电压），电子就开始从针尖隧穿到物体表面上去。当特定大小的电流通过时，针尖就不会继续靠近表面，然后针尖会在整个表面上移动。

难点在于：为了让针尖电流恒定，针尖的位置必须根据需要进行调整。这就意味着针尖在上下移动（通过晶体厚度的改变），以求保持跟表面之间的恒定距离。这个过程所需要的各个晶体厚度被记录了下来，这些数据变成了物体表面每一个位置的高度记录。我们可以将这份记录变成一张表面高度的分布图。

在IBM照片中摆放氙原子的也是STM。通过把针尖移动到特别近的地方然后调整电压，我们就能将原子拿起来再放下。对于这种操控来说，针尖确实碰到了一些原子。

STM是获得原子及其位置的图像的最佳方法。现如今，STM主要用于研究物体表面的属性以及原子跟表面连接的方式。在不远的未来，我们也许可以用STM扫描DNA分子来读取遗传密码。一些人认为我们可以用STM调整单个原子的位置从而存储信息，但是我猜测至少在近十年，这种应用不太可能会出现。

太阳中的隧穿

第5章说过，太阳的动力来自核聚变。在足够高的高温下，质子、氘核，以及其他带正电的原子核都有了足够的动能可以克服自身的电斥力，于是它们之间的距离就近到核力足以将它们聚集在一起并发生融合。

然而，计算显示太阳并没有热到足以让原子核能如此接近。原子核的热能使它们彼此接近，但是这种距离还不足以发生融合。但是原子核仍然融合了，原因就在于隧穿。一旦原子核互相接近了，它们就有很高的可能性会通过隧穿而穿过排斥力的阻隔（就像是把一个重物推上山），从而彼此接近到足以发生聚变的程度。从这个角度看，我们在地球上拥有的所有能量从根本上来说都是隧穿产生的。所有恒星也都在经历相同的过程。

隧穿对于核裂变来说也是很重要的。计算显示，使两个裂变碎片聚在一起的力是非常大的，以至于两个碎片不太可能会分离。但是因为裂变碎片表现得就像是量子力学视角下的波一样，所以如果碎片的动作够快，它们就能克服这种能量不足。如果没有隧穿，我们就不会有裂变及其应用（反应堆和核弹）。

量子计算机

和本书中描述的大部分技术有所不同的是，真正的量子计算机还不存在。现在已有的量子计算机只能从事极其简单的运算，比如将 15 因数分解（变成 3×5）。没人知道量子计算机是否真的实际可用。但是人们对量子计算机非常感兴趣，所以我们在这里也值得提及一下。

所有计算机都利用了量子力学，因为在计算机中，半导体里流动的电子的能量是量子化的。计算机随机存取存储器就是基于芯片中那些小金属片里的电子进行存储的。电荷是量子化的，也就是说，电荷总是以多个电荷的形式出现。虽然普通计算机"量子化"的地方这么多，但是今天没有一台计算机是我们所说的那种量子计算机。

普通计算机会存储电荷，然后电荷会流过开关。每项计算都需要通过管理电流的流动来改变存储的电荷。但是在量子计算机中，概念从根本上就是不同的。所有操作都由电子波而非电流来完成。用电场或其他外部力量来改变电子波就可以做到这一点。在计算结束前，不会有粒子被测量或者被存储。

量子计算机利用的是粒子（比如电子）可以同时出现在不同轨道的现象。所以量子计算机只用非常简单的电路，就可以同时完成海量的计算，而且计算所使用的能量也会大大降低。从某种意义上说，量子计算机利用了不确定性原理。相比于简单地探测电子存在或不存在，仔细地避免探测电子，扩散的波反而能携带更多的信息。从原理上讲，每个电子都可以携带大量比特信息。这些电子被称为量子比特，或者简称为量子位。

至少这在理论上这是说得通的。没人知道量子计算在真正艰巨的计算上是否会发挥实际作用。问题的一部分，当然就在于我们已经有了可以解决大部分艰难问题的相当不错的计算机，所以在人们愿意将量子计算机投入实际使用之前，它还需要取得很大的进步。你可以在网上搜索"量子计算"，查看一下这方面的最新进展。

我们必须认识到，大部分新科技永远不会实现"未来主义者"（努力想看到未来的人）所推测的实际用途。比如，从 20 世纪 20 年代开始，每 10 年就会有未来主义者预测说普通人很快就能开上私人飞机，而非汽车。他们预测说这是 40 年代必然会发生的事。但是，这件事到现在也没有发生。早在 20 世纪 40 年代，当时的未来主义者预测说，等到 60 年代，我们每个人的家里肯定会有家用机器人。但是，现在都 21 世纪了也没发生。其他没人预测到的事（比如笔记本电脑的诞生）发生了。未来是很难预测的。量子计算在具有实际用途之前还有很多障碍，而有一些障碍是根本上的（比如去除计算中的干扰）。量子计算机可能永远都不会变得有用。但是，同样，它也可能会成功。

▌小结

电子、质子，以及所有其他粒子都是量子波，就像光波也是一种波一样。它们的粒子属性指的是它们被测量或被探测时的表现。波的本质则在这些粒子从一个地方移动到另一个地方时最为明显。无论是原子还是晶体，波本质的一个重要的产物就是能级的量子化。

激光依赖于一个事实，那就是一个光子的出现会触发另一个光子的受激发射，曾经拥有这份能量的电子会改变能量，从而引发光子的链式反应。受激发射出来的光子所具有的频率和方向都和激发它的光子相同。这就意味着激光束的扩散非常小，从而可以聚集在一个小点上，所以激光传递的能量可以极其集中。这个特性使激光可以应用于清洁和手术。利用了一种或多种激光属性的应用包括 CD 和 DVD 播放器、超市扫码器、激光武器，还有激光笔。

光的频率和光子的能量之间的关系，可以用爱因斯坦方程 $E=hf$ 来计算。

X 射线和伽马射线具有非常大的光子能量，这就是为什么它们看起来比别的电磁波更像粒子。光子击中物体表面时可以带给一个电子一定的能量，这个过程被称作**光电效应**。对于某些材料来说（比如影印机中的硒），这个能量足以把电子从物体表面上驱逐出来。对于其他材料来说（例如太阳能电池的硅），同等的能量不足以驱逐电子，但却足以让电子流动。太阳能电池、数码相机、激光笔、影印机及图像增强器都利用了光电效应。

像硅这样的半导体也因为量子力学而拥有了特殊的属性。把两种不同的半导体放到一起，如果它们的能隙不同，一些电子就会从一个半导体流到另一个半导体上。半导体二极管（限制电流只朝一个方向流动，从而将交流电转化为直流电）和晶体管放大器利用的就是这个原理。几乎所有现代电子产品的基础都是二极管和晶体管。开关是计算机中进行计算的基本单位，是晶体管的一种版本。集成电路的一块半导体芯片上能包含上千甚至上百万个晶体管。

超导体之所以能工作是因为在低温时电子会形成库珀对，而库珀对的运动具有能隙，可以让电子避免因碰撞而导致的少量能量损失。于是，电子就完全不会失去能量。

电子显微镜的工作原理是把一束精细聚焦的光线照射在被观察的物体上。电子显微镜能看到比普通光学显微镜小得多的东西，这是因为电子的波长比可见光的波长短。

所有波都是量子化的，但是对于低频率的波（水波、无线电波、声波）来说，能量的量子非常小，以至于我们不可能探测到微小的量子跃迁。

因为电子和其他"粒子"的表现和波一样，于是就有了海森堡不确定性原理。不确定的不只是位置，也包括速度和能量。能量的不确定性使电子可以看似违反能量守恒地"隧穿"。这样的隧穿就是释放阿尔法粒子的放射现象产生的原因。隧穿在隧道二极管和扫描式隧道显微镜中已经有了实际的应用。

量子计算机利用了粒子的波本质，用量子位来存储信息。没人知道量子计算机会不会有实用价值。

讨论题

1. 为什么与物理学的其他领域相比，量子物理如此与众不同？你是否很难相信一个粒子可以同时处于两个不同的能级？量子物理中还有哪些现象在日常思维看来是绝无可能的？

2. 如果超导体可以在室温下运行，我们的日常生活将会受到什么影响？我们会把传输电力的方式从交流电改成直流电吗？长距离传输线会变得更加实用吗？你还能想到哪些其他影响？

3. 除了本章中提到的那些，激光的应用你还能想到哪些？娱乐方面的应用呢？其他的呢？激光能成为好的手电筒吗，为什么？

4. 讨论不确定性原理。这个原理有道理吗？你能想到它可能会如何影响你生活的方式？

搜索题

1. 找到用电子显微镜拍摄的图片。找到每张的放大率是多少，或通过被拍摄物体的尺寸来估计放大率。针对同一个对象，分别找到普通光学器件拍摄的照片和电子显微镜拍摄的照片。两种照片分别适合告诉我们哪些信息？

2. 除了我在本章中谈到过的那些，激光还有什么商业应用？上网找一找。

3. 激光在武器方面的应用现状如何？是否有应用经过了试验？是否有已经实际部署的应用？你能找到关于激光在反弹道导弹系统中潜在用途的讨论吗？

4. 找一些对光谱线的应用。在这些应用中，哪些系统可以被远程使用（例如在室外环境中），哪些需要在实验室完成测量？找到光谱线在环境测量、工业测量以及科学研究（例如确定恒星的成分）中的应用。

5. 关于高温超导体你能找到哪些信息？高温超导体是否涉及库珀对？科学家们是否测量过能隙的大小？我们能达到的最高温度是多少？科学家们对于达到更高的温度持乐观态度吗？

6. 在网上搜索"晶体管收音机"和"猫须二极管"，看看你能找到哪些关于早期无线电接收装置及关键元器件的信息，包括曾经被当作二极管使用的真空管。

7. 量子计算的现状如何？人们已经完成的最复杂的计算是什么？有哪些问题对于普通计

算机太过困难而量子计算机（可行后）却可以解决？

8. 寻找关于"薛定谔的猫"的信息。阅读后思考它提出的悖论。和其他人一起讨论。你是否因为这些悖论而感到困惑？如果没有，为什么没有？（本书作者对此感到困惑。）

论述题

1. 激光是 20 世纪和 21 世纪用途最广的科技发明之一。**激光**（laser）是什么意思？激光的哪些属性对人们来说是有用的？一个激光器的主要部件是什么？量子物理的哪些原理让激光器得以工作？在你的答案中举例说明利用了激光的设备。

2. 光是一种波。但是根据量子力学，光也是**量子化**的。这是什么意思？举出几个利用了光和能级量子化特性的实际应用例子。

3. 很多人认为**量子物理**只在实验室中才有用。事实上在商业、工业以及我们的日常生活中，有很多依赖量子物理才能运行的设备投入了使用。举出 4 种这样的应用，解释在每一种应用的运行中，量子物理是如何起到关键性作用的。

4. 描述量子物理区别于"普通"物理的关键特性。举例说明这些特性是如何应用于一些重要应用的。

5. 超导听起来超级棒，但是人们还没有在日常生活中使用这种技术。解释超导的本质、超导背后的物理学知识，以及它还没有被广泛使用的原因。讨论超导体现有的应用及其未来的可能性。

6. 激光的一些属性使其变得特殊。描述一下这些属性是什么，以及每种特殊属性所实现的应用。

7. 对于不知道粒子具有像波一样的行为的人来说，量子物理似乎很奇怪。电子的哪些表现是无法用经典（非量子）物理来解释的？光的哪些表现是无法用光的经典理论（即光是一种波，而非量子波）来解释的？

8. 描述因能隙的出现而产生的现象。

9. 用来鉴别气体（比如分辨气体是氢气、氦气还是混合气体）的方法有哪些？解释各种方法所利用的原理。

10. 哪种现象可以被解释为隧穿的结果？这种效应有哪些实际应用？

选择题

1. 一个光子的能量取决于

A. 颜色   B. 方向   C. 速度   D. 宽度

2. 受激发射对哪种应用来说很重要?

A. 集成电路   B. 超导体   C. LED   D. 激光

3. 晶体管使用____不同的半导体

A. 频率   B. 能隙   C. 密度   D. 波长

4. 光盘播放器利用的是

A. X 射线   B. 激光   C. LED   D. 光谱

5. 要想分辨氢和氦，需要观察

A. 它们的 X 射线发射情况   B. 它们的可见光谱

C. 光电效应   D. 它们放大后的情况

6. 量子计算机目前

A. 主要用于军事   B. 被 Google 用来做搜索技术

C. 被应用在日常的笔记本电脑中   D. 还不擅长任何事

7. 能隙对哪种应用来说很重要（多选题）?

A. 光谱指纹   B. 超导材料   C. 晶体管   D. 激光

8. 我们在水波中观察不到量子，是因为

A. 这种波不是量子化的   B. 量子的能量太小

C. 水原子太小   D. 水原子太大

9. 复印机利用的是

A. 光电效应   B. 库珀对   C. 受激发射   D. 链式反应

10. 高温超导体的工作温度大约为

A. 室温

B. 4K（液氦温度）

C. 150K（液氮温度）

D. 1200℃（钨丝发热温度）

11. 激光之所以有用是因为（多选题）

A. 激光是单一频率的

B. 激光是准直的

C. 激光可以很强烈

D. 激光不需要功率

12. 激光的工作原理是

A. 核磁共振

B. 荧光

C. 电荷的量子化

D. 光子崩

13. 晶体管是一种

A. 超导体

B. 发射伽马射线的设备

C. 无线电波的强吸收体

D. 可以放大交流电或者参与整流的元件

14. 量子链式反应指的是

A. 一种半导体

B. 一种超导体

C. 一种激光

D. 氢光谱

15. 电子围绕质子做轨道运动。电子最多能同时出现在多少条轨道中？

A. 1

B. 2

C. 0

D. 任何数字

16. 以下哪种应用依赖于能隙（多选题）？

A. 半导体

B. 超导体

C. 激光

D. 气体光谱分析

17. 光电效应对下列哪种应用来说并不重要？

A. 数码相机

B. 影印机

C. 太阳能电池

D. 偏光太阳镜

18. 超导材料之所以能使电子在不失去能量的情况下移动，是因为

A. 这种金属中没有杂质

B. 超导体中有能隙

C. 冷电子移动缓慢

D. 碰撞会产生阻抗，而高压能防止碰撞

19. 计算机电路是以哪种材料为基础制成的？

A. 钐钴

B. 氯化钠

C. 硅

D. 锶-90

第 **12** 章

相对论

一段对话

下面是我学生的提问和我（加粗字体）的回答：

时间是什么?

不知道。

有人告诉我时间是第四维度。

这只是物理学家使你感到困惑的特有方式。这句话是真的，但是它的含义比你想象的要浅薄得多。

时间会动。我知道，但是我不理解时间会动是什么意思?

我不知道。谁都不知道。

时间能慢下来吗?

能。

如果你不知道时间的运动是什么，你又怎么知道它能慢下来呢?

因为我们能测量相对速度。我们在实验室里可以让时间慢下来。我们在恒星中能观察到这种现象。

我们能在时间中旅行吗?

当然。我们现在就在旅行。我们都在时间中向前移动。

我是说，我们能回到过去吗?

物理学没有限制这种可能，但是我觉得我们不能。

相信？我们不是在讨论物理吗？

物理学没有说回到过去是不可能的。但是向后的时间旅行违背了我对于自由意志的信念。

决定时间方向的是什么？

一些人会告诉你是熵。但这是有争议的，而且没有被证实。我们没有办法验证这个观点，所以这也是一种信念，而非可靠的物理学。

关于时间的一切都不够明晰。但是，时间的本质是如此神秘，以至于你可能会惊讶于我们确实知道的一些关于时间的事实。例如，我们知道对于一对年龄完全相同的双胞胎来说，如果他们中的一个去旅行而另一个待在家，那么当旅行的那个返回家时，在他身上流逝的时间会比在家待着的那个少一些！

关于时间没有比这更奇怪的现象了。但是爱因斯坦给了我们一个方程，准确地告诉了我们移动的那个人身上少流逝的时间。利用跟随飞机一起飞行的非常灵敏的时钟，这个事实已经被实验证实。甚至放射性原子在移动时，"花费"的时间也比静止时要少。各个加速器实验室每天都在证实着这个结论，在那儿这种原子的速度接近于光速，而物理学家注意到这些原子的放射性衰变减慢了。

时间（和空间）的本质是相对论的核心。这就是本章要讲的内容。爱因斯坦在 20 世纪早期创立了相对论。相对论包含两个部分。第一部分称为**狭义相对论**，它和时间、空间、能量以及动量的本质有关。这部分理论出现在爱因斯坦于 1905 年发表的研究中，他在其中展示了著名的 $E=mc^2$（质能方程）。第二部分在 1916 年发表，称为**广义相对论**。这其实是一个关于万有引力的理论。它把引力"解释"为空间和时间弯曲的结果。这个理论能帮助我们理解关于宇宙本质的一些最新宇宙学发现。

本章内容跟我前面的理念稍有不同。很多人并不真的需要知道相对论。但是对于物理学家、哲学家、计划到其他行星旅行的人，以及想要在本书的基本内容之上扩展自己头脑的人来说，相对论很重要。

▎第四维度

时间经常被称为"第四维度"。事实证明这是一个有用的定义，而非一个可观测的事实。而且这不是什么超级神秘或者极度抽象的事情。事实上，**维度**这个词是以非常技术性而且狭义的方式使用的：一个量的维度是你用来描述它的所需要的不同量的个数。

假设你想要指明地球上的一个地点，你可以使用三个坐标，比如纬度、经度和海拔，或者 x、y、z 组成的系统。关键在于你只需要三个量。在同一套坐标中，任何拥有完全相同的三个量的两个物体肯定在相同的位置上。在数学中，我们说位置是一个三维的量。这就是**维度**这个很酷的词的全部真实含义。空间是三维的。

如果你想说清楚一个**事件**，那么除了事件的位置，你还需要给出事件的时间。假设我打算告诉你今晚 8 点在我家有一场活动，那么这里面没有含混不清的地方，你可能不知道将要发生什么，但是你已经在时间和空间中都定位了这个事件。事件可能有名字，比如"伊丽莎白的生日派对"或者"梅琳达上床睡觉"。但是为了完成特指（伊丽莎白每年都要过生日，而梅琳达几乎每天都要上床睡觉），你也得明确时间。事件需要四个量来确定，所以我们说事件是四维的。这并不深奥，反而无足轻重。这就是"时间是第四维度"时这句话的全部含义。

这不是时间的有趣之处。真正有趣的是在时间这个维度中，数量会根据一个物体在三维空间中的移动速度而改变。这个概念很深奥的，并且需要解释。

时间膨胀现象

我在本章开篇描述了一对双胞胎可以同时经历不同长度的时间。这似乎违背常识。这怎么能是真的呢？答案是，这种现象的效果很细微，除非涉及的速度非常快——这就是为什么你从来没有注意过。常识建立在经验之上，而这类**时间膨胀**（time dilation）并不是我们正常生活的一部分，所以它会违背我们的常识。对于古代学者来说，去思考太阳的体积有地球的 100 万倍，违背了他们的常识。但这违背了你的常识吗？有时，把某件事融入你的常识的方法就只是多听几遍，或者逐渐熟悉它。可能在你读完本章之后，时间膨胀就会变成你的常识的一部分。

除非速度接近于光速，否则时间膨胀微小到难以度量。对于速度达到每小时 675 英里（1000 千米）的飞机来说，时间膨胀的效果约为 5×10^{-13}。这意味着如果你以这个速度旅行上一天，你就会"失去"43 纳秒。[1] 光在 43 纳秒的时间里能走 43 英尺（13 米）。如果你这样飞上 1 **年**，你会比你没有旅行的双胞胎兄弟或姐妹少经历 16 微秒。

如果速度接近光速，这种微小的效果就会放大。在达到光速的 60% 时，时间膨胀系数是 0.8。

---

[1] 我们通过把 1 天内的秒数乘 5×10^{-13} 得到这个数字。1 天的总秒数是 $24 \times 60 \times 60 = 86400$。

现在我来教你如何自己完成这个计算。假设一个物体以速度 v 移动。我们把光速称作 c。在科幻作品中，人们常常提起 v 和 c 的比值，我们可以把它称为**光速比例**。如果你以光速的 60% 移动，你的光速比例就是 0.6。在物理学中，我们通常称这个值为贝塔，并且用希腊字母 β 来表示。

$$\beta = \frac{v}{c} = 光速比例$$

爱因斯坦给出了计算膨胀系数的确切公式。虽然该系数通常没有名字，但是我喜欢称其为**爱因斯坦因数**。时间放慢的爱因斯坦因数等于：

$$\sqrt{1-\beta^2}$$

你不需要记忆这个系数，但是你可能会想要记住它，因为这样你就可以完成真正的相对论计算了。

我们回到例子上。如果 β =0.6，那么上述计算式给出的爱因斯坦因数就是：

$$\sqrt{1-\beta^2} = \sqrt{1-0.6^2} = \sqrt{1-0.36} = \sqrt{0.64} = 0.8$$

如果一个叫约翰的人待在家里，他的异卵双生妹妹玛丽在以 0.6 光速的速度旅行，那么她的时间的流动速度就只有约翰的 0.8。如果约翰长大 1 岁，那么玛丽就只会长大 0.8 岁。当玛丽归来时，比较年龄，约翰就会比玛丽大 0.2 岁（即比 2 个月稍大一点）。然而他们却是双胞胎，曾经在同一时间出生。

如果玛丽的速度增加，效果就会变得更加戏剧化。假设她运动的速度是光速的 0.99999，即光速的 99.999%。如果你用这个数字计算一下爱因斯坦因数，你会发现玛丽的时间前进的速度只有约翰的 0.0045 倍。如果约翰老了 1 岁，那么玛丽只会老 0.0045 岁。将其换算成天——0.0045 年 × 365 天 / 年 =1.6 天。

不仅如此，她所**经历**的也仅仅是 1.6 天，而约翰经历的则是一整年。如果他们一开始时是大一学生，那么玛丽仍然是大一学生，而约翰将会成为大二学生。

到目前为止，人类宇航员行进的最快速度约为地球逃逸速度，大约是 11 千米 / 秒，相关的 β =0.0037。计算一下爱因斯坦因数（使用计算器），你会发现宇航员的时间是地球时间的 0.99999933 倍。这不是很大的改变（因为这个数字接近于 1）。如果他飞行 1 年时间（也就是 365 天 × 24 小时 × 3600 秒 =3.16×10^7 秒），那么他所经历的时间就会比待在家里少 0.02 秒。这么短的时间不足以引起他的注意，除非他有一块非常准确的表。

我们已经能够使放射性原子的速度接近于光速，而它们的放射活动确实也放慢了，比例和我们预测的因数完全相同。假设我们的移动速度超过了光速，例如，我们达到了 $\beta = 2$。算一算爱因斯坦因数，看看会发生什么。我们将在本章的后面讨论超过光速的粒子。

我已经解出了不同光速所对应的不同爱因斯坦因数，列在表 12.1 中。我为**洛伦兹因数** γ 添加了第三排值。符号 γ 是希腊字母**伽马**。洛仑兹因数等于 1 除以爱因斯坦因数。

表 12.1 光速表

$\beta = v/c$	0	0.25	0.5	3/5	4/5	0.9	12/13	0.99	0.999	0.99999	1
$\sqrt{1-\beta^2}$	1	0.97	0.87	4/5	3/5	0.44	5/13	0.14	0.045	0.0045	0
γ	1	1.03	1.15	5/4	5/3	2.3	13/5	7.1	22.4	224	∞

时间怎么能依赖于速度呢？

这听起来很荒谬，跟直觉相反，跟我们经历的所有事情都矛盾——又或者其实不矛盾？为什么你认为时间的长短跟经历无关？你一直都是这么认为的吗？我打赌当你还是个孩子时你并不相信这件事。在牙医办公室里过的一个小时似乎没有在游泳池里泡的一个小时过得快。但是你被训练成会看表并且"准时"的人，而你最终认识到存在一个"通用"的时间，你要遵循这个时间才能准时赴会。但是这从来都不是直觉上理所当然的事实。

而且这也不是真的。但是它**几乎**是真的，因为对于日常速度来说，爱因斯坦因数的值和 1 很接近，而值为 1 时是不存在时间膨胀的。即使在飞机上，爱因斯坦因数的值也非常接近 1。在 675 英里 / 时的速度下，v/c 是 10^{-6}，$(v/c)^2$ 是 10^{-12}。在大多数计算器上，爱因斯坦因数将会准确地等于 1，因为这些计算器上的小数位都不够用了！如果我们在一台足够准确的计算机上计算，爱因斯坦因数 =0.9999999999995。（如果我输入正确的话，这个数字中应该有 12个 9。）我们可以将其写成 $1-5 \times 10^{-13}$。这个数字和 1 非常相近，所以我们很难看出其中的差别。

但是，在 1972 年，两个科学家哈福勒和 R. E. 基丁认识到时钟已经变得足够准确，"双生子佯谬"（twin paradox）在飞机上应该就已经可以被我们测量到。他们的结果发表在《科学》杂志上。他们的结果证实，即使对于"慢"速的飞机来说，爱因斯坦因数背后的效应也是成立的。"移动"的时钟所经历的时间比地面上的静态时钟更少。[1]

---

[1] 在他们的研究中，两位科学家除了计算双生子佯谬外还要计算引力效应，这是我们还没有讨论到的。他们的结果符合两种效应叠加时的预测。

不是所有运动都是相对的

所有运动不都是相对的吗？谁能决定是哪只钟表在移动？我提出这个话题只是因为这是学过一点相对论的人最常见的抱怨。事实上，在相对论中，运动**并非**都是相对的。移动的钟表就是那个需要加速才能回家的钟表。[1]

选读：惯性坐标系　　　　　感兴趣的人可以看看下面这些细节。爱因斯坦因数的计算只有在单个惯性参照系（当没有外力时不存在加速的参照系）中才有意义。我们可以使用双胞胎中在家那一个的参照系。旅行中的那个参照系则不能使用，因为他必须在旅途的中点转向返回。双胞胎中的哪个人改变了速度？答案很清晰，因为有力才能加速。所以惯性参照系就是宇航员在其中感觉不到力的那个。针对时间膨胀的计算只有在惯性参照系中才有用，在加速的参照系中不应该使用。物体可以加速——但你不能把它用作参照系。

如果你现在愿意相信时间是依赖速度的（或者至少肯暂时接受这个概念），就可以继续阅读下面关于相对论的更多令人震惊的事实了。你不再需要数学。所有结果都来自相同的等式，即计算爱因斯坦因数和 γ 的等式。

▍洛伦兹收缩

当一个物体以速度 v 移动时，它就会变短。该物体的新长度是老长度乘爱因斯坦因数。这种效应被称为**洛伦兹收缩**，根据最先提出它的那个人的名字命名。洛伦兹发现该现象的时间甚至早于爱因斯坦。（爱因斯坦在 1905 年发表了相对论，但他的理论建立在此前 20 年他人的研究基础上，其中就包括 H. A. 洛伦兹的研究。）说得清晰一点，如果一个静止物体的静止长度为 L_S，那么当该物体移动时，它的新长度 L_M 就是：

$$L_M = L_S \sqrt{1-\beta^2}$$

---

[1] 关于这个说法，我写了一篇更详细的文章。该文章 1972 年发表在《美国物理学期刊》,40 卷，第 966—969 页。

移动的物体更短了，因为它的长度是静止长度乘爱因斯坦因数。

事实证明这种收缩很难度量。如果你的尺子和你一起移动，它也会变短，所以你会认为物体并没有变短！为了见证这种效应，你需要用静止的尺子度量移动的物体。

请记住，爱因斯坦因数在日常速度中接近 1，所以这种效应是很难被观察到的。只有在 v 接近 c 时，它才会变得真的重要，对于粒子加速器中被放射性原子核发射出来的粒子是这样，对于宇宙学来说也是这样，因为宇宙中遥远的星系正在以接近光速的速度远离我们。

▎相对速度

假设你在以一半的光速 $c/2$ 移动，而你撞上了对面过来的人，他也以 $c/2$ 在移动。你们的相对速度是多少？你可能觉得会是 c，正好是两个速度的总和。假设你们在以 $0.75c$ 的速度移动，那么你们的相对速度是 $1.5c$ 吗？

下面是另一个令人震惊的答案：事实并非如此。正确答案已经被爱因斯坦算出来了，他既考虑了洛伦兹收缩也考虑了时间膨胀。如果你在以 v_1 的速度移动，而另一个人在以 v_2 的速度移动，他证明出相对速度 V 应该是：

$$V = \frac{v_1 + v_2}{1 + v_1 v_2 / c^2}$$

你不需要知道这个公式，但它的结果很重要。看看你把 $v_1 = 0.5c$ 和 $v_2 = 0.5c$ 代入会怎样。你将得到：

$$V = \frac{c/2 + c/2}{1 + (c/2)(c/2)/c^2}$$
$$= c/(1 + c^2/4c^2)$$
$$= c/(1 + 1/4)$$
$$= 0.8c$$

所以相对速度是 $0.8c$，光速的 8/10，比光速小。

我们把 $v_1 = 0.9c$ 和 $v_2 = 0.9c$ 代入，那么相对速度还是比 c 小。你可以自己试试。答案是 $V = 0.994c$。事实上，无论个体速度跟 c 有多接近，它们的相对速度仍然比 c 小。（如果你喜欢数学的话，你可能会想要证明一下。）

这种现象的一个结果就是相对速度总会比 c 小。下面是另外一个例子。假设你有一个多级火箭，第一级获得的速度是 $0.9c$，第二级相对于第一级的速度是 $0.9c$，你在第二级获得的总速度只能达到 $0.994c$。这就是你总是无法达到光速的原因之一。我们将很快在"能量和质量"那一部分谈到第二个原因。

光速的不变性

假设一个光子朝你过来，移动速度是光速 c。你以速度 v 朝那个光子移动。当这个光子击中移动着的你时速度会是多少？我们自然会假设该速度会大于 c，但真实情况并非如此。事实上，在用一个移动的参照系度量光子的速度时，它仍然是 c！我将在下面的选做题中解释。

选做题　我会使用前文中计算速度 V 的公式，设我的速度 $v_1=v$，光子速度 $v_2=c$。于是我们就能得出光子（相对于我的）新速度如下：

$$V = \frac{v_1+v_2}{1+v_1v_2/c}$$

$$= \frac{v+c}{1+vc/c^2}$$

$$= \frac{v+c}{1+v/c}$$

现在我把分子和分母都乘 c，则有：

$$V = \frac{c\,(v+c)}{c\,(1+v/c)} = \frac{c\,(v+c)}{c+v} = c$$

所以光子的速度还是 c，即使是在一个移动参照系中。

光子会以速度 c 击中我，即使我正在接近光子。这个惊人的属性有时被称为**光速的不变性**。事实上，在很多书中它都被当作基本假设，而相对论的其余结论都可以由此推导出来。

头条物理学

能量和质量

爱因斯坦注意到了速度 V 的另外一个影响。动量守恒的传统概念不再适用。如果两个物体有着相等而相反的动量（动量等于质量乘速度，参见第 3 章），那么在碰撞之后，它们应该静止，因为动量是守恒的。但是当爱因斯坦计算两个正在移动的物体的动量时，这个结果就不再成立了。爱因斯坦猜测（事实证明是正确的）动量守恒是有效的，他的 V 计算公式也是正确的。错误在于，一个物体的质量并不是恒定的，它取决于速度。如果我们让 m_0 等于物体静止时的质量，那么它在移动时的质量，即它的**动力学质量**（kinetic mass），也被称为相对论质量（relativistic mass），就是：

$$m = \gamma\, m_0 = \frac{m_0}{\sqrt{1-\beta^2}}$$

请注意，洛伦兹因数 γ 总是比 1 大，就像爱因斯坦因数总是比 1 小一样。这意味着反映动力学质量比静止质量**大**了多少的那个因数，正好就是告诉我们长度和时间**小**了多少的那个因数。

当某种东西的质量较大时，它就会比较难加速，这也意味着它的万有引力会增加。但是质量也会对能量造成重要的影响。

下面是三个你应该知道的关键事实。当一个物体运动时，

它的时间会变慢；
它的长度会收缩；
它的质量会增加。

每种情况下具体变化的量可以通过乘或除以爱因斯坦因数或 γ 得出。接下来，我们要讲解 20 世纪最著名的方程。

质能方程

　　爱因斯坦把这些计算更进一步，用来计算一个移动物体的能量。他推导出这个方程（质能方程）应该是：

$$E=mc^2$$

　　乍一看，似乎物体的能量并不依赖于速度。但这是不对的，因为质量依赖于速度。（质量 $m=\gamma m_0$。）

　　但无论如何，这个方程看起来和原来的动能方程很不一样：

$$E=\frac{1}{2}m_0v^2$$

　　动能方程是完全错误的吗？这两个方程该如何调和？初看之下这似乎是不可能的。在速度为 0 时，动能方程得出 $E=0$，而质能方程却得出 $E=m_0c^2$。这两者是很不同的数字，因为 c 的值是巨大的，所以速度为 0 时的能量 m_0c^2 也是巨大的。

　　虽然两个方程彼此矛盾，但是它们比你想象的要更加相似。速度不高的情况下，质能方程可以被近似为：

$$E \approx m_0c^2+\frac{1}{2}m_0v^2$$

　　（如果你热爱数学，可能会想证明这个等式。我在脚注中留下了一些提示。[1]）

静能　　　　　　　　这个方程是爱因斯坦质能方程的近似版本，只在低速时有效。该等式表示，能量等于原来的 $1/2m_0v^2$ 项加上一个不依赖于速度的新项：m_0c^2。这个常数项有一个著名的名字叫作**静能**。较小的 $1/2m_0v^2$ 项仍然被称为

---

[1]　如果你想要尝试推导出这个方程，下面就是你需要的关键等式。假设（v/c）$=\beta$ 是一个很小的数。你需要做两个关键的近似处理。第一个是 $1-\beta^2 \approx 1+\beta^2/2$。你可以通过代入一些很小的 β 值（比如 0.01）在计算器上验证这个等式。第二个近似等式是 $1/(1-\beta^2/2) \approx 1+\beta^2/2$。也验证一下这个等式。这两个近似等式都可以用代数学推导出来，不需要使用微积分。你可以通过取平方来验证第一个等式；通过交叉相乘验证第二个等式；在两种情况下都要丢弃掉很小的 β^4 项。

动能。我们现在所说的总能量是静能加上动能的总和。

请注意，如果 $v=0$，我们直接通过质能方程就可以得到静能这一项。根据表 12.1，速度为 0 对应的 $\gamma=1$，此时 $E=m_0c^2$。这就是静能。

这个结果指出即使一个粒子是静止的，它也储存了巨大的能量。

但是你如何才能提取这些能量？我们在进行放射性衰变时就提取出了一部分能量。粒子残骸的质量比原始粒子的质量小，因为一部分质量已经被转化成了能量。但是在通常的化学变化中，质量并未改变。在化学中，这被称为**质量守恒**。由于质量是不变的，所以在研究能量守恒时你就可以忽略质量。这就是为什么质量的变化从未被注意到。

但是如果放射性衰变释放了大量的能量，你就会注意到这一点。发生这种情况时，残骸碎片的质量总和比原始原子小。放射性爆炸的能量来自质量转化成的动能。

对于一个质子来说，静能是 938MeV。相比于通常在放射性衰变中释放出的 1MeV 能量来说，这个能量是巨大的。电子的静能较小，只有 0.511MeV。这是因为电子的静止质量是质子静止质量的 1/2000。

有些粒子的所有能量都存在动能中，其中一种就是光子。一个光子的所有能量都可以在光子击中一个物体时被吸收。

反物质引擎　　　　我们能把电子的静能释放出来并将其转化为动能吗？可以，有一种办法——利用反物质。反电子（antielectron），也被称为**正电子**（positron），它的质量和电子相同但是具有相反的电荷。将它和电子聚集在一起，电荷将被抵消，而它们的所有能量都会以光子——光的波包——的形式释放出来。两个方向相反的光子将会出现，而它们携带的所有能量都是动能（因为它们的静能为 0）。于是，所有的能量都可以被转化为热。这个过程已经被实际应用在了第 9 章说过的医用 PET 扫描仪上。

如果你把质子和一个反质子聚集在一起，会有更好的效果。这个释放全部能量的过程称为**湮灭**。当质子湮灭后，几乎全部 938MeV 的静能都会释放出来。这就是为什么反物质引擎在科幻故事中如此流行。物质和反物质可能会构成终极能源。

动能也能被转化成质量。当一道伽马射线非常近地路过一个原子核时，我们经常会观察到一种现象，称为**粒子产生**（pair production）。伽马射线的能量突然被转化成了拥有质量的一个粒子和一个反粒子，比如一个电子和一个正电子。对高能伽马射线来说，这是一种非常常见的现象，在宇宙辐射中就经常出现。

第一个被探测到的正电子就是宇宙伽马射线制造出来的。其他碰撞（比如电子之间的碰撞）也可以制造这样的粒子对。第一个被探测到的反质子是"质子—反质子"对的一部分，该粒子对是在伯克利市的贝伐特朗（Bevatron）粒子加速器中制造出来的，该装置被放置在劳伦斯伯克利实验室里。

零静止质量　　　　物理学家经常说一个光子的静能为 0。这是一个奇怪的陈述，因为你无法让光子静止下来。但是如果你把能量从光子上拿走（或许通过将其散射在一个电子上），那么其能量就会变得越来越小。最终，光子的能量接近于 0，而只有在光子没有静能（静止质量为 0）时下才有可能发生这种情况。

另外一种推导光子静止质量为 0 的方法是通过方程 $E=mc^2=\gamma\, m_0 c^2$，该方程对所有粒子都成立。当速度 $v=c$ 时，γ 是无限大的。这似乎是说任何以光速移动的粒子，比如光子，必然具有无限的能量！但是不，这个结果并不正确。方程包含有静止质量 m_0。光子的静止质量必须是 0。只有在这时，你将它与无限相乘能得到一个非无限的答案。事实上，0 乘无限的答案是"不确定"。这就意味着它可以是任何数。[1] 你无法知道这个数到底是什么，除非使用另一个方程。对于光子来说，我们确实有这样一个方程。在第 11 章，我们学过了 $E=hf$，这里的 h 是普朗克常数，而 f 是光子频率。

与之类似，我们推断如果一个粒子的质量为 0，但是具有能量，那么它必然在以速度 c 移动。它不能移动得更快，也不能移动得更慢。它的能量和速度无关，只和波的频率有关。

但是玻璃中的光呢？它的移动速度不是 c/n 吗（这里的 n 是折射率）？这不是比 c 慢吗？

---

[1] 理解这种情况的一种方法是，任何一个数字除以 0 之后都是无限，即 $\infty = x/0$。如果你交叉相乘，就能得到 $0 \times \infty = x$，而这里的 x 可以是任何数。

答案就是质能方程没有包含玻璃。如果你把这一项加入，那么你就不能推断说光的移动速度必须是 c。事实上，你甚至不能说光子在玻璃中的静止质量为 0！为什么？请记住，光子是一种电磁波。在真空中，所有的"波动"都来自电场和磁场。但是在玻璃中，电子和原子也在移动。当电场改变时，它使这些粒子也移动起来。所以从某种角度说，波不再是没有质量的，因为它必须包含所有正在振荡的东西的质量，而这就包含了原子。但是在真空中，一个质量为 0 的粒子必须时时刻刻都以速度 c 移动。

你可能注意到了，一个光子的动力学质量：

$$M = \frac{E}{c^2} = \frac{hf}{c^2}$$

永远都不为 0。而它的静止质量则一直为 0。

光子具有非零动力学质量的事实，说明它能受到万有引力的作用。事实上，爱因斯坦的引力理论（被称为**广义相对论**）预测光子会被引力所影响。

无质量粒子不会衰老　　在表 12.1 中找到一种以光速移动的粒子，比如光子。对于这样的无质量粒子来说，爱因斯坦因数等于 0。这就意味着，当你我的时间过去一个小时时，无质量粒子的时间丝毫没有变化。如果这让你感到困惑的话，那么我们就假设这种粒子的质量非常小。它在以**近乎**光速的速度移动，而爱因斯坦因数极其接近于 0，所以粒子所历经的时间非常短。

如果无质量粒子不经历时间，它会发生放射性衰变吗？稍微思考一会。你猜会怎样？答案是否定的，它不会衰变。[1] 或者换一句话说，如果一个粒子的静止质量和 0 非常接近，那么它的时间膨胀就会非常大，以至于在我们看来它需要极长的时间才会发生衰变。

---

[1]　选读：即使不提及时间膨胀，你也能通过更加形式化的方法证明它们不会衰变，因为这样的衰变无法同时使能量和动量守恒。

中微子有能量吗？ 我们一直都认为**中微子**的质量是 0。很多核衰变都会发出中微子，而它们在穿过大多数物质时都不会被发现。太阳也会发射出中微子，但是灵敏实验探测的结果显示，我们只探测到了我们预测的中微子数量的 1/3。这是怎么回事？

人们已经完成的新实验给出了一个答案：中微子从普通中微子变成了名为 μ 中微子和 τ 中微子的特殊中微子。（普通中微子通常被称为**电子中微子**，因为它们从不会单独产生，总是和电子一起出现。）

但是如果中微子发生了变化，那它们肯定经历了时间。这就意味着它们没有在以光速移动，也代表它们并不是真正的零质量。所以通过观察少数的一些太阳中微子，物理学家得出结论，中微子必定是有质量的。这是一个几乎震惊了所有人的答案。

为什么你无法
达到光速？ 假设你把一个具有非零静止质量 m_0 的粒子（比如一个电子或一个人）加速到光速。那么它／他的能量就是：

$$E = \gamma m_0 c^2 = \infty$$

这里的 ∞ 是代表"无限"的惯用符号。对于任何具有非零静止质量的粒子（比如你）来说，如果加速到光速 c，那么你的能量将会是无限大。这就是你无法以光速移动的根本原因。

质能方程和原子弹 很多人认为爱因斯坦对质能方程 $E=mc^2$ 的发现导致了原子弹的发明。事实上，这个方程的发现对于原子弹的发明并无影响。在 19 世纪晚期，人们发现放射性衰变能释放出相当于化学爆炸百万倍的能量。这个发现是人们之后使用核能的关键。在当时，你不必知道能量的源头是原子核的静止质量，要想制造原子弹，你需要的只是找到让大量原子核在百万分之一秒的时间内爆炸的方法。人们在 20 世纪 30 年代发现了这个方法，当时的科学家们发现一次裂变中的两个中子可以诱发另外两次裂变。

爱因斯坦的质能方程（发表于 1905 年）说明了巨大能量的释放将会伴随有少量的质量消失。但是从制造原子弹的角度说，没人需要知道这件事。

超越光速的粒子

我在前面解释过，你不能使粒子加速到光速，因为这需要耗费无限的能量。但是你能让它们变得比光速更快吗？答案你可能想不到——**有可能**。如果这样的粒子存在，我们就称其为**快子**（tachyon）。快子具有一种惊人的属性：它们的速度必须比光速快。当它们以无限大的速度移动时它们所具有的能量最低，而当它们的速度接近于光速 c 时它们具有无限大的能量。

正如我将在下一个选读中写到的，快子的能量满足：

$$E = \frac{m_0 c^2}{\sqrt{\left(\frac{v}{c}\right)^2 - 1}}$$

这看起来就像是从相对论得出的能量方程，只是平方根符号下的几项被颠倒了。于是，只有在 v 大于 c 时能量才会是正的！

你如何才能让粒子变得如此之快呢？难道粒子不是要从静止开始，获得无限能量才能达到 c，所以速度不可能超过 c 吗？不，这里存在一个漏洞。就像光子一被创造出来就具有速度 c 一样，我们必须要假设快子**天生**移动得就比 c 快。如果你研究快子的能量方程，就会发现快子越快，能量就越低。它们加速就会失去能量，减速就能获得能量。（这跟普通粒子比如电子的特性正好相反。）当快子的移动速度为 c 时它就会获得无限能量，就像普通粒子一样。

快子可能存在，而且科学家们也一直在架设寻找快子的实验。但是，我认为他们不会发现这种粒子。原因在于另一种由相对论得出的属性，该属性和事件的同时性有关。

选读：快子的数学

看一看爱因斯坦质能方程 $E = mc^2 = \gamma\, m_0 c^2$。洛伦兹因数 γ 是：

$$\frac{1}{\sqrt{1-\left(\frac{v}{c}\right)^2}}$$

请注意，在 $v=c$ 时，γ 趋于无限。这就意味着粒子会拥有无限大的能量。现在假设 v 比 c 大。那么爱因斯坦因数就是一个负数的平方根。这样 γ 就成了虚数，对吗？没错。

那么能量 E 是否也成了虚数？不，如果快子具有虚质量（imaginary mass）的话就不会。粒子具有虚质量，是否意味着该粒子是虚幻不存在的？不是，这样的粒子是可能存在的。（如果你一直以来都不太适应"虚"数，不要担心。如果逻辑不好理解的话，那就跟我一起学习这个结论。）

质量和 γ 这两个虚数在运算中会产生一个实数。这就意味着所有结果都不会有问题。我们可以重写快子的能量方程。我们把快子的质量设为（im_0），这里的 i 是，而 m_0 是一个实数。于是，对于一个快子来说，两个 i 会抵消（两个 i 一个在分数线上面，一个在下面）。这时我们仍然会得到：

$$E=\frac{m_0 c^2}{\sqrt{\left(\frac{v}{c}\right)^2-1}}$$

这就是快子的能量方程。当 v 变得无限大时，分母就会变得无限大，而能量 E 就会趋于 0。当 $v=c$ 时，能量 E 就是无限大。

如果你认为这很奇怪，那么你应该知道别人也都是这么想的。然而这并不意味着这就不是真的。当然，直到本书写作之时，人们也没有发现快子，所以快子可能并不存在。

选读：虚数　　　　　如果你因为虚质量而感到困惑，原因很有可能在于"虚数"这个名字很糟糕。虚数是真实存在的。当然它还有另一个名字"复数"，这样你就不会如此困惑了。这样的话，快子的质量就成了"复质量"，这个名字听起来相对好一点。

$\sqrt{-1}$ 确实存在。它有一个名字：i。如果你感到困惑，那是因为有老师告诉你 i 并不存在，但建议你"假装" i 是存在的。这位老师是错的。

不能因为 i 无法被写成分数就认为它不存在。毕竟，我们也无法把 π 写成分数——难道这能说明 π 并不存在？

读小学时，我的一位老师告诉我，负数并不存在。她说，毕竟你不会拥有负数个苹果。我坐在那里听她说，并认定她是错的。如果你欠某人苹果，你就拥有负数个苹果。班里的大部分同学相信了她的话，于是他们的数学教育从此就结束了。

同时性

不同的人会经历不同长度的时间。这意味着一个对所有人都一致的通用时钟是不存在的。你的时间取决于你的运动。

这个事实的一个结果就是，我们从根本上就无法确定两个事件是不是同时发生的。[1]更糟糕的是，两个事件的发生顺序可能取决于观察者的运动。[2]快子就会发生这种情况。假设你在 A 点发射了一个快子，这个快子移动到了 B 点，在这里，快子被吸收了。对于符合特定情况的观察者（他在两点之间的连线上高速移动）来说，事件的顺序就会颠倒。在这个移动的参照系中，事件 B 会在事件 A 之前发生。[3]

这个事实可能比本章中介绍的其他任何情况都更让你感到困惑。这意味着，对于一个观察者来说，事件 A 发生在事件 B 之前，但是对另一个观察者来说，事件 B 先发生了。假设快子从一把杀人的枪中射出，并用于谋杀。枪手被拘捕了。在他的辩护中，他会指出在一个移动的参照系中，受害者在开火之前就已经被干掉了。

这个故事中没有任何地方违背物理定律。但是却违背了我们对于自由意志的感觉。如果受害者死了，我们还能选择不开枪吗？物理学没有回答这个问题。但是这种对于因果关系的违背已经足以让很多物理学家相信快子很有可能并不存在。

时间旅行也是如此。你能让时间"向后"走吗？如果你能移动得比光速还快的话，那么根据相对论，事件的顺序就会逆转。这是否意味着你可以回到过去？问题首先应该是如何让你比光速更快。要想达到 c 需要无限大的能量。但是，你是否能通过某种隧道效应实现穿越，从而直接达到超光速，而跳过光速？物理学无法排除这种可能。但是问题在于，就像快子枪一样，

---

[1] 有一个例外。如果两个事件是在同一地点发生的话，那么事件的顺序就是明确的。

[2] 更确切地说，不是取决于观察者的速度，而是取决于参照系的速度。

[3] 下面的计算只适合学过洛伦兹变换的同学。设两个事件为 (x_1, t_1) 和 (x_2, t_2)。在移动参照系中，两个事件发生的时间间隔为 $\Delta t' = \gamma (\Delta t - u \Delta x / c^2)$，这里的 u 是两个参照系的相对速度。只有在 $\Delta x / \Delta t > c^2 / u > c$ 时，$\Delta t'$ 的符号才会和 Δt 不同。如果从一个事件移动到另一个事件的快子的 $\Delta x / \Delta t > c$，这种情况就有可能发生。

这类事件会对我们关于因果关系和自由意志的概念造成破坏。如果来自未来的某个人要阻止我随后做某件事，那么我是否就无法选择做这件事？这个悖论已经足以让一些物理学家（包括我）猜测回到过去是不可能实现的。但这算不上证据。而且即使是不相信时间旅行的物理学家仍可能很爱看穿越题材的科幻电影（比如《回到未来》和《终结者》）。

▌广义相对论：关于引力的理论

爱因斯坦的广义相对论其实是一个关于引力的理论。该理论因爱因斯坦的方法而得名。爱因斯坦用一种无与伦比的方式解释了引力。在他的理论中，质量和能量不会制造**引力场**——事实上，质量和能量改变空间和时间的方式类似于速度改变空间和时间的方式。时间膨胀和空间收缩同时存在。爱因斯坦用一个简单方程把质量–能量和空间–时间联系了起来，该方程看起来大概是这样：

$$G_{ab}=kE_{ab}$$

就是这样。当然，我还没有向你解释 G 和 E 是什么，这两者其实在数学上是很复杂的。G 是一个名为**张量**（tensor）的数学结构。它事实上涉及 16 个函数，该函数组合描述了空间和时间的收缩。与此相似，E 也是一个张量，它描述的是能量和动量密度。其中的数学十分复杂，所以通常在研究生阶段才会学习到。

我们可以从这个方程推导出一个简单而重要的结果，事实上，从结果本身得出完整的方程还会更简单，而且你也可以在某些初级物理书上找到貌似可信的论证。结果如下：所处地点海拔越高，你的时间就会前进得**越快**！相关的方程非常简单。在海拔为 h（以米为单位）时，时间变快的比例取决于如下这个因数：

$$f=1+\frac{gh}{c^2}$$

这里的 g 是重力加速度（见第 3 章），约等于每秒 10 米 / 秒，而 c 是光速（3×10^8 米 / 秒）。所以如果你上升 10 米，那么你的时间变快的因数就是：

$$f = 1 + \frac{10 \times 10}{(3 \times 10^8)^2}$$
$$= 1 + 10^{-15}$$

这是一个不大的变化，但是已经通过一座塔就测量到了。值得注意的是，为了保持 GPS 卫星的时钟准确度，时间因数非常重要。

$$\gamma = 1 + 8 \times 10^{-11}$$

这个改变不算大（如果值是 1 的话就意味着完全没有改变），但是每天有 86400 秒。所以在一天之后，卫星上的时钟的误差将会达到 $86400 \times 8 \times 10^{-11} = 7.3 \times 10^{-6}$ 秒 $= 7.3$ 微秒。事实证明，这是很大的误差！在这么长的时间里，光能够穿越 2.2 千米。所以如果时钟发送给你错误的时间，而你的 GPS 接收器用这个时间来计算到卫星的距离，就有可能会产生 2.2 千米的误差。你通过计算得出的位置也会产生这么大的误差。

不仅如此。卫星距离地面高达 26560 千米 $=26560000$ 米。根据广义相对论，卫星上的时钟会加速。根据这个高度，我们计算出的加速因数是：

$$f = 1 + \frac{gh}{c^2}$$
$$= 1 + \frac{10 \times 26560000}{(3 \times 10^8)^2}$$
$$= 1 + 3 \times 10^{-9}$$

这个计算并不是完全正确的，因为卫星实在太远了，所以重力加速度更弱，这意味着 g 并不是常数。如果我们在计算时考虑到这一点，我们得到的数字就会更接近 1：

$$f = 1 + 5 \times 10^{-10}$$

但这仍然比速度造成的时间膨胀效应更明显。一天后，时钟的误差将会达到 $86400 \times 5 \times 10^{-10} = 4.5 \times 10^{-5}$ 秒 $= 45$ 微秒。

如果你把两种效应相结合，净时间误差（一天后）就是 45-7=38 微秒。光每微秒会移动

1000英尺,所以这就相当于38000英尺 =7.2英里的误差。两天以后,误差将会达到14.4英里(约23.2 千米)。

当然，GPS 的设计师知道所有这些问题，所以他们内置了一个计算机来计算时间效应并调整卫星时钟让你获得正确的距离,你可以不必担心。这种效应是如此明显,我们不可能视而不见。即使当初爱因斯坦从来没有预测到速度和引力所造成的这些效应，等到我们对卫星上的时钟进行细致的时间测定时，也肯定会立即发现这些问题。

▍关于时间的问题

已经了解了这么多关于相对论的知识，你有资格和最好的物理学家一起思考了。为了帮你起步，下面是一些值得思考的问题：

· 时间出现在 140 亿年前，在此之前是否可能不存在时间？事实上，"在大爆炸以前"这句话可能毫无意义，因为如果没有时间，也就没有"以前"。

· 时间会停止吗？如果宇宙（因所有星系的互相吸引）坍塌成零空间，会怎么样？空间会消失吗？时间会随之一起消失吗？

· "现在"是什么意思？你能向别人解释清楚吗？你能写下一段文字解释"现在"的意义吗？对不同的人来说，它的意义相同吗？我的"现在"和你的"现在"一样吗？你现在正在做什么？

· 我们为什么记得过去？是否存在这样一个宇宙——我们会记得未来而忘记过去？或许，我们到那时就会称未来为"过去"？我们能否记得一部分过去和一部分未来，比如一半对一半？

· 时间的"节奏"是什么？时间的速率是由我们的心跳和思考的速度决定的吗？"时光流逝"是否具有任何意义？时间会"移动"吗？如果时间加速再减速,我们会注意到吗？

· 拥有（至少）三个维度空间才能存在。时间是否可能具有二维？时间能否同时以两种不同的方式前进？或者三种？如果时间有二维的话，生命将会变成什么样？

事实上，上面问题的答案我都不知道。关于回忆过去（而非未来）我有一些猜想，但也仅此而已。上面列出的大部分问题并不属于物理学范畴，但是我认为这只是因为我们在这些问题上几乎没什么进展。

▍小结

一个事件可以用四个维度来完成特指：三个涉及位置，一个涉及时间。但是两个事件的时间差取决于参照系。一个移动的旅行者所历经的时间要比静止的人更少，两者的比例就是爱因斯坦因数：

$$\sqrt{1-\beta^2}$$

在这个方程中，β 等于速度除以光速。另一个有用的量就是洛伦兹因数 γ，它等于 1 除以爱因斯坦因数：

$$\gamma = \frac{1}{\sqrt{1-\beta^2}}$$

速度引起的时间差异已经被飞机上的时钟以及加速的放射性粒子所证实。在低速情况下，爱因斯坦因数 ≈ 1，这就是为什么我们通常不会注意到这种作用。但是当 v 接近 c 时，这个值就可能比 1 小很多。同样的因数还可以用来描述运动情境下物体长度的收缩，该现象也被称为**洛伦兹收缩**。根据这个结果，物体会在运动的方向上变短。

速度不会以一般的方式累加。无论是谁在观察光，光的速度看起来都是 c。这就是**光速的不变性**。如果物体的移动速度比 c 慢，那么对于所有观察者来说它的速度都比 c 慢，无论观察者移动得有多快。

移动的物体的能量可以根据 $E=mc^2$ 得出，其中既包括静能也包括动能。方程中的 m 是动力学质量，在高速情况下，动力学质量根据 $m = \gamma m_0$ 增长（这里的 m_0 被称为**静止质量**，它不会改变）。在低速时，总能量是静能加上 $1/2 m_0 v^2$。静止质量可以被转化为动能。在核衰变和湮灭中就会发生这种现象。光子的静止质量为 0。这样的粒子不会经历衰减。我们过去认为中微子的静止质量也是 0，但是因为中微子能变成其他中微子，所以它们肯定也是具有质量的。质能方程 $E=mc^2$ 在核反应堆或者原子弹的发明中并没有起到重要作用。

快子是一种假想的粒子，它只会以高于光速的速度移动。快子在速度无限大时能量为 0，在速度为 c 时拥有无限的能量。

因为相对论证明了时间的多变，我们不可能用一种绝对方式来定义**同时性**，除非两个事件在同一地点发生。

讨论题

1. 时间的概念是如何被我们的文化所影响的？不同文化看时间的方式是否也不同？准确的手表和钟表的存在，是否影响了我们的思维？

2. 关于时间的"流动"你能说出些什么？为什么时间似乎会改变？"现在"是什么意思？是否可能用一种清晰的方式来阐述这些概念，哪怕是在通过无线电通信向外星生物解释时也能说清楚？试着跟你的朋友解释一下，但是假设信号传送需要一天时间。

3. 空间具有三维。如果时间的维度不止一维，世界将会变成什么样子？时间可能具有二维吗？

4. 讨论本章末尾提出的其他问题：大爆炸是时间的原点吗？时间能停止吗？"回忆"未来的可能含义是什么？

搜索题

1. 你能找到在视觉上展现相对论效应的电影（视频）或网页吗？你可能会找到描绘洛伦兹收缩和时间膨胀的内容，或者对以接近光速运动的某样东西进行观察时的视觉效果。

2. 你能找到驳斥相对论的正确性的网站吗？反对者的论据是什么？他们说得对吗？如果不对，你能找出他们犯的错吗？（提示：他们经常忽略一个事实，即在一个参照系中同时发生的事件，在其他参照系中并不总是同时发生。）

论述题

1. 哪些关于时间的常见概念被相对论颠覆了？准确的钟表的存在，是否影响了我们的思维？

2. 能量可以转化为质量，质量也可以转化成能量。请描绘过程，并举出具体例子。

3. 物理学家经常说人们永远都无法用光速来旅行。解释一下，他们为什么这么想。

4. 描述相对论中**双生子佯谬**这种特殊现象。

5. 如果相对论是正确的，难道我们学过的旧方程都是错的吗？动能方程 $E=1/2mv^2$ 呢？

   如果它是错的，我们为什么还要在前面的章节中学习呢？

选择题

1. 下面哪些量不依赖于速度？

A. m B. m_0 C. 动能   D. 总能量

2. 如果一个粒子以光速移动，我们会推断说（小心，只有一个答案）

A. 它的能量是无限的   B. 它违背了狭义相对论

C. 它的能量为 0   D. 它的静止质量为 0

3. 在日常生活中，我们看不到相对论的效应，这是因为

A. 只有在物体的速度接近 c 时，才会产生这种效应

B. 这些效应太微弱以至于无法轻易探测到

C. 我们已经习惯了这些现象，所以不会注意到

4. 在双生子佯谬中，旅行的那个人更

A. 年轻   B. 轻   C. 长   D. 老

5. 人们相信中微子具有的质量

A. 为 0   B. 很小，但不为 0   C. 是无限的   D. 是虚质量

6. 快子这种粒子

A. 以速度 c 移动   B. 具有零质量   C. 比 c 更快   D. 拥有无限的能量

7. 光子的静止质量约为

A. 电子的质量   B. 0.000003 克   C. 0   D. 3.14 克

8. 一个移动的物体

A. 更短且更年轻   B. 更长且更老   C. 更短且更老   D. 更长且更年轻

9. 假设本书作者发现了一种新的能量粒子（我叫它"穆勒子"），它具有零质量，那么我们可以说穆勒子

A. 能直接穿过物质   B. 是一个黑洞   C. 以光速移动   D. 是放射性的

10. 下面哪种粒子不是零质量的？

A. 中微子   B. 引力子   C. 伽马射线   D. 贝塔射线

11. 快子

A. 从来没有被观测到   B. 在过去 10 年中被发现了

C. 被用于医学影像   D. 是质子的组成部分

12. 无质量粒子的速度（小心，这可能是道陷阱问题）

A. 对所有观察者来说都是一样的   B. 对朝相同方向移动的人来说更快

C. 对朝相同方向移动的人来说更慢

13. 当一个粒子接近光速时，它的质量接近于

A. 0   B. 无限   C. m_0

14. 下面哪种粒子可以轻松穿过地球（多选题）？

A. 阴极射线   B. X 射线   C. 中子   D. 中微子

15. 根据洛伦兹收缩，从你面前飞过的橄榄球会

A. 依 γ 因数缩短   B. 依 γ 因数拉长

C. 和它在静止时的长度相同   D. 看起来不同，但并不是真的不同

16. 对于中微子衰变的观察证明

A. 中微子具有质量   B. 中微子违背了相对论

C. 中微子具有电荷   D. 中微子以光速移动

17. 一个中微子的能量可能是下面的哪个值（小心，这是一道陷阱问题）？

A. 0 焦耳

B. 200 焦耳

C. 上面两个值中的任何一个

D. -200 焦耳

E. A、B、D 三个值中的任何一个

18. 当宇航员爱丽丝以 3/5 光速的速度往返地球时，她的双胞胎兄弟鲍勃留在地球上。当爱丽丝返回时，鲍勃

A. 比爱丽丝年轻了

B. 比爱丽丝老了

C. 跟爱丽丝年龄相同

19. 一个放射性粒子的半衰期为 1 秒。如果它以 3/5 光速的速度移动，它的半衰期会是

A. 3/5 秒

B. 5/3 秒

C. 4/5 秒

D. 5/4 秒

20. 洛伦兹收缩指的是

A. 金属冷却后的收缩

B. 冰融化后的收缩

C. 塑料冷却后的收缩

D. 移动的物体变短

21. 吉姆和玛丽都来自伯克利，他们的年龄完全一样。吉姆以 65 英里 / 时的速度行驶到洛杉矶并且在那里等待。玛丽以 70 英里 / 时的速度在第二天到达。当她到达洛杉矶时，谁更老？

A. 吉姆

B. 玛丽

C. 他们年龄相同

D. 这取决于距离

22. 如果一个人以 99% 光速的速度旅行了 7 年，他会比待在家里的同卵双胞胎兄弟年轻多少？

A. 1 岁

B. 8 岁

C. 他们年纪相同

D. 旅行者会变得更老。

23. 描述能量最准确的方程是

A. $E=1/2mv^2$

B. $E=m_0c^2+1/2m_0v^2$

C. $E=mc^2$

D. $E=m_0c^2$

24. 简和汤姆在地球上同步了他们的手表。简待在地球上，而汤姆以接近光速的速度飞向冥王星并返回。当他们再次相聚时，谁的时钟是正确的？

A. 简的时钟（在地球上）

B. 汤姆的时钟（在飞船上）

C. 两个时钟都是准确的

D. 两个时钟都不准确（因为地球也一直在移动）。

25. 我们测量到一个粒子在以光速移动。我们会推断说（小心，只有一个答案是正确的）

A. 它的能量是无限大的   B. 它违背了狭义相对论

C. 它的能量为 0   D. 它的静止质量为 0

26. 当一个静止质量为 m_0 的物体的速度达到光速时，它的能量会接近

A. m_0c^2 B. $1/2m_0c^2$ C. $m_0c^2+1/2m_0c^2$ D. 无限大

27. 当一个人以近乎光速的速度移动时，相比于静止的人，下面哪些说法是对的？

A. 他老得更慢   B. 他的长度会变长   C. 他的质量会增加   D. 他的能量会增加

28. 如果你以 50% 光速的速度旅行，你的质量就会乘

A. 1.15   B. 1.50   C. 2   D. 1

29. 根据相对论，一个质量为 m_0，正以速度 v 移动的物体的能量为

A. $1/2m_0v^2$ B. m_0c^2 C. γm_0c^2 D. m_0c^2

30. 当一个移动物体的速度接近光速时，它的能量会发生怎样的变化？

A. 变成 0   B. 达到无限   C. 变成 mc^2 D. 变成 $1/2mc^2$

31. 电子无法像光一样快，是因为

A. 测不准原理   B. 这会违背自由意志

C. 电子会膨胀到无限大   D. 这需要无限大的能量

32. 当物体以极高的速度运动时，以下哪个选项不会改变？

A. 长度   B. 质量   C. 时间   D. 电荷

33. 哪种应用必须考虑狭义相对论的效应？

A. 半导体芯片   B. GPS   C. 激光   D. MRI

34. 如果速度是（12/13）c，那么 γ 因数是

A. $\sqrt{5/13}$ B. 13/5   C. 5/3   D. 以上皆错

35. 当一个质子的速度达到光速的一半时，γ 因数约等于

A. 0   B. 0.5   C. 0.7   D. 1

E. 1.4   F. 2

36. 当放射性岩石以接近光速的速度前进时，它的质量

A. 会增加，衰变减少   B. 会增加，衰变增多

C. 会减少，衰变减少   D. 会减少，衰变增多

第 **13** 章

宇宙

几个难题

· 物理学家口中的宇宙代表着"万物"。宇宙正在膨胀。但是如果宇宙是万物的话，它又能膨胀到哪里去呢？

· 所有星系都在远离我们的星系。这难道不说明我们正处在宇宙的中心吗？这难道不奇怪吗？

· 宇宙在大约 140 亿年前诞生。我们是怎么知道的？如果这是真的，在此之前又是什么情况？

· 宇宙怎么能是无限的呢？如果它不是的话，怎么能是有限的呢？

想回答这些问题，你首先要知道一些关于宇宙的事实，而很多这方面的事实都是最近才发现的。当我们说**宇宙**时，我们指的是我们能看到、探测到，或者用某种方式了解到的所有物体和地方。它是我们现在能看到，而且未来将可能看到的全部空间以及其中的万物。**宇宙学**指的是对这些大型物体与大规模空间的研究。宇宙是由原子、恒星、许多由恒星构成的星系，以及星系团所组成的。要想理解前面问题的答案，我们就要先理解太阳系。

太阳系的形成

当我们说**太阳系**时，我们指的是所有通过万有引力附属于太阳的物体。其中包括行星、小行星、彗星，以及其他我们还没有发现的东西（比如科学家假设中的昏暗地隐藏在 1 光年外的一颗伴星——涅墨西斯星）。

我们相信太阳系是在大约 46 亿年前形成的，由星际碎片，即一颗称为**超新星**的恒星爆炸后形成的灰烬——构成。这就使太阳成为第二代恒星。我之所以认为太阳是第二代，是因为地球含有诸如碳和氧这类产生于恒星内部的元素。如果这些元素要形成行星的话，它们就必须先以某种方式逃逸出来。此外，第一代恒星不会含有像铅和铀这样的重元素，但是太阳有。这些重元素只有在恒星经历超新星爆炸时才会产生。

所以，我们是这样认为的：46亿年前，太空里的某一块区域充满了来自一颗爆炸了的恒星的灰烬。这些灰烬开始通过引力吸引彼此，并逐渐凝结成块。很明显，灰烬对旋转有一点作用，因为物质集结在一起后就开始转得更快（就像是滑冰者收回手臂一样，参见第3章的"角动量和扭矩"部分）。因为物质在旋转，所以它就会把自身展开成一个圆盘。位于圆盘中心的大质量物体变成了太阳。分布在圆盘上的小质量物体没有向内塌陷是因为它们在做圆周运动。它们聚集成了行星和小行星。

太阳如此巨大，以至于它自身的中心被压缩并且变得炎热，这就点燃了热核聚变。行星太小了，所以它们的核心永远都不会达到这种温度。但是早期的行星是熔融状态的，它们发出红外辐射，最后形成了一层地壳。有些行星完全固态化了，但是地球没有——它的核心仍然是熔融态的。

尽管太阳系中的物质大部分是氢和氦，但是早期地球仍然失去了这些气体，因为它们的速度很快（见第2章）。仅剩的氢，就是结合了其他元素形成水、碳氢化合物以及其他化合物的氢。

来自太阳的光需要经过8分钟、穿越9300万英里（1亿5000万千米）才能到达地球。我们就此说，我们到太阳的距离是8光分。已知距离太阳最近的恒星是半人马座阿尔法星－比邻星双星系统。这些恒星大约在4.2光年以外。光年不是时间单位，而是距离单位，是光在一年中行进的距离。通常，恒星之间的距离都会以光年来衡量。

彗星

在比所有行星更边缘的地方，太阳系被彗星所占据。它们是在很远的距离外环绕太阳的小冰体。除非轨道引领它们靠近，否则它们对于我们都小到看不见。有一些彗星的轨道会使得它们靠近太阳。出现这种情况时，这些彗星就会被加热，它们的大量冷冻气体将会蒸发，制造出使彗星得名的"尾巴"（彗星的英文comet在希腊语中是尾巴的意思，英语中的逗号comma一词也是由这个词衍生而来的。）

天文学家扬·奥尔特发现，我们看到的只是众多彗星中的一小部分，他计算出一共有超过10^{10}颗彗星。即便如此，它们的总质量仍然比木星要小。我们现在把这成群的彗星称为**奥尔特彗星云**（Oort comet cloud）。只有一小部分彗星能到达距离太阳足够近的地方，这样的彗星我们才能用肉眼看见——通常10年左右会有一颗。这种现象非常稀有，足以让古人认为彗星的到来是非常重要的，且通常带有坏兆头。你可以上网找找历史上的彗星恐惧，很有意思。当然，这样的物体偶尔可能会击中地球并造成灾难。导致恐龙灭绝的要么是一颗彗星，要么是小行星。

涅墨西斯星

大部分恒星在形成时都会成对或三个一起产生，就像半人马座阿尔法星–比邻星系统一样。大多数人相信太阳是个意外，它是一颗孤星，与之相伴的只有行星。

在 1984 年，我和两个同事（马克·戴维斯和皮特·胡特）共同发表了一个理论，假定存在着另一颗恒星在环绕太阳。我们半开玩笑地给它起名为"涅墨西斯"。严格来说，太阳和涅墨西斯星在环绕彼此。我们之所以没有注意到这一点是因为涅墨西斯星位于 1 光年以外。

我们设计涅墨西斯理论是为了解释一些古生物学证据，这些证据显示每隔 2600 万年就会发生一次大灭绝。涅墨西斯星的轨道是椭圆形的，它每 2600 万年接近一次奥尔特彗星云，届时就会引发彗星暴雨。彗星暴雨会使几十亿颗彗星进入内太阳系。地球很小，所以它被任何一颗彗星击中的概率都是十亿分之一。但是在几十亿颗彗星飞过来的情况下，地球就很有可能会被几颗击中。

没有直接证据表明涅墨西斯星真的存在，所以大部分天文学家假设它不存在。但是，即将到来的恒星调查，例如"泛星计划"（Pan-STARRS），很有可能会在未来的几年中发现涅墨西斯星；如果调查没有找到它，那就说明它并不存在。

其他恒星的行星

我们曾猜测太阳系是独一无二的，但是现在我们知道大部分恒星周围都环绕着行星。大部分已知的太阳系外行星是被伯克利的教授杰弗里·马西发现的。

围绕在其他恒星周围的行星都很昏暗，但是如果它们离明亮的恒星不是那么近的话，我们大概能在望远镜中看到它们。科学家看出这些行星对其环绕的恒星造成的影响，因而发现了它们。它们使恒星颤动，而我们可以根据多普勒频移，通过观察恒星速度振荡时光谱线频率的小变化，来探测这种颤动。（我在第 7 章解释过多普勒频移。）

星系

在一个晴朗的冬日夜晚，望向天空。如果你在一个足够暗的地方，你可能会看到一个模糊的小点，角大小（angular size）不比月亮大，看起来就像是从银河上撕下来的小碎片。但是它却比银河远得多。事实上，这个星云状的点是你用肉眼能看到的最远的物体。它有 300 万光年那么远。通过望远镜的长曝光模式拍下的照片可以让我们看到更多细节。这个星系在天空中非常大，最好的照片得由不同的部分组合而成，如图 13.1。

图 13.1

仙女座星系。不用望远镜的情况
下你能看见的最远物体。它包含
超过 100 亿颗恒星（图片来源：
NASA）

埃德温·哈勃（哈勃望远镜就是以他命名的）发现了这个模糊的点实际上包含了 10 亿颗以上独立的恒星，它们形成了一个扁平的圆盘，每颗恒星都在一个引力旋涡中围绕着彼此盘旋，我们现在把这种旋涡称作**星系**。图 13.1 中的星系就是仙女座星系。

银河也是一个星系。它看起来不像图 13.1 中的样子，因为我们身在其中，我们在从里往外看。我们能看到的天空中的银带（最好的观察时间是夏天），实际上是我们向外望向圆盘边缘时看到的上百万颗恒星发出的光。当你直直地向上（下）望时，你看到的只是一层恒星组成的薄层。但是你眼中的所有东西，每一颗恒星，都是银河的一部分——除了那一小块模糊的仙女座星系。

仙女座星系和银河系就像太阳系一样，它们因为自身的引力而聚集到一起，但是它们没有坍塌，因为内部的恒星在做圆周运动。银河系中地球的速度约为 100 万英里 / 时。[1] 我们一般不会注意到这点，因为附近的恒星正和我们一起环绕着银河系运动。需要约 2 亿 5000 万年，太阳和地球才能绕银河系中心一圈。（你可以称它为"银河年"。）我们现在知道我们星系的中心是一个巨型黑洞。黑洞不会发出光，但是我们可以通过附近恒星的快速环绕运动，得知黑洞的巨大引力。

其他星系

再来看看仙女座星系的照片。在中心的下方偏右侧有一块模糊的亮点——这是另一个更小的伴星系。你还能看到很多亮点——这些是恒星。但是这些恒星不属于仙女座星系。仙女座中的恒星太远了，所以我们在这张图片上看不到。你看到的恒星是附近的或就在银河系中的恒星。虽然它们看起来像是背景中的恒星，但这只是一种视错觉，因为你的经验告诉你，恒星总是在

---

[1] 这个值最初是由本书的作者和他的同事乔治·斯穆特测量出来的。

头条物理学

图 13.2

哈勃深空照片。图片中的所有
物体几乎都是星系（图片来源：
NASA）

背景中，而事实上它们在前景中。

除了仙女座星系（包括它的伴星系）和银河系之外，还有很多星系。观察一下图 13.2，它其实是由哈勃太空望远镜拍摄的很多图像组合而成的。它看起来充满了恒星，从某种意义上说也确实如此。但是几乎所有你能看到的亮点都不是单独的恒星，它们是各种各样的星系，是由数十亿颗恒星组成的旋转的恒星团。哈勃团队在这张图中已经找到了 1500 多个星系（并非都能从这幅图上直接看到）。有些星系要再明亮 40 亿倍才能被人眼所见。这张合成图像花了 10 天的曝光时间，因为这些星系实在是太远了。这张照片的拍摄方向朝向北斗七星。之所以选择这个区域是因为这里没有太多会使遥远星系看起来模糊的前景恒星。有一颗恒星很显眼——它带有明亮的尖刺。这其实是望远镜的光学器件所导致的。

这张图片只覆盖了天空的极小一部分，充其量不过是 23 米远的一枚硬币所能覆盖的大小。虽然这只是天空的一小部分，但是我们相信它具有典型性。根据这张图，我们可以估算出，使用这样的仪器我们能够看到的星系总数约为 400 亿个。[1] 这就是说，宇宙中的星系数量比我们银河系中的恒星数量还要多。这些星系填满了可观测的宇宙，但是其间还有很多空的区域。

暗物质

我们的恒星——太阳，绕着银河旋转，被其他恒星的引力约束。但这里存在一个严重的问题：如果我们估算恒星的数量和每颗恒星的质量，把它们都加起来，就会发现这个质量的总和**不足**以约束太阳。但可以确定，我们确实是处在一个环形轨道中。那么是什么吸引了我们？

---

[1] 一枚硬币的面积约为 2.6 平方厘米。在离我们 23 米远的地方，球体视野的表面积就是 6500 万平方厘米，所以需要 2500 万枚硬币才能挡住我们的视野。如果每枚硬币都能盖住 1500 个星系，那么总数就是 $25 \times 10^6 \times 1500 = 38 \times 10^9 \approx 4 \times 10^{10}$。

我们猜测，其他质量都来自某一种物体，但这种物体却不像恒星那样发光，所以我们看不见。这种物质被称为**暗物质**。在网络上搜索这个词，你会发现百万条结果。

此外，如果我们把目光转向那些在互相环绕的星系团，就会再次发现质量不足，除非假定存在巨大质量的暗物质——比银河系中现存所有恒星的总质量还要多。

仔细想一想。结论令人震惊：宇宙的大部分质量存在于暗物质中，而我们根本不知道暗物质是什么。说得更戏剧化一点：我们根本没搞清楚宇宙是由什么构成的！暗物质的身份有两个最有可能的选项：WIMP 和 MACHO。

WIMP

WIMP 就是大质量弱相互作用粒子（Weakly Interacting Massive Particles）的缩写。这些幽灵一般的粒子就像中微子一样，能够在不碰到任何东西的情况下穿过地球和其他星体。原因是，它们既没有电子，也没有核内"电荷"，不受电磁力影响，而且它们只能被弱核力 W（弱）和引力影响。

它们有"质量"（静止质量非 0），所以它们的引力也很重要。如果 WIMP 真的存在的话，它们就无处不在，为了发现它们而建造的灵敏的探测器遍布世界各地的实验室。伯克利大学的物理学教授伯纳德·萨杜莱特是这项搜索的世界级领军人物之一。WIMP 有可能存在，但也有可能不存在。

MACHO

MACHO 就是大质量致密晕天体（MAssive Compact Halo Objects）。它们可能是大行星、黑洞，或者其他质量很大的致密物体。这个缩略词中之所以有个 H（Halo，晕）是因为这些物体必须填补星系的"晕"——一个超出星系盘[1]而往垂直方向延伸的区域。一些实验通过观察 MACHO 阻挡星光的效果，已经探测到了 MACHO。但到目前为止，没人找到数量足以解释暗物质的 MACHO。MACHO 和 WIMP 称得上是整个物理界最可爱的一对缩写词。

---

[1]　星系盘（galactic disk）指的是星银河系可见物质的主要密集部分，外形呈扁平圆盘状。——编者注

地外生命和德雷克方程

1971 年，弗兰克·德雷克尝试估算出我们的星系之中，有多少行星上面可能存在想要和我们取得联系的智慧生命。为了完成这件事，他写下了一个在未来变得很著名的方程，这个方程现在被称为德雷克方程。你可以在网上搜索一下。这个方程是：

$$N = G f_p f_e f_l f_i f_c f_L$$

这个方程可能看起来很惊人，但它不过是一堆数字相乘而已。该方程只是说，附近有智慧生命的恒星数量 N，取决于 7 个因数。G 是我们星系中的恒星数，约为 10^{10}。而所有 f 都只是满足各种智慧生命所需条件的概率：f_p 是所有这些恒星中自身具有行星的比例。你会发现就算我们不太了解这个数其实也没什么关系；变量 f_e 是这些行星中能够维持生命的比例；f_l 是这些生命得到演化的比例；f_i 是演化出智慧生命的比例；而在所有这些智慧生命中，f_c 是选择尝试与我们联系的比例；f_L 则是这些愿意尝试的智慧生命中，恰好活在现在，能跟我们联系上的比例。将所有这些数字相乘，得到的 N 就是其行星拥有文明的恒星的数量，他们发出的信号是我们能够接收到的。

代入一些合理的数字，自己算一下。有一个网页建议了以下数值：$f_p=0.5, f_e=1$，$f_l=0.5, f_i=0.2, f_L=10^{-6}$。这样得出 $N=1000$。所以，我们预期有 1000 颗恒星拥有向我们发送了信号的行星！

对德雷克方程的信念激发人们创建了 SETI（搜寻地外文明计划）。在网上搜索一下 "SETI"。你会了解到该计划，你也可以参与进来，只需要用你的家用计算机完成一些分析就行。

N 的数量之大震惊了很多人。如果你去研究这个方程，你会发现这都是因为 G 的数值很大。其他因子被赋什么值几乎没什么重要性，只要它们不是太小就行。然而这就是问题的关键。事实上，这些数字中的一个或多个，确实有可能是非常小的。

我对德雷克方程持怀疑态度。假设生命在一个适宜的行星上演化的概率 f_l 不是 0.5，而是 10^{-9}，那么就不会有地外信号了。一些 SETI 的支持者说 f_l 肯定是非常高的，因为地球上的演化发生得如此之快。但是对于如此重要的数字来说，这是一个无力的论据。毕竟，如果生命在地球上没有发展得很快的话，我们也就不会思考这类问题了。所以我们可能是例外，地球可能是一颗稀有的行星，其上的生命恰好进化得很早。这个错误其实类似于一个住在纽约市中心的人通过本地观察来推算世界其他地区的人口密度，包括沙漠和海洋。我们在本地观察到的情况不一定有代表性。

这里面存在巨大的不确定性，因为我们确实不知道生命在地球上是如何开始的。像氨基酸这样的简单有机分子（蛋白质的基础材料）可能是意外形成的，也可能是在雷击下诞生的。但是我们完全不了解像 RNA 和 DNA 这样的复杂分子是如何形成的。若说这些生命物质的形成概率是 10^{-15}，我们也不会觉得想不通。如果情况真是这样，那么我们就可能是整个宇宙中唯一的智慧生命。

这里我推荐一本对地外文明存在持怀疑态度的书：《稀有地球》(*Rare Earth*)，作者是彼得·沃德和唐·布朗利，两人都是著名科学家。如果你对这个话题感兴趣，你就会喜欢这本书。该书展示了一种很大的可能性：人类真的是孤单的。

我不能说地球之外肯定没有智慧生命。我只是不相信德雷克方程能证明智慧生命很有可能就在我们自己的星系中。

回到过去

哈勃深空照片（图 13.2）中的星系是太过遥远，因而我们观察到的光事实上是在约 100 亿年前发射出来的。这就意味着我们看到的星系不是它们现在的样子，而是它们以前的样子。事实上，精细的测量显示出这些星系在某些方面不同于我们的星系，而这有可能是因为我们看到的是它们年轻时的样子。它们包含的重元素（比如铁）更少，因为恒星产生这些元素需要时间。我们相信现在这些星系应该已经产生了足量的这类元素，现在它们已经跟银河系和仙女座星系很相像了。我们认为这张哈勃深空照片展示了那些星系曾经的样子，那时它们刚诞生不久。

听起来很奇怪，但是你每次看太阳时，你都是在回望过去。光需要 8 分钟才能到达你这里。你看到的是 8 分钟前的太阳。我们经常用光行进的时间来度量距离，就像表 13.1 显示的那样。请注意**光年**这个单位度量的是距离。

表 13.1　不同天体与我们之间的距离

天体	距离
月球	1.3 光秒
太阳	8 光分
天狼星	8.6 光年
仙女座星系	300 万光年
哈勃深空星系	100 亿光年

宇宙膨胀

图 13.2 中还有另外一处不同。平均来看，相对于现在来说，100 亿年前的星系彼此挨得更近。星系之间的空间已经增大了。这个事实现在被称为**宇宙膨胀**。

第一个宇宙正在膨胀的信号，出现在埃德温·哈勃测量众星系的速度时。他通过观察恒星发出的光谱线的多普勒频移来测量速度。还记得多普勒频移是怎么回事吗？如果一个东西在远离你，那么它发出的波的每个周期需要更长时间才能到达你这里，所以每个周期都会变得更长。这就意味着频率变低了。

哈勃发现所有遥远的星系都有光谱线频移。不仅如此，谱线都朝着更低的频率偏移了，即朝向红色。这就是为什么人们说哈勃发现了遥远星系的**红移**。

宇宙膨胀所需要的空间从哪里来？因为太空无限大，所以没有寻找更多空间的必要。无限是非常大的。请想象宇宙是一块膨胀的葡萄干面包。当面包开始烤制时，整个面包都会增大，而所有葡萄干（星系）就会离彼此越来越远。请注意如果你坐在一颗葡萄干上，所有其他葡萄干都会离你越来越远，无论你所在的葡萄干是哪一颗。

真实的宇宙并不存在明显的外壳（面包皮），也没有明显的可以被称为静止的地点。无限空间向无限空间膨胀。星系继续远离彼此，但是空间有的是。

如果这仍然让你感到困惑的话，我并不会奇怪。所以下面是另一个例子：假设从数字 1 到无限在一条线上展开来：

1.....2.....3.....4.....5.....6.....7.....（一直延续下去）

数字可以一直延续下去因为宇宙是无限的（至少我们假设宇宙是这样）。但是现在我们来拉长这个无限的数字串，让数字分得更开：

1.........2.........3.........4.........5.........6....
......（一直延续下去）

它们都离得更远了。我们不需要寻找新的空间，因为即使它们之间隔了很长的距离，它们还是会延伸到无限。无限又包含了很大的空间。

另一件值得注意的事是，无论你是哪个数字，所有其他数字都在离你的那个数字越来越远。假设你是数字 4。你认为自己没有在移动，但你注意到 5 移动得越来越远了，3 也是。所以，虽然所有的一切都在远离你，但这并不说明你正处于中心。

哈勃定律

哈勃的发现，如今被总结成了一个名为**哈勃定律**的公式：

$$v = HR$$

该公式表明物体远离我们的速度 v，和物体与我们的距离 R，是成正比的。H 是一个名为**哈勃常数**的数字。如果我们用千米 / 秒度量速度 v，用千米度量我们和该星系的距离 R，那么哈勃常数 H 约等于 2.3×10^{-18}。这个数字之所以这么小是因为宇宙太大了。

你会发现很多对哈勃定律感到不解的人。他们认为这说明我们正处于宇宙的中心。向他们解释为什么事实并非如此是一件很有趣的事。告诉他们，无论他们所在的星系是哪个，所有其他星系看起来都是在远离他们的，情况和葡萄干面包膨胀一样，或者和数字序列的膨胀一样。

▌暗能量

在哈勃观察到的膨胀中，所有星系都在远离彼此。这不需要力，它们只是凭借自身的初速度起航而已。这个初速度从何而来？有些人将它归因于量子涨落，但是我认为这种解释是难以令人信服的。我的答案更简单：我不知道。

但是当它们彼此远离时，所有星系确实受到了一种双向的引力吸引，而这应该会使它们慢下来。暗物质对此也会起到作用。

我在伯克利启动了一个项目，用来测量这种降速；该项目最后被我以前的学生索尔·珀尔马特[1] 接手了。

我当时的想法是仔细测量星系的距离，找到哈勃定律并未概括到的减速情况。星系距离的测定是通过观察爆炸恒星（超新星）的亮度来完成的，而这些星系光谱线的多普勒频移可以告诉我们它们的速度情况。

---

[1] 索尔·珀尔马特是 2011 年诺贝尔物理学奖获得者，获奖理由是通过观测遥距超新星发现了宇宙加速膨胀。——编者注

在珀尔马特的指导下，该项目最终成功了；几乎同时完成同类项目的还有另外一个国际团队，成员包括加州大学伯克利分校天文系的亚历克斯·菲利潘科。结果令人震惊：宇宙的膨胀没有减慢，它在加速！

为什么宇宙的膨胀在加速？没人知道，所以人们就采取了遇到不理解的东西时的一贯做法——给它一个名字，这个名字是**暗能量**（dark energy）。**能量**这个词听起来比较可靠，因为星系的动能似乎在持续增长。但这是我们始料未及的。

一些物理学家认为，加速可能是量子力学效应造成的。但是当他们计算后，得到的答案却错了 10^{120} 倍。这个数字在 1 的后面有 120 个 0。这已经被认为是科学史上最大的不一致了。

暗能量其实也有可能是一种更加简单的东西，比如真空的自我排斥。这个理论现在还不是量子力学（其主旨在于描述真空）的一部分，但是它在方程中的缺失很有可能是因为我们从未对几十亿光年以外的真空属性进行过测量。

▎宇宙的开端

在过去，星系之间彼此挨得更近。有多近？哈勃定律告诉我们，星系之间的距离是随着时间增长的。是否在一个时间点（T）距离为 0？根据哈勃定律，答案是肯定的。一个距离我们 R 的星系，正在以速度 v 远离我们，那么它在过去肯定曾经出现于此处。为了获得那个时间点，我们用距离除以速度：

$$T=\frac{R}{v}$$

现在用哈勃定律代入 v：

$$T=\frac{R}{v}=\frac{R}{HR}=\frac{1}{H}$$
$$=4.4\times10^{17}\text{ 秒}$$
$$=14\times10^{9}\text{ 年}$$
$$=140\text{ 亿年}$$

这就说明 140 亿年前，所有星系之间的距离都是零。这能是真的吗？我们认为答案是**肯定**的。这就是大爆炸发生的时间。

大爆炸

140 亿年前的宇宙是什么样子？肯定不是星系互相紧挨着的一片景象，因为我们认为星系（甚至恒星）在那时还没有形成。但是物质（氢气和氦气）是紧挨在一起的，而且密度极大。

这个想法听起来很可笑。最先认真思考这个概念的人是乔治·伽莫夫，他是第一个理解放射现象中的阿尔法粒子辐射的人。他和拉尔夫·阿尔菲以及罗伯特·赫尔曼合作，一起分析如果早期宇宙真的是压缩态，那会发生什么。

你可以想象，如果让宇宙膨胀逆向发生的话会是什么样子。停止膨胀，并且让所有星系都落向彼此。当它们坠落时就会发生碰撞，而它们的动能就会变成热。所以早期宇宙必然是非常炽热而且致密的。

伽莫夫意识到，这些就是能够诱发核聚变的条件，而这可能解释了一个谜团：为什么大部分恒星都含有大约 90% 的氢和 10% 的氦？（其他元素，比如碳和氧，所占比例不到 1%。）

伽莫夫的答案是：早期宇宙所包含的不过是质子、电子、中子，以及其他几种基本粒子。当时的高温致密条件使得氢发生了聚变，并制造出了氦。现代计算显示，这发生在爆炸最初的 4 分钟里。

这个理论很疯狂，并且曾经被其他天文学家取笑，特别是著名的英国天文学家弗雷德·霍伊尔（他曾取得数个关于恒星如何运转的绝妙发现）也曾取笑伽莫夫的理论，称其为"大爆炸"。这个名字留了下来。

这段历史中更有意思的一段故事发生在伽莫夫和阿尔菲一起撰写论文的时候，伽莫夫开了个小玩笑。他把他的朋友、著名物理学家汉斯·贝特的名字，在未征求本人意见的情况下，加入了论文。他是想玩儿一个谐音梗。于是这篇论文的作者变成了阿尔菲、贝特和伽莫夫——这让他想起了希腊字母表中的头三个字母阿尔法、贝塔和伽马。时至今日，这个著名的研究仍然被称为"αβγ论文"。

3K 背景辐射

伽莫夫意识到早期炽热的宇宙应该会发射出可见光。即使在 50 万年以后，整个宇宙的平均温度仍然高达现在太阳的温度(约 6000K)，并且充满了会发出强烈亮光的物质。当宇宙变冷后，电子和质子形成中性氢原子，而宇宙突然变得透明——除了少数一些恒星和行星，它们没有占据很大一片天空。已经填满宇宙的光继续在太空中穿梭。

远在 140 亿光年外的地区所发射的辐射，现在正好能抵达我们这里。因为发出辐射的物质正在以非常高的速度远离我们，所以它已经发生了频移（又是多普勒频移）。这种效应是如此巨大，以至于在我们的参照系中，光变成了微波辐射。所以大爆炸理论预测宇宙中会充满微波辐射。宇宙中的黑体光谱（black-body spectrum）和物体温度达到 3K 时的光谱相同（见第 9 章）。

这种辐射最终被阿尔诺·彭齐亚斯和罗伯特·威尔逊在 1965 年发现。他们发现辐射来自太空的各个方向，就像大爆炸理论所预测的那样。而且宇宙中的**黑体光谱**符合 3K 时的情况，也和大爆炸理论预测的一样。他们因这项发现而获得了诺贝尔奖。（伽莫夫在授奖仪式前就去世了。）

从这个发现开始，人们开始重视大爆炸理论。现在我们能计算出在宇宙大爆炸的前 3 微秒中都发生了什么。我们假定在最早期的宇宙，甚至质子都不存在，只存在类似夸克-胶子的等离子体。当然，我们也不知道这些计算是否正确，但是我们知道大爆炸理论确实胜出了。

元素和生命的起源

根据大爆炸理论，早期宇宙（比如当它只有 1 秒钟大时）含有质子、电子以及光，但是没有氦或其他元素。但是因为宇宙当时既炽热又致密，所以聚变在开头的几分钟就发生了，然后创造出了宇宙中的大部分氦。确实，恒星的质量中约 25% 都是氦，而我们相信这些氦都是大爆炸的聚变所创造的。但是计算显示，当时并没有创造出氧、氮或者其他元素。温度太高了，就算存在这些元素，它们也会被分解掉。那么这些元素从何而来？伽莫夫不知道，答案在很多年后才浮现。我们现在理解，这些元素是在恒星内部的聚变中产生的。三个氦核聚合成碳，碳和氢聚合成氮——生命的必要元素以这种方式被创造出来。

根据计算，这种恒星中的"慢"聚变，不足以创造出所有更重的元素。原子核比铁重的很多元素不是用这种方式形成的。我们现在认为重元素是在另一种聚变过程中产生的，这个过程发生于恒星所谓的**超新星爆炸**中。在这样一场爆炸的几分钟内，元素周期表中大部分位于铁之后的元素就被创造出来了。

就我们所关心的问题而言，超新星爆炸还有另一个目的。深埋在恒星内部的元素对创造生命来说没有多大用处，那里实在太热了。（一些科幻小说，比如亚瑟·克拉克的《2001：太空漫游》否定了这一点，并假定高级生命在恒星内部产生了。）当恒星爆炸时，元素就被喷射到了太空中，在那里它们（通过红外辐射）冷却，然后变成了尘埃。最终这些尘埃粒子彼此吸引（通过引力）并形成了一颗新恒星。剩下的碎片环绕这颗恒星做轨道运动，并形成了行星。在行星上，条件冷到足以让水形成，而水起到了催化剂（一种能促进化学反应的化学物质）的作用，从而引出了生命。所以为了让我们能够存在于此，必须要有在大爆炸中产生的氦、在恒星中形成的其他元素、在恒星爆炸中释放的这些元素、第二颗恒星形成从而提供持续的能量，以及在这颗恒星周围形成的一颗相对冷的行星，其温度恰好允许化学反应和生命出现。

黑洞

当一颗恒星的引力非常强大，周围物体摆脱它所需的能量达到了一定程度，它就成了**黑洞**。但是如果你给了物体巨大的能量，它和黑洞之间的引力就会增加，所以能量就还是不够。你永远无法赢过黑洞：更大的能量总是会同时增加引力，以至于物体永远都无法离开。

这种现象的原因就在于相对论质量的增加。如果你坐在黑洞的表面上，并且想把一个物体发射到无限远的地方，你可以试着给它一个非常高的速度。但是当它以很快的速度出发时，它的质量就会增加，而这会反过来增加施加在其上的引力。对于一个黑洞来说，引力增加的效果永远都会超过速度增加。所以无论你施加给物体的速度是多少，它永远都逃不出去。换一种说法，对于一个黑洞来说，逃逸速度高于 c。这就是为什么任何东西都无法逃离。

请注意，这里对黑洞的解释似乎和第 3 章有所不同。在前面，我说黑洞只是一个在较小的体积中拥有巨大质量的物体，所以黑洞的逃逸速度超过了光速。但是事实证明这两种解释在数学上是等价的。所以两者都是正确的——它们只是思考相对论的效应的两条不同思路。

如果我们把太阳的所有质量都挤到一个半径为 3 千米的球体中，就能把太阳变成一个黑洞。这样的挤压在超新星爆炸时确实会发生，而且我们认为名为天鹅座 X-1 的 X 射线发射天体就是这样一个黑洞。X 射线是由坠入这个黑洞中的粒子发出来的。

如果我们把地球的所有质量挤到一个半径 1 厘米的球体中，我们也可以把地球变成一个黑洞。

同时，我们还相信银河系中心有一个黑洞，就像其他很多星系的中心一样。这是一个较新的发现，而且我们还不知道这些黑洞是如何形成的。

有限宇宙论

在相对论中，空间是"易弯曲"的，因为两个物体之间的距离取决于参照系。在广义相对论中，通过纳入加速参照系，引力也被包括了进来。这就让空间变得更加多变。

广义相对论中最有意思的部分是弯曲空间的可能性。在这一部分，我不打算解释这种说法的意思，但是我会举出一些例子。

假设不存在暗能量，而宇宙的质量密度相当之高——高到宇宙的膨胀最终将会停止，并且回撤，最后导致宇宙大收缩。在这种情况下，广义相对论的方程会预测得出宇宙是有限的。宇宙的有限和地球表面的有限是一样的。这里还有一个绝妙的类比：在这种情况下，宇宙的几何结构将类似于一个四维球体的表面的几何结构。（这个球体的表面是一个我们熟悉的三维空间。）

这就意味着一个沿着直线运动的物体会回到出发点上，就像一个在地球表面上移动的物体在围绕地球走了一圈之后最终会返回。宇宙是卷起来的，但这只发生在我们看不见也无法体验到的隐秘的第四维度中。（如果有四个空间维度的话，那么时间就会被看作第五维度，而非第四维度。）

当我们说宇宙有限但是没有边界时，我们指的就是这个意思。如果你走得够多，你就能遍访所有地方。有朝一日你就没有新鲜的地方可去了。你甚至能写下宇宙有多少立方米。

为什么我不告诉你是多少立方米？原因在于最近有证据表明宇宙不是有限的，它似乎是无限的。当你把暗能量考虑进来时，广义相对论说现在的宇宙是无边无际的。

这并不说明宇宙真的是无限的，因为广义相对论对于巨大的距离来说可能并不适用。所以可能某一天，我们会总结说宇宙是有限的。但是，就目前来说，我们相信它是无限的。

下面是一个哲学问题：一些人为宇宙无限的概念而困扰，另一些人为宇宙有限的可能性而感到困扰。毫无疑问的是，无论真实的宇宙是什么样子，总会有人困扰。

在大爆炸之前

很多人想知道是什么引发了大爆炸。在这之前发生了什么？关于大爆炸理论，有一种观点，虽然并不是所有物理学家都认可，但仍然有很多物理学家相信它。

在这种观点下，大爆炸并不是空间中物质的爆炸，而是一种空间本身的爆炸。在大爆炸中，空间被创造出来。星系并没有真的在移动，它们是静止的，但是它们之间的空间却在持续膨胀。

记住，**太空**（space）的另一个名字是**真空**（vacuum）。它还有一个古老的名字叫**以太**（aether）。太空不是由粒子组成的，事实上，在太空这种介质中，粒子是一种波。如果你觉得这难以想象也没关系。

在相对论中，空间和时间在**时空连续体**（space-time continuum）中经常被看作不同的维度。所以如果大爆炸创造了空间，那么也许时间也是那时被创造出来的。如果真是这样，那么"大爆炸之前发生了什么？"这个问题就没意义了，因为时间在那时还不存在。这就像是问，"什么东西比长度为 0 的直线更短？"或者"在绝对零度下分子会发生什么？"（即"如果它们移动得比完全不移动还慢会发生什么？"）这些问题是没有答案的，因为它们没有意义。如果时间不存在于"大爆炸之前"，那么"大爆炸之前"就没有时间。

如果事实如此，那么我们可能永远也无法回答"是什么引发了大爆炸？"这个问题。答案可能存在于我们对现实的感知之外。

万物理论

在报纸上，你有时会看到有人想出了新的"万物理论"（Theory of Everything）的新闻。我们有必要知道当物理学家说这个词时，他们指的是什么。

回到 17 世纪，当牛顿在钻研物理的基本定律时，重力被视作一种物体向地球加速移动的倾向。在当时，人们已经知道月球环绕地球运动，但是没人意识到使其保持圆周运动的引力本质上和重力一样。牛顿的成功在于他提出了一个结合了两种明显不同现象（见第 3 章）的引力理论，这是人类第一次成功把两种力结合成一种力。

关于物理学领域的这种结合，下一次真正的成功出现在 19 世纪末期，詹姆斯·麦克斯韦成功将电和磁结合在一起。磁力在当时被看作电荷在移动时所产生的力。

在 20 世纪早期，爱因斯坦试图结合电磁理论和引力理论。他宣称他的目标是创造**统一场理论**（unified field theory），但是他没有成功完成这个目标。

下一次成功来自 20 世纪 70 年代，弱核力被发现是电磁现象的一种形式。这个结合称为**电弱理论**（electroweak theory），只有在量子物理背景下才能理解这个理论，而这种路径曾经是爱因斯坦所忽视的。不仅如此，他还曾试图错误地统一电磁力和引力。

至今，我们还没有进一步获得真正的胜利。有很多种猜测将电弱力和把质子留在原子核中的强核力相结合，但是人们提出的这些理论，都没有强有力的证据支持。最近，人们的目标是不仅要涵盖强核力，也要把引力包括进来。如果所有这些力都可以被看作是相同的基本力的不同方面，那么人类就可以宣称真的拥有了一个能够涵盖万物的理论，而非必须独立接受的不同理论。

令人兴奋的进展之一是一种被称为**弦理论**（string theory）的假说。人们之所以为此振奋，是因为弦理论囊括了所有力（电弱力、强核力和引力），而且还完整地考虑了量子物理和相对论这两者。但是这个理论在数学上非常复杂，以至于还没人用它做出过任何可以被验证的预测。在弦理论中，所有基本粒子，包括电子、夸克（组成质子和中子的粒子）、中微子，以及其他所有东西，都是一种被称为**弦**的基本物体的不同版本。这些粒子之间的区别只是弦振动方式的产物而已。

但是无论最终的万物理论将是什么，它都会和人们想象中的那种大一统理论大相径庭。弦理论没有吹嘘自己可以在完全掌握当下知识的情况下完美地预测未来。这是因为它是量子理论，所以它只能预测概率。而且它还不能预测很远的未来，因为概率会复合（compound）和增长，越远的事件概率越难确定。量子的万物理论仍然无法预测一个放射性原子何时会衰变。根据弦理论可得，一个钾–40 原子大约会在接下来 10 亿年中的某个时间衰变。比这更精确的时间，它说不准。如果这个原子的衰变被用来触发核爆炸，那么这个万物理论只能说这样的爆炸可能会在接下来 10 亿年中的某个时间发生。因为该理论的阐述是非常概率性的，所以万物理论也无法做到更多。于是，有别于爱因斯坦的最初目标，建立在量子物理基础上的新万物理论，并不违背自由意志的理念。

很多人喜欢超弦理论，而很多人对它能否胜出持怀疑态度。实际上该理论作出的很多定性预测（例如，真实存在的粒子是我们所知道的两倍）都是错的，但是只要对该理论稍稍加以修改，它就可以被原谅。未来，对于弦理论的主要兴趣可能会来自数学家，而非物理学家，除非它最终被证实可以做出一些正确的预测。弦理论的支持者可能也犯下跟爱因斯坦相同的错误——试图结合错误的力。或许存在其他我们不曾发现的力，比如产生暗能量的力，在我们找到所有这些力之前，任何试图结合不同力的努力都注定失败。

小结

我们的太阳系形成于 46 亿年前，来自一颗爆炸的恒星（超新星）的残骸。太阳系主要由太阳组成，相比太阳，行星显得微不足道。光从太阳到达地球需要 8 分钟。其他恒星和太阳类似，但是由于它们距离遥远（最近的一颗也在 4 光年以外），所以都很暗淡。大部分恒星都存在于双星系统中。很多恒星都有行星。星系是包含有 100 亿—1000 亿颗恒星的圆盘。我们的星系被称作银河。地球需要 2 亿 5000 万年才能绕银河走一圈。银河系的中心是一个巨型黑洞。在可观测的宇宙中存在的星系比银河中的恒星还要多。

暗物质是一种具有引力但是在光下不可见的物质。我们不知道它是什么，但是暗物质的数量比普通物质的总和还要多。暗物质可能是由 WIMP 或 MACHO 构成的。德雷克方程的用途是预测地球以外的智慧生命的存在，但是方程中的一些因数有很高的不确定性。当我们望向太空时，我们看到的就是过去。宇宙正在膨胀，因为太空似乎是无限的，所以它不需要另外的扩展空间。哈勃定律来自对宇宙统一膨胀的观察。宇宙没有中心。它从 140 多亿年前的**大爆炸**开始。

我们把促使膨胀加速的力量称为**暗能量**。我们不知道它是什么。氢在宇宙大爆炸中诞生。一同诞生的还有我们今天观察到的微波（背景）辐射。引力会影响时间，所以存在双生子佯谬。在广义相对论中，空间可以是弯曲的，所以你到物体的距离并不能通过简单的几何学得出结论。

没人知道在宇宙大爆炸“之前”发生了什么，也许那时还不存在时间。万物理论（如果有一天真能确立）会试图将所有力（引力、电磁力、强核力、弱核力）解释为一种力的不同方面。弦理论是得出万物理论的一种尝试，但是很多人认为它只是数学，并不能代表现实。

讨论题

1. 哪一个说法更令你难以接受：无限的宇宙（这种情况下太空——它并不一定包含物质——是无边无际的）还是有限的宇宙（这种情况下太空拥有很大但有限的体积）？

2. 你认为地外智慧生命存在吗？你认为努力和这些生物取得联系是明智的吗？为什么？你认为这是出于好奇心，还是我们可能从中学到某些重要的东西？

3. 假设一个物理学家建立了一种符合本书描述的"万物理论"。你真会把它当作是万物理论吗？在这样一个拥有至高无上的名字的理论中，你还期待看到什么？（例如，一个真正的万物理论是否能预测一个放射性原子何时会衰变？）

搜索题

1. 找到提供"每日天文照片"的网站。拍摄这些照片使用的设备是什么？其中有多少张照片让你感觉很有吸引力？当你看到这些照片时你想到了什么？存几张在你的电脑里。

2. 对于现在已知的黑洞，你能找到哪些信息？它们有多大，在天空的什么位置？

3. 关于当前对暗物质和暗能量的搜索，你能找到什么信息？人们是否已经排除了某些理论？暗物质和暗能量可能是什么？

4. 有没有哪些观点驳斥了宇宙大爆炸的存在，为什么？他们有可能是对的吗？

5. 天文学、天体物理学、空间科学以及宇宙学之间的区别是什么？它们是同义词，还是各有不同？它们通常都描述科学的不同方面吗？仔细搜索，看看它们所覆盖的主题有哪些。

论述题

1. 讨论德雷克方程。人们是如何用它来证明地球之外肯定有智慧生命的？这种论证的弱点是什么？

2. 如果宇宙是无限的，它又怎么能膨胀呢？如果有人这样问你，请举出一个简单的例子来帮他理解这种情况。

3. 当我们说天文观测是在"回望过去"时，我们指的是什么？我们真能看见过去吗？我们能用这种技术来看到自己的过去吗？

4. 哈勃定律是什么？为什么有人认为该定律说明我们肯定在宇宙中心？他们是对的吗？如果不对，解释一下他们推理中的错误。如果他们是对的，解释一下为什么我们处在宇宙的中心。

选择题

1. 宇宙的大部分质量来自（仔细思考）

A. 氢   B. 氦   C. 星光   D. 暗物质

2. 暗物质是由什么构成的?

A. 普通恒星   B. MACHO   C. WIMP   D. 我们还不知道

3. 星系的多普勒频移

A. 通常都朝向红色   B. 通常都朝向蓝色

C. 朝向蓝色和红色比例差不多   D. 还未有被观测到

4. 暗能量的发现意味着

A. 宇宙正在通往"宇宙大收缩"   B. 大部分恒星已经燃尽了

C. 宇宙的膨胀正在加速   D. 宇宙的膨胀正在减慢

5. 在大爆炸理论中

A. 地球处于宇宙的中心   B. 地球接近于宇宙的中心

C. 宇宙的中心是未知的   D. 宇宙没有中心

6. 大爆炸最初 4 分钟产生了什么（多选题）?

A. 氢   B. 氦   C. 碳   D. 铁

7. 要想变成一个黑洞，一个物体必须

A. 拥有比地球大得多的质量   B. 拥有比地球小得多的体积

C. 拥有足够的质量，从而使逃逸速度超过 c D. 是在超新星爆炸中形成的

8. 暗能量使宇宙

A. 变慢   B. 加速   C. 膨胀   D. 保持不变的体积

9. 当你望向 50 亿光年以外的星系时，你

A. 看到的星系是它 50 亿年前的样子   B. 看到的星系是它约 100 万年前的样子

C. 看到的星系是它现在的样子　　　　　　　D. 你永远都看不到 50 亿光年以外的星系

10. 谁因为他对地外智能生物的估算而出名？

A. 摩尔　　　　　　B. 哈勃　　　　　　C. 德雷克　　　　　　D. 海森堡

11. 宇宙的膨胀正在加速。物理学家将其归因于

A. 哈勃定律　　　　B. 暗物质　　　　　C. 暗能量　　　　　D. 反物质

12. 要想制造一个黑洞，我们需要

A. 小半径中具有高质量　　　　　　　　　B. 大半径中具有高质量

C. 小半径中具有低质量　　　　　　　　　D. 大半径中具有低质量

13. 氧和氮是在什么情况下被制造出来的？

A. 在地球形成后的几百万年　　　　　　　B. 在一颗恒星中

C. 在宇宙大爆炸中　　　　　　　　　　　D. 在超新星的爆炸中

14. 涅墨西斯星是什么？

A. 最近发现的一颗环绕太阳运行的行星

B. 一颗理论上环绕太阳运行的恒星，它会导致彗星和小行星转向地球

C. 位于冥王星附近的一颗小行星，它不被视作行星

D. 我们能用肉眼看到的一个附近的星系

15. 仙女座星系发出的光抵达我们这里需要

A. 几分钟　　　　　B. 几年　　　　　　C. 几百万年　　　　　D. 几十亿年

16. 宇宙的年龄最接近于

A. 1 亿年　　　　　B. 10 亿年　　　　　C. 100 亿年　　　　　D. 1 万亿年

17. 要想让地球变成黑洞，它的体积必须缩减到

A. UCB 校园的大小　　B. 一辆汽车的大小　　C. 一枚硬币的大小　　D. 一枚针尖大小

17. 如果我们要把太阳变成黑洞，它的半径就要约等于

A. 1 厘米   B. 1 米   C. 几千米   D. 地球的半径

19. 如果我们把太阳变成黑洞的话，它施加在地球上的力会

A. 增大不到 100 万倍

B. 增大远远超过 100 万倍

C. 保持不变

20. 选出所有不属于太阳系的物体

A. 木星   B. 小行星   C. 仙女座星系   D. 哈雷彗星

21. 星系是

A. 一个恒星的大集合   B. 一个满是气体区域

C. 一颗爆炸的恒星   D. 一个行星大小的物体

22. 一光年

A. 是膨胀的时间   B. 是一段距离   C. 比一年更长   D. 和普通的"年"一样长

后 记

宇宙之初，一切皆无
没有地球，没有太阳
没有太空，没有时间
空无一物

时间开启
真空爆破
从空无一物，到火光四射
愤怒的光和热
无处不在

宇宙生长，快如光芒
火爆渐衰
晶体登场
成为第一种物质的
珠滴，陌生的物质
脆弱的碎片
宇宙的十亿分之一
被无谓的湍流
所淹没
看起来
它们等待着
暴乱的平息

宇宙冷却，晶体粉碎
一次又一次
一次又一次

直到碎无可碎，碎片

电子，胶子，夸克

攫住彼此，却又被蓝白热灼烧而

互相分离

此刻的炙热

仍没有原子的容身之地

太空增长，火焰渐熄

由白转红又到红外

直至黑暗

一百万年的毁灭已经过去

在寒冷中粒子彼此拥抱融合

结成原子——氢，氦，简单的原子

世间万物皆源于此

重力牵引，原子聚集

而后分裂

形成大小各异的星云

恒星、星系与星系团

空隙中

第一次出现了

真空

在一小片星云中，一团冷物质

压紧，加热

然后点燃

于是又一次，有了光

恒星深处，原子核

是燃料和食物，燃烧和烹饪了

数十亿年，熔化成

碳、氧与铁，生命

和智能的原料由此缓慢而来，埋藏

在恒星的深处

燃烧并背负着重荷，一颗巨星的心

崩塌了

震颤，闪光，一瞬间

重力抛出的能量

让热度超载，掀起爆炸，喷射出

恒星的外壳

超新星！越来越亮

亮过千颗星

越来越亮

亮过百万颗星、十亿颗星，越来越亮

亮过整个星系

碳、氧、铁的余烬

被逐到太空

逃脱

自由！冷却变硬

它们成为尘埃，一颗恒星的灰烬

是生命的基础材料

在室女座星系团

边缘

银河系中的尘埃分开又聚集，开始塑造一颗新星

不远处的一团尘埃开始形成一颗行星

年轻的太阳

压紧，加热

点燃

温暖着婴儿地球

图书在版编目(CIP)数据

头条物理学 / (美) 理查德·A.穆勒著；李盼译
. -- 太原：山西教育出版社，2022.3

ISBN 978-7-5703-2141-4

Ⅰ.①头… Ⅱ.①理… ②李… Ⅲ.①物理学—普及
读物 Ⅳ.① O4-49

中国版本图书馆 CIP 数据核字 (2021) 第 267829 号

PHYSICS AND TECHNOLOGY FOR FUTURE PRESIDENTS
by Richard A. Muller
Copyright © 2010 by Richard A. Muller
All rights reserved.
未经出版方书面许可，不得以任何形式或手段，以电子或机械方式，包括复印、
录制或利用任何信息存储和检索系统，复制或传播本书任何内容

头条物理学

TOUTIAO WULI XUE

（美）理查德·A.穆勒/著
李盼/译

出 版 人　李　飞
责任编辑　陈旭伟　朱　旭
特邀编辑　王　微
复　　审　姚吉祥
终　　审　李梦燕
装帧设计　赤　祥
出版发行　山西出版传媒集团·山西教育出版社
　　　　　（地址：太原市水西门街馒头巷7号　电话：0351-4729801　邮编：030002）
印　　刷　北京汇林印务有限公司
开　　本　787mm×1092mm　16开
印　　张　32.25
字　　数　667千
版　　次　2022年3月第1版
印　　次　2022年3月第1次印刷
书　　号　ISBN 978-7-5703-2141-4
定　　价　139.00元
如有印装质量问题，影响阅读，请与出版社联系调换。电话：0351-4729588。